黄河水沙变化特点研究

张晓华　郑艳爽　张　敏
彭　红　李　萍　尚红霞　编著

黄河水利出版社
·郑州·

内 容 提 要

本书通过对大量水文泥沙实测资料的整理分析，在以往黄河水沙变化研究成果的基础上，对黄河上中游主要水文站和重点支流入黄控制站 1997～2006 年水沙特征的变化特点进行了系统分析，并研究了黄河上中游各区间降雨径流关系变化以及龙羊峡水库和刘家峡水库联合调控对上游水沙过程的影响，为黄河治理与开发方案的制订提供科学依据。

本书可供水利、水土保持、水资源、地理、泥沙、环境、农业等领域的科技工作者、大专院校师生和流域管理者阅读参考。

图书在版编目(CIP)数据

黄河水沙变化特点研究/张晓华等编著. —郑州：黄河水利出版社，2015. 5

ISBN 978-7-5509-0665-5

Ⅰ. ①黄… Ⅱ. ①张… Ⅲ. ①黄河-含沙水流-研究 Ⅳ. ①TV152

中国版本图书馆 CIP 数据核字(2013)第 306080 号

出 版 社：黄河水利出版社

地址：河南省郑州市顺河路黄委会综合楼 14 层　　邮政编码：450003

发行单位：黄河水利出版社

发行部电话：0371-66026940、66020550、66028024、66022620(传真)

E-mail：hhslcbs@126. com

承印单位：河南省瑞光印务股份有限公司

开本：787 mm×1 092 mm　1/16

印张：22. 5

字数：520 千字　　印数：1—1 000

版次：2015 年 5 月第 1 版　　印次：2015 年 5 月第 1 次印刷

定价：60. 00 元

前　言

正确认识近期水沙情势变化特点是开发治理黄河的前提。20 世纪 90 年代后期水利部第二期黄河水沙变化基金项目结束后，至今未有较大的项目对其进行系统研究。本项目为“十一五”国家科技支撑计划重点项目（黄河项目）第一课题“黄河流域水沙变化情势评价研究”（课题编号：2006BAB06B01）的第一专题“黄河近期水沙变化特点分析”，研究目的是搞清 1997 ~ 2006 年黄河流域的水文、泥沙变化特点。项目组克服时间短、任务重，尤其是最新资料收集难等重重困难，顺利完成了任务，在与其他系列对比的基础上系统分析总结了近期黄河三门峡以上各区间的降雨、径流、泥沙等变化特点。研究成果既是本课题的基础，也是黄河治理开发的基础支撑。

一、主要研究内容

（1）本书根据 1950 年以来长系列资料对三门峡以上黄河流域二级区的降雨量，河口镇—龙门区间、龙门—三门峡区间的降雨强度进行了对比分析；根据“黄河流域水资源评价”项目的天然径流量成果，分析了三门峡以上干流各水文站天然径流量变化情况，并初步分析了河源区（唐乃亥以上）、唐乃亥—兰州、河口镇—龙门和龙门—三门峡区间的降雨径流关系的变化情况。在上述分析的基础上，阐明了近期降雨、径流及其相互关系的变化特点。

（2）根据对来水来沙的控制情况和河段水沙代表情况，以及资料掌握情况，本书主要统计分析了黄河干流 19 个水文站，分别为：河源区的黄河沿、吉迈、玛曲和唐乃亥，上游的贵德、循化、小川、兰州、下河沿、青铜峡、石嘴山、巴彦高勒、三湖河口、河口镇，河龙（河口镇—龙门）区间的府谷、吴堡、龙门，龙三（龙门—三门峡）区间的龙门和三门峡。本次研究的支流为黄河主要一级支流 15 条，包括兰州以上的湟水、大通河、洮河、大夏河，兰州—青铜峡区间的祖厉河和清水河，内蒙古河段的毛不浪沟和西柳沟，河龙区间的皇甫川、孤山川、窟野河、秃尾河、无定河，龙门—潼关区间的汾河和渭河，主要分析各支流入黄把口站的水沙变化情况。研究内容包括年、汛期（7 ~ 10 月）、主汛期（7 ~ 8 月）、秋汛期（9 ~ 10 月）的水沙量及各流量级输水输沙情况、洪水特征变化及汛期泥沙级配变化情况。

二、成果概述

1997 年以来，黄河流域的水文情势发生了较大变化，主要表现在流域各区间降雨量、降雨强度、天然径流量、实测水沙量、大流量过程和洪水场次、洪峰流量减少，以及产水能力降低、泥沙粒径减小。但仍然有一些与众不同的特殊现象，反映出黄河水沙变化的复杂性。

（1）从流域降雨条件看，流域各区域降雨量普遍减少，与 1970 ~ 1996 年相比，年降雨量河源区、唐乃亥—兰州、兰州—头道拐、头道拐—龙门、龙门—三门峡减幅分别为 3%、4%、11%、5% 和 4%。

但主要暴雨洪水来源区河口镇—龙门和龙门—三门峡区间降雨量的年内分配发生改变,影响到近期流域产沙。如在洪水和泥沙集中产生的主汛期降雨量大幅度减少,两区间减幅分别达17%和10%,而秋汛期却分别增加18%和7%。

中游典型支流降雨强度降低。近期中游各典型支流的小降雨(窟野河、孤山川、渭河为小于5 mm,皇甫川、秃尾河、泾河为小于10 mm)天数增加,中大降雨天数减少;同时近期大部分支流最大1 d和最大3 d降雨量减小,说明中游降雨强度降低。但是诸如无定河等部分支流的最大1 d和3 d降雨量以及秃尾河的最大3 d降雨量是增大的,说明在支流的局部地区强降雨过程仍然发生并有所增强。

(2)降雨径流关系从上而下变化逐渐明显,即兰州以上降雨径流关系没有显著变化,河口镇—龙门、龙门—三门峡区间降雨径流关系变化特别明显,同样年降雨量条件下径流深减少20%~57%。

(3)干支流实测水沙量减少。与1970~1996年相比,主要干流站水量减幅玛曲最小,为16%,黄河沿最大,达76%,水量减幅基本上是由上至下增大,如从唐乃亥约20%增加到潼关40%左右,三门峡达到47%;除河源区外,主要干流站沙量减幅在27%以上,其中头道拐以下沙量减幅较大,最小的潼关为57%,最大的府谷达87%。

支流水沙量同样减少,而且减幅要大于干流。水量变化特点为来水很少的支流,如河龙区间支流和汾河减幅最大,超过60%,其中孤山川最大达到71%;而来水较多的支流减幅相对较小,湟水、大通河减幅分别为16%和10%。但清水河水沙量有所增加。

(4)干支流洪水发生场次普遍减少,如干流各站洪水发生场次减少了15%~66%,在兰州以上未出现过大于3 000 m^3/s的洪水,龙门仅发生过一次大于7 000 m^3/s的洪水。

洪峰流量降低,干支流主要控制站洪峰流量减幅为35%~69%,但府谷站2003年出现13 000 m^3/s的洪水,洪峰流量有所增大;三湖河口—龙门河段凌汛洪峰流量超过汛期洪峰流量,成为全年最大流量的年数增加。干支流水文站峰型系数普遍增高。

洪水期间洪量和沙量减少,主要控制站洪量减幅为8%~46%,中游控制站洪水期沙量减幅干流为57%~64%,支流汾河和渭河减幅为97%和46%。大流量洪水的减幅更大。

干支流来沙系数的变化特点是相反的,干流都是有较大幅度的增高,而支流来沙系数除秃尾河、无定河增高外,其他均降低,降幅在11%~81%。

与1970~1996年相比,实测水量汛期占年比例干流唐乃亥以上仍然在60%左右,唐乃亥以下逐渐下降,1969年以前的为60%左右,1970~1996年的为50%左右,近期仅剩40%左右;支流汛期占年比例除窟野河减小、皇甫川增加外,其余均支流变化不大。实测沙量汛期占年干流比例除三门峡外均减小,支流变化不大。

(5)在流域来沙量普遍大幅度减少的同时,泥沙组成也发生相应变化。干、支流站分为三类变化形式:

第一类为中泥沙、粗泥沙的减少幅度大于细泥沙的减少幅度,泥沙细化,中数粒径d_{50}减小,包括兰州站、下河沿站、头道拐站、府谷站、吴堡站、龙门站及河龙区间的主要支流,此类较多;第二类为泥沙组成变化不大,如石嘴山站和三门峡站,此类较少;第三类为细泥沙、中泥沙的减少幅度大于粗泥沙的减少幅度,泥沙组成变粗,d_{50}有所增大,此类只有潼关站和支流渭河。

从泥沙组成规律上来看，大部分水文站分组沙量与全沙沙量关系没有变化，即分组沙量与全沙沙量相关性较好，随全沙沙量的增加而增加，说明在来沙大时泥沙组成偏粗、来沙少时泥沙组成偏细。但同时头道拐站、潼关站、华县站出现相同沙量条件下近期分组沙量与其他时期不同的现象，粗泥沙有所增加，反映出在部分地区近期泥沙组成规律有新的变化。

与1970～1996年相比，干流主要水文站河口镇、吴堡和府谷泥沙 d_{50} 变小，而龙门、潼关和三门峡变化不大；入黄支流皇甫川、孤山川、窟野河、秃尾河、无定河 d_{50} 变小，而渭河 d_{50} 变大。

编　者

2015年3月

目 录

第1章　唐乃亥以上近期水沙变化分析

黄河河源区唐乃亥以上流域，介于东经95°00′～103°30′，北纬32°19′～36°08′之间，面积12.20万km^2，占黄河流域面积75.2万km^2的16.2%。流域内海拔大都在3 000 m以上，巴颜喀拉山、阿尼玛卿山、岷山等山脉分布其间，众多河川、盆地、丘陵相间。海拔4 000 m以上的高山顶颠，大多岩石裸露，而山麓却绿草成茵。境内海拔最高处为阿尼玛卿山主峰，高6 282 m，主要由冰川覆盖，冰川面积191.95 km^2，冰川消融量约为唐乃亥以上年径流量的1.0%。多年平均径流量198亿m^3，占黄河流域多年平均径流量580亿m^3的34.1%，在仅占黄河流域16.2%的面积上，形成了黄河34.1%的年径流量，多年平均输沙量1 270万t，多年平均含沙量为0.64 kg/m^3，输沙量占黄河流域多年平均输沙量16亿t的0.79%，是黄河主要产流区和水量的供给地之一，对黄河流域水资源的可持续开发利用具有决定性的影响。因此，认识黄河源区水沙特征、组成及来源，对黄河源区水资源可持续开发利用及生态环境保护具有重要意义。

1.1　黄河源区概况

水多沙少是黄河河源区主要水文特征，多年平均输沙模数为104 t/(km^2·a)，属水土流失微度侵蚀区，是黄河流域水土流失最轻微的地区之一。

1.1.1　源区地质气候情况

黄河源区唐乃亥以上地处青藏高原腹地，是青藏高原的重要组成部分，位于青海省东南部，西、北与柴达木盆地内陆水系相接，南依巴颜喀拉山与长江流域相邻，东接甘肃省黄河流域水系。

黄河发源于青藏高原巴颜喀拉山北麓。黄河上游第一县——玛多县(黄河沿)以上为源头区。源头区海拔4 200～4 600 m，属高原湖泊沼泽地貌，湖泊、沼泽众多，湖周围为丘陵地带，相对高差为100～200 m，地形变化平缓，切割较浅，植被稀疏低矮，属高山草甸，天然牧场广阔。这里高寒缺氧，空气稀薄，均为牧业，全无农业。玛多至唐乃亥段，大部分为高山峡谷地貌，河道切割较深，间有开阔的谷地和平缓的高山草地，除生长大片牧草外，还有一些灌木林分布，是青海省重要的牧业基地。该段内青海省的久治与甘肃省的阿万仓，经四川省到青海省河南县外斯，是黄河在青海省境内的最大弯曲部，区域内地势平坦，水草好，有成片灌木林，附近最大支流是右岸四川省境内的白河和黑河，水系发达，水量丰沛，流域蓄水能力强，属平原性河流，流域东南与长江流域白龙江、岷江等水系相邻，自然景观大不相同。这一地区降水量大，为黄河上游湿润地区之一，也是黄河上游的主要产流区。

黄河源区属高原大陆性气候类型,源头区为高寒半干旱区,其他地区为半湿润地区和半干旱区。气温随海拔的增高而递减,黄河源区年平均气温在 -5 ℃左右,大武为0.6 ℃,至唐乃亥为4.5 ℃。河川径流以降水和冰雪融水补给为主,年降水量为250~800 mm,5~9月降水量占全年降水量的70%左右。由于境内高山多,海洋输入的暖湿气流严重受阻,降水量地区上分布不均匀,且蒸发量大,为1 200~1 800 mm,地域性水量分布不平衡,造成部分地区湖沼退缩、草原退化,以致荒漠化。

河流补给以降水和融雪为主,由于湖泊的调节和滞蓄,降水与径流的关系不密切,径流年内分配受湖泊调节,分配相对比较均匀。区内主要土壤有高山寒漠土、高山草甸土、沼泽和大面积连片的盐渍土。区内无森林,只有禾本科、豆科占优势的植被类型,适宜牧业生产。这里环境恶劣,气压很低,人烟稀少,人口密度不足1人/km^2。黄河源头河谷开阔,冰川广布,水系发育,支流众多。黄河源头主要支流有加核曲、扎曲、卡日多曲、勒那曲等。一级支流有54条,其中集水面积1 000 km^2 以上的有4条,500~1 000 km^2 的有3条,300~500 km^2 的有1条。黄河源头卡日曲汇口以下干流称玛曲,入扎陵湖后,从湖的南部流出,东行26 km入鄂陵湖,出鄂陵湖后转东向南流约65 km为黄河沿,黄河沿以下干流称黄河。

黄河源头地区湖泊众多,有大小湖泊5 300多个。其中,有黄河流域最大的2个吞吐淡水湖——扎陵湖和鄂陵湖。水面面积大于10 km^2 的湖泊有3个,水面面积在5~10 km^2 的湖泊有2个,水面面积在1~5 km^2 的湖泊有16个,水面面积在0.5~1.0 km^2 的小湖泊有25个。湖水面积大于或等于0.5 km^2 的湖泊共有48个,湖面面积共1 270.77 km^2。扎陵湖和鄂陵湖是全国海拔最高的淡水湖。鄂陵湖是黄河流域最大的湖泊,水域面积610.7 km^2,储水量约107.6亿 m^3,平均水深17.6 m,最大水深30.7 m;扎陵湖是黄河流域第二大湖泊,水域面积526.1 km^2,储水量约46.7亿 m^3,平均水深8.9 m,最大水深13.1 m。

黄河源头水文、气象测站稀少,在源头20 930 km^2 的范围内,只有黄河沿水文站和玛多气象站,流域内部有零星巡测资料和查勘资料,基本资料缺乏。

1.1.2 源区水沙来源分布

黄河是我国泥沙最多的河流,也是世界上罕见的多沙河流,年输沙量和年平均含沙量均居世界大江河前列。黄河泥沙主要来自中上游黄土高原地区,而径流则主要来自上游。黄河源头地区,地处青藏高原腹地,植被较好,暴雨少,河流含沙量小。

黄河源头流域地势平缓,植被良好,又有众多湖泊的滞洪拦沙,河水含沙量甚微,黄河沿站多年平均含沙量只有0.11 kg/m^3,多年平均输沙量为7.21万t。泥沙主要来源于鄂陵湖以下玛曲北岸的嘉特场滂陇巴至纳加朗曲等7条较小支流。

本项目对黄河源区控制站唐乃亥站1956~2005年实测径流量资料进行统计,多年平均径流量198亿 m^3,多年平均流量628 m^3/s。黄河源区主要测站及区间水沙量组成见表1-1。

表 1-1　黄河源区主要测站及区间水沙量组成

测站及区间名称	控制面积		径流量		输沙量	
	量值（km^2）	占唐乃亥站（%）	量值（亿 m^3）	占唐乃亥站（%）	量值（万 t）	占唐乃亥站（%）
黄河沿	20 930	17.2	6.32	3.18	7.21	0.57
黄河沿—吉迈	24 089	19.7	32.94	16.58	84.42	6.96
吉迈	45 019	36.9	39.26	19.76	91.63	7.27
吉迈—玛曲	41 029	33.6	104.07	52.38	342.49	27.80
玛曲	86 048	70.5	143.33	72.13	434.12	34.43
玛曲—唐乃亥	35 924	29.5	55.37	27.87	826.86	65.27
唐乃亥	121 972	100.0	198.7	100.00	1 260.98	100.00

测站及区间名称	产流模数（万 m^3/km^2）	多年平均含沙量（kg/m^3）	输沙模数（$t/(km^2 \cdot a)$）
黄河沿	3.02	0.11	3.44
黄河沿—吉迈	13.33	0.26	36.45
吉迈	8.72	0.23	20.35
吉迈—玛曲	25.52	0.33	85.43
玛曲	16.66	0.30	50.45
玛曲—唐乃亥	15.59	1.49	229.09
唐乃亥	16.29	0.63	103.38

1.1.2.1　水主要来自吉迈至玛曲区间

从表 1-1 看出，黄河沿以上源头区面积为 20 930 km^2，占黄河源区唐乃亥站以上面积的 17.2%；径流量 6.32 亿 m^3，占唐乃亥站径流量 198.70 亿 m^3 的 3.18%；输沙量 7.21 万 t，占唐乃亥站输沙量 1 260.98 万 t 的 0.57%；多年平均含沙量 0.11 kg/m^3。黄河源头区来水量很小，产流模数只有 3.02 万 m^3/km^2，只有唐乃亥站以上产流模数 16.29 万 m^3/km^2 的 1/5，黄河源区属水资源贫乏的地区。造成源区来水量和产流模数小的主要原因是干旱少雨。该区年降水只有 300 mm 左右，而源区湖泊、沼泽面积大，约 1 500 km^2，水面蒸发损耗大，黄河沿站多年平均水面蒸发量达 770 mm，初步估算湖泊蒸发损耗约 11.6 亿 m^3，为黄河沿站年径流量的 1.53 倍，径流量 60% 左右被蒸发。

黄河源区唐乃亥以上水量主要来源于青海吉迈—玛曲及附近地区，即黄河在青、川、甘三省交界“S”形大转弯上下游的河曲地区。由于阿尼玛卿山（海拔 6 282 m）呈西北—东南走向，黄河绕流东南侧，西南、东南方输入水汽被阿尼玛卿山阻挡，这一区间又位于迎风坡，是黄河上游青海境内降水量最多的地区，年降水量达 600 ~ 800 mm。吉迈—玛曲区间面积 41 029 km^2,占唐乃亥站控制面积的 33.6%;而区间产水量达 104.07 亿 m^3,占唐乃亥站年径流量的 52.38%。区间产流模数达 25.52 万 m^3/km^2。区间多年平均输沙量 342.49 万 t,占唐乃亥站多年平均输沙量 1 260.98 万 t 的 27.80%,平均含沙量 0.33 kg/m^3。这一区间及附近是黄河在青海境内的主要产流区和水量来源区。

1.1.2.2 泥沙主要来自玛曲—唐乃亥区间

黄河源区唐乃亥站沙量主要来源于玛曲—唐乃亥区间,区间多年平均输沙量 826.86 万 t,占唐乃亥站多年平均输沙量 1 260.98 万 t 的 65.27%,多年平均含沙量 1.49 kg/m^3。

1.2 水沙量变化特点

自 20 世纪 90 年代初开始,黄河源区径流量呈逐年递减之势。河源区水资源减少,加剧了黄河流域水资源紧缺状况,严重威胁到黄河流域及沿黄省区经济社会的可持续发展,威胁到黄河的健康生命。因此,对黄河沿、吉迈、玛曲和唐乃亥等 4 个水文站的水沙资料进行了分析,见图 1-1 和图 1-2。干流各站年水沙量变化见表 1-2。

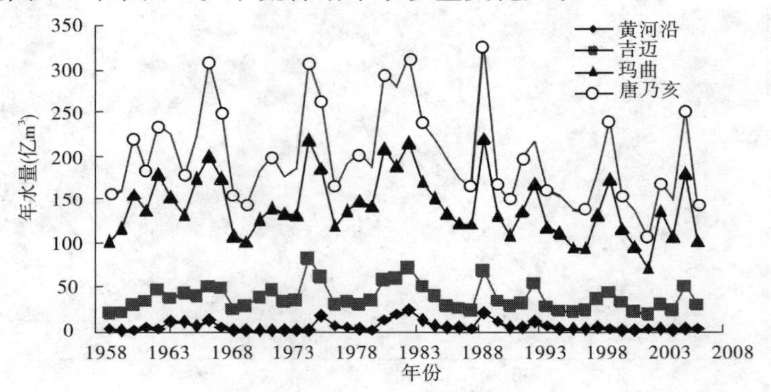

图 1-1 不同水文站年水量变化

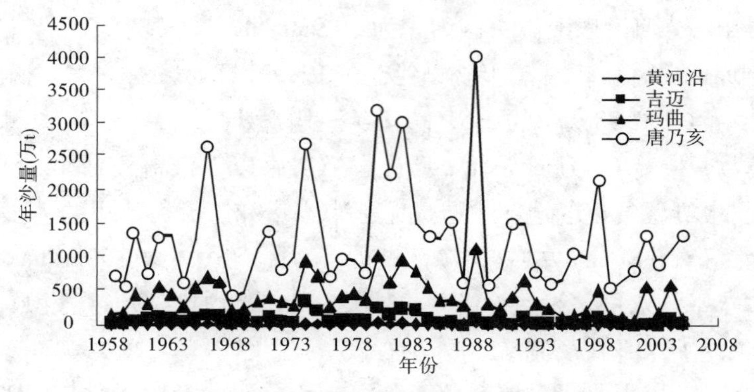

图 1-2 不同水文站年沙量变化

表 1-2　河源区主要水文站年水沙量变化

站名	时段	水量				沙量			
		年均值（亿 m^3）	最大值（亿 m^3）	最小值（亿 m^3）	最大值/最小值	年均值（万 t）	最大值（万 t）	最小值（万 t）	最大值/最小值
黄河沿	1958～1959 年	4.41	5.73	3.1	1.85	5.38	6.12	4.64	1.32
	1960～1969 年	6.1	12.36	0.7	17.66	7.15	18.71	0.31	60.35
	1970～1979 年	7.79	17.83	1.88	9.48	6.47	15.07	3.36	4.49
	1980～1989 年	10.88	24.67	1.34	18.41	14	40.71	0.73	55.77
	1990～1999 年	5.04	11.45	1.91	5.99	5.5	13.23	1.88	7.04
	2000～2006 年	1.61	3.06	0.2	15.30	0.98	3.27	0.1	32.70
	1958～2006 年	6.32	24.67	0.2	123.35	7.21	40.71	0.1	407.10
	1969 年以前	5.79	12.36	0.7	17.66	6.83	18.71	0.31	60.35
	1970～1996 年	8.63	24.67	1.34	18.41	9.95	40.71	0.73	55.77
	1997～2006 年	2.04	3.52	0.2	17.60	1.88	5	0.1	50.00
吉迈	1958～1959 年	27.48	33.66	21.3	1.58	35.04	41.91	28.17	1.49
	1960～1969 年	40.09	54.02	23.5	2.30	97.18	172.23	26.05	6.61
	1970～1979 年	43.06	82.88	29.55	2.80	123.02	361.69	55.94	6.47
	1980～1989 年	47.67	73.63	23.82	3.09	135.31	281.26	21.71	12.96
	1990～1999 年	34.25	57.2	22.36	2.56	56.2	147.89	22.3	6.63
	2000～2006 年	31.15	53.76	19.54	2.75	43.23	125.62	14.83	8.47
	1958～2006 年	39.26	82.88	19.54	4.24	91.63	361.69	14.83	24.39
	1969 年以前	37.99	54.02	21.3	2.54	86.82	172.23	26.05	6.61
	1970～1996 年	42.26	82.88	22.36	3.71	109.06	361.69	21.71	16.66
	1997～2006 年	32.68	53.76	19.54	2.75	50.34	125.62	14.83	8.47
玛曲	1958～1959 年	109.5	117.06	101.94	1.15	182.69	194.88	170.5	1.14
	1960～1969 年	153.02	201.92	102.95	1.96	447.73	711.62	213.52	3.33
	1970～1979 年	149.19	219.85	118.83	1.85	464.99	965.41	280.95	3.44
	1980～1989 年	167.48	222.96	120.69	1.85	664.93	1 174.6	305.62	3.84
	1990～1999 年	126.53	175.25	94.04	1.86	307.1	672.52	128.58	5.23
	2000～2006 年	116.48	181.9	71.99	2.53	270.82	615.5	56.50	10.89
	1958～2006 年	143.33	222.96	71.99	3.10	434.12	1 174.6	56.50	20.79
	1969 年以前	145.77	201.92	101.94	1.98	403.56	711.62	170.50	4.17
	1970～1996 年	148.35	222.96	94.04	2.37	499.47	1 174.6	128.58	9.14
	1997～2006 年	125.04	181.9	71.99	2.53	278.83	615.5	56.50	10.89

续表 1-2

站名	时段	水量				沙量			
		年均值（亿 m^3）	最大值（亿 m^3）	最小值（亿 m^3）	最大值/最小值	年均值（万 t）	最大值（万 t）	最小值（万 t）	最大值/最小值
唐乃亥	1958～1959 年	161.64	201.19	133.38	1.51	710.32	1 052.13	353.84	2.97
	1960～1969 年	216.48	310.88	154.29	2.01	1 179.15	2 729.83	427.55	6.38
	1970～1979 年	203.91	309.9	143.13	2.17	1 221.47	2 774.04	507.79	5.46
	1980～1989 年	241.06	327.94	164.47	1.99	1 982.7	4 092.09	607.86	6.73
	1990～1999 年	175.53	241.87	137.04	1.76	1 088.93	2 202.06	600.25	3.67
	2000～2006 年	159.65	254.99	105.77	2.41	963.75	1 369.13	525.69	2.60
	1958～2006 年	198.7	327.94	105.77	3.10	1 260.98	4 092.09	353.84	11.56
	1969 年以前	200.81	310.88	133.38	2.33	1 045.2	2 729.83	353.84	7.71
	1970～1996 年	209	327.94	140	2.34	1 430.12	4 092.09	507.79	8.06
	1997～2006 年	167.96	254.99	105.77	2.41	1 106.41	2 202.06	525.69	4.19

1.2.1 年水沙量减少，源头区减幅较大

由表 1-2 可知，近期（1997～2006 年，下同）主要水文站黄河沿、吉迈、玛曲和唐乃亥的年平均水量（均采用日历年）分别为 2.04 亿 m^3、32.68 亿 m^3、125.04 亿 m^3 和 167.96 亿 m^3，较 1970～1996 年分别减少 76%、23%、16% 和 20%。年平均沙量分别为 1.88 万 t、50.34 万 t、278.83 万 t 和 1 106.41 万 t，较 1970～1996 年分别减少 81%、54%、44% 和 23%。总体来讲，沙量降幅相对于水量来说为大。

从各区间来看，源头区（黄河沿）以上水沙量减少的幅度最大，水量的主要来源区吉迈—玛曲和泥沙的主要来源区玛曲—唐乃亥的减幅并不是很大，水量减幅和沙量减幅分别为 12% 和 11%；但由于其区间产水产沙量大，因此对河源区水沙量的影响较大，分别占唐乃亥站水沙减少量的 33% 和 32%。

1.2.2 水沙量年际变幅变化不大

与 1970～1996 年相比，黄河沿站、吉迈站、玛曲站和唐乃亥站近期年最大水量分别减少 86%、35%、18% 和 22%，最小水量分别减少 85%、13%、23% 和 24%；黄河沿站、吉迈站、玛曲站和唐乃亥站近期年最大沙量分别减少 88%、65%、48% 和 46%，最小沙量分别减少 86%、32%、56%，唐乃亥站最小值增加 4%。

近期年水量最大值与最小值比值，与 1970～1996 年相比，黄河沿站、吉迈站、玛曲站和唐乃亥站分别由 18.4 减少到 18.0，3.7 减少到 2.8，2.4 增加到 2.5，2.3 增加到 2.4；年沙量分别由 55.7 减少到 50.0，16.7 减少到 8.5，9.1 增加到 10.9，8.1 减少到 4.2。说明在最大、最小年水沙量为减小的条件下，水沙量年际间变化幅度不大。

1.2.3 年内水沙变化

以黄河下游统称为主，统计各水文站汛期（7～10月）、主汛期（或伏汛期，7～8月）、秋汛期（9～10月）和非汛期（11月至次年6月）的水沙量变化见表1-3～表1-6。

表1-3 干流主要水文站汛期水沙量变化

站名	时段	水量				沙量			
		年均值（亿 m^3）	最大值（亿 m^3）	最小值（亿 m^3）	最大值/最小值	年均值（万t）	最大值（万t）	最小值（万t）	最大值/最小值
黄河沿	1958～1959年	2.2	3.14	1.27	2.47	4.04	4.12	3.96	1.04
	1960～1969年	3.72	7.33	0.33	22.21	5.69	15.02	0.25	60.08
	1970～1979年	3.69	9.3	0.53	17.55	4.72	11.6	1.66	6.99
	1980～1989年	6.49	14.67	0.94	15.61	9.38	23.08	0.31	74.45
	1990～1999年	2.83	7.87	0.87	9.05	3.99	10.6	1	10.60
	2000～2006年	0.59	1.13	0.06	18.83	0.28	0.88	0.01	88.00
	1958～2006年	3.57	14.67	0.06	244.50	5.08	23.08	0.01	2 308.00
	1969年以前	3.42	7.33	0.33	22.21	5.36	15.02	0.25	60.08
	1970～1996年	4.86	14.67	0.53	27.68	6.77	23.08	0.31	74.45
	1997～2006年	1	2.31	0.06	38.50	1.23	4.53	0.01	453.00
吉迈	1958～1959年	15.82	21.48	10.16	2.11	20.51	30.34	10.68	2.84
	1960～1969年	26.25	38.49	15.89	2.42	70.39	147.66	19.17	7.70
	1970～1979年	26.76	57.05	13.45	4.24	84.25	253.5	12.58	20.15
	1980～1989年	30.21	47.02	12.56	3.74	92.01	241.25	2.87	84.06
	1990～1999年	20.13	38.43	12.27	3.13	27.09	90.29	6.47	13.96
	2000～2006年	18.41	38.1	9.38	4.06	23.57	91.99	1.56	58.97
	1958～2006年	24.37	57.05	9.38	6.08	60.07	253.5	1.56	162.50
	1969年以前	24.51	38.49	10.16	3.79	62.08	147.66	10.68	13.83
	1970～1996年	26.15	57.05	12.27	4.65	72.13	253.5	2.87	88.33
	1997～2006年	19.37	38.1	9.38	4.06	25.08	91.99	1.56	58.97
玛曲	1958～1959年	63.6	77.77	49.43	1.57	124.7	160.9	88.49	1.82
	1960～1969年	96.69	134.1	56.17	2.39	362.08	573.4	164.8	3.48
	1970～1979年	89.38	146.85	46.32	3.17	342.97	773	70.83	10.91
	1980～1989年	103.79	147.71	68.42	2.16	484.83	929.4	195	4.77
	1990～1999年	72.02	105.83	44.32	2.39	195.59	488.4	54.42	8.97
	2000～2006年	69.7	121.62	32.74	3.71	210.38	532.66	17.28	30.83
	1958～2006年	86.75	147.71	32.74	4.51	320.13	929.4	17.28	53.78
	1969年以前	91.17	134.1	49.43	2.71	322.52	573.4	88.49	6.48
	1970～1996年	88.74	147.71	44.32	3.33	359.17	929.4	69.29	13.41
	1997～2006年	74.88	121.62	32.74	3.71	199.83	532.66	17.28	30.83

续表 1-3

站名	时段	水量				沙量			
		年均值（亿 m³）	最大值（亿 m³）	最小值（亿 m³）	最大值/最小值	年均值（万 t）	最大值（万 t）	最小值（万 t）	最大值/最小值
唐乃亥	1958～1959 年	92.55	122.53	69.02	1.78	516.3	776	177.21	4.38
	1960～1969 年	135.98	199.34	87.21	2.29	957.18	2 108	284.1	7.42
	1970～1979 年	121.88	207.71	69.69	2.98	954.19	2 154	336.05	6.41
	1980～1989 年	148.49	206.89	88.73	2.33	1 326.36	2 869	397.4	7.22
	1990～1999 年	98.93	149.94	64.76	2.32	753.43	1 406.12	335.6	4.19
	2000～2006 年	94.43	172.91	51.61	3.35	776.88	1 209.29	241.49	5.01
	1958～2006 年	119.3	207.71	51.61	4.02	929.7	2 869	177.21	16.19
	1969 年以前	123.57	199.34	69.02	2.89	831.21	2 108	177.21	11.90
	1970～1996 年	124.63	207.71	69.21	3.00	1 014.19	2 869	335.6	8.55
	1997～2006 年	98.9	172.91	51.61	3.35	839.49	1 406.12	241.49	5.82

1.2.3.1 汛期水沙量变化

1）水沙量减少

近期黄河干流主要水文站黄河沿、吉迈、玛曲和唐乃亥的汛期平均水量分别为 1.00 亿 m³、19.37 亿 m³、74.88 亿 m³ 和 98.90 亿 m³（见表 1-3），较 1970～1996 年分别减少 79%、26%、16% 和 21%。汛期平均沙量分别为 1.23 万 t、25.08 万 t、199.83 万 t 和 839.49 万 t，较 1970～1996 年分别减少 82%、65%、44% 和 17%。对于全年来说，汛期黄河沿站、吉迈站、玛曲站和唐乃亥站平均水量减少量占全年减少量的比例分别为 59%、71%、59% 和 63%，平均沙量减少量占全年减少量的比例分别为 69%、80%、72% 和 54%。

2）水沙量占年水沙量的比例变化不大

近期汛期水量占全年总水量的比值与 1970～1996 年相比，除黄河沿站由 56% 减少到 49% 外，吉迈站、玛曲站和唐乃亥站变化不大；近期沙量占年沙量的比值，黄河沿站、吉迈站、玛曲站和唐乃亥站仍维持在 70% 左右。

3）平均流量减小

近期汛期平均流量，与 1970～1996 年相比，黄河沿站、吉迈站、玛曲站和唐乃亥站分别由 45.69 m³/s 减小到 9.44 m³/s，246.08 m³/s 减小到 182.30 m³/s，835.07 m³/s 减小到 704.63 m³/s，1 172.77 m³/s 减小到 930.61 m³/s。

4）含沙量稍有降低

近期汛期含沙量，与 1970～1996 年相比，黄河沿站、吉迈站、玛曲站和唐乃亥站分别由 1.39 kg/m³ 减少到 1.23 kg/m³，2.76 kg/m³ 减少到 1.29 kg/m³，4.05 kg/m³ 减小到 2.67 kg/m³，8.14 kg/m³ 增加到 8.49 kg/m³。

1.2.3.2 伏汛期水沙特性变化

1）水沙量减少

近期黄河干流主要水文站黄河沿、吉迈、玛曲和唐乃亥的伏汛期平均水量分别为

0.60 亿 m^3、10.80 亿 m^3、38.93 亿 m^3 和 52.51 亿 m^3（见表 1-4），较 1970～1996 年分别减少 74%、23%、14% 和 19%；平均沙量分别为 1.03 万 t、21.17 万 t、136.60 万 t 和 653.87 万 t，较 1970～1996 年分别减少 77%、58%、35% 和 4%。总体来讲，沙量降幅相对于水量来说为大。对于全年来说，伏汛期黄河沿站、吉迈站、玛曲站和唐乃亥站平均水量减少量占全年减少量的比例分别为 26%、34%、27% 和 31%，平均沙量减少量占全年减少量的比例分别为 43%、49%、33% 和 9%。

2）水沙量占年水沙量的比例变化不大

近期汛期水量占全年总水量比值，与 1970～1996 年相比，除黄河沿站由 27% 增加到 30% 外，吉迈站、玛曲站和唐乃亥站保持不变；近期沙量占年沙量的比值，黄河沿站由 45% 增加到 55%，吉迈站、玛曲站和唐乃亥站保持不变。

表 1-4　干流主要水文站伏汛期水沙量变化

站名	时段	水量				沙量			
		年均值（亿 m^3）	最大值（亿 m^3）	最小值（亿 m^3）	最大值/最小值	年均值（万 t）	最大值（万 t）	最小值（万 t）	最大值/最小值
黄河沿	1958～1959 年	0.92	1.12	0.71	1.58	3.14	3.9	2.39	1.63
	1960～1969 年	1.59	3.8	0.14	27.14	3.33	9.88	0.04	247.00
	1970～1979 年	1.63	3.85	0.34	11.32	3.08	7.67	0.41	18.71
	1980～1989 年	3.10	7.95	0.30	26.50	5.97	18.26	0.13	140.46
	1990～1999 年	1.49	3.84	0.43	8.93	3.18	8.17	0.57	14.33
	2000～2006 年	0.32	0.60	0.03	20.00	0.21	0.87	0.01	87.00
	1958～2006 年	1.69	7.95	0.03	265.00	3.37	18.26	0.01	1 826.00
	1969 年以前	1.46	3.8	0.14	27.14	3.29	9.88	0.04	247.00
	1970～1996 年	2.32	7.95	0.10	79.50	4.52	18.26	0	5 982.7
	1997～2006 年	0.60	3.52	0.03	117.33	1.03	5	0.01	500.00
吉迈	1958～1959 年	7.98	9.51	6.46	1.47	13.63	17.67	9.58	1.84
	1960～1969 年	13.25	16.88	8.09	2.09	42.86	67.85	12.94	5.24
	1970～1979 年	14.25	32.95	6.16	5.35	60.72	180.40	8.28	21.79
	1980～1989 年	15.87	26.67	5.74	4.65	57.79	179.60	2.00	89.80
	1990～1999 年	11.76	24.80	6.33	3.92	24.43	82.80	4.27	19.39
	2000～2006 年	9.88	22.88	4.77	4.80	19.06	84.12	1.02	82.47
	1958～2006 年	12.99	32.95	4.77	6.91	41.20	180.40	1.02	176.86
	1969 年以前	12.37	16.88	6.46	2.61	37.99	67.85	9.58	7.08
	1970～1996 年	14.07	32.95	5.74	5.74	50.04	180.40	2.00	90.20
	1997～2006 年	10.80	22.88	4.77	4.80	21.17	84.12	1.02	82.47

续表 1-4

站名	时段	水量				沙量			
		年均值（亿 m^3）	最大值（亿 m^3）	最小值（亿 m^3）	最大值/最小值	年均值（万 t）	最大值（万 t）	最小值（万 t）	最大值/最小值
玛曲	1958～1959 年	37.15	42.58	31.71	1.34	92.05	109.50	74.60	1.47
	1960～1969 年	47.84	62.06	33.83	1.83	196.52	266.90	116.70	2.29
	1970～1979 年	43.36	78.48	18.65	4.21	188.87	486.00	23.58	20.61
	1980～1989 年	52.52	79.28	25.79	3.07	267.57	521.00	67.26	7.75
	1990～1999 年	40.92	68.93	25.55	2.70	148.20	408.00	37.29	10.94
	2000～2006 年	33.59	65.29	19.90	3.28	135.93	388.22	14.16	27.42
	1958～2006 年	44.21	79.28	18.65	4.25	187.73	521.00	14.16	36.79
	1969 年以前	46.06	62.06	31.71	1.96	179.11	266.90	74.60	3.58
	1970～1996 年	45.16	79.28	18.65	4.25	208.61	521.00	23.58	22.09
	1997～2006 年	38.93	68.93	19.90	3.46	136.60	388.22	14.16	27.42
唐乃亥	1958～1959 年	51.90	59.11	41.81	1.41	410.28	560.00	154.10	3.63
	1960～1969 年	69.17	96.69	48.59	1.99	613.90	1 280.00	230.30	5.56
	1970～1979 年	61.87	111.15	33.77	3.29	658.14	1 480.00	236.60	6.26
	1980～1989 年	77.07	117.32	35.60	3.30	817.08	1 820.00	181.60	10.02
	1990～1999 年	56.51	97.81	36.53	2.68	623.60	1 236.13	191.30	6.46
	2000～2006 年	46.96	93.18	29.62	3.15	565.37	831.42	177.21	4.69
	1958～2006 年	62.40	117.32	29.62	3.96	641.68	1 820.00	154.10	11.81
	1969 年以前	64.24	96.69	41.81	2.31	555.72	1 280.00	154.10	8.31
	1970～1996 年	65.11	117.32	33.77	3.47	681.74	1 820.00	181.60	10.02
	1997～2006 年	52.51	97.81	29.62	3.30	653.87	1 236.13	177.21	6.98

3）平均流量降低

近期伏汛期平均流量，与 1970～1996 年相比，黄河沿站、吉迈站、玛曲站和唐乃亥站分别由 41.82 m^3/s、132.38 m^3/s、424.92 m^3/s、612.68 m^3/s 减少到 5.68 m^3/s、101.65 m^3/s、366.30 m^3/s、494.15 m^3/s。

4）含沙量变化

近期伏汛期含沙量，与 1970～1996 年相比，黄河沿站、吉迈站、玛曲站和唐乃亥站分别由 1.95 kg/m^3 减少到 1.71 kg/m^3，3.56 kg/m^3 减少到 1.96 kg/m^3，4.62 kg/m^3 减少到 3.51 kg/m^3，10.47 kg/m^3 增加到 12.45 kg/m^3。

1.2.3.3 秋汛期水沙特性变化

1）水沙量减少

近期黄河干流主要水文站黄河沿、吉迈、玛曲和唐乃亥的伏汛期平均水量分别为 0.40 亿 m^3、8.51 亿 m^3、35.96 亿 m^3 和 46.38 亿 m^3（见表 1-5），较 1970～1996 年分别减少 84%、29%、18% 和 22%；平均沙量分别为 0.20 万 t、3.92 万 t、63.22 万 t 和 185.62 万 t，较 1970～1996 年分别减少 91%、82%、58% 和 44%。对于全年来说，伏汛期黄河沿站、吉迈站、玛曲站和唐乃亥站平均水量减少量占全年减少量的比例分别为 32%、37%、33%

和32%，平均沙量减少量占全年减少量的比例分别为25%、31%、40%和45%。

表1-5　干流主要水文站秋汛期水沙量变化

站名	时段	水量				沙量			
		年均值（亿 m^3）	最大值（亿 m^3）	最小值（亿 m^3）	最大值/最小值	年均值（万 t）	最大值（万 t）	最小值（万 t）	最大值/最小值
黄河沿	1958～1959年	1.29	2.02	0.56	3.61	0.9	1.57	0.22	7.14
	1960～1969年	2.13	5.04	0.19	26.53	2.36	10.93	0.21	52.05
	1970～1979年	2.06	5.45	0.19	28.68	1.65	3.93	0.01	393.00
	1980～1989年	3.38	7.75	0.65	11.92	3.42	16.94	0.11	154.00
	1990～1999年	1.33	4.03	0.12	33.58	0.81	2.67	0.10	26.70
	2000～2006年	0.27	0.59	0.03	19.67	0.07	0.20	0.003	65.20
	1958～2006年	1.87	7.75	0.03	258.33	1.71	16.94	0.003	5 570
	1969年以前	1.96	5.04	0.19	26.53	2.06	10.93	0.21	52.05
	1970～1996年	2.54	7.75	0.19	40.79	2.25	16.94	0.01	1 694.00
	1997～2006年	0.40	1.43	0.03	47.67	0.20	1.00	0	328.2
吉迈	1958～1959年	7.84	11.97	3.71	3.23	6.88	12.67	1.10	11.52
	1960～1969年	13.00	21.61	6.51	3.32	27.53	83.76	1.35	62.04
	1970～1979年	12.51	24.1	5.28	4.56	23.52	73.1	0.39	187.44
	1980～1989年	14.34	28.23	5.87	4.81	34.22	188.7	0.22	857.33
	1990～1999年	8.37	13.63	4.26	3.20	2.66	7.49	0.17	44.06
	2000～2006年	8.54	15.22	4.14	3.68	4.51	17.39	0.54	32.20
	1958～2006年	11.38	28.23	3.71	7.61	18.87	188.7	0.17	1 110.00
	1969年以前	12.14	21.61	3.71	5.82	24.09	83.76	1.10	76.15
	1970～1996年	12.08	28.23	5.28	5.35	22.09	188.7	0.17	1 110.00
	1997～2006年	8.57	15.22	4.14	3.68	3.92	17.39	0.54	32.20
玛曲	1958～1959年	26.46	35.19	17.72	1.99	32.65	51.4	13.89	3.70
	1960～1969年	48.85	82.46	21.75	3.79	165.56	360	20.62	17.46
	1970～1979年	46.02	68.37	20.1	3.40	154.1	287	22.63	12.68
	1980～1989年	51.27	98.24	22.84	4.30	217.27	652	21.46	30.38
	1990～1999年	31.09	40.02	16.89	2.37	47.39	102.2	7.48	13.66
	2000～2006年	36.10	56.33	11.95	4.71	74.45	189.47	3.12	60.73
	1958～2006年	42.54	98.24	11.95	8.22	132.4	652	3.12	208.97
	1969年以前	45.11	82.46	17.72	4.65	143.41	360	13.89	25.92
	1970～1996年	43.59	98.24	16.89	5.82	150.56	652	7.48	87.17
	1997～2006年	35.96	56.33	11.95	4.71	63.23	189.47	3.12	60.73
唐乃亥	1958～1959年	40.65	63.42	27.21	2.33	106.02	216	23.11	9.35
	1960～1969年	66.81	102.65	34.61	2.97	343.28	828	40.1	20.65
	1970～1979年	60.01	96.56	29.51	3.27	296.05	674	31.4	21.46
	1980～1989年	71.43	137.55	30.61	4.49	509.28	1 997	35.9	55.63
	1990～1999年	42.43	55.04	25.87	2.13	129.82	265.1	32.6	8.13
	2000～2006年	47.47	79.73	18.7	4.26	211.51	377.87	29.42	12.84
	1958～2006年	56.89	137.55	18.7	7.36	288.02	1 997	23.11	86.41
	1969年以前	59.34	102.65	27.21	3.77	275.49	828	23.11	35.83
	1970～1996年	59.52	137.55	29.51	4.66	332.44	1 997	31.4	63.60
	1997～2006年	46.38	79.73	18.7	4.26	185.62	377.87	29.42	12.84

2)水沙量占年水沙量的比例下降

近期秋汛期水量占全年总水量的比值,与1970～1996年相比,除黄河沿站由29%减少到20%外,吉迈站、玛曲站和唐乃亥站保持不变;近期沙量占年沙量的比值,黄河沿站、吉迈站、玛曲站和唐乃亥站分别由23%、20%、30%、23%减少到11%、8%、23%、17%。

3)平均流量减小

近期秋汛期平均流量,与1970～1996年相比,黄河沿站、吉迈站、玛曲站和唐乃亥站分别由23.88 m^3/s、113.70 m^3/s、410.44 m^3/s、560.09 m^3/s减少到3.76 m^3/s、80.66 m^3/s、338.33 m^3/s、436.47 m^3/s。

4)含沙量减小

近期秋汛期含沙量,与1970～1996年相比,黄河沿站、吉迈站、玛曲站和唐乃亥站分别由0.89 kg/m^3、1.83 kg/m^3、3.45 kg/m^3、5.59 kg/m^3减少到0.50 kg/m^3、0.46 kg/m^3、1.76 kg/m^3、4.00 kg/m^3。

1.2.3.4 非汛期水沙量变化

对于非汛期各个水文站(见表1-6),黄河沿、吉迈、玛曲和唐乃亥的非汛期平均水量分别为1.03亿m^3、13.31亿m^3、50.15亿m^3和69.06亿m^3,与1970～1996年时段相比,均水量降幅分别为73%、17%、16%和18%;平均沙量分别为0.64万t、21.17万t、79.00万t和266.92万t,年均沙量降幅分别为80%、58%、44%和36%。黄河沿站、吉迈站、玛曲站和唐乃亥站平均流量分别由18.05 m^3/s、77.02 m^3/s、285.08 m^3/s、403.50 m^3/s减少到4.95 m^3/s、63.66 m^3/s、239.87 m^3/s、330.29 m^3/s。

表1-6 干流主要水文站非汛期水沙量变化

站名	时段	水量				沙量			
		年均值(亿m^3)	最大值(亿m^3)	最小值(亿m^3)	最大值/最小值	年均值(万t)	最大值(万t)	最小值(万t)	最大值/最小值
黄河沿	1958～1959年	2.21	2.58	1.83	1.41	1.34	2.17	0.51	4.21
	1960～1969年	2.79	5.03	0.37	13.46	2.1	5.56	0.06	91.83
	1970～1979年	4.1	8.53	1.36	6.29	1.75	3.47	0.22	15.79
	1980～1989年	4.4	10	0.4	25.21	4.62	17.63	0.09	195.85
	1990～1999年	2.21	7.48	0.65	11.48	1.51	8.34	0.24	35.09
	2000～2006年	1.02	1.93	0.1	20.09	0.7	2.39	0.07	36.73
	1958～2006年	2.84	10	0.1	103.9	2.26	17.63	0.06	290.86
	1969年以前	2.68	5.03	0.37	13.46	1.96	5.56	0.06	91.83
	1970～1996年	3.77	10	0.4	25.21	3.18	17.63	0.09	195.85
	1997～2006年	1.03	1.93	0.1	20.09	0.64	2.39	0.07	36.73

续表 1-6

站名	时段	水量				沙量			
		年均值（亿 m^3）	最大值（亿 m^3）	最小值（亿 m^3）	最大值/最小值	年均值（万 t）	最大值（万 t）	最小值（万 t）	最大值/最小值
吉迈	1958～1959 年	11.66	12.18	11.14	1.09	13.63	17.67	9.58	1.84
	1960～1969 年	13.84	25.62	7.24	3.54	42.86	67.85	12.94	5.24
	1970～1979 年	16.3	25.83	9.32	2.77	60.72	180.4	8.28	21.79
	1980～1989 年	17.46	26.61	10.32	2.58	57.79	179.6	2	89.76
	1990～1999 年	14.12	20.6	10.09	2.04	24.43	82.8	4.27	19.41
	2000～2006 年	12.73	17.26	8.36	2.06	19.06	84.12	1.02	82.47
	1958～2006 年	14.89	26.61	7.24	3.68	41.2	180.4	1.02	176.86
	1969 年以前	13.48	25.62	7.24	3.54	37.99	67.85	9.58	7.08
	1970～1996 年	16.10	26.61	9.32	2.86	50.04	180.4	2	90.15
	1997～2006 年	13.31	20.6	8.36	2.46	21.17	84.12	1.02	82.47
玛曲	1958～1959 年	45.9	52.51	39.29	1.34	57.99	82.01	33.98	2.41
	1960～1969 年	56.33	76.12	45.5	1.67	85.65	187.24	25.54	7.33
	1970～1979 年	59.81	73	44.42	1.64	122.02	210.12	36.35	5.78
	1980～1989 年	63.69	91.73	46.2	1.99	180.1	532.5	36.4	14.63
	1990～1999 年	54.51	69.41	44.79	1.55	111.51	207.8	42.62	4.88
	2000～2006 年	46.78	60.28	39.25	1.54	60.44	113.33	29.97	3.78
	1958～2006 年	56.58	91.73	39.25	2.34	113.99	532.5	25.54	20.85
	1969 年以前	54.59	76.12	39.29	1.94	81.04	187.24	25.54	7.33
	1970～1996 年	59.61	91.73	44.42	2.06	140.30	532.5	36.35	14.65
	1997～2006 年	50.15	69.41	39.25	1.77	79.00	207.8	29.97	6.93
唐乃亥	1958～1959 年	69.09	78.66	58.8	1.34	194.02	276.13	106.99	2.58
	1960～1969 年	80.5	112.39	54.45	2.06	221.97	621.83	41.44	15
	1970～1979 年	82.03	102.19	61.75	1.66	267.29	620.04	64.79	9.57
	1980～1989 年	92.57	135.61	64.03	2.12	656.34	1 973.09	123.3	16
	1990～1999 年	76.6	91.93	60.52	1.52	335.51	795.94	135.38	5.88
	2000～2006 年	65.22	82.07	53.72	1.53	186.87	284.2	133.84	2.12
	1958～2006 年	79.41	135.61	53.72	2.52	331.28	1 973.09	41.44	47.61
	1969 年以前	77.24	112.39	54.45	2.06	213.98	621.83	41.44	15
	1970～1996 年	84.37	135.61	60.52	2.24	415.93	1 973.09	64.79	30.45
	1997～2006 年	69.06	91.93	53.72	1.71	266.92	795.94	133.84	5.95

1.2.3.5 年内各时期水沙量变化幅度对比

对比 1997～2006 年与 1970～1996 年年内不同时期(汛期、主汛期、秋汛期和非汛期)不同水文站的水沙量变幅(见图 1-3),可以得出如下特点:

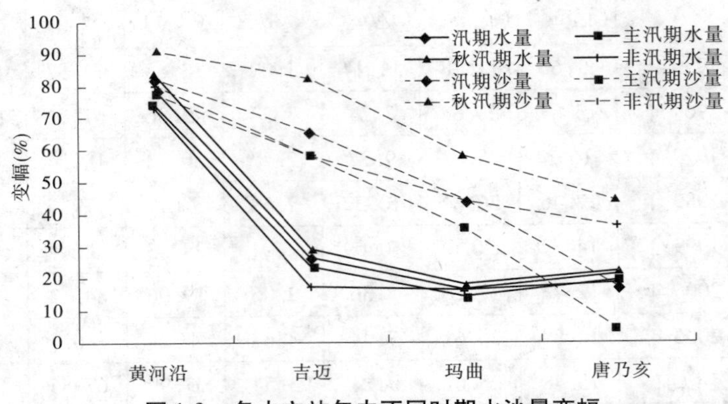

图 1-3 各水文站年内不同时期水沙量变幅

(1)对于河源区年内各时期变化幅度相差不大,最大变幅之差约为 12%,尤其是水量基本相同。

(2)对比看来,各站秋汛期水沙量的减少幅度要大于伏汛期,而与非汛期比较,则相差不大。

(3)源头区年内各时期减幅都最大,经过其下游主要来水来沙区的调节,减幅降低较多。

1.3 汛期水沙过程变化特点

由于黄河沿等站所处位置不同,其流量变化也大不相同,比如黄河沿站流量在 100 m^3/s 上下浮动,而唐乃亥站流量却在 1 000 m^3/s 以上,故各站应采取不同的流量级划分(见表 1-7),不同时段各站不同流量级水沙变化见表 1-8～表 1-10。

表 1-7 不同水文站流量级划分 (单位:m^3/s)

站名	小流量	中流量	大流量
黄河沿	≤50	50～100	≥100
吉迈	≤200	200～400	≥400
玛曲	≤500	500～1 000	≥1 000
唐乃亥	≤500	500～1 000	≥1 000

1.3.1 汛期

不同水文站汛期不同流量级下水沙变化见表 1-8。对于黄河沿水文站,1997～2005

年汛期以小流量(小于50 m³/s)为主,历时为122.2 d,大流量几乎没有发生,与1970～1996年时段相比,占汛期总历时的比例由72%增加到99%。该流量级下,黄河沿站水量和沙量分别为1.0亿m³和1.2万t,与1970～1996年相比,占汛期总水量和总沙量的比例都由35%增加到100%。对于吉迈水文站,1997～2005年汛期以中小流量为主(尤以小于200 m³/s为主),历时为117.3 d,与1970～1996年相比,占汛期总历时由82%增加到95%。该流量级下,吉迈水文站水量和沙量分别为16.9亿m³和13.2万t,与1970～1996年相比,占汛期总水量和总沙量的比例分别由62%增加到87%、29%增加到52%。对于玛曲水文站,1997～2005年汛期以中小流量(小于1 500 m³/s)为主,历时为117.4 d,与1970～1996年相比,占汛期总历时由82%增加到95%。该流量级下,玛曲水文站水量和沙量分别为63.27亿m³和135.1万t,与1970～1996年相比,占汛期总水量和总沙量的比例分别由84%增加到92%、75%增加到87%。对于唐乃亥水文站,1997～2005年汛期以中大流量(大于1 000 m³/s)为主,历时107.4 d,与1970～1996年相比,占汛期总历时由97%减小到87%。该流量级下,唐乃亥站水量和沙量分别为93.71亿m³和726.9万t,与1970～1996年相比,占汛期总水量和总沙量的比例分别由96%减小到91%、99%减小到97%。

表1-8　不同水文站汛期不同流量级下水沙变化

站名	时段	流量级(m³/s)	历时(d)	水量(亿m³)	沙量(万t)	历时/总历时(%)	水量/总水量(%)	沙量/总沙量(%)
黄河沿	1958～2005年	≤50	98.51	1.47	1.9	80	77	77
		50～100	13.44	0.89	1.5	11	12	13
		≥100	11.05	1.21	1.7	9	11	10
	1969年以前	≤50	95.1	1.6	2.5	77	72	72
		50～100	26.1	1.66	2.6	21	26	26
		≥100	1.8	0.16	0.3	2	2	2
	1970～1996年	≤50	88.86	1.65	2	72	70	70
		50～100	13.43	0.93	1.6	11	11	13
		≥100	20.71	2.28	3.2	17	19	17
	1997～2005年	≤50	122.2	0.97	1.2	99	98	98
		50～100	0.8	0.04	0.1	1	2	2
		≥100	0	0	0	0	0	0

续表 1-8

站名	时段	流量级(m^3/s)	历时(d)	水量(亿 m^3)	沙量(万 t)	历时/总历时(%)	水量/总水量(%)	沙量/总沙量(%)
吉迈	1958～2005 年	≤200	64.76	7.21	4	53	41	22
		200～400	41.85	9.91	18.3	34	37	40
		≥400	16.38	7.55	40	13	22	38
	1969 年以前	≤200	58.91	6.86	4.9	48	37	19
		200～400	51.5	12.1	24.7	42	45	43
		≥400	12.57	5.55	32.4	10	18	38
	1970～1996 年	≤200	62.96	7.16	3.8	51	40	19
		200～400	38.42	9.26	18.1	31	34	37
		≥400	21.6	10.07	52.9	18	26	44
	1997～2005 年	≤200	79.3	8.15	3.1	64	54	30
		200～400	38	8.66	10.1	31	37	47
		≥400	5.7	2.56	12	5	8	23
玛曲	1958～2005 年	≤500	30.57	10.24	10.3	25	18	9
		500～1 500	81.47	59.79	190.5	66	67	67
		≥1 500	10.95	17.41	125.1	9	15	23
	1969 年以前	≤500	18.82	6.47	7.1	15	10	4
		500～1 500	90.36	66.15	193.5	74	72	68
		≥1 500	13.81	21.74	136.2	11	19	29
	1970～1996 年	≤500	30.37	10.58	11.5	25	17	8
		500～1 500	81.26	60.33	208	66	68	67
		≥1 500	11.37	18.26	143.1	8	16	25
	1997～2005 年	≤500	47.1	14.51	10.6	38	30	18
		500～1 500	70.3	48.76	124.5	57	62	69
		≥1 500	5.6	8.56	51.9	4	8	13

续表 1-8

站名	时段	流量级(m^3/s)	历时(d)	水量(亿 m^3)	沙量(万 t)	历时/总历时(%)	水量/总水量(%)	沙量/总沙量(%)
唐乃亥	1958～2005 年	≤500	6.74	2.5	4.7	5	3	1
		500～1 500	88.40	69.52	383.4	72	65	56
		≥1 500	27.86	48.24	547.1	23	30	42
	1969 年以前	≤500	5.07	1.86	1.5	4	2	1
		500～1 500	89.14	73.27	328.7	73	65	52
		≥1 500	28.78	48.39	501	23	32	47
	1970～1996 年	≤500	4.44	1.72	2.9	4	2	1
		500～1 500	86.85	66.95	361.1	70	62	53
		≥1 500	31.71	55.98	670.6	26	34	45
	1997～2005 年	≤500	15.6	5.63	14.2	13	9	3
		500～1 500	94	71.47	503.9	76	76	77
		≥1 500	13.4	22.24	223.0	11	15	21

由上述分析可得，随着汛期来水量和来沙量的降低，黄河沿站小流量历时增加较大，使得该流量级下水沙量所占比重增大，该站水沙量减小较多。对于吉迈和玛曲水文站，均以中小流量为主，相对于黄河沿站，其历时和水沙变幅相对较小。对于唐乃亥站，仍然是以中大流量为主，但是随着上游来水来沙量的减小，中大流量级所占比例也是减小的，这也反映出小流量级所占比例是增加的。

1.3.2 伏汛期

不同水文站伏汛期不同流量级下水沙变化见表 1-9。对于黄河沿水文站，1997～2005 年伏汛期以小流量（小于 50 m^3/s）为主，历时为 61.2 d，大流量没有发生，与 1970～1996 年相比，占汛期总历时由 38% 增加到 50%。该流量级下，黄河沿站水量和沙量分别为 0.57 亿 m^3 和 1 万 t，与 1970～1996 年相比，占汛期总水量和总沙量的比例分别由 73% 增加到 98%、74% 增加到 98%。对于吉迈水文站，1997～2005 年汛期以中小流量为主，历时为 57.8 d，与 1970～1996 年相比，占汛期总历时由 40% 增加到 47%。该流量级下，吉迈站水量和沙量分别为 8.69 亿 m^3 和 10.1 万 t，与 1970～1996 年相比，占汛期总水量和总沙量的比例分别由 72% 增加到 88%、60% 增加到 77%。对于玛曲水文站，1997～2005 年汛期以中小流量（小于 1 000 m^3/s）为主，历时为 57.9 d，与 1970～1996 年相比，占汛期总历时由45%增加到47%。该流量级下，玛曲站水量和沙量分别为31.40亿m^3和87.3万t，与1970～1996年相比，占汛期总水量和总沙量的比例分别由84%增加到90%、76%增加到86%。对于唐乃亥水文站，1997～2005年汛期以中大流量（大于1 000 m^3/s）为主，历时为56.2 d，与1970～1996年时段相比，占汛期总历时由49%减小到46%。该流量级下，唐乃亥站水量和沙量分别为50.69亿m^3和575.6万t，与1970～1996年相比，占汛期总水量和总沙量的比例分别由96%减小到91%、99%减小到97%。

表1-9　不同水文站伏汛期不同流量级下水沙变化

站名	时段	流量级（m^3/s）	历时（d）	水量（亿m^3）	沙量（万t）	历时/总历时（%）	水量/总水量（%）	沙量/总沙量（%）
黄河沿	1958～2005年	≤50	51.17	0.77	1.5	83	81	80
		50～100	6.29	0.42	0.9	10	11	12
		≥100	4.54	0.5	1	7	8	8
	1969年以前	≤50	51.1	0.76	1.8	82	80	78
		50～100	10.9	0.7	1.4	18	20	22
		≥100	0	0	0	0	0	0
	1970～1996年	≤50	46.43	0.87	1.6	75	73	73
		50～100	6.71	0.47	0.9	11	11	12
		≥100	8.86	0.97	2	14	16	15
	1997～2005年	≤50	61.2	0.57	1	99	98	98
		50～100	0.8	0.04	0.1	1	2	2
		≥100	0	0	0	0	0	0
吉迈	1958～2005年	≤200	30.73	3.47	3	25	40	23
		200～400	21.53	5.1	12.8	18	38	42
		≥400	9.74	4.56	27	8	22	35
	1969年以前	≤200	28.92	3.5	3.5	23	37	20
		200～400	27.5	6.5	17.9	22	48	46
		≥400	5.58	2.37	16.5	4	15	34
	1970～1996年	≤200	29.89	3.42	2.8	24	39	22
		200～400	18.8	4.48	12.3	16	33	39
		≥400	13.29	6.32	36.7	11	27	39
	1997～2005年	≤200	35.9	3.68	2.4	29	47	29
		200～400	21.6	5.01	7.7	18	41	48
		≥400	4.5	2.11	11.2	4	12	23

续表 1-9

站名	时段	流量级 (m^3/s)	历时 (d)	水量 (亿 m^3)	沙量 (万 t)	历时/总历时(%)	水量/总水量(%)	沙量/总沙量(%)
玛曲	1958～2005 年	≤500	0. 18	5. 16	6. 3	0	18	11
		500～1 500	0. 67	30. 3	113	0	67	67
		≥1 500	0. 15	9. 14	71. 9	0	15	22
	1969 年以前	≤500	7. 36	2. 76	3. 9	6	7	4
		500～1 500	49. 37	36. 29	120. 4	40	78	71
		≥1 500	5. 27	8. 06	58. 9	4	15	25
	1970～1996 年	≤500	15. 89	5. 42	6. 6	13	19	11
		500～1 500	39. 52	29. 7	119	32	65	66
		≥1 500	6. 59	10. 27	85. 5	5	16	23
	1997～2005 年	≤500	24. 5	7. 68	8. 3	20	31	23
		500～1 500	33. 4	23. 72	79	27	59	63
		≥1 500	4. 1	6. 38	42	3	10	14
唐乃亥	1958～2005 年	≤500	0. 02	0. 87	3. 1	0	3	1
		500～1 500	0. 65	35. 29	281. 1	0	65	59
		≥1 500	0. 31	26. 82	353	0	32	40
	1969 年以前	≤500	1. 21	0. 5	0. 9	1	1	1
		500～1 500	45. 64	39. 15	241. 1	38	65	52
		≥1 500	15. 14	24. 57	313. 7	13	34	47
	1970～1996 年	≤500	1. 74	0. 65	1. 8	1	2	1
		500～1 500	42. 77	33. 47	256. 4	35	63	57
		≥1 500	17. 47	31	422. 4	14	35	42
	1997～2005 年	≤500	5. 8	2. 28	10. 2	5	6	3
		500～1 500	46. 7	34. 64	390	38	76	76
		≥1 500	9. 5	16. 05	185. 6	8	18	21

由以上分析可得，对于黄河沿站，由于伏汛期几乎都是以小流量级为主，中大流量级洪水几乎没有发生，小流量级洪水所占历时和水沙比例均有较大增加。对于吉迈站和玛曲站，与汛期相同，仍然是以中小流量为主，相对来说，水量比例增加较大，沙量比例相对较小。对于唐乃亥站，也是以中大流量为主，但是该流量级下的水量和沙量占全部水量和沙量的比例变化不大。

1.3.3 秋汛期

不同水文站秋汛期不同流量级下水沙变化见表1-10。对于黄河沿水文站，1997～2005年秋汛期以小流量（小于50 m^3/s）为主，历时为61 d，无中大流量发生，与1970～1996年时段相比，占汛期总历时由34%增加到50%。该流量级下，黄河沿站水量和沙量分别为0.4亿m^3和0.2万t，与1970～1996年相比，占汛期总水量和总沙量的比例分别

表1-10 不同水文站秋汛期不同流量级下水沙变化

站名	时段	流量级（m^3/s）	历时（d）	水量（亿m^3）	沙量（万t）	历时/总历时（%）	水量/总水量（%）	沙量/总沙量（%）
黄河沿	1958～2005年	≤50	47.34	0.7	0.4	38	77	77
		50～100	7.15	0.47	0.6	6	12	13
		≥100	6.51	0.71	0.7	5	11	10
	1969年以前	≤50	44	0.84	0.6	36	70	71
		50～100	15.2	0.96	1.1	12	27	26
		≥100	1.8	0.16	0.3	1	3	3
	1970～1996年	≤50	42.43	0.77	0.4	34	69	68
		50～100	6.71	0.46	0.7	5	11	13
		≥100	11.86	1.31	1.2	10	20	18
	1997～2005年	≤50	61	0.4	0.2	50	100	100
		50～100	0	0	0	0	0	0
		≥100	0	0	0	0	0	0
吉迈	1958～2005	≤200	34.05	3.74	1	27	49	40
		200～400	20.31	4.82	5.4	17	35	37
		≥400	6.64	2.99	13.2	4	14	21
	1969年以前	≤200	30	3.37	1.3	25	43	32
		200～400	24	5.6	6.9	20	42	43
		≥400	7	3.18	15.8	5	16	24
	1970～1996年	≤200	33.07	3.74	0.9	27	48	39
		200～400	19.62	4.78	5.8	16	34	35
		≥400	8.31	3.76	16.1	6	16	25
	1997～2005年	≤200	43.4	4.48	0.7	35	65	56
		200～400	16.4	3.65	2.4	13	31	36
		≥400	1.2	0.45	0.8	1	3	8

续表 1-10

站名	时段	流量级（m^3/s）	历时(d)	水量（亿 m^3）	沙量（万 t）	历时/总历时(%)	水量/总水量(%)	沙量/总沙量(%)
玛曲	1958～2005 年	≤500	15.26	5.08	4	12	21	16
		500～1 500	40.68	29.49	77.5	33	67	67
		≥1 500	5.06	8.27	53.3	4	10	18
	1969 年以前	≤500	11.45	3.71	3.2	9	15	12
		500～1 500	41	29.86	73	33	66	63
		≥1 500	8.54	13.68	77.3	7	19	26
	1970～1996 年	≤500	14.48	5.15	4.8	12	20	15
		500～1 500	41.74	30.62	88.9	34	69	68
		≥1 500	4.77	7.99	57.5	3	11	16
	1997～2005 年	≤500	22.6	6.83	2.3	18	33	24
		500～1 500	36.9	25.04	45.4	30	63	69
		≥1 500	1.5	2.18	9.9	1	4	6
唐乃亥	1958～2005 年	≤500	4.48	1.62	1.6	4	6	4
		500～1 500	44.24	34.23	102.4	36	69	65
		≥1 500	12.72	21.4	182.3	10	24	30
	1969 年以前	≤500	3.86	1.36	0.6	3	5	2
		500～1 500	43.5	34.12	87.7	36	69	66
		≥1 500	13.64	23.82	187.3	12	28	32
	1970～1996 年	≤500	2.7	1.08	1.2	2	3	2
		500～1 500	44.07	33.47	104.6	36	68	62
		≥1 500	15.04	24.99	226.5	11	27	35
	1997～2005 年	≤500	9.8	3.35	4	8	15	13
		500～1 500	47.3	36.83	113.8	39	76	74
		≥1 500	3.9	6.2	37.5	3	9	13

由 69% 增加到 100%、68% 增加到 100%。对于吉迈水文站，1997～2005 年秋汛期以中小流量为主(尤以小于 200 m^3/s 为主)，历时为 59.8 d，与 1970～1996 年相比，占汛期总历时由 43% 增加到 48%。该流量级下，吉迈站水量和沙量分别为 8.13 亿 m^3 和 3.1 万 t，与 1970～1996 年相比，占汛期总水量和总沙量的比例分别由 84% 增加到 97%、75% 增加到 92%。对于玛曲水文站，1997～2005 年汛期以中小流量(小于 1 000 m^3/s)为主，历时为 59.5 d，与 1970～1996 年相比，占汛期总历时由 46% 增加到 48%。该流量级下，玛曲站水

量和沙量分别为31.87亿 m^3 和47.7万t，与1970～1996年相比，占汛期总水量和总沙量的比例分别由89%增加到96%、84%增加到94%。对于唐乃亥水文站，1997～2005年汛期以中大流量（大于1 000 m^3/s）为主，历时为57.1 d，与1970～1996年相比，占汛期总历时由38%增加到47%。该流量级下，唐乃亥站水量和沙量分别为40.18亿 m^3 和117.8万t，与1970～1996年相比，占汛期总水量和总沙量的比例分别由73%、65%增加到91%、87%。

由以上分析可得，对于黄河沿站，秋汛期全部是小流量级洪水，因此水沙量所占比例均为100%。对于吉迈站和玛曲站，相对于伏汛期来说，由于大洪水场次急剧减小，中小流量级水沙量所占比例也增加较多，均接近100%。对于唐乃亥站，与汛期和伏汛期规律相反，是以中小流量级为主，随着上游来水来沙的减小，中小流量级洪水所占历时增加较多，水量和沙量占秋汛期总水量和总沙量也增幅较大。

1.4 洪水变化特点

对于唐乃亥上游4个水文站来说，从黄河沿、吉迈、玛曲直到唐乃亥，随着沿途支流的逐渐汇入，流量是逐渐增大的，由于黄河沿处于黄河源头，来水仅仅依赖于冰山融雪，因此黄河沿水文站流量很小，一般在100 m^3/s 以下，基本上属于基流，最大洪峰流量为171 m^3/s，最小仅为5.3 m^3/s，难以进行洪水划分，在对河源区洪水特性进行分析时，未包括该站，主要研究了其他3个站的洪水特性。

同时，由于各站的流量相差较大，吉迈站与玛曲站、唐乃亥站的洪水划分标准也不相同。对于吉迈站，以流量为200 m^3/s 左右为基准，且处于涨水阶段作为洪水起涨时刻，结束时刻则取到流量小于200 m^3/s 的时刻。对于玛曲站和唐乃亥站，则以流量为400 m^3/s 作为起涨时刻和结束时刻来划分洪水。

1.4.1 洪水场次减少

根据不同站的实际情况，统计不同时段内吉迈、玛曲和唐乃亥水文站的洪水场次，见表1-11。

表1-11 不同时段内洪水场次

时段	吉迈站		玛曲站		唐乃亥站	
	总场次	年均（次/年）	总场次	年均（次/年）	总场次	年均（次/年）
1956～1959年	3	1.50	3	1.50	13	6.50
1960～1969年	17	1.70	24	2.40	36	3.60
1970～1979年	18	1.80	24	2.40	39	3.90
1980～1989年	18	1.80	31	3.10	40	4.00
1990～1999年	16	1.60	33	3.30	27	2.70
2000～2006年	10	1.43	16	2.29	17	2.43
1956～2006年	80	1.67	128	2.67	171	3.56
1969年以前	20	1.67	27	2.25	50	4.17
1970～1996年	48	1.78	81	3.00	96	3.56
1997～2006年	14	1.40	23	2.30	27	2.70

由表 1-11 可见，对于吉迈站、玛曲站和唐乃亥站，在 1960 ~ 1969 年、1970 ~ 1979 年、1980 ~ 1989 年和 1990 ~ 1999 年，洪水总场次变化不大，说明河源区来水较为稳定。而进入 21 世纪，各站洪水场次急剧减小，年均场次也有所下降，说明最近几年，受上游积雪融化和降雨的影响，上游河源区来水较小，洪水场次减少。吉迈站水量主要来源于黄河沿站，且黄河沿站水量与降雨和融雪有关，故洪水场次较少；而对于玛曲站和唐乃亥站，由于吉迈站至玛曲站、玛曲站至唐乃亥站之间支流汇水较多，玛曲站和唐乃亥站洪水场次明显增多。

1.4.2 洪峰流量降低

通过对洪水要素进行分析，统计各年黄河沿、吉迈、玛曲和唐乃亥 4 个水文站的洪峰最大流量，见图 1-4。不同时段各站最大洪峰流量 Q_{max}、最小洪峰流量 Q_{min} 和最大与最小洪峰流量的比值 Q_{max}/Q_{min} 的变化见表 1-12。

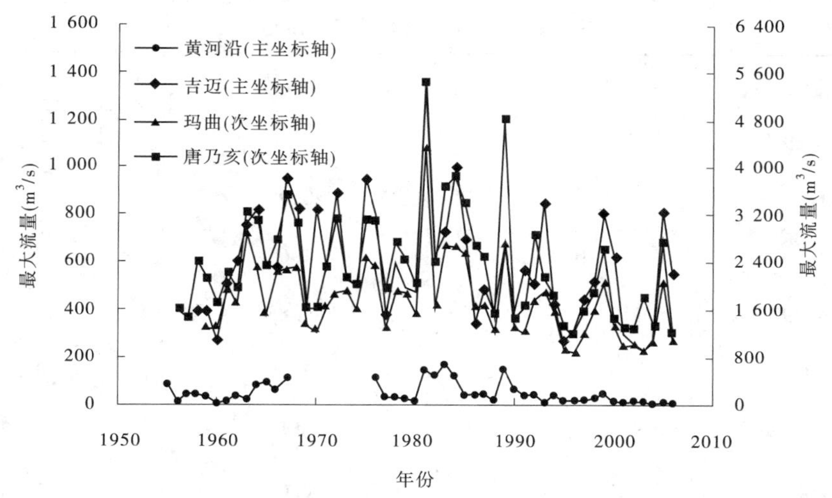

图 1-4 各水文站逐年最大洪峰流量过程线

表 1-12 不同时段各站洪峰流量特征值统计

时段	黄河沿站			吉迈站		
	Q_{max} (m³/s)	Q_{min} (m³/s)	Q_{max}/Q_{min}	Q_{max} (m³/s)	Q_{min} (m³/s)	Q_{max}/Q_{min}
1969 年以前	106	5.3	20.0	955	265	3.6
1970 ~ 1996 年	171	11	15.5	1 360	273	5.0
1997 ~ 2006 年	51.1	2.46	20.8	824	228	3.6

时段	玛曲站			唐乃亥站		
	Q_{max} (m³/s)	Q_{min} (m³/s)	Q_{max}/Q_{min}	Q_{max} (m³/s)	Q_{min} (m³/s)	Q_{max}/Q_{min}
1969 年以前	2 880	1 260	2.3	3 520	1 430	2.5
1970 ~ 1996 年	4 330	892	4.9	5 450	1 160	4.7
1997 ~ 2006 年	2 110	931	2.3	2 750	1 200	2.3

由于黄河沿水文站以上扎陵湖、鄂陵湖等众多的湖泊多为过水湖泊(吞吐湖),这些湖泊在枯水年份水面蒸发量明显加大,黄河沿站径流更小,甚至断流,同比1970~1996年最大洪峰流量减少很多,降幅达到70%,与此同时,最小流量减小更多,降幅达77%,导致最大洪峰流量与最小洪峰流量比值增大,为20.8。吉迈水文站与下游玛曲和唐乃亥水文站相似,相较于1969年以前,都是在1970~1996年内,最大洪峰流量与最小洪峰流量比值突然变大,3站变幅分别为5.0、4.9和4.7,说明在1970~1996年内,河源区出现较大洪水;在1997~2006年内,随着最大洪峰流量的减小,减幅分别为39%、51%和50%,而各站最小洪峰流量变化不大,导致3站最大洪峰流量与最小洪峰流量比值有了明显的降低,分别为3.6、2.3和2.3。

1.4.3 洪水期洪量减少

不同时段各站场均洪量见表1-13。

表1-13 不同时段各站场均洪量

时段	吉迈站	玛曲站	唐乃亥站
1956~1959年	6.55	15.58	25.51
1960~1969年	13.58	40.98	39.37
1970~1979年	10.95	41.68	31.02
1980~1989年	14.81	41.83	42.20
1990~1999年	9.19	27.58	30.86
2000~2006年	8.65	35.13	31.32
1956~2006年	11.56	36.64	34.98
1969年以前	12.53	38.16	35.77
1970~1996年	11.80	37.44	35.32
1997~2006年	9.36	32.67	32.32

由表1-13可见,与1970~1996年相比,1997~2006年各站水量均有不同程度的降低,降幅分别为21%、13%和9%。

洪水期洪量计算方法是以唐乃亥站的洪水过程为基础,通过洪水传播时间(见表1-14),反推出各站水量,计算上游各站区间来水量占唐乃亥站洪量的比例,分析唐乃亥站洪量地区组成的变化特性,见表1-15。

表 1-14　各站洪水传播时间

站名	至河口距离(km)	站间距(km)	传播时间(d)
黄河沿	5 194		
吉迈	4 869	325	2
玛曲	4 284	585	3
唐乃亥	4 057	227	1

表 1-15　不同时段唐乃亥站洪量组成

时段	洪量(亿 m^3)				占唐乃亥站比例(%)			
	黄河沿以上	黄河沿—吉迈	吉迈—玛曲	玛曲—唐乃亥	黄河沿以上	黄河沿—吉迈	吉迈—玛曲	玛曲—唐乃亥
1956～1959 年	0. 22	3. 36	14. 25	9. 65	1	12	52	35
1960～1969 年	1. 05	7. 37	22. 52	11. 33	2	17	53	27
1970～1979 年	0. 83	5. 93	15. 35	8. 91	3	19	49	29
1980～1989 年	1. 74	7. 11	22. 36	12. 79	4	16	51	29
1990～1999 年	0. 81	5. 49	14. 9	7. 4	3	19	52	26
2000～2006 年	0. 23	7. 02	18. 38	9. 32	1	20	53	27
1956～2006 年	1. 09	6. 48	18. 83	10. 39	3	18	51	28
1969 年以前	0. 93	7. 04	21. 38	11. 57	2	17	52	28
1970～1996 年	1. 32	6. 34	17. 97	10. 19	4	18	50	28
1997～2006 年	0. 25	6. 67	17. 67	8. 96	1	20	53	27

与 1970～1996 年相比，黄河沿站以上水量占唐乃亥站洪量的比例由 4% 减小到 1%；黄河沿—吉迈站水量占唐乃亥站洪量的比例由 18% 增加到 20%；吉迈—玛曲站水量占唐乃亥站洪量的比例由 50% 增加到 53%；玛曲—唐乃亥站水量占唐乃亥站洪量比例由 28% 减小到 27%，变化不大。

1.4.4　洪水历时缩短

不同水文站不同时段的洪水总历时及年均历时比较见表 1-16。

表 1-16　不同时段各站洪水总历时及年均历时比较

时段	吉迈站		玛曲站		唐乃亥站	
	总历时	年均历时	总历时	年均历时	总历时	年均历时
1956～1959 年	114	57	86	43	355	178
1960～1969 年	936	94	1 213	121	1 271	127
1970～1979 年	758	76	1 425	143	1 062	106
1980～1989 年	995	100	1 544	154	1 285	129
1990～1999 年	644	64	1 667	167	817	82
2000～2006 年	424	61	961	137	556	79
1956～2006 年	3 871	81	6 896	144	5 346	111
1969 年以前	1 050	88	1 299	108	1 626	136
1970～1996 年	2 237	83	4 229	157	2 852	106
1997～2006 年	584	58	1 368	137	868	87

由表 1-16 可见，对于 1997～2006 年，无论是洪水总历时还是年均洪水天数，均小于历史平均水平，可认为在近段时期内，河源区来水减小。与前述结论相一致。

1.4.5　洪水峰型改变

洪峰流量指的是某一年或者是某一时段，实际测量到的最大洪水流量，是个体的概念；而洪水平均流量却是对某一年或某一时段内的所有水量的一个平均，是一个全体的概念。前者强调特定的一个样本，不能代表样本全体的特性；而后者则是对样本全体的概括统计，忽略了样本的个性，故这两者均不能充分说明洪水变化情况及各站之间洪水类型，不能满足对洪水认识的需求，因此引入峰型系数的概念。峰型系数指的是对于一场洪水，其洪峰流量与洪水平均流量之比，即 Q_{max}/Q_p，其中 Q_{max}、Q_p 分别代表洪峰流量和洪水平均流量。各站不同时期各站峰型系数变化见表 1-17。

表 1-17　不同时期各站峰型系数变化

时段	吉迈站		玛曲站		唐乃亥站	
	最大值(m^3/s)	最小值(m^3/s)	最大值(m^3/s)	最小值(m^3/s)	最大值(m^3/s)	最小值(m^3/s)
1969 年以前	2.88	1.45	2.43	1.24	2.01	1.10
1970～1996 年	2.62	1.36	3.03	1.25	2.18	1.10
1997～2006 年	2.54	1.26	2.07	1.31	1.89	1.18

由表 1-17 可见，对于各站来说，与 1970～1996 年相比，1997～2006 年的最大峰型系数均有所减小，降幅分别为 3%、32% 和 13%。由于吉迈站主要以上游黄河沿来水为主，故峰型系数变化不大；吉迈—玛曲和玛曲—唐乃亥区间水量减小，导致洪水洪峰减小，使得其峰型系数减小较多。

C_v 为样本的变差系数，其值越小，说明样本偏离均值的程度越小。C_s 为偏态系数，反映随机变量的分布对于均值是否对称。各站不同时期 C_v 和 C_s 变化见表 1-18。

表 1-18　各站不同时期 C_v 和 C_s 变化

时段	吉迈站		玛曲站		唐乃亥站	
	C_v	C_s	C_v	C_s	C_v	C_s
1969 年以前	0.19	0.36	0.19	0.79	0.16	0.92
1970 ~ 1996 年	0.17	0.39	0.20	1.44	0.15	1.07
1997 ~ 2006 年	0.19	0.03	0.13	-0.26	0.12	1.15

由表 1-18 可得，与 1970 ~ 1996 年相比，1997 ~ 2006 年各站 C_v 值变化不同。吉迈站增大，而玛曲站和唐乃亥站均减小，说明近年来，吉迈站相较于玛曲站和唐乃亥站洪水变化较大。

1.5　主要认识

(1)与 1970 ~ 1996 年相比，1997 ~ 2006 年水沙量急剧减少，水量减小幅度最大的是源头区（黄河沿）以上，降幅为 76%；减小幅度最小的玛曲站，降幅为 16%。沙量降幅最大的仍然是源头区以上，降幅为 81%；最小的是唐乃亥站，降幅为 23%。总体来说，沙量减幅大于水量减幅。但是对于水量的主要来源区吉迈—玛曲和泥沙的主要来源区玛曲—唐乃亥，其减幅分别为 12% 和 11%，变化并不是很大。水沙量年际变幅减小。

(2)与 1970 ~ 1996 年相比，1997 ~ 2006 年汛期与非汛期水沙量变幅相差不大，水量最大降幅为 9%（发生在吉迈站），沙量最大降幅为 19%（发生在唐乃亥站）。伏汛期水沙量降幅均较秋汛期为小，水量降幅之差最大为 10%，沙量降幅之差最大为 40%。

(3)对于黄河沿站，汛期、主汛期和秋汛期流量级均以小流量为主，而且所占历时逐渐增加，在秋汛期，全部为小于 50 m^3/s 的小流量洪水。对于吉迈站和玛曲站，各个时期均是以中小流量洪水为主，相对于汛期和伏汛期来说，秋汛期大洪水场次次数急剧减小，中小流量洪水所占历时占秋汛期比例接近 100%。对于唐乃亥站，汛期和伏汛期均是以中大流量为主，而在秋汛期则以中小流量为主。

(4)近期洪水期洪水场次减少，吉迈站、玛曲站和唐乃亥站年均洪水场次降幅均为 23% 左右。最大洪峰流量均降低，最大降幅分别为 70%；最小洪峰流量却变化不同，最大降幅为 77%，最大增幅仅为 4%，这也导致最大洪峰流量与最小洪峰流量差别，除黄河沿站是增幅 34%，吉迈站、玛曲站和唐乃亥站都是降低的，降幅分别为 28%、53% 和 51%。

(5)对吉迈站、玛曲站和唐乃亥站来说，洪水水量减小，降幅分别为 21%、13% 和 9%；但是对于唐乃亥站洪量组成来说，各区间来水变化不大。

(6)由于近年来水量急剧减少，洪水历时较小，洪水最大洪峰流量与平均流量的比值也变小，洪峰峰型变矮胖。

第2章　黄河唐乃亥—兰州近期水沙变化特点

2.1　区间水沙概况

唐乃亥以上控制流域面积12.19万 km^2，占可控制黄河流域面积（75.3万 km^2）的16%；兰州以上控制流域面积22.26万 km^2，占可控制黄河流域面积的30%；唐乃亥—兰州河道长度566 km，占可控制黄河流域面积的13%，区间主要水库有多年调节龙羊峡水库和年调节刘家峡水库，主要汇入支流有大夏河、洮河、湟水、庄浪河和大通河等。其中，洮河、湟水和大通河集水面积超过10 000 km^2。唐乃亥站多年（1956～2005年，下同）平均实测水量、沙量分别为199.85亿 m^3 和0.126亿t，兰州站多年（1950～2005年，下同）平均实测水量、沙量分别为309.38亿 m^3 和0.715亿t，唐乃亥站年平均水沙量分别占兰州同期水沙量的64%和18%。唐乃亥—兰州区间的主要支流控制站民和（湟水，1950～2005年，下同）、享堂（大通河，1950～2005年，下同）、红旗（洮河，1950～2004年，下同）和折桥（大夏河，1957～2004年，下同）多年平均水量分别为16.22亿 m^3、28.30亿 m^3、46.24亿 m^3 和8.98亿 m^3，分别占唐乃亥—兰州区间水量的15%、26%、42%和8%；实测沙量分别为0.154亿t、0.029亿t、0.249亿t和0.028亿t，分别占唐乃亥—兰州区间沙量的26%、5%、42%和5%。可见，兰州以上水沙异源，其水量主要来自唐乃亥以上的河源区，而沙量则主要来自唐乃亥—兰州区间的湟水和洮河。统计唐乃亥—兰州区间主要干支流主要水文站实测水沙情况见表2-1。

由表2-1还可看出，干流汛期水量占年水量的比例在51%～60%，沙量在73%～83%；变幅（年最大值与最小值比值）水量在2.5～3.1，沙量变幅在11.7～180.3；变差系数 C_v 水量在0.23～0.27，沙量在0.61～1.11。支流汛期水量占年水量的比例在60%左右，沙量在82%左右；支流变幅水量在4.1～50.2，沙量在11.8～69.5。变差系数 C_v 水量在0.19～0.45，沙量在0.62～0.89。年沙量变幅大于水量，支流水沙量变幅大于干流。

表 2-1　主要干支流主要水文站实测水沙情况

水文站		唐乃亥	贵德	循化	小川	兰州	民和（湟水）	享堂（大通河）	红旗（洮河）	折桥（大夏河）
控制流域面积（km^2）		121 972	133 650	145 459	181 770	222 551	12 573	15 126	24 973	6 843.00
时段		1956～2005 年	1950～2005 年	1952～2005 年	1950～2005 年	1950～2005 年	1950～2005 年	1950～2005 年	1950～2004 年	1957～2004 年
水量	①汛期（亿 m^3）	120.15	109.78	113.79	135.02	162.23	9.52	17.67	26.60	5.30
	②年（亿 m^3）	199.85	202.84	210.85	265.25	309.38	16.22	28.30	46.24	8.98
	③主汛期（亿 m^3）	62.90	56.33	58.58	68.73	84.12	4.83	10.82	13.12	2.56
	①/②（%）	60	54	54	51	52	59	62	58	59
	③/②（%）	31	28	28	26	27	30	38	28	28
	年最大/最小	3.1	2.9	2.8	2.8	2.5	4.4	50.2	4.1	6.3
	年 C_v	0.27	0.24	0.24	0.25	0.23	0.30	0.19	0.32	0.45
	年 C_s	0.79	0.63	0.67	0.74	0.78	1.13	1.34	0.95	1.72
沙量	④汛期（亿 t）	0.092	0.128	0.253	0.305	0.596	0.129	0.023	0.199	0.022
	⑤年（亿 t）	0.126	0.171	0.323	0.391	0.715	0.154	0.029	0.249	0.028
	⑥主汛期（亿 t）	0.064	0.085	0.182	0.238	0.461	0.109	0.021	0.162	0.017
	④/⑤（%）	73	75	78	78	83	84	81	80	81
	⑥/⑤年（%）	51	50	56	61	64	71	72	65	61
	年最大/最小	11.7	180.3	25.9	139.1	18.2	40.3	14.5	11.8	69.5
	年 C_v	0.63	0.78	0.61	1.11	0.80	0.76	0.67	0.62	0.89
	年 C_s	1.75	0.47	0.56	1.85	1.80	1.73	1.31	0.93	2.45

2.2 实测水沙量变化

2.2.1 近期年均水沙量减少,且沙量减幅大于水量减幅

近期(1997~2006,下同)黄河干流主要水文站唐乃亥、贵德、循化、小川和兰州年均水量分别为167.96亿m^3、154.25亿m^3、165.19亿m^3、203.59亿m^3和247.37亿m^3(见表2-2),年均沙量分别为0.1亿t、0.019亿t、0.098亿t、0.119亿t和0.337亿t,与1970~1996年相比,水量分别减少20%、28%、24%、25%和21%,沙量分别减少30%、90%、72%、38%和33%;与1969年以前相比,水量减少26%~29%,沙量除唐乃亥水文站减少5%外,其余减少71%~95%;与1987~1996年相比,水量减少10%~13%,沙量除唐乃亥水文站减少22%外,其余减少30%~48%。

近期主要支流湟水民和站、大通河享堂站、洮河红旗站(1997~2004年)和大夏河折桥站(1997~2004年)平均水量分别为13.10亿m^3、25.90亿m^3、31.82亿m^3和5.76亿m^3(见表2-3),年平均沙量分别为0.075亿t、0.018亿t、0.116亿t和0.008亿t,与1970~1996年相比,水量分别减少16%、10%、30%和32%,沙量分别减少48%、42%、56%和71%。干支流沙量减少幅度均大于水量。

近期唐乃亥水文站年水量占兰州水文站年水量的比例仍然维持在1970~1996年的水平,即67%,唐乃亥—兰州区间水量为79.41亿m^3,较1970~1996年的102.79亿m^3减少23%,较1987~1996年的89.72亿m^3减少13%。唐乃亥—兰州区间支流湟水、大通河、洮河和大夏河分别占区间总加水量的16%、33%、40%和7%,与1970~1996年系列相比湟水和大夏河基本持平,大通河减少,洮河增加。

唐乃亥—兰州区间支流湟水、大通河、洮河和大夏河近期年均来水量为76.58亿m^3,较1970~1996年的98.48亿m^3减少22%;平均来沙量为0.217亿t,较1970~1996年的0.467亿t减少53%;沙量减少幅度大于水量。

2.2.2 年际间水沙量变幅减小

2.2.2.1 年水沙量变幅减小

近期年最大水量干流控制站唐乃亥、贵德、循化、小川和兰州分别为254.99亿m^3、193.09亿m^3、204.72亿m^3、247.56亿m^3和298.87亿m^3,与1970~1996年相比,减少22%~38%;支流湟水、大通河、洮河和大夏河分别为16.80亿m^3、32.92亿m^3、44.81亿m^3和7.93亿m^3,与1970~1996年相比,减少32%~46%。近期年最大沙量唐乃亥站、贵德站、循化站、小川站和兰州站,分别为0.220亿t、0.058亿t、0.298亿t、0.256亿t和0.726亿t,与1970~1996年相比,分别减少46%、86%、63%、45%和32%;支流湟水、大通河、洮河和大夏河分别为0.202亿t、0.036亿t、0.235亿t和0.021亿t,与1970~1996年相比,减少52%~78%。最大值仍然是沙量减少幅度大于水量,支流减少幅度大于干流。

近期年水沙量变幅(年最大水量与最小水量比值)减小。水量唐乃亥水文站由1970~1996年的2.3增加到2.4,贵德水文站、循化水文站、小川水文站和兰州水文站则由1970~

1996 年的 1.9 ~ 2.4 减少到 1.5 ~ 1.8；支流湟水、大通河、洮河和大夏河分别由 1970 ~ 1996 年的 4.1、50.2、2.5 和 3.8 下降到 1.6、32.9、1.9 和 2。沙量唐乃亥水文站、贵德水文站、循化水文站、小川水文站和兰州水文站分别由 1970 ~ 1996 年的 8.0、73.5、10.4、20.1 和 7.2，下降到 7.6、19.3、17.5、4 和 4.2；湟水由 1970 ~ 1996 年的 12.3 增加到 14.6，大通河、洮河和大夏河分别由 1970 ~ 1996 年的 10.5、8.7 和 20.4 下降到 4、3.9 和 11.8。

2.2.2.2 年 C_v 值发生变化

水文计算中用均方差与均值之比作为衡量系列的相对离散程度的一个参数，称为变差系数，或称离差系数、离势系数，用 C_v 表示。该值越大说明距系列平均值越大。C_v 值变化也显示出年际间水沙变幅的减小。

近期年水量 C_v 值唐乃亥水文站为 0.28，与 1970 ~ 1996 年的 0.27 相比，变化不大，贵德水文站、循化水文站、小川水文站和兰州水文站 C_v 值在 0.13 ~ 0.16，与 1970 ~ 1996 年的 0.2 ~ 0.23 相比（见表 2-2），明显减小；支流湟水、大通河、洮河和大夏河分别为 0.15、0.14、0.23 和 0.27（见表 2-3），较 1970 ~ 1996 年的 0.27、0.21、0.27 和 0.31 也减少。

近期年沙量 C_v 值唐乃亥水文站和兰州水文站分别为 0.53 和 0.58，与 1970 ~ 1996 年的 0.64 和 0.46 相比，唐乃亥减少 18%，兰州增加 25%；支流湟水、大通河、洮河和大夏河分别为 0.90、0.50、0.60 和 0.68，较 1970 ~ 1996 年的 0.63、0.55、0.55 和 0.75 相比，湟水和洮河增加，大通河和大夏河减少。

2.2.3 水沙量年内分配发生变化

2.2.3.1 汛期水沙量减少

近期干流汛期唐乃亥水文站、贵德水文站、循化水文站、小川水文站和兰州水文站水量分别为 98.9 亿 m^3、53.53 亿 m^3、57.79 亿 m^3、74.92 亿 m^3 和 101.62 亿 m^3（见表 2-2），与 1970 ~ 1996 年同期相比，分别减少 29%、53%、51%、41% 和 34%；汛期水量占年水量的比例除唐乃亥水文站仍然维持 60% 左右外，其余均由 1970 ~ 1996 年的 47% ~ 54% 下降到 34% ~ 41%。

支流各水文站近期与 1970 ~ 1996 年相比，汛期唐乃亥—兰州区间洮河、大夏河、湟水和大通河共来水 57.92 亿 m^3，较 1970 ~ 1996 年减少 21%，各站分别减少 29%、32%、17% 和 8%；汛期水量占年水量的比例变化不大，仍然维持在 60% 左右。

近期干流汛期唐乃亥水文站、贵德水文站、循化水文站、小川水文站和兰州水文站沙量分别为 0.074 亿 t、0.016 亿 t、0.076 亿 t、0.094 亿 t 和 0.263 亿 t（见表 2-2），与 1970 ~ 1996 年同期相比，分别减少 26%、89%、72%、20% 和 37%；汛期沙量占年沙量的比例唐乃亥水文站和兰州水文站分别为 74% 和 78%，与 1970 ~ 1996 年的 71% 和 82% 相比变化不大。

支流洮河、大夏河、湟水和大通河共来沙 0.17 亿 t，较 1970 ~ 1996 年减少 54%，其中洮河、大夏河、湟水和大通河分别减少 29%、32%、17% 和 8%；汛期水量占年水量的比例变化不大，仍然维持在 78% 左右。

汛期沙量减少幅度大于水量，支流水沙减少幅度大于干流。

2.2.3.2 主汛期水沙变化

近期干流主汛期（7 ~ 8 月，下同）控制站唐乃亥、贵德、循化、小川和兰州水量分别为

表 2-2(a)　干流唐乃亥水文站不同时期实测水沙量变化

项目	时段	平均		汛期/年(%)	最大值		最小值		最大值/最小值		C_v		C_s	
		汛期	年		汛期	年	汛期	年	汛期	年	汛期	年	汛期	年
水量(亿 m^3)	1956～1959 年	92.55	161.64	57	122.53	201.19	69.02	133.38	1.8	1.5	0.25	0.18	1.08	1.69
	1960～1969 年	135.98	216.48	63	199.34	310.88	87.21	154.29	2.3	2.0	0.26	0.22	0.31	0.58
	1970～1979 年	121.88	203.91	60	207.71	309.90	69.69	143.13	3.0	2.2	0.34	0.24	0.99	1.35
	1980～1989 年	148.49	241.06	62	206.89	327.94	88.73	164.47	2.3	2.0	0.28	0.25	0.05	0.23
	1990～1999 年	98.93	175.53	56	149.94	241.87	64.76	137.04	2.3	1.8	0.30	0.20	0.61	0.84
	2000～2006 年	94.43	159.65	59	172.91	254.99	51.61	105.77	3.4	2.4	0.42	0.29	1.54	1.72
	1956～2005 年	120.15	199.85	60	207.71	327.94	51.61	105.77	4.0	3.1	0.34	0.27	0.55	0.79
	1969 年以前	123.57	200.81	62	199.34	310.88	69.02	133.38	2.9	2.3	0.30	0.24	0.50	0.73
	1970～1996 年	124.63	209.00	60	207.71	327.94	69.21	140.00	3.0	2.3	0.34	0.27	0.65	0.91
	1997～2006 年	98.90	167.96	59	172.91	254.99	51.61	105.77	3.4	2.4	0.40	0.28	0.87	1.00
	1986 年以前	130.68	212.64	61	207.71	314.62	69.02	133.38	3.0	2.4	0.33	0.25	0.89	0.83
	1987～1996 年	104.40	186.26	56	192.33	327.94	69.21	140.00	2.8	2.3	0.34	0.29	-0.38	0.45
沙量(亿 t)	1956～1959 年	0.052	0.071	73	0.078	0.105	0.018	0.035	4.3	3.0	0.48	0.41	-1.36	-0.2
	1960～1969 年	0.096	0.118	81	0.211	0.273	0.028	0.043	7.5	6.3	0.57	0.56	0.84	1.38
	1970～1979 年	0.095	0.122	78	0.215	0.277	0.034	0.051	6.3	5.4	0.57	0.54	1.15	1.69
	1980～1989 年	0.133	0.198	67	0.287	0.409	0.040	0.061	7.2	6.7	0.65	0.58	0.82	0.72
	1990～1999 年	0.075	0.109	69	0.141	0.220	0.034	0.060	4.1	3.7	0.50	0.48	0.73	1.24
	2000～2006 年	0.064	0.081	79	0.121	0.137	0.023	0.029	5.3	4.7	0.57	0.44	0.50	0.20
	1956～2005 年	0.092	0.126	73	0.287	0.409	0.018	0.035	15.9	11.7	0.64	0.63	1.44	1.75
	1969 年以前	0.083	0.105	79	0.211	0.273	0.018	0.035	11.7	7.8	0.62	0.59	1.13	1.61
	1970～1996 年	0.101	0.143	71	0.287	0.409	0.034	0.051	8.4	8.0	0.67	0.64	1.34	1.50
	1997～2006 年	0.074	0.100	74	0.141	0.220	0.023	0.029	6.1	7.6	0.51	0.53	0.35	1.27
	1986 年以前	0.101	0.130	78	0.287	0.326	0.018	0.035	15.9	9.3	0.63	0.55	1.3	0.70
	1987～1996 年	0.076	0.128	59	0.212	0.409	0.034	0.060	6.2	6.8	0.62	0.76	0.04	1.85

表 2-2(b)　干流贵德水文站不同时期实测水沙量变化

项目	时段	平均		汛期/年	最大值		最小值		最大值/最小值		C_v		C_s	
		汛期	年	(%)	汛期	年	汛期	年	汛期	年	汛期	年	汛期	年
水量(亿 m^3)	1950~1959 年	118.70	199.83	59	163.79	274.19	74.23	140.81	2.2	1.9	0.22	0.20	-0.09	0.37
	1960~1969 年	141.07	225.96	62	199.37	315.81	92.42	164.63	2.2	1.9	0.24	0.20	0.22	0.52
	1970~1979 年	124.48	209.76	59	205.04	308.96	72.06	150.51	2.8	2.1	0.32	0.23	0.90	1.25
	1980~1989 年	136.63	230.86	59	207.26	316.18	59.95	138.99	3.5	2.3	0.36	0.26	-0.27	-0.09
	1990~1999 年	62.64	179.89	35	75.61	219.91	48.11	134.56	1.6	1.6	0.17	0.17	-0.32	-0.18
	2000~2006 年	53.62	155.59	34	62.74	193.09	38.65	108.61	1.6	1.8	0.16	0.17	-1.09	-0.55
	1950~2005 年	109.78	202.84	54	207.26	316.18	38.65	108.61	5.4	2.9	0.42	0.24	0.37	0.63
	1969 年以前	129.88	212.90	61	199.37	315.81	74.23	140.81	2.7	2.2	0.24	0.21	0.34	0.51
	1970~1996 年	113.98	213.03	54	207.26	316.18	48.11	138.99	4.3	2.3	0.42	0.23	0.55	0.74
	1997~2006 年	53.53	154.25	35	62.74	193.09	38.65	108.61	1.6	1.8	0.14	0.16	-0.76	-0.23
	1986 年以前	133.62	219.15	61	207.26	316.18	72.06	140.81	2.9	2.2	0.36	0.23	1.54	0.95
	1987~1996 年	73.12	190.11	38	136.97	252.85	48.11	138.99	2.8	1.8	0.43	0.20	-1.28	-1.47
沙量(亿 t)	1950~1959 年	0.130	0.186	70	0.183	0.274	0.047	0.085	3.9	3.2	0.31	0.28	-1.05	-0.27
	1960~1969 年	0.182	0.240	76	0.400	0.541	0.079	0.119	5.1	4.5	0.51	0.51	1.45	1.82
	1970~1979 年	0.212	0.272	78	0.334	0.441	0.070	0.140	4.8	3.1	0.38	0.35	-0.32	0.27
	1980~1989 年	0.168	0.234	72	0.349	0.435	0.011	0.037	31.7	11.8	0.60	0.57	0.09	-0.32
	1990~1999 年	0.016	0.019	84	0.050	0.058	0.001	0.004	50.0	14.5	0.88	0.85	1.56	1.75
	2000~2006 年	0.012	0.014	86	0.023	0.024	0.002	0.003	11.5	8.0	0.64	0.58	0.06	-0.15
	1950~2005 年	0.128	0.171	75	0.400	0.541	0.001	0.003	400	180.3	0.80	0.78	0.54	0.47
	1969 年以前	0.156	0.213	73	0.400	0.541	0.047	0.085	8.5	6.4	0.48	0.45	1.77	2.16
	1970~1996 年	0.144	0.191	75	0.349	0.441	0.004	0.006	87.3	73.5	0.78	0.76	0.16	0.05
	1997~2006 年	0.016	0.019	84	0.050	0.058	0.001	0.003	50.0	19.3	0.89	0.87	1.45	1.68
	1986 年以前	0.182	0.246	74	0.400	0.541	0.047	0.085	8.5	6.4	0.62	0.59	1.77	1.93
	1987~1996 年	0.027	0.032	84	0.140	0.143	0.004	0.006	35.0	23.8	0.90	0.9	-1.29	-1.28

表 2-2(c)　干流循化水文站不同时期实测水沙量变化

项目	时段	平均		汛期/年	最大值		最小值		最大值/最小值		C_v		C_s	
		汛期	年	(%)	汛期	年	汛期	年	汛期	年	汛期	年	汛期	年
水量（亿 m^3）	1952～1959 年	121.49	205.71	59	173.90	291.35	77.80	153.13	2.2	1.9	0.24	0.20	0.48	1.34
	1960～1969 年	150.06	244.50	61	211.80	335.29	98.33	178.81	2.2	1.9	0.24	0.20	0.2	0.40
	1970～1979 年	129.17	217.17	59	211.44	317.89	75.84	158.40	2.8	2.0	0.32	0.23	0.91	1.30
	1980～1989 年	138.21	230.93	60	210.96	323.49	59.47	136.55	3.5	2.4	0.37	0.27	-0.25	-0.06
	1990～1999 年	65.44	183.15	36	77.65	223.83	50.53	135.20	1.5	1.7	0.17	0.17	-0.48	-0.26
	2000～2006 年	58.99	169.62	35	69.08	204.72	44.25	121.21	1.6	1.7	0.16	0.16	-0.68	-0.71
	1952～2005 年	113.79	210.85	54	211.80	335.29	44.25	121.21	4.8	2.8	0.42	0.24	0.43	0.67
	1969 年以前	137.36	227.26	60	211.80	335.29	77.80	153.13	2.7	2.2	0.26	0.21	0.45	0.63
	1970～1996 年	117.16	216.59	54	211.44	323.49	50.82	136.55	4.2	2.4	0.42	0.23	0.57	0.72
	1997～2006 年	57.79	165.19	35	69.08	204.72	44.25	121.21	1.6	1.7	0.15	0.16	-0.19	-0.19
	1986 年以前	139.34	229.09	61	211.80	335.29	75.84	153.13	2.8	2.2	0.38	0.24	1.58	1.29
	1987～1996 年	75.87	192.06	40	144.90	259.73	50.82	136.55	2.9	1.9	0.43	0.21	-1.25	-1.47
沙量（亿 t）	1952～1959 年	0.299	0.382	78	0.494	0.632	0.106	0.155	4.7	4.1	0.47	0.43	0.13	0.34
	1960～1969 年	0.320	0.404	79	0.613	0.789	0.135	0.195	4.5	4.0	0.5	0.49	0.96	1.20
	1970～1979 年	0.347	0.429	81	0.515	0.670	0.118	0.227	4.4	3.0	0.36	0.32	-0.41	0.31
	1980～1989 年	0.295	0.396	74	0.702	0.802	0.055	0.128	12.8	6.3	0.65	0.51	0.99	0.61
	1990～1999 年	0.132	0.172	77	0.245	0.298	0.039	0.069	6.3	4.3	0.54	0.50	0.07	0.32
	2000～2006 年	0.047	0.058	81	0.099	0.106	0.016	0.017	6.2	6.2	0.68	0.57	0.77	0.34
	1952～2005 年	0.253	0.323	78	0.702	0.802	0.022	0.031	31.9	25.9	0.65	0.61	0.64	0.56
	1969 年以前	0.311	0.394	79	0.613	0.789	0.106	0.155	5.8	5.1	0.47	0.46	0.64	0.89
	1970～1996 年	0.271	0.348	78	0.702	0.802	0.043	0.077	16.3	10.4	0.61	0.53	0.66	0.49
	1997～2006 年	0.076	0.098	78	0.199	0.298	0.016	0.017	12.4	17.5	0.9	0.90	1.25	1.65
	1986 年以前	0.326	0.417	78	0.702	0.802	0.106	0.155	6.6	5.2	0.57	0.51	1.58	1.69
	1987～1996 年	0.149	0.191	78	0.452	0.500	0.043	0.077	10.5	6.5	0.66	0.60	-1.07	-1.26

表 2-2(d)　干流小川水文站不同时期实测水沙量变化

项目	时段	平均		汛期/年	最大值		最小值		最大值/最小值		C_v		C_s	
		汛期	年	(%)	汛期	年	汛期	年	汛期	年	汛期	年	汛期	年
水量(亿 m^3)	1950～1959 年	156.62	264.79	59	212.94	358.81	103.69	195.14	2.1	1.8	0.21	0.18	0.24	0.54
	1960～1969 年	187.30	309.53	61	295.27	458.00	71.12	183.34	4.2	2.5	0.34	0.25	-0.20	0.29
	1970～1979 年	137.72	277.98	50	230.85	390.33	86.11	204.67	2.7	1.9	0.36	0.22	1.11	1.21
	1980～1989 年	148.30	289.85	51	222.67	378.43	68.85	190.57	3.2	2.0	0.34	0.23	-0.11	-0.33
	1990～1999 年	81.45	223.43	36	106.00	270.45	56.47	175.84	1.9	1.5	0.2	0.15	-0.02	-0.26
	2000～2006 年	76.06	206.56	37	95.87	247.56	64.25	162.30	1.5	1.5	0.15	0.14	1.08	0.04
	1950～2005 年	135.02	265.25	51	295.27	458.00	56.47	162.30	5.2	2.8	0.42	0.25	0.63	0.74
	1969 年以前	171.96	287.16	60	295.27	458.00	71.12	183.34	4.2	2.5	0.30	0.24	0.39	0.71
	1970～1996 年	128.07	271.20	47	230.85	390.33	68.85	190.57	3.4	2.0	0.39	0.22	0.78	0.66
	1997～2006 年	74.92	203.59	37	95.98	247.56	56.47	162.30	1.7	1.5	0.18	0.14	0.60	0.27
	1986 年以前	161.90	289.77	56	295.27	458.00	71.12	183.34	4.2	2.5	0.47	0.24	1.64	1.36
	1987～1996 年	90.68	234.43	39	158.12	314.56	68.85	190.57	2.3	1.7	0.37	0.21	-1.27	-1.44
沙量(亿 t)	1950～1959 年	0.805	0.942	85	1.441	1.589	0.374	0.459	3.9	3.5	0.45	0.41	0.76	0.82
	1960～1969 年	0.505	0.627	81	1.376	1.948	0.009	0.014	152.9	139.1	0.92	0.95	0.92	1.37
	1970～1979 年	0.115	0.142	81	0.291	0.350	0.020	0.023	14.6	15.2	0.86	0.79	0.80	0.81
	1980～1989 年	0.089	0.211	42	0.211	0.391	0.009	0.050	23.4	7.8	0.73	0.58	0.55	0.25
	1990～1999 年	0.148	0.202	73	0.296	0.463	0.029	0.040	10.2	11.6	0.70	0.65	0.40	0.66
	2000～2006 年	0.085	0.111	77	0.145	0.169	0.042	0.064	3.5	2.6	0.42	0.32	0.78	0.43
	1950～2005 年	0.305	0.391	78	1.441	1.948	0.009	0.014	160.1	139.1	1.22	1.11	1.74	1.85
	1969 年以前	0.655	0.784	84	1.441	1.948	0.009	0.014	160.1	139.1	0.66	0.65	0.40	0.64
	1970～1996 年	0.118	0.190	62	0.296	0.463	0.009	0.023	32.9	20.1	0.78	0.66	0.72	0.44
	1997～2006 年	0.094	0.119	79	0.236	0.256	0.042	0.064	5.6	4.0	0.63	0.49	1.82	1.73
	1986 年以前	0.400	0.500	80	1.441	1.948	0.009	0.014	160.1	139.1	4.35	3.07	2.06	2.15
	1987～1996 年	0.149	0.233	64	0.296	0.463	0.029	0.040	10.2	11.6	0.89	0.72	1.38	1.45

表 2-2(e)　干流兰州水文站不同时期实测水沙量变化

项目	时段	平均		汛期/年 (%)	最大值		最小值		最大值/最小值		C_v		C_s	
		汛期	年		汛期	年	汛期	年	汛期	年	汛期	年	汛期	年
水量(亿 m^3)	1950～1959 年	188.33	315.30	60	251.19	417.11	120.95	230.93	2.1	1.8	0.21	0.17	0.12	0.45
	1960～1969 年	216.53	357.93	60	328.42	517.95	92.62	219.13	3.5	2.4	0.32	0.25	-0.22	0.26
	1970～1979 年	163.21	317.96	51	250.77	429.95	115.53	257.19	2.2	1.7	0.31	0.19	1.04	1.36
	1980～1989 年	175.26	333.52	53	254.54	423.08	99.61	230.30	2.6	1.8	0.31	0.21	-0.05	-0.33
	1990～1999 年	104.09	259.81	40	136.98	314.94	82.31	203.87	1.7	1.5	0.17	0.14	0.58	-0.11
	2000～2006 年	103.91	254.14	41	128.18	298.87	90.01	219.75	1.4	1.4	0.14	0.12	0.99	0.74
	1950～2005 年	162.23	309.38	52	328.42	517.95	82.31	203.87	4.0	2.5	0.37	0.23	0.62	0.78
	1969 年以前	202.43	336.61	60	328.42	517.95	92.62	219.13	3.5	2.4	0.28	0.22	0.26	0.64
	1970～1996 年	153.21	311.79	49	254.54	429.95	90.96	230.30	2.8	1.9	0.34	0.20	0.74	0.68
	1997～2006 年	101.62	247.37	41	128.18	298.87	82.31	203.87	1.6	1.5	0.16	0.13	0.53	0.42
	1986 年以前	189.91	334.88	57	328.42	517.95	92.62	219.13	3.5	2.4	0.43	0.23	1.62	1.46
	1987～1996 年	115.89	275.98	42	206.00	384.99	90.96	230.30	2.3	1.7	0.34	0.20	-1.01	-0.99
沙量(亿 t)	1950～1959 年	1.139	1.333	85	2.114	2.386	0.533	0.727	4.0	3.3	0.49	0.45	0.96	1.05
	1960～1969 年	0.836	0.995	84	2.022	2.716	0.189	0.222	10.7	12.2	0.78	0.83	0.75	1.17
	1970～1979 年	0.517	0.574	90	1.052	1.074	0.146	0.178	7.2	6.0	0.53	0.47	0.6	0.35
	1980～1989 年	0.341	0.447	76	0.633	0.757	0.067	0.149	9.4	5.1	0.56	0.49	0.15	-0.32
	1990～1999 年	0.409	0.516	79	0.657	0.753	0.144	0.223	4.6	3.4	0.5	0.38	-0.17	-0.19
	2000～2006 年	0.172	0.235	73	0.228	0.294	0.075	0.171	3.0	1.7	0.31	0.18	-0.98	-0.25
	1950～2005 年	0.596	0.715	83	2.114	2.716	0.067	0.149	31.6	18.2	0.84	0.80	1.58	1.80
	1969 年以前	0.987	1.164	85	2.114	2.716	0.189	0.222	11.2	12.2	0.62	0.62	0.57	0.74
	1970～1996 年	0.416	0.506	82	1.052	1.074	0.067	0.149	15.7	7.2	0.56	0.46	0.68	0.24
	1997～2006 年	0.263	0.337	78	0.657	0.726	0.075	0.171	8.8	4.2	0.74	0.58	1.63	1.60
	1986 年以前	0.736	0.867	85	2.114	2.716	0.116	0.149	18.2	18.2	1.53	1.46	2.09	2.21
	1987～1996 年	0.376	0.487	77	0.633	0.757	0.067	0.152	9.4	5.0	0.51	0.44	-0.86	-0.49

表 2-3(a)　湟水民和水文站不同时期实测水沙量变化

项目	时段	平均		汛期/年	最大值		最小值		最大值/最小值		C_v		C_s	
		汛期	年	(%)	汛期	年	汛期	年	汛期	年	汛期	年	汛期	年
水量(亿 m^3)	1950～1959 年	11.81	18.94	62	15.72	22.97	6.99	13.71	2.2	1.7	0.21	0.16	-0.52	-0.18
	1960～1969 年	10.28	18.20	56	20.70	31.11	5.96	10.67	3.5	2.9	0.51	0.41	1.24	0.90
	1970～1979 年	8.81	14.62	60	12.21	18.97	5.86	10.80	2.1	1.8	0.26	0.18	0.08	0.27
	1980～1989 年	10.46	17.63	59	17.26	29.06	6.23	10.27	2.8	2.8	0.35	0.30	0.50	0.87
	1990～1999 年	7.80	13.86	56	10.77	18.67	2.54	7.09	4.2	2.6	0.30	0.21	-1.18	-1.06
	2000～2006 年	7.02	12.82	55	8.84	16.80	4.33	10.41	2.0	1.6	0.22	0.18	-0.86	0.81
	1950～2005 年	9.52	16.22	59	20.70	31.11	2.54	7.09	8.1	4.4	0.37	0.30	0.89	1.13
	1969 年以前	11.05	18.57	60	20.70	31.11	5.96	10.67	3.5	2.9	0.37	0.30	0.65	0.73
	1970～1996 年	9.07	15.55	58	17.26	29.06	2.54	7.09	6.8	4.1	0.34	0.27	0.52	1.00
	1997～2006 年	7.49	13.10	57	9.99	16.80	4.33	10.41	2.3	1.6	0.22	0.15	-0.63	0.31
	1986 年以前	10.17	16.96	60	20.70	31.11	5.86	10.27	3.5	3.0	0.41	0.33	1.59	1.77
	1987～1996 年	8.97	16.36	55	17.26	29.06	2.54	7.09	6.8	4.1	0.43	0.37	0.65	1.45
沙量(亿 t)	1950～1959 年	0.188	0.211	89	0.465	0.514	0.073	0.093	6.4	5.5	0.64	0.61	1.55	1.69
	1960～1969 年	0.158	0.190	83	0.537	0.564	0.027	0.038	19.9	14.8	0.95	0.88	2.18	1.62
	1970～1979 年	0.194	0.219	89	0.397	0.424	0.055	0.062	7.2	6.8	0.53	0.47	0.88	0.77
	1980～1989 年	0.085	0.111	77	0.190	0.195	0.043	0.055	4.4	3.6	0.53	0.38	1.68	0.76
	1990～1999 年	0.079	0.106	75	0.186	0.202	0.019	0.034	9.8	5.9	0.61	0.53	1.17	0.71
	2000～2006 年	0.032	0.039	82	0.074	0.075	0.005	0.014	14.8	5.4	0.73	0.56	0.74	0.57
	1950～2005 年	0.129	0.154	84	0.537	0.564	0.005	0.014	107.4	40.3	0.84	0.76	1.88	1.73
	1969 年以前	0.173	0.201	86	0.537	0.564	0.027	0.038	19.9	14.8	0.77	0.73	1.67	1.43
	1970～1996 年	0.121	0.144	84	0.397	0.424	0.019	0.034	20.9	12.5	0.73	0.63	1.63	1.53
	1997～2006 年	0.053	0.075	71	0.186	0.202	0.005	0.014	37.2	14.4	0.97	0.90	2.17	1.33
	1986 年以前	0.163	0.189	86	0.537	0.564	0.027	0.038	19.9	14.8	1.03	0.93	2.29	2.21
	1987～1996 年	0.071	0.088	81	0.119	0.143	0.019	0.034	6.3	4.2	0.50	0.46	-1.65	-1.58

表 2-3(b)　大通河享堂水文站不同时期实测水沙量变化

项目	时段	平均		汛期/年(%)	最大值		最小值		最大值/最小值		C_v		C_s	
		汛期	年		汛期	年	汛期	年	汛期	年	汛期	年	汛期	年
水量(亿 m^3)	1950～1959 年	18.77	29.57	63	23.22	35.93	12.55	21.51	1.9	1.7	0.18	0.14	-0.71	-0.65
	1960～1969 年	17.04	28.03	61	23.88	36.72	12.43	20.40	1.9	1.8	0.25	0.22	0.73	0.64
	1970～1979 年	17.24	27.04	64	21.37	30.67	12.35	20.81	1.7	1.5	0.15	0.13	-0.18	-0.76
	1980～1989 年	19.83	31.81	62	32.78	50.19	13.56	24.15	2.4	2.1	0.33	0.25	0.97	1.54
	1990～1999 年	16.38	26.52	62	22.61	33.56	9.90	20.31	2.3	1.7	0.20	0.14	-0.02	0.22
	2000～2006 年	16.39	26.12	63	22.94	32.92	12.71	20.94	1.8	1.6	0.22	0.15	1.10	0.59
	1950～2005 年	17.67	28.30	62	32.78	50.19	9.90	20.31	3.3	2.5	0.24	0.19	1.05	1.34
	1969 年以前	17.90	28.80	62	23.88	36.72	12.43	20.40	1.9	1.8	0.21	0.18	0.05	0.14
	1970～1996 年	17.93	28.80	62	32.78	50.19	9.90	20.31	3.3	2.5	0.26	0.21	1.38	1.89
	1997～2006 年	16.51	25.90	64	22.94	32.92	12.71	20.94	1.8	1.6	0.19	0.14	0.85	0.58
	1986 年以前	17.83	28.44	63	25.99	38.35	12.35	20.40	2.1	1.9	0.21	0.16	0.38	0.12
	1987～1996 年	18.25	30.13	61	32.78	50.19	9.90	20.31	3.3	2.5	0.36	0.29	1.58	2.34
沙量(亿 t)	1950～1959 年	0.031	0.036	86	0.076	0.084	0.008	0.009	9.5	9.3	0.73	0.71	1.18	1.03
	1960～1969 年	0.023	0.028	82	0.059	0.071	0.005	0.006	11.8	11.8	0.84	0.82	1.53	1.17
	1970～1979 年	0.030	0.036	83	0.052	0.055	0.013	0.024	4.0	2.3	0.37	0.27	0.34	0.55
	1980～1989 年	0.026	0.035	74	0.064	0.087	0.005	0.015	12.8	5.8	0.77	0.64	0.94	1.53
	1990～1999 年	0.015	0.019	79	0.035	0.036	0.006	0.008	5.8	4.5	0.60	0.50	1.39	0.46
	2000～2006 年	0.013	0.015	87	0.030	0.031	0.004	0.009	7.5	3.4	0.66	0.49	1.79	1.75
	1950～2005 年	0.023	0.029	79	0.076	0.087	0.004	0.006	19.0	14.5	0.74	0.67	1.30	1.31
	1969 年以前	0.027	0.032	84	0.076	0.084	0.005	0.006	15.2	14.0	0.78	0.75	1.23	0.99
	1970～1996 年	0.024	0.031	77	0.064	0.087	0.005	0.008	12.8	10.9	0.65	0.55	0.88	1.35
	1997～2006 年	0.015	0.018	83	0.035	0.036	0.004	0.009	8.8	4.0	0.65	0.50	1.35	1.34
	1986 年以前	0.027	0.033	82	0.076	0.084	0.005	0.006	15.2	14.0	0.75	0.63	1.56	1.21
	1987～1996 年	0.018	0.026	69	0.064	0.087	0.005	0.008	12.8	10.9	0.78	0.76	0.81	1.48

表 2-3(c)　洮河红旗水文站不同时期实测水沙量变化

项目	时段	平均		汛期/年(%)	最大值		最小值		最大值/最小值		C_v		C_s	
		汛期	年		汛期	年	汛期	年	汛期	年	汛期	年	汛期	年
水量(亿 m^3)	1950~1959 年	26.89	46.54	58	36.03	57.47	14.81	32.01	2.4	1.8	0.26	0.19	-0.44	-0.42
	1960~1969 年	34.87	59.16	59	56.81	95.12	14.78	33.46	3.8	2.8	0.40	0.34	0.01	0.56
	1970~1979 年	29.42	48.53	61	46.86	66.22	15.61	31.08	3.0	2.1	0.43	0.29	0.29	0.10
	1980~1989 年	27.01	49.07	55	43.15	66.15	16.34	36.81	2.6	1.8	0.37	0.22	0.78	0.49
	1990~1999 年	18.89	35.08	54	32.35	48.34	9.98	25.56	3.2	1.9	0.33	0.20	0.95	0.45
	2000~2004 年	18.40	31.88	58	31.07	44.81	8.09	23.00	3.8	1.9	0.48	0.27	0.25	0.42
	1950~2004 年	26.60	46.24	58	56.81	95.12	8.09	23.00	7.0	4.1	0.42	0.32	0.68	0.95
	1950~1969 年	30.88	52.85	58	56.81	95.12	14.78	32.01	3.8	3.0	0.37	0.31	0.56	1.12
	1970~1996 年	25.87	45.62	57	46.86	66.22	9.98	26.52	4.7	2.5	0.42	0.27	0.70	0.41
	1997~2004 年	18.32	31.82	58	31.07	44.81	8.09	23.00	3.8	1.9	0.40	0.23	0.42	0.53
	1950~1986 年	30.35	51.61	59	56.81	95.12	14.78	31.08	3.8	3.1	0.47	0.35	1.38	1.75
	1987~1996 年	19.33	37.91	51	32.35	48.73	9.98	26.52	3.2	1.8	0.36	0.24	-1.46	-1.69
沙量(亿 t)	1950~1959 年	0.270	0.301	90	0.439	0.472	0.128	0.135	3.4	3.5	0.41	0.40	0.64	0.33
	1960~1969 年	0.216	0.264	82	0.588	0.648	0.028	0.056	21.0	11.6	0.85	0.80	1.03	1.17
	1970~1979 年	0.253	0.296	85	0.648	0.658	0.060	0.098	10.8	6.7	0.76	0.65	1.10	0.84
	1980~1989 年	0.165	0.249	66	0.300	0.402	0.043	0.076	7.0	5.3	0.61	0.48	0.18	-0.08
	1990~1999 年	0.150	0.208	72	0.314	0.438	0.049	0.060	6.4	7.3	0.60	0.56	0.56	0.67
	2000~2004 年	0.086	0.107	80	0.197	0.217	0.041	0.067	4.8	3.2	0.74	0.58	1.20	1.29
	1950~2004 年	0.199	0.249	80	0.648	0.658	0.028	0.056	23.1	11.8	0.72	0.62	1.13	0.93
	1950~1969 年	0.243	0.282	86	0.588	0.648	0.028	0.056	21.0	11.6	0.62	0.60	0.61	0.81
	1970~1996 年	0.198	0.264	75	0.648	0.658	0.043	0.076	15.1	8.7	0.71	0.55	1.47	0.87
	1997~2004 年	0.096	0.116	83	0.222	0.235	0.041	0.060	5.4	3.9	0.75	0.60	1.45	1.41
	1950~1986 年	0.231	0.279	83	0.648	0.658	0.028	0.056	23.1	11.8	0.80	0.62	1.46	1.05
	1987~1996 年	0.165	0.247	67	0.314	0.438	0.060	0.098	5.2	4.5	0.47	0.43	-0.89	-0.09

表 2-3(d)　大夏河折桥水文站不同时期实测水沙量变化

项目	时段	平均		汛期/年	最大值		最小值		最大值/最小值		C_v		C_s	
		汛期	年	(%)	汛期	年	汛期	年	汛期	年	汛期	年	汛期	年
水量(亿 m^3)	1957~1959年	7.69	11.33	68	10.10	14.11	3.82	6.18	2.6	2.3				
	1960~1969年	6.79	12.09	56	15.30	24.35	2.22	5.52	6.9	4.4	0.59	0.48	1.27	1.36
	1970~1979年	6.15	9.82	63	9.98	14.69	2.66	5.62	3.8	2.6	0.44	0.33	0.34	0.35
	1980~1989年	4.70	8.46	56	7.80	11.78	2.75	5.46	2.8	2.2	0.40	0.23	0.60	0.28
	1990~1999年	3.89	6.52	60	6.74	8.92	1.44	3.84	4.7	2.3	0.42	0.23	0.56	-0.09
	2000~2004年	3.23	5.59	58	5.67	7.93	1.06	3.99	5.3	2.0	0.58	0.33	0.21	0.38
	1957~2004年	5.30	8.98	59	15.30	24.35	1.06	3.84	14.4	6.3	0.55	0.45	1.25	1.72
	1957~1969年	7.00	11.92	59	15.30	24.35	2.22	5.52	6.9	4.4	0.54	0.45	0.93	1.21
	1970~1996年	5.05	8.52	59	9.98	14.69	1.44	3.84	6.9	3.8	0.46	0.31	0.71	0.77
	1997~2004年	3.40	5.76	59	5.67	7.93	1.06	3.99	5.3	2.0	0.48	0.27	0.23	0.38
	1957~1986年	6.26	10.46	60	15.30	24.35	2.22	5.46	6.9	4.5	0.66	0.55	1.88	2.29
	1987~1996年	3.96	7.11	56	6.74	9.56	1.44	3.84	4.7	2.5	0.40	0.26	-1.38	-1.91
沙量(亿 t)	1957~1959年	0.035	0.041	85	0.055	0.064	0.013	0.015	4.2	4.3	0.61	0.61		
	1960~1969年	0.029	0.038	76	0.093	0.139	0.003	0.007	31.0	19.9	1.02	1.06	1.68	2.16
	1970~1979年	0.036	0.042	86	0.093	0.095	0.007	0.009	13.3	10.6	0.72	0.62	1.24	0.98
	1980~1989年	0.014	0.019	74	0.051	0.055	0.001	0.009	51.0	6.1	1.03	0.68	2.57	2.74
	1990~1999年	0.015	0.018	83	0.039	0.041	0.003	0.005	13.0	8.2	0.74	0.62	1.08	0.91
	2000~2004年	0.005	0.006	83	0.011	0.011	0	0.002		5.5	1.02	0.66	0.23	0.44
	1957~2004年	0.022	0.028	79	0.093	0.139	0	0.002		69.5	0.93	0.89	1.86	2.45
	1957~1969年	0.03	0.039	77	0.093	0.139	0.003	0.007	31.0	19.9	0.71	0.75	1.62	2.37
	1970~1996年	0.023	0.028	82	0.093	0.095	0.001	0.005	93.0	19.0	0.91	0.75	1.76	1.69
	1997~2004年	0.006	0.008	75	0.017	0.021	0	0.002		10.5	0.78	0.68	0.82	1.74
	1957~1986年	0.029	0.036	81	0.093	0.139	0.003	0.007	31.0	19.9	1.00	0.99	2.14	2.74
	1987~1996年	0.015	0.019	79	0.039	0.041	0.001	0.005	39.0	8.2	0.63	0.5	-1.13	-1.23

52.51 亿 m^3、26.90 亿 m^3、29.20 亿 m^3、34.91 亿 m^3 和 49.67 亿 m^3（见表 2-4），与 1970～1996 年同期相比，分别减少 19%、54%、51%、47% 和 38%；主汛期占年比例唐乃亥和兰州分别为 31% 和 20%，与 1970～1996 年的 31% 和 26% 相比变化不大，但贵德、循化和小川水文站则由 1970～1996 年的 24%～28%，下降到 17%。

近期干流主汛期控制站唐乃亥、贵德、循化、小川和兰州沙量分别为 0.059 亿 t、0.014 亿 t、0.070 亿 t、0.083 亿 t 和 0.216 亿 t（见表 2-4），与 1970～1996 同期相比，分别减少 14%、85%、63%、20% 和 32%；主汛期占年比例唐乃亥为 59%，较 1970～1996 年的 48% 明显增大，贵德、循化、小川均由 1970～1996 年的 50%～54% 上升到 70%～72%，兰州仍然维持在 64%。

表 2-4　干流主汛期（7～8 月）主要水文站水沙统计

水文站	时段	水量			沙量			占年的比例（%）	
		平均（亿 m^3）	最大值（亿 m^3）	最大值/最小值	平均（亿 t）	最大值（亿 t）	最大值/最小值	水量	沙量
唐乃亥	1956～1959 年	51.90	59.11	1.4	0.041	0.056	3.6	32	58
	1960～1969 年	69.17	96.69	2.0	0.061	0.128	5.6	32	52
	1970～1979 年	61.87	111.15	3.3	0.066	0.148	6.3	30	54
	1980～1989 年	77.07	117.32	3.3	0.082	0.182	10.0	32	41
	1990～1999 年	56.51	97.81	2.7	0.062	0.124	6.5	32	57
	2000～2006 年	46.96	93.18	3.1	0.047	0.083	5.5	29	58
	1956～2005 年	62.90	117.32	4.0	0.064	0.182	11.8	31	51
	1969 年以前	64.24	96.69	2.3	0.056	0.128	8.3	32	53
	1970～1996 年	65.11	117.32	3.5	0.068	0.182	10.0	31	48
	1997～2006 年	52.51	97.81	3.3	0.059	0.124	8.1	31	59
	1986 年以前	66.71	117.32	3.5	0.065	0.182	11.8	31	50
	1987～1996 年	58.93	114.10	3.2	0.060	0.169	9.3	32	47
贵德	1950～1959 年	60.92	87.05	1.9	0.091	0.150	3.6	30	49
	1960～1969 年	72.21	96.95	1.9	0.115	0.257	4.6	32	48
	1970～1979 年	62.67	108.74	3.0	0.141	0.212	4.3	30	52
	1980～1989 年	70.72	115.70	3.3	0.110	0.176	16.1	31	47
	1990～1999 年	33.16	45.37	2.1	0.014	0.049	43.9	18	72
	2000～2006 年	27.95	38.06	2.0	0.010	0.014	9.7	18	68
	1950～2005 年	56.33	115.70	6.0	0.085	0.257	228.8	28	50
	1969 年以前	66.57	96.95	2.1	0.103	0.257	6.2	31	48
	1970～1996 年	58.97	115.70	3.6	0.096	0.212	54.9	28	50
	1997～2006 年	26.90	38.06	2.0	0.014	0.049	43.9	17	71
	1986 年以前	67.91	115.70	3.2	0.119	0.257	6.2	31	48
	1987～1996 年	41.11	72.29	2.3	0.024	0.133	34.5	22	76

续表 2-4

水文站	时段	水量			沙量			占年的比例(%)	
		平均(亿 m^3)	最大值(亿 m^3)	最大值/最小值	平均(亿 t)	最大值(亿 t)	最大值/最小值	水量	沙量
循化	1952～1959 年	64.56	92.14	2.0	0.232	0.466	4.8	31	61
	1960～1969 年	75.83	102.04	1.9	0.216	0.399	3.9	31	53
	1970～1979 年	64.69	112.76	3.2	0.246	0.393	4.3	30	57
	1980～1989 年	71.48	121.60	3.6	0.195	0.388	8.6	31	49
	1990～1999 年	35.46	47.09	2.0	0.111	0.197	5.2	19	64
	2000～2006 年	30.56	41.58	1.8	0.043	0.091	9.7	18	74
	1952～2005 年	58.58	121.60	5.3	0.182	0.466	24.2	28	56
	1969 年以前	70.82	102.04	2.2	0.223	0.466	4.8	31	57
	1970～1996 年	60.68	121.60	3.6	0.189	0.393	9.6	28	54
	1997～2006 年	29.20	41.58	1.8	0.070	0.197	21.1	18	71
	1986 年以前	70.95	121.60	3.4	0.226	0.466	5.0	31	54
	1987～1996 年	42.99	75.21	2.2	0.121	0.388	9.4	22	63
小川	1950～1959 年	81.29	111.16	1.8	0.629	1.341	4.4	31	67
	1960～1969 年	94.86	137.93	2.8	0.349	0.920	114.4	31	56
	1970～1979 年	69.02	121.33	3.2	0.098	0.265	14.3	25	69
	1980～1989 年	75.91	130.71	3.2	0.081	0.208	26.6	26	39
	1990～1999 年	44.27	58.12	2.2	0.137	0.290	10.7	20	68
	2000～2006 年	34.34	44.91	1.8	0.070	0.133	4.2	17	63
	1950～2005 年	68.73	137.93	5.4	0.238	1.341	171.0	26	61
	1969 年以前	88.07	137.93	2.8	0.489	1.341	166.8	31	62
	1970～1996 年	66.04	130.71	3.4	0.104	0.290	37.0	24	55
	1997～2006 年	34.91	50.08	2.0	0.083	0.233	7.4	17	70
	1986 年以前	82.40	137.93	3.6	0.303	1.341	171.0	28	61
	1987～1996 年	49.59	78.62	2.1	0.137	0.290	10.7	21	59

续表 2-4

水文站	时段	水量			沙量			占年的比例(%)	
		平均(亿 m^3)	最大值(亿 m^3)	最大值/最小值	平均(亿 t)	最大值(亿 t)	最大值/最小值	水量	沙量
兰州	1950～1959 年	98.94	133.12	1.8	0.916	1.983	4.6	31	69
	1960～1969 年	111.23	159.36	2.6	0.599	1.386	9.1	31	60
	1970～1979 年	82.74	135.80	2.7	0.403	0.948	11.2	26	70
	1980～1989 年	91.58	151.59	2.8	0.257	0.519	11.8	27	58
	1990～1999 年	58.67	81.15	1.9	0.342	0.606	4.4	23	66
	2000～2006 年	48.57	60.82	1.4	0.119	0.170	3.1	19	50
	1950～2005 年	84.12	159.36	3.8	0.461	1.983	45.0	27	64
	1969 年以前	105.08	159.36	2.6	0.757	1.983	13.0	31	65
	1970～1996 年	80.49	151.59	3.0	0.322	0.948	21.5	26	64
	1997～2006 年	49.67	67.88	1.6	0.216	0.606	10.9	20	64
	1986 年以前	98.05	159.36	3.2	0.563	1.983	33.5	29	65
	1987～1996 年	64.70	105.53	2.0	0.301	0.520	11.8	23	62

近期主要支流主汛期湟水、大通河、洮河和大夏河水量分别为 3.54 亿 m^3、10.03 亿 m^3、9.37 亿 m^3 和 1.73 亿 m^3(见表 2-5),与 1970～1996 年同期相比,分别减少 22%、8%、28% 和 28%;主汛期水量占年水量的比例在 27%～39%,与 1970～1996 年相比变化不大。

近期主要支流主汛期湟水、大通河、洮河和大夏河沙量分别为 0.046 亿 t、0.014 亿 t、0.084 亿 t 和 0.006 亿 t(见表 2-5),与 1970～1996 年同期相比,分别减少 56%、34%、48% 和 66%;主汛期沙量占年沙量的比例在 60%～78%,与 1970～1996 年相比,除湟水减少外,其余均有不同程度增加。

主汛期支流洮河、大夏河、湟水和大通河共来水量 24.67 亿 m^3,较 1970～1996 年减少 20%,主汛期水量占年水量的比例变化不大,仍然维持在 31% 左右。

主汛期支流洮河、大夏河、湟水和大通河共来沙量 0.150 亿 t,较 1970～1996 年减少 51%,主汛期水量占年水量的比例由 1970～1996 年的 65% 上升到 69%。

主汛期仍然是沙量减少幅度大于水量。

表 2-5　主要支流主汛期水文站水沙统计

水文站	时段	水量			沙量			占年的比例(%)	
		平均(亿 m^3)	最大值(亿 m^3)	最大值/最小值	平均(亿 t)	最大值(亿 t)	最大值/最小值	水量	沙量
民和(湟水)	1950～1959 年	6.29	8.92	2.7	0.160	0.445	7.4	33	76
民和(湟水)	1960～1969 年	5.22	9.86	3.7	0.124	0.422	19.2	29	65
民和(湟水)	1970～1979 年	4.24	6.88	2.6	0.172	0.380	17.1	29	79
民和(湟水)	1980～1989 年	5.43	9.38	4.0	0.072	0.161	7.0	31	65
民和(湟水)	1990～1999 年	4.17	6.99	5.1	0.063	0.186	10.5	30	59
民和(湟水)	2000～2006 年	2.85	4.04	2.1	0.027	0.063	17.4	22	69
民和(湟水)	1950～2005 年	4.83	9.86	7.2	0.109	0.445	122.9	30	71
民和(湟水)	1969 年以前	5.76	9.86	3.7	0.142	0.445	20.2	31	71
民和(湟水)	1970～1996 年	4.56	9.38	6.9	0.104	0.380	21.5	29	72
民和(湟水)	1997～2006 年	3.54	6.09	3.2	0.046	0.186	51.2	27	61
民和(湟水)	1986 年以前	5.21	9.86	4.2	0.138	0.445	20.2	31	73
民和(湟水)	1987～1996 年	4.53	9.38	6.9	0.052	0.096	5.4	28	60
享堂(大通河)	1950～1959 年	11.60	14.65	2.1	0.029	0.075	10.2	39	81
享堂(大通河)	1960～1969 年	10.35	15.59	2.0	0.019	0.049	14.1	37	70
享堂(大通河)	1970～1979 年	10.04	12.43	1.8	0.027	0.050	5.6	37	75
享堂(大通河)	1980～1989 年	12.28	20.57	2.4	0.022	0.056	12.9	39	64
享堂(大通河)	1990～1999 年	10.89	16.87	2.5	0.014	0.035	9.1	41	74
享堂(大通河)	2000～2006 年	9.25	12.77	1.8	0.011	0.026	8.0	35	74
享堂(大通河)	1950～2005 年	10.82	20.57	3.0	0.021	0.075	23.5	38	72
享堂(大通河)	1969 年以前	10.97	15.59	2.2	0.024	0.075	21.5	38	76
享堂(大通河)	1970～1996 年	10.98	20.57	3.0	0.021	0.056	14.6	38	69
享堂(大通河)	1997～2006 年	10.03	12.99	1.8	0.014	0.035	10.9	39	77
享堂(大通河)	1986 年以前	10.82	18.11	2.6	0.024	0.075	21.5	38	74
享堂(大通河)	1987～1996 年	11.56	20.57	3.0	0.016	0.056	14.6	38	61

续表 2-5

水文站	时段	水量			沙量			占年的比例(%)	
		平均(亿 m^3)	最大值(亿 m^3)	最大值/最小值	平均(亿 t)	最大值(亿 t)	最大值/最小值	水量	沙量
红旗(洮河)	1950～1959 年	13.49	23.11	2.6	0.231	0.419	3.5	29	77
	1960～1969 年	16.24	29.97	4.1	0.156	0.530	19.7	27	59
	1970～1979 年	14.04	25.79	5.2	0.207	0.594	11.2	29	70
	1980～1989 年	13.45	23.62	3.8	0.131	0.256	7.6	27	53
	1990～1999 年	10.95	17.03	3.2	0.134	0.280	5.9	31	64
	2000～2004 年	8.03	12.98	3.0	0.069	0.164	4.3	25	64
	1950～2004 年	13.12	29.97	6.9	0.162	0.594	22.1	28	65
	1950～1969 年	14.86	29.97	4.1	0.193	0.530	19.7	28	69
	1970～1996 年	12.95	25.79	5.2	0.163	0.594	17.7	28	62
	1997～2004 年	9.37	16.12	3.7	0.084	0.219	5.8	29	72
	1950～1986 年	14.57	29.97	6.0	0.184	0.594	22.1	28	66
	1987～1996 年	10.76	17.03	3.2	0.144	0.280	5.4	28	58
折桥(大夏河)	1957～1959 年	4.22	6.09	3.6	0.029	0.041	4.0	37	71
	1960～1969 年	3.15	6.83	6.2	0.021	0.058	21.0	26	55
	1970～1979 年	2.71	5.48	6.3	0.026	0.081	15.8	28	61
	1980～1989 年	2.35	4.02	4.6	0.010	0.040	36.0	28	55
	1990～1999 年	2.13	3.65	4.6	0.013	0.027	10.4	33	75
	2000～2004 年	1.33	2.51	4.9	0.004	0.008		24	61
	1957～2004 年	2.56	6.83	13.5	0.017	0.081		28	60
	1957～1969 年	3.40	6.83	6.2	0.023	0.058	21.0	29	59
	1970～1996 年	2.40	5.48	6.8	0.017	0.081	74.0	28	62
	1997～2004 年	1.73	3.65	7.2	0.006	0.017		30	73
	1957～1986 年	2.95	6.83	7.8	0.021	0.081	29.4	28	59
	1987～1996 年	2.04	3.15	3.9	0.012 31	0.027 4	24.9	29	65

2.2.3.3 秋汛期水沙变化

近期干流秋汛期(9～10 月,下同)控制站唐乃亥、贵德、循化、小川和兰州水量分别为 46.38 亿 m^3、26.63 亿 m^3、28.59 亿 m^3、40.01 亿 m^3 和 51.94 亿 m^3(见表 2-6),与 1970～1996 年同期相比,分别减少 22%、51%、49%、35% 和 28%;秋汛期水量占年水量的比例唐乃亥和兰州分别为 28% 和 21%,与 1970～1996 年的 28% 和 23% 相比变化不大,但贵德、循化和小川则由 1970 ~ 1996 年的 22% ~26%，下降到 17% ~19%。

表 2-6　秋汛期主要干流水文站水沙量统计

水文站	时段	水量			沙量			占年的比例(%)	
		平均(亿 m^3)	最大值(亿 m^3)	最大值/最小值	平均(亿 t)	最大值(亿 t)	最大值/最小值	水量	沙量
唐乃亥	1956 ~ 1959 年	40.65	63.42	2.3	0.011	0.022	9.3	25	15
	1960 ~ 1969 年	66.81	102.65	3.0	0.034	0.083	20.6	31	29
	1970 ~ 1979 年	60.01	96.56	3.3	0.030	0.067	21.5	29	24
	1980 ~ 1989 年	71.43	137.55	4.5	0.051	0.200	55.6	30	26
	1990 ~ 1999 年	42.43	55.04	2.1	0.013	0.027	8.1	24	12
	2000 ~ 2006 年	47.47	79.73	4.3	0.017	0.038	12.8	30	21
	1956 ~ 2005 年	57.26	137.55	7.4	0.029	0.200	86.4	29	23
	1969 年以前	59.34	102.65	3.8	0.028	0.083	35.8	30	26
	1970 ~ 1996 年	59.52	137.55	4.7	0.033	0.200	63.6	28	23
	1997 ~ 2006 年	46.38	79.73	4.3	0.016	0.038	12.8	28	16
	1986 年以前	63.97	137.55	5.1	0.036	0.200	86.4	30	28
	1987 ~ 1996 年	45.47	78.23	2.6	0.016	0.043	12.1	24	13
贵德	1950 ~ 1959 年	57.78	76.74	2.7	0.040	0.072	12.8	29	21
	1960 ~ 1969 年	68.85	102.42	2.7	0.067	0.143	6.1	30	28
	1970 ~ 1979 年	61.80	96.30	3.1	0.071	0.148	8.4	29	26
	1980 ~ 1989 年	65.91	134.94	9.1	0.058	0.174	435.7	29	25
	1990 ~ 1999 年	29.47	37.23	2.3	0.003	0.013	17 947	16	14
	2000 ~ 2006 年	25.66	32.16	1.7	0.003	0.010	95.3	16	20
	1950 ~ 2005 年	53.45	134.94	9.1	0.043	0.174	237 808	26	25
	1969 年以前	63.32	102.42	3.5	0.053	0.143	25.3	30	25
	1970 ~ 1996 年	55.01	134.94	9.1	0.048	0.174	237 808	26	25
	1997 ~ 2006 年	26.63	32.16	1.7	0.003	0.010	95.3	17	14
	1986 年以前	65.71	134.94	4.7	0.063	0.174	30.8	30	26
	1987 ~ 1996 年	32.02	64.68	4.4	0.003	0.013	17 947	17	9

续表 2-6

水文站	时段	水量			沙量			占年的比例(%)	
		平均(亿 m^3)	最大值(亿 m^3)	最大值/最小值	平均(亿 t)	最大值(亿 t)	最大值/最小值	水量	沙量
循化	1952～1959 年	56.94	81.76	2.7	0.068	0.132	14.2	28	18
	1960～1969 年	74.23	111.52	2.8	0.104	0.214	6.7	30	26
	1970～1979 年	64.48	98.68	3.0	0.102	0.219	8.9	30	24
	1980～1989 年	66.73	137.84	9.2	0.100	0.336	32.5	29	25
	1990～1999 年	29.98	38.01	2.3	0.022	0.061	49.5	16	13
	2000～2006 年	28.43	36.09	1.7	0.004	0.008	9.0	17	7
	1952～2005 年	55.21	137.84	9.2	0.071	0.336	379.0	26	22
	1969 年以前	66.54	111.52	3.6	0.088	0.214	23.1	29	22
	1970～1996 年	56.48	137.84	9.2	0.081	0.336	186.1	26	23
	1997～2006 年	28.59	36.09	1.7	0.006	0.030	34.0	17	6
	1986 年以前	68.40	137.84	4.5	0.100	0.336	36.2	30	24
	1987～1996 年	32.89	69.69	4.7	0.028	0.064	35.5	17	15
小川	1950～1959 年	75.33	101.78	2.4	0.176	0.373	20.5	28	19
	1960～1969 年	92.44	157.34	7.2	0.156	0.535	563.9	30	25
	1970～1979 年	68.70	109.52	3.4	0.017	0.090	319.3	25	12
	1980～1989 年	72.39	150.62	5.3	0.008	0.038	167.7	25	4
	1990～1999 年	37.18	47.88	1.6	0.012	0.077	241.4	17	6
	2000～2006 年	41.71	56.73	1.8	0.015	0.023	15.2	20	14
	1950～2005 年	66.29	157.34	7.2	0.067	0.535	2 387.7	25	17
	1969 年以前	83.89	157.34	7.2	0.166	0.535	563.9	29	21
	1970～1996 年	62.03	150.62	5.3	0.013	0.090	403.6	23	7
	1997～2006 年	40.01	56.73	1.9	0.011	0.023	72.0	20	9
	1986 年以前	79.50	157.34	7.2	0.096	0.535	2 387.7	27	19
	1987～1996 年	41.09	79.50	2.8	0.012	0.077	89.5	18	5

续表 2-6

水文站	时段	水量			沙量			占年的比例(%)	
		平均(亿 m^3)	最大值(亿 m^3)	最大值/最小	平均(亿 t)	最大值(亿 t)	最大值/最小值	水量	沙量
兰州	1950～1959 年	89.39	120.63	2.5	0.223	0.508	17.3	28	17
	1960～1969 年	105.30	170.40	5.4	0.237	0.680	34.9	29	24
	1970～1979 年	80.48	121.67	3.3	0.114	0.429	38.9	25	20
	1980～1989 年	83.69	166.15	3.7	0.084	0.266	33.1	25	19
	1990～1999 年	45.41	55.83	1.6	0.067	0.361	78.1	17	13
	2000～2006 年	55.33	71.25	1.6	0.054	0.081	4.2	22	23
	1950～2005 年	78.11	170.40	5.4	0.135	0.680	146.9	25	19
	1969 年以前	97.34	170.40	5.4	0.230	0.680	34.9	29	20
	1970～1996 年	72.73	166.15	4.4	0.094	0.429	92.7	23	19
	1997～2006 年	51.94	71.25	2.0	0.048	0.081	4.2	21	14
	1986 年以前	91.86	170.40	5.4	0.173	0.680	84.6	27	20
	1987～1996 年	51.19	100.47	2.7	0.075	0.361	78.1	19	15

近期干流秋汛期控制站唐乃亥、贵德、循化、小川和兰州沙量分别为 0.016 亿 t、0.003 亿 t、0.006 亿 t、0.011 亿 t 和 0.048 亿 t，与 1970～1996 年同期相比，分别减少 53%、94%、93%、17% 和 49%；主汛期沙量占年沙量的比例唐乃亥为 15%，较 1970～1996 年的 23% 明显减小，贵德、循化均由 1970～1996 年的 23%～25% 下降到 14%～6%，小川和兰州分别维持在 8% 和 16%。

近期主要支流秋汛期湟水、大通河、洮河和大夏河水量分别为 3.95 亿 m^3、6.48 亿 m^3、8.95 亿 m^3 和 1.67 亿 m^3（见表 2-7），与 1970～1996 年同期相比，分别减少 13%、7%、31% 和 37%；主汛期水量占年水量的比例在 25%～30% 之间，与 1970～1996 年相比变化不大。

近期主要支流秋汛期湟水、大通河、洮河和大夏河沙量分别为 0.008 亿 t、0.001 亿 t、0.012 亿 t 和 0.001 亿 t（见表 2-7），与 1970～1996 年同期相比，分别减少 56%、54%、67% 和 88%；主汛期水量占年水量的比例在 10% 左右，与 1970～1996 年相比，均有不同程度减少。

表 2-7　秋汛期主要支流水文站水沙统计

水文站	时段	水量			沙量			占年的比例(%)	
		平均(亿 m³)	最大值(亿 m³)	最大值/最小值	平均(亿 t)	最大值(亿 t)	最大值/最小值	水量	沙量
民和(湟水)	1950～1959 年	5.52	7.3	2.8	0.027	0.052	17.3	29	13
	1960～1969 年	5.06	10.8	3.5	0.033	0.115	26.2	28	18
	1970～1979 年	4.57	7.7	2.8	0.022	0.061	20.7	31	10
	1980～1989 年	5.02	8.1	3.0	0.013	0.042	26.9	28	12
	1990～1999 年	3.63	5.8	4.9	0.016	0.062	94.1	26	15
	2000～2006 年	4.17	4.9	2.1	0.006	0.011	6.2	33	14
	1950～2005 年	4.68	10.8	9.2	0.021	0.115	175.6	29	13
	1969 年以前	5.29	10.8	4.1	0.030	0.115	38.2	28	15
	1970～1996 年	4.51	8.1	6.9	0.018	0.062	70.6	29	12
	1997～2006 年	3.95	4.9	2.1	0.008	0.034	51.0	30	10
	1986 年以前	4.96	10.8	4.1	0.024	0.115	74.5	29	13
	1987～1996 年	4.43	7.9	6.7	0.019	0.062	70.6	27	21
享堂(大通河)	1950～1959 年	7.17	11.27	2.7	0.002	0.007	50.6	24	6
	1960～1969 年	6.69	8.93	1.9	0.003	0.011	23.5	24	11
	1970～1979 年	7.21	12.85	2.4	0.003	0.010	24.1	27	9
	1980～1989 年	7.55	12.52	3.2	0.003	0.014	38.8	24	10
	1990～1999 年	5.49	8.14	2.6	0.001	0.004	31.7	21	4
	2000～2006 年	7.14	10.16	2.6	0.002	0.004	13.7	27	11
	1950～2005 年	6.84	12.85	4.1	0.002	0.014	112.0	24	8
	1969 年以前	6.93	11.27	2.7	0.003	0.011	77.5	24	8
	1970～1996 年	6.95	12.85	4.1	0.003	0.014	112.0	24	9
	1997～2006 年	6.48	10.16	2.9	0.001	0.004	16.5	25	7
	1986 年以前	7.01	12.85	3.2	0.003	0.014	102.4	25	9
	1987～1996 年	6.69	12.21	3.9	0.002	0.008	64.9	22	8

续表 2-7

水文站	时段	水量			沙量			占年的比例(%)	
		平均(亿 m³)	最大值(亿 m³)	最大值/最小值	平均(亿 t)	最大值(亿 t)	最大值/最小值	水量	沙量
红旗(洮河)	1950~1959 年	13.40	19.26	3.2	0.039	0.138	28.5	29	13
	1960~1969 年	18.63	33.85	5.5	0.059	0.200	140.1	31	22
	1970~1979 年	15.39	28.87	4.5	0.045	0.151	70.1	32	15
	1980~1989 年	13.55	24.65	4.2	0.034	0.103	42.7	28	14
	1990~1999 年	7.94	15.32	3.3	0.016	0.049	40.6	23	8
	2000~2004 年	10.37	18.10	5.6	0.017	0.034	13.1	33	16
	1950~2004 年	13.47	33.85	10.4	0.037	0.200	166.1	29	15
	1950~1969 年	16.02	33.85	5.6	0.049	0.200	140.1	30	17
	1970~1996 年	12.93	28.87	6.1	0.035	0.151	70.1	28	13
	1997~2004 年	8.95	18.10	5.6	0.012	0.034	27.9	28	10
	1950~1986 年	15.77	33.85	5.6	0.047	0.200	140.1	31	17
	1987~1996 年	8.57	15.32	3.2	0.021	0.049	10.7	23	8
折桥(大夏河)	1957~1959 年	3.47	5.22	2.4	0.006	0.015	10.0	31	15
	1960~1969 年	3.64	8.47	7.6	0.008	0.035	88.3	30	20
	1970~1979 年	3.43	6.98	6.4	0.010	0.052	175.9	35	25
	1980~1989 年	2.35	4.31	4.2	0.003	0.012	112.6	28	17
	1990~1999 年	1.75	4.12	6.5	0.002	0.012	766.4	27	10
	2000~2004 年	1.90	3.50	6.4	0.001	0.003		34	17
	1957~2004 年	2.74	8.47	15.4	0.005	0.052		31	19
	1957~1969 年	3.60	8.47	7.6	0.007	0.035	88.3	30	19
	1970~1996 年	2.65	6.98	11.0	0.006	0.052	1 195.0	31	20
	1997~2004 年	1.67	3.50	6.4	0.001	0.003		29	8
	1950~1986 年	3.30	8.47	7.8	0.008	0.052	495.2	32	21
	1987~1996 年	1.91	4.12	6.5	0.002	0.012	267.6	27	12

秋汛期支流洮河、大夏河、湟水和大通河共来水量 21.05 亿 m³,较 1970~1996 年减少 22%,其水量占年水量的比例变化不大,仍然维持在 27%左右。

秋汛期支流洮河、大夏河、湟水和大通河共来沙量 0.022 亿 t,较 1970~1996 年减少 65%,秋汛期沙量占年沙量的比例变化不大,仍然维持在 10%左右。

2.3 主要干支流汛期流量级变化

2.3.1 干流流量级变化

2.3.1.1 汛期流量级变化

统计不同时期干流汛期各流量级历时以及输沙量情况(见表2-8)可以看出,近期汛期较大流量级较1970~1996年明显减少。如日均流量大于3 000 m^3/s 历时,近期没有出现,而1970~1996年控制站唐乃亥、贵德、循化、小川和兰州分别为1.6 d、1.5 d、1.9 d、4.1 d和7.4 d;日均流量在2 000~3 000 m^3/s 历时,近期唐乃亥为5.2 d,贵德、循化、小川和兰州没有出现,而1970~1996年分别为12.0 d、10.8 d、11.0 d、13.2 d和15.4 d。日均流量在1 000~2 000 m^3/s 历时,近期唐乃亥、贵德、循化、小川和兰州分别为35.4 d、0.2 d、0.3 d、11.0 d和49.7 d,分别占汛期总历时的28.9%、0.2%、0.3%、9%和40%,较1970~1996年的相应流量级占汛期比例的37%、29%、31%、31%、49%,明显减少。

由表2-8还可以看出,日均流量在1 000~2 000 m^3/s 的水量,近期控制站唐乃亥、贵德、循化、小川和兰州分别为40.8亿 m^3、0.2亿 m^3、0.3亿 m^3、10.9亿 m^3 和51.0亿 m^3,分别占汛期水量的41%、0.4%、0.5%、15%和50%,与1970~1996年的相应流量级占汛期总水量的比例的46%、39%、40%、34%、45%相比,除兰州外均明显减少。日均流量在500~1 000 m^3/s 的水量,近期唐乃亥、贵德、循化、小川和兰州分别为42.4亿 m^3、33.7亿 m^3、41.6亿 m^3、56.2亿 m^3 和50.6亿 m^3,分别占汛期水量的43%、63%、72%、75%和50%,与1970~1996年的相应流量级占汛期水量的比例的30%、35%、33%、33%、18%相比,明显增加。

小川水文站近期日均流量在500~1 000 m^3/s 和1 000~2 000 m^3/s 流量级的沙量分别为590万t和219万t,分别占汛期沙量的62%和23%,与1970~1996年的32%和44%相比,500~1 000 m^3/s 流量级明显增加,1 000~2 000 m^3/s 流量级减少。

兰州水文站近期日均流量在500~1 000 m^3/s 和在1 000~2 000 m^3/s 流量级的沙量分别为0.089万t和0.173亿t,分别占汛期沙量的34%和66%,较1970~1996年的8%和50%明显增加。

2.3.1.2 主汛期流量级变化

统计不同时期干流主汛期各流量级历时以及水量和输沙量情况(见表2-8)可以看出,近期汛期较大流量级较1970~1996年明显减少。如日均流量大于2 000 m^3/s 历时,除唐乃亥水文站4.2 d外,其余各干流没有出现;而1970~1996年控制站唐乃亥、贵德、循化、小川和兰州,分别为8 d、6.2 d、6.5 d、8.7 d和12.3 d;日均流量在1 000~2 000 m^3/s 历时,近期唐乃亥、贵德、循化、小川和兰州分别为17.9 d、0、0.2 d、2.8 d和20.5 d,分别占汛期历时29%、0、0.3%、5%和33%,较1970~1996年的相应流量级历时占主汛期历时比例的39%、29%、32%、34%、57%,明显减少。

表 2-8(a)　干流唐乃亥水文站汛期各流量级历时以及水沙变化

项目	时期	流量级（m^3/s）	多年平均	1969 年以前	1970 ~ 1996 年	1997 ~ 2006 年	1986 年以前	1987 ~ 1996 年
历时（d）	主汛期	<500	2.3	1.2	1.7	5.8	1.4	1.9
		500 ~ 1 000	27.7	24.1	28.1	34.1	24.9	32.3
		1 000 ~ 2 000	25.6	32.1	24.2	17.9	28.4	22.3
		2 000 ~ 3 000	6.0	4.4	7.3	4.2	6.6	5.5
		>3 000	0.4	0.2	0.7	0	0.7	0
		合计	62.0	62.0	62.0	62.0	62.0	62.0
	汛期	<500	6.8	5.1	4.4	15.6	4.7	4.4
		500 ~ 1 000	57.7	52.0	59.0	66.8	50.3	76.3
		1 000 ~ 2 000	47.3	55.7	46.0	35.4	53.6	36.0
		2 000 ~ 3 000	10.0	9.0	12.0	5.2	12.5	6.3
		>3 000	1.2	1.2	1.6	0	1.9	0
		合计	123.0	123.0	123.0	123.0	123.0	123.0
水量（亿 m^3）	主汛期	<500	0.9	0.5	0.6	2.3	0.5	0.7
		500 ~ 1 000	17.8	16.2	18.0	21.0	16.6	20.0
		1 000 ~ 2 000	30.9	38.3	29.6	21.1	34.3	27.0
		2 000 ~ 3 000	12.1	8.6	14.8	8.5	13.3	10.8
		>3 000	1.2	0.6	1.9	0	1.9	0
		合计	62.9	64.2	64.9	52.9	66.6	58.5
	汛期	<500	2.5	1.9	1.7	5.6	1.8	1.7
		500 ~ 1 000	37.0	34.2	37.6	42.4	33.0	47.1
		1 000 ~ 2 000	56.9	66.1	56.3	40.8	65.0	42.9
		2 000 ~ 3 000	20.1	18.1	23.8	10.6	25.0	12.3
		>3 000	3.7	3.3	5.1	0	5.9	0
		合计	120.2	123.6	124.5	99.4	130.7	104
沙量（万 t）	主汛期	<500	3	1	2	10	1	2
		500 ~ 1 000	123	66	121	210	91	138
		1 000 ~ 2 000	304	345	286	262	322	258
		2 000 ~ 3 000	185	132	236	104	200	202
		>3 000	22	12	35	0	36	0
		合计	637	556	680	586	650	600
	汛期	<500	5	2	3	14	3	2
		500 ~ 1 000	165	98	165	263	123	202
		1 000 ~ 2 000	431	462	428	353	471	344
		2 000 ~ 3 000	261	224	326	112	317	212
		>3 000	62	45	91	0	100	0
		合计	924	831	1 013	742	1 014	760

表 2-8(b)　干流贵德水文站汛期各流量级历时以及水沙变化

项目	时期	流量级(m^3/s)	多年平均	1969 年以前	1970 ~ 1996 年	1997 ~ 2006 年	1986 年以前	1987 ~ 1996 年
历时(d)	主汛期	<500	7.7	0.3	3.3	29.7	0.8	6.9
		500 ~ 1 000	30.1	22.7	34.6	32.3	24.1	50.4
		1 000 ~ 2 000	19.3	33.3	17.9	0	29.6	3.6
		2 000 ~ 3 000	4.6	5.5	5.7	0	7.0	1.1
		>3 000	0.3	0.2	0.5	0	0.5	0
		合计	62.0	62.0	62.0	62.0	62.0	62.0
	汛期	<500	18.3	3.3	12.5	59.4	3.2	28.0
		500 ~ 1 000	58.5	49.2	62.4	63.4	48.6	87.0
		1 000 ~ 2 000	36.4	59.1	35.8	0.2	56.3	5.2
		2 000 ~ 3 000	8.7	10.3	10.8	0	13.1	2.8
		>3 000	1.1	1.1	1.5	0	1.8	0
		合计	123.0	123.0	123.0	123.0	123.0	123.0
水量(亿 m^3)	主汛期	<500	2.6	0.2	1.2	9.5	0.3	2.5
		500 ~ 1 000	19.2	15.3	22.7	17.4	16.2	32.2
		1 000 ~ 2 000	23.5	40.0	22.1	0	36.1	4.3
		2 000 ~ 3 000	9.4	11.0	11.6	0	14.3	2.1
		>3 000	0.8	0.5	1.3	0	1.3	0
		合计	55.5	67.0	58.9	26.9	68.2	41.1
	汛期	<500	5.8	1.2	3.7	19.7	1.1	8.4
		500 ~ 1 000	36.3	32.3	39.9	33.7	32.1	53.3
		1 000 ~ 2 000	44.3	70.9	44.3	0.2	68.7	6.1
		2 000 ~ 3 000	17.5	20.8	21.5	0	26.3	5.3
		>3 000	3.3	3.1	4.5	0	5.3	0
		合计	107.2	128.3	113.9	53.6	133.5	73.1
沙量(亿 t)	主汛期	<500	21	1	32	26	20	24
		500 ~ 1 000	241	158	332	107	304	161
		1 000 ~ 2 000	369	435	455	0	569	60
		2 000 ~ 3 000	117	152	137	0	185	5
		>3 000	5	11	4	0	9	0
		合计	753	757	960	133	1 087	250
	汛期	<500	25	3	38	29	24	31
		500 ~ 1 000	301	199	419	119	396	163
		1 000 ~ 2 000	551	597	708	0	858	62
		2 000 ~ 3 000	182	243	208	0	287	7
		>3 000	24	42	23	0	39	0
		合计	1 083	1 084	1 396	148	1 604	263

表 2-8(c) 干流循化水文站汛期各流量级历时以及水沙变化

项目	时期	流量级(m^3/s)	多年平均	1969 年以前	1970 ~ 1996 年	1997 ~ 2006 年	1986 年以前	1987 ~ 1996 年
历时(d)	主汛期	<500	5.9	0.3	2.5	23.7	0.7	5.1
		500 ~ 1 000	28.6	18.2	32.9	38.1	20.8	48.8
		1 000 ~ 2 000	22.2	37.2	20.1	0.2	32.6	6.9
		2 000 ~ 3 000	4.7	5.9	5.6	0	7.0	1.2
		>3 000	0.6	0.4	0.9	0	0.9	0
		合计	62.0	62.0	62.0	62.0	62.0	62.0
	汛期	<500	14.8	1.8	11.5	47.2	2.3	26.6
		500 ~ 1 000	55.5	38.0	60.5	75.5	42.1	84.7
		1 000 ~ 2 000	41.9	69.9	38.1	0.3	62.6	8.7
		2 000 ~ 3 000	9.4	11.9	11.0	0	13.8	3.0
		>3 000	1.4	1.4	1.9	0	2.2	0
		合计	123.0	123.0	123.0	123.0	123.0	123.0
水量(亿 m^3)	主汛期	<500	1.9	0.1	1.0	7.6	0.2	2.0
		500 ~ 1 000	18.4	12.9	21.6	21.4	14.4	31.4
		1 000 ~ 2 000	27.0	45.3	24.4	0.2	39.8	7.3
		2 000 ~ 3 000	9.5	11.9	11.3	0	14.2	2.3
		>3 000	1.6	1.1	2.4	0	2.5	0
		合计	58.4	71.3	60.7	29.2	71.1	43
	汛期	<500	4.7	0.6	3.4	15.9	0.7	8.2
		500 ~ 1 000	35.0	26.1	38.9	41.6	28.5	52.5
		1 000 ~ 2 000	51.1	84.6	46.9	0.3	76.8	9.4
		2 000 ~ 3 000	19.0	24.1	22.1	0	27.9	5.8
		>3 000	4.2	3.9	5.8	0	6.6	0
		合计	114	139.3	117.1	57.8	140.5	75.9
沙量(万 t)	主汛期	<500	44	4	25	157	8	45
		500 ~ 1 000	545	388	659	461	472	834
		1 000 ~ 2 000	936	1 478	878	78	1 347	304
		2 000 ~ 3 000	280	398	300	0	429	26
		>3 000	26	29	33	0	40	0
		合计	1 831	2 297	1 895	696	2 296	1 209
	汛期	<500	57	5	48	163	10	106
		500 ~ 1 000	665	485	814	516	596	997
		1 000 ~ 2 000	1 295	2 040	1 229	78	1 902	320
		2 000 ~ 3 000	458	613	513	0	694	67
		>3 000	78	77	105	0	122	0
		合计	2 553	3 220	2 709	757	3 324	1 490

表 2-8(d)　干流小川水文站汛期各流量级历时以及水沙变化

项目	时期	流量级 (m³/s)	多年平均	1969 年以前	1970 ~ 1996 年	1997 ~ 2006 年	1986 年以前	1987 ~ 1996 年
历时 (d)	主汛期	<500	3.6	0.2	1.1	14.6	0.4	2.0
		500 ~ 1 000	27.2	9.3	31.1	44.6	17.1	43.8
		1 000 ~ 2 000	21.4	34.3	21.1	2.8	29.3	14.3
		2 000 ~ 3 000	8.3	15.9	7.1	0	12.8	1.9
		>3 000	1.5	2.3	1.6	0	2.4	0
		合计	62.0	62.0	62.0	62.0	62.0	62.0
	汛期	<500	8.3	3.9	5.2	21.9	3.9	7.6
		500 ~ 1 000	56.3	23.7	62.7	90.1	35.5	92.5
		1 000 ~ 2 000	39.1	59.9	37.8	11.0	53.7	19.4
		2 000 ~ 3 000	15.4	29.6	13.2	0	23.7	3.5
		>3 000	3.9	5.9	4.1	0	6.2	0
		合计	123.0	123.0	123.0	123.0	123.0	123.0
水量 (亿 m³)	主汛期	<500	1.3	0.1	0.4	5.2	0.2	0.8
		500 ~ 1 000	18.1	6.8	21.4	27.0	12.0	30.1
		1 000 ~ 2 000	25.4	42.2	24.3	2.8	35.5	14.7
		2 000 ~ 3 000	17.3	32.4	15.2	0	26.6	4.0
		>3 000	4.5	7.2	4.6	0	7.3	0
		合计	66.6	88.7	65.9	35.0	81.6	49.6
	汛期	<500	2.9	1.1	1.9	7.9	1.2	2.8
		500 ~ 1 000	37.0	16.5	41.9	56.2	24.4	60.4
		1 000 ~ 2 000	46.2	73.6	43.9	10.9	65.0	20.0
		2 000 ~ 3 000	32.1	60.7	27.9	0	49.4	7.3
		>3 000	12.0	18.7	12.5	0	19.4	0
		合计	130.2	170.6	128.1	75.0	159.4	90.5
沙量 (万 t)	主汛期	<500	30	0	9	126	1	20
		500 ~ 1 000	383	368	362	513	273	648
		1 000 ~ 2 000	883	2 119	468	189	1 157	643
		2 000 ~ 3 000	606	1 832	172	0	957	63
		>3 000	147	459	34	0	237	0
		合计	2 049	4 778	1 045	828	2 625	1 374
	汛期	<500	32	1	11	131	2	25
		500 ~ 1 000	418	420	379	590	299	684
		1 000 ~ 2 000	1 030	2 535	513	219	1 360	718
		2 000 ~ 3 000	813	2 502	208	0	1 291	63
		>3 000	244	741	68	0	394	0
		合计	2 537	6 199	1 179	940	3 346	1 490

表 2-8(e)　干流兰州水文站汛期各流量级历时以及水沙变化

项目	时期	流量级 (m^3/s)	多年平均	1969 年以前	1970 ~ 1996 年	1997 ~ 2006 年	1986 年以前	1987 ~ 1996 年
历时 (d)	主汛期	<500	0	0	0	0.1	0	0
		500 ~ 1 000	15.7	2.7	14.1	41.4	6.9	19.4
		1 000 ~ 2 000	31.5	32.6	35.6	20.5	33.2	38.7
		2 000 ~ 3 000	11.0	20.8	8.5	0	16.0	3.8
		>3 000	3.8	5.9	3.8	0	5.9	0.1
		合计	62.0	62.0	62.0	62.0	62.0	62.0
	汛期	<500	1.0	1.6	0.8	0.1	1.4	0.2
		500 ~ 1 000	37.0	11.7	39.5	73.2	18.4	63.9
		1 000 ~ 2 000	57.2	59.3	59.9	49.7	61.7	52.8
		2 000 ~ 3 000	20.3	38.7	15.4	0	30.1	4.9
		>3 000	7.5	11.7	7.4	0	11.4	1.2
		合计	123.0	123.0	123.0	123.0	123.0	123.0
水量 (亿 m^3)	主汛期	<500	0	0	0	0	0	0
		500 ~ 1 000	11.3	2.0	10.6	28.8	5.2	14.5
		1 000 ~ 2 000	37.0	41.7	40.7	20.9	40.9	41.7
		2 000 ~ 3 000	23.2	43.5	18.0	0	33.7	8.2
		>3 000	11.6	18.3	11.2	0	18.0	0.3
		合计	83.1	105.5	80.5	49.7	97.8	64.7
	汛期	<500	0.3	0.6	0.3	0	0.5	0.1
		500 ~ 1 000	26.2	8.2	28.5	50.6	13.3	45.6
		1 000 ~ 2 000	67.5	76.9	68.6	51.0	76.3	56.5
		2 000 ~ 3 000	42.8	81.3	32.8	0	63.6	10.5
		>3 000	23.5	36.6	23.0	0	35.7	3.3
		合计	160.3	203.6	153.2	101.6	189.4	116.0
沙量 (亿 t)	主汛期	<500	0	0	0	0.001	0	0
		500 ~ 1 000	0.027	0.005	0.024	0.074	0.011	0.035
		1 000 ~ 2 000	0.193	0.254	0.173	0.140	0.202	0.213
		2 000 ~ 3 000	0.148	0.339	0.078	0	0.216	0.051
		>3 000	0.080	0.174	0.048	0	0.125	0.002
		合计	0.448	0.772	0.323	0.215	0.554	0.301
	汛期	<500	0	0	0	0.001	0	0
		500 ~ 1 000	0.037	0.009	0.035	0.089	0.016	0.054
		1 000 ~ 2 000	0.231	0.302	0.207	0.173	0.239	0.259
		2 000 ~ 3 000	0.196	0.461	0.094	0	0.290	0.055
		>3 000	0.117	0.237	0.080	0	0.180	0.008
		合计	0.581	1.009	0.416	0.263	0.725	0.376

由表 2-8 还可以看出，日均流量在 1 000 ~ 2 000 m³/s 的水量，近期控制站唐乃亥、贵德、循化、小川和兰州分别为 21.1 亿 m³、0、0.2 亿 m³、2.8 亿 m³ 和 20.9 亿 m³，分别占主汛期水流量的 40%、0、68%、8% 和 42%，与 1970 ~ 1996 年的相应流量级水量占主汛期水量比例的 46%、38%、40%、37%、51% 相比，除循化和兰州外均明显减少。

小川水文站近期主汛期日均流量在 500 ~ 1 000 m³/s 和在 1 000 ~ 2 000 m³/s 流量级的沙量分别为 513 万 t 和 189 万 t，分别占汛期沙量的 62% 和 22%，与 1970 ~ 1996 年的 35% 和 45% 相比，500 ~ 1 000 m³/s 流量级明显增加，1 000 ~ 2 000 m³/s 流量级减少。

兰州水文站近期日均流量在 500 ~ 1 000 m³/s 和在 1 000 ~ 2 000 m³/s 流量级的沙量分别为 0.074 万 t 和 0.140 亿 t，分别占汛期沙量的 34% 和 65%，较 1970 ~ 1996 年的 7% 和 54% 明显增加。

2.3.1.3 秋汛期流量级变化

统计不同时期干流秋汛期各流量级历时以及水量和输沙量情况（见表 2-9）可以看出，近期汛期较大流量级较 1970 ~ 1996 年明显减少。如日均流量大于 2 000 m³/s 历时，除唐乃亥水文站 1 d 外，其余各干流没有出现。而 1970 ~ 1996 年控制站唐乃亥、贵德、循化、小川和兰州分别为 5.6 d、6.1 d、6.4 d、8.6 d 和 10.5 d；日均流量在 1 000 ~ 2 000 m³/s 历时，近期唐乃亥、贵德、循化、小川和兰州分别为 17.5 d、0.2 d、0.1 d、8.2 d 和 29.2 d，分别占汛期历时的 29%、0.3%、0.2%、13% 和 48%，与 1970 ~ 1996 年的相应流量级历时占秋汛期历时比例的 35%、29%、29%、27%、40% 相比，除兰州外，其余明显减少。

由表 2-9 还可以看出，日均流量在 1 000 ~ 2 000 m³/s 的水量，近期控制站唐乃亥、贵德、循化、小川和兰州分别为 19.7 亿 m³、0.2 亿 m³、0.1 亿 m³、8.1 亿 m³ 和 30.1 亿 m³，分别占秋汛期历时的 42%、0.7%、0.3%、20% 和 58%，与 1970 ~ 1996 年的相应流量级历时占秋汛期历时比例的 44%、40%、40%、32%、38% 相比，除兰州外，其余均明显减少。

小川水文站近期秋汛期日均流量在 500 ~ 1 000 m³/s 和在 1 000 ~ 2 000 m³/s 流量级的沙量分别为 77 万 t 和 30 万 t，分别占汛期沙量的 62% 和 22%，与 1970 ~ 1996 年的 12% 和 33% 相比，500 ~ 1 000 m³/s 流量级明显增加，1 000 ~ 2 000 m³/s 流量级减少。

兰州水文站近期日均流量在 500 ~ 1 000 m³/s 和在 1 000 ~ 2 000 m³/s 流量级的沙量分别为 0.015 亿 t 和 0.033 亿 t，分别占汛期沙量的 31% 和 69%，较 1970 ~ 1996 年的 12% 和 36% 明显增加。

2.3.2 支流流量级变化

2.3.2.1 汛期流量级变化

统计不同时期主要支流汛期各流量级历时、水沙量情况（见表 2-10）可以看出，汛期近期各支流大流量较 1970 ~ 1996 年相比，日均历时以及相应水沙量明显减少。

其中湟水（民和站）日均流量大于 300 m³/s 历时仅 0.2 d，相应水量 0.1 亿 m³，相应沙量 83 万 t，分别占相应汛期总量的 0.2%、1.3%、15.6%；与同流量级 1970 ~ 1996 年系列的历时（1.4 d），相应水量（0.4 亿 m³）、相应沙量（209 万 t），以及该流量级占汛期比例相比均减少（见表 2-10（a））。

表 2-9　秋汛期干流控制水文站流量级统计

水文站	项目	流量级 (m^3/s)	多年平均	1969 年以前	1970 ~ 1996 年	1997 ~ 2006 年	1986 年以前	1987 ~ 1996 年
唐乃亥	历时 (d)	<500	4.5	3.9	2.7	9.8	3.3	2.5
		500 ~ 1 000	30.0	27.9	30.9	32.7	25.4	44.0
		1 000 ~ 2 000	21.7	23.6	21.8	17.5	25.2	13.7
		2 000 ~ 3 000	4.0	4.6	4.7	1.0	5.9	0.8
		>3 000	0.8	1.0	0.9	0	1.2	0
		合计	61.0	61.0	61.0	61.0	61.0	61.0
	水量 (亿 m^3)	<500	1.6	1.4	1.1	3.3	1.3	1.0
		500 ~ 1 000	19.2	18.0	19.6	21.4	16.4	27.1
		1 000 ~ 2 000	26.0	27.8	26.7	19.7	30.7	15.9
		2 000 ~ 3 000	8.0	9.5	9.0	2.1	11.7	1.5
		>3 000	2.5	2.7	3.2	0	4.0	0
		合计	57.3	59.4	59.6	46.5	64.1	45.5
	沙量 (万 t)	<500	2	1	1	4	2	0
		500 ~ 1 000	42	32	44	53	32	64
		1 000 ~ 2 000	127	117	142	91	149	86
		2 000 ~ 3 000	76	92	90	8	117	10
		>3 000	40	33	56	0	64	0
		合计	287	275	333	156	364	160
贵德	历时 (d)	<500	10.6	3.0	9.2	29.7	2.4	21.1
		500 ~ 1 000	28.4	26.5	27.8	31.1	24.5	36.6
		1 000 ~ 2 000	17.1	25.8	17.9	0.2	26.7	1.6
		2 000 ~ 3 000	4.1	4.8	5.1	0	6.1	1.7
		>3 000	0.8	0.9	1.0	0	1.3	0
		合计	61.0	61.0	61.0	61.0	61.0	61.0
	水量 (亿 m^3)	<500	3.2	1.0	2.5	10.2	0.8	5.9
		500 ~ 1 000	17.1	17.0	17.2	16.3	15.9	21.1
		1 000 ~ 2 000	20.8	30.9	22.2	0.2	32.6	1.8
		2 000 ~ 3 000	8.1	9.8	9.9	0	12.0	3.2
		>3 000	2.5	2.6	3.2	0	4.0	0
		合计	51.7	61.3	55.0	26.7	65.3	32.0
	沙量 (万 t)	<500	4	2	6	3	4	7
		500 ~ 1 000	60	41	87	12	92	2
		1 000 ~ 2 000	182	162	253	0	289	2
		2 000 ~ 3 000	65	91	71	0	102	2
		>3 000	19	31	19	0	30	0
		合计	330	327	436	15	517	13

续表 2-9

水文站	项目	流量级(m³/s)	多年平均	1969 年以前	1970 ~ 1996 年	1997 ~ 2006 年	1986 年以前	1987 ~ 1996 年
循化	历时(d)	<500	8.9	1.5	9.0	23.5	1.6	21.5
		500 ~ 1 000	26.9	19.8	27.6	37.4	21.3	35.9
		1 000 ~ 2 000	19.7	32.7	18.0	0.1	30.0	1.8
		2 000 ~ 3 000	4.7	6.0	5.4	0	6.8	1.8
		>3 000	0.8	1.0	1.0	0	1.3	0
		合计	61.0	61.0	61.0	61.0	61.0	61.0
	水量(亿 m³)	<500	2.8	0.5	2.4	8.3	0.5	6.2
		500 ~ 1 000	16.6	13.2	17.3	20.2	14.1	21.1
		1 000 ~ 2 000	24.1	39.3	22.5	0.1	37.0	2.1
		2 000 ~ 3 000	9.5	12.2	10.8	0	13.7	3.5
		>3 000	2.6	2.8	3.4	0	4.1	0
		合计	55.6	68.0	56.4	28.6	69.4	32.9
	沙量(万 t)	<500	13	1	23	6	2	61
		500 ~ 1 000	120	97	155	55	124	163
		1 000 ~ 2 000	359	562	351	0	555	16
		2 000 ~ 3 000	178	215	213	0	265	41
		>3 000	52	48	72	0	82	0
		合计	722	923	814	61	1 028	281
小川	历时(d)	<500	4.7	3.7	4.1	7.3	3.5	5.6
		500 ~ 1 000	29.1	14.4	31.6	45.5	18.4	48.7
		1 000 ~ 2 000	17.7	25.6	16.7	8.2	24.4	5.1
		2 000 ~ 3 000	7.1	13.7	6.1	0	10.9	1.6
		>3 000	2.4	3.6	2.5	0	3.8	0
		合计	61	61	61	61	61	61
	水量(亿 m³)	<500	1.6	1.0	1.5	2.7	1.0	2.0
		500 ~ 1 000	18.9	9.7	20.5	29.2	12.4	30.3
		1 000 ~ 2 000	20.8	31.4	19.6	8.1	29.5	5.3
		2 000 ~ 3 000	14.8	28.3	12.7	0	22.8	3.3
		>3 000	7.5	11.5	7.9	0	12.1	0
		合计	63.6	81.9	62.2	40.0	77.8	40.9
	沙量(万 t)	<500	2	1	2	5	1	5
		500 ~ 1 000	35	52	17	77	26	36
		1 000 ~ 2 000	147	416	45	30	203	75
		2 000 ~ 3 000	207	670	36	0	334	0
		>3 000	97	282	34	0	157	0
		合计	488	1 421	134	112	721	116

续表 2-9

水文站	项目	流量级 (m^3/s)	多年平均	1969 年以前	1970 ~ 1996 年	1997 ~ 2006 年	1986 年以前	1987 ~ 1996 年
兰州	历时 (d)	<500	1.0	1.6	0.8	0	1.4	0.2
		500 ~ 1 000	21.3	9.0	25.4	31.8	11.5	44.5
		1 000 ~ 2 000	25.7	26.7	24.3	29.2	28.5	14.1
		2 000 ~ 3 000	9.3	17.9	6.9	0	14.1	1.1
		>3 000	3.7	5.8	3.6	0	5.5	1.1
		合计	61	61	61	61	61	61
	水量 (亿 m^3)	<500	0.3	0.6	0.3	0	0.5	0.1
		500 ~ 1 000	14.9	6.2	17.9	21.8	8.1	31.1
		1 000 ~ 2 000	30.5	35.2	27.9	30.1	35.4	14.8
		2 000 ~ 3 000	19.6	37.8	14.8	0	29.9	2.3
		>3 000	11.9	18.3	11.8	0	17.7	3.0
		合计	77.2	98.1	72.7	51.9	91.6	51.3
	沙量 (亿 t)	<500	0	0	0	0	0	0
		500 ~ 1 000	0.01	0.004	0.011	0.015	0.005	0.019
		1 000 ~ 2 000	0.038	0.048	0.034	0.033	0.037	0.046
		2 000 ~ 3 000	0.048	0.122	0.016	0	0.074	0.004
		>3 000	0.037	0.063	0.032	0	0.055	0.006
		合计	0.133	0.237	0.093	0.048	0.171	0.075

近期大通河享堂站日均流量大于 300 m^3/s 历时 8.7 d，相应水量 2.9 亿 m^3，相应沙量 65 万 t，分别占相应汛期总量的 7.1%、17.6%、43%；与 1970 ~ 1996 年同流量的历时、水量和沙量相比明显减少(见表 2-10(b))。

近期洮河日均流量大于 800 m^3/s 历时没有出现，而 1970 ~ 1996 年年均 2.1 d，与 1970 ~ 1996 年相比，历时以及相应水沙量明显减少(见表 2-10(c))。

近期大夏河日均流量大于 200 m^3/s 历时没有出现，而 1970 ~ 1996 年年均 1.0 d，与 1970 ~ 1996 年相比，历时以及相应水沙量明显减少(见表 2-10(d))。

2.3.2.2 主汛期流量级变化

由表 2-10(a) 还可以看出，近期主汛期湟水日均流量大于 300 m^3/s 历时 0.2 d，相应水量 0.1 亿 m^3，相应沙量 83 万 t；与 1970 ~ 1996 年的历时 1.0 d，相应水量 0.3 亿 m^3，相应沙量 204 万 t 相比明显减少。

近期大通河日均流量大于 300 m^3/s 历时 7.2 d，相应水量 2.4 亿 m^3，相应沙量 60 万 t；与 1970 ~ 1996 年的历时 9.3 d，相应水量 3.5 亿 m^3，相应沙量 106 万 t 相比明显减少(见表 2-10(b))。

近期洮河日均流量大于 800 m^3/s 历时没有出现，而 1970 ~ 1996 年年均 1.1 d，与 1970 ~ 1996 年相比，历时以及相应水沙量明显减少(见表 2-10(c))。

近期大夏河日均流量大于 200 m^3/s 历时没有出现，而 1970 ~ 1996 年年均 0.3 d，与 1970 ~ 1996 年相比，历时以及相应水沙量明显减少(见表 2-10(d))。

表 2-10(a)　支流湟水(民和站)汛期各流量级历时以及水沙变化

项目	时期	流量级(m^3/s)	多年平均	1969 年以前	1970～1996 年	1997～2006 年	1986 年以前	1987～1996 年
历时(d)	主汛期	<50	18.9	13.4	21.2	24.9	17.2	20.1
		50～100	21.6	19.8	21.2	26.9	20.4	21.6
		100～200	17.6	22.9	16.1	9.4	19.4	17.7
		200～300	2.9	4.6	2.5	0.6	3.8	1.9
		>300	1.0	1.3	1.0	0.2	1.2	0.7
		合计	62.0	62.0	62.0	62.0	62.0	62.0
	汛期	<50	27.4	18.4	30.9	35.8	23.2	34.3
		50～100	55.6	50.6	55.8	66.7	54.6	49.9
		100～200	33.7	43.9	30.9	19.7	36.8	35.0
		200～300	5.1	8.7	4.0	0.6	6.8	3.0
		>300	1.2	1.4	1.4	0.2	1.6	0.8
		合计	123.0	123.0	123.0	123.0	123.0	123.0
水量(亿 m^3)	主汛期	<50	0.5	0.4	0.5	0.7	0.5	0.5
		50～100	1.4	1.3	1.3	1.7	1.3	1.3
		100～200	2.1	2.8	1.9	1.0	2.3	2.1
		200～300	0.6	0.9	0.5	0.1	0.8	0.4
		>300	0.3	0.4	0.3	0.1	0.4	0.2
		合计	4.9	5.8	4.5	3.6	5.3	4.5
	汛期	<50	0.8	0.6	0.9	1.1	0.7	1.0
		50～100	3.5	3.1	3.5	4.2	3.4	3.0
		100～200	3.9	5.3	3.6	2.1	4.4	4.1
		200～300	1.0	1.8	0.8	0.1	1.4	0.6
		>300	0.4	0.4	0.4	0.1	0.5	0.2
		合计	9.6	11.2	9.1	7.5	10.3	8.9
沙量(万 t)	主汛期	<50	35	34	37	31	41	15
		50～100	161	104	201	157	166	139
		100～200	362	448	368	138	444	250
		200～300	220	289	225	47	305	56
		>300	216	287	204	83	287	65
		合计	994	1 163	1 035	456	1 242	524
	汛期	<50	37	35	39	32	43	17
		50～100	193	131	230	205	196	157
		100～200	452	561	463	164	544	359
		200～300	267	382	253	47	373	67
		>300	226	308	209	83	301	65
		合计	1 173	1 416	1 194	532	1 457	665

表 2-10(b)　支流大通河(享堂站)汛期各流量级历时以及水沙变化

项目	时期	流量级(m^3/s)	多年平均	1969年以前	1970~1996年	1997~2006年	1986年以前	1987~1996年
历时(d)	主汛期	<50	0.2	0.1	0.2	0.6	0.2	0.3
		50~100	7.9	7.3	7.9	8.9	8.4	5.0
		100~200	29.7	29.1	30.1	29.8	29.1	31.5
		200~300	15.0	15.5	14.5	15.5	14.9	15.0
		>300	9.2	10.0	9.3	7.2	9.4	10.2
		合计	62.0	62.0	62.0	62.0	62.0	62.0
	汛期	<50	3.6	2.1	3.2	7.4	1.8	5.8
		50~100	31.1	32.0	31.0	29.7	32.6	27.3
		100~200	55.6	55.1	56.3	54.4	55.7	56.1
		200~300	21.1	21.5	20.4	22.8	20.8	21.3
		>300	11.6	12.3	12.1	8.7	12.1	12.5
		合计	123.0	123.0	123.0	123.0	123.0	123.0
水量(亿m^3)	主汛期	<50	0	0	0	0	0	0
		50~100	0.6	0.5	0.6	0.6	0.6	0.4
		100~200	3.8	3.7	3.8	3.8	3.7	4.0
		200~300	3.1	3.2	3.0	3.2	3.1	3.2
		>300	3.3	3.5	3.5	2.4	3.4	4.0
		合计	10.8	10.9	10.9	10.0	10.8	11.6
	汛期	<50	0.1	0.1	0.1	0.2	0.1	0.2
		50~100	2.1	2.2	2.1	1.9	2.2	1.8
		100~200	6.9	6.9	7.0	6.8	6.9	7.1
		200~300	4.4	4.5	4.2	4.7	4.3	4.5
		>300	4.1	4.2	4.5	2.9	4.3	4.8
		合计	17.6	17.9	17.9	16.5	17.8	18.4
沙量(万t)	主汛期	<50	0	0	0	0	0	0
		50~100	5	4	7	2	7	1
		100~200	46	51	48	28	52	41
		200~300	59	75	52	48	70	32
		>300	89	85	106	60	100	86
		合计	199	215	213	138	229	160
	汛期	<50	0	0	0	0	0	0
		50~100	6	5	8	3	8	2
		100~200	52	57	55	32	59	44
		200~300	64	82	56	51	76	36
		>300	100	95	121	65	113	98
		合计	222	239	240	151	256	180

表 2-10(c)　支流洮河(红旗站)汛期各流量级历时以及水沙变化

项目	时期	流量级(m³/s)	多年平均	1969 年以前	1970 ~ 1996 年	1997 ~ 2006 年	1986 年以前	1987 ~ 1996 年
历时(d)	主汛期	<200	31.5	24.3	31.3	45.3	26.4	36.5
		200 ~ 400	22.2	25.2	23.4	12.6	24.5	22.6
		400 ~ 600	5.7	8.9	4.6	3.3	7.2	2.7
		600 ~ 800	1.6	2.2	1.6	0.8	2.3	0.2
		>800	1.0	1.4	1.1	0	1.6	0
		合计	62.0	62.0	62.0	62.0	62.0	62.0
	汛期	<200	60.7	44.1	60.9	91.1	46.2	82.7
		200 ~ 400	45.7	51.9	48.4	24.9	53.6	36.9
		400 ~ 600	11.8	19.9	9.1	6.0	16.0	3.2
		600 ~ 800	2.7	4.0	2.5	1.0	3.9	0.2
		>800	2.1	3.1	2.1	0	3.3	0
		合计	123.0	123.0	123.0	123.0	123.0	123.0
水量(亿 m³)	主汛期	<200	3.5	3.0	3.6	4.6	3.2	4.3
		200 ~ 400	5.3	6.2	5.5	2.8	5.9	5.3
		400 ~ 600	2.4	3.7	1.9	1.4	3.0	1.1
		600 ~ 800	0.9	1.3	0.9	0.4	1.3	0.1
		>800	0.9	1.4	1.0	0	1.5	0
		合计	13.2	15.6	12.9	9.4	14.9	10.7
	汛期	<200	6.9	5.2	7.1	9.5	5.5	9.3
		200 ~ 400	11.1	13.2	11.6	5.7	13.3	8.6
		400 ~ 600	4.9	8.2	3.7	2.5	6.6	1.3
		600 ~ 800	1.6	2.4	1.5	0.5	2.3	0.1
		>800	2.0	3.1	2.0	0	3.1	0
		合计	26.5	32.1	25.9	18.3	30.8	19.3
沙量(万 t)	主汛期	<200	277	290	277	252	256	365
		200 ~ 400	623	656	711	267	659	792
		400 ~ 600	295	448	235	213	324	270
		600 ~ 800	204	261	200	108	287	13
		>800	175	218	203	0	273	0
		合计	1 574	1 873	1 626	840	1 799	1 441
	汛期	<200	311	303	324	282	279	434
		200 ~ 400	818	1 053	839	309	914	920
		400 ~ 600	380	587	302	255	442	280
		600 ~ 800	231	311	222	110	329	13
		>800	294	377	336	0	460	0
		合计	2 034	2 630	2 023	956	2 425	1 648

表 2-10(d)　支流大夏河(折桥站)汛期各流量级历时以及水沙变化

项目	时期	流量级 (m^3/s)	多年平均	1969 年以前	1970 ~ 1996 年	1997 ~ 2006 年	1986 年以前	1987 ~ 1996 年
历时 (d)	主汛期	<50	42.8	36.7	42.5	54.0	38.4	47.1
		50 ~ 100	13.4	15.1	14.8	5.9	15.6	12.7
		100 ~ 200	5.2	8.5	4.4	2.1	7.0	2.1
		200 ~ 300	0.5	1.3	0.3	0	0.8	0.1
		>300	0.1	0.4	0	0	0.2	0
		合计	62.0	62.0	62.0	62.0	62.0	62.0
	汛期	<50	80.6	64.1	80.7	108.7	68.0	97.3
		50 ~ 100	31.3	38.6	33.3	11.8	39.3	21.9
		100 ~ 200	9.8	17.5	8.0	2.5	13.7	3.6
		200 ~ 300	1.0	1.9	0.9	0	1.5	0.2
		>300	0.3	0.9	0.1	0	0.5	0
		合计	123.0	123.0	123.0	123.0	123.0	123.0
水量 (亿 m^3)	主汛期	<50	1.0	0.9	1.0	0.9	0.9	1.1
		50 ~ 100	0.8	0.8	0.8	0.3	0.9	0.7
		100 ~ 200	0.6	1.0	0.5	0.2	0.8	0.2
		200 ~ 300	0.1	0.3	0.1	0	0.2	0
		>300	0	0.1	0	0	0.1	0
		合计	2.5	3.3	2.4	1.5	2.9	2.0
	汛期	<50	1.9	1.6	2.0	1.9	1.6	2.3
		50 ~ 100	1.9	2.4	2.0	0.7	2.4	1.3
		100 ~ 200	1.1	2.0	0.8	0.3	1.5	0.4
		200 ~ 300	0.2	0.4	0.2	0	0.3	0
		≥300	0.1	0.3	0	0	0.1	0
		合计	5.2	6.7	5.0	2.9	6.1	4.0
沙量 (万 t)	主汛期	<50	30	27	37	14	37	22
		50 ~ 100	40	43	50	2	43	62
		100 ~ 200	52	66	58	7	69	33
		200 ~ 300	28	50	26	0	44	2
		>300	7	26	0	0	12	0
		合计	158	211	171	23	205	121
	汛期	<50	35	29	43	16	41	29
		50 ~ 100	53	58	65	4	62	67
		100 ~ 200	68	96	72	9	93	40
		200 ~ 300	36	59	35	0	55	6
		>300	15	38	8	0	24	0
		合计	208	280	223	29	274	143

2.3.2.3 秋汛期流量级变化

统计不同时期主要支流秋汛期各流量级历时、水沙量情况(见表2-11)可以看出,汛期近期各支流大流量较1970~1996年相比,历时以及相应水沙量均明显减少。

表2-11(a) 主要支流秋汛期各流量级历时以及水沙变化

水文站	项目	流量级(m^3/s)	多年平均	1969年以前	1970~1996年	1997~2006年	1986年以前	1987~1996年
湟水(民和站)	历时(d)	<50	8.5	5.0	9.7	10.9	6.0	14.2
		50~100	34.0	30.8	34.6	39.8	34.2	28.3
		100~200	16.1	21.0	14.8	10.3	17.4	17.3
		200~300	2.2	4.1	1.5	0	3.0	1.1
		>300	0.2	0.1	0.4	0	0.4	0.1
		合计	61.0	61.0	61.0	61.0	61.0	61.0
	水量(亿m^3)	<50	0.3	0.2	0.3	0.4	0.2	0.4
		50~100	2.1	1.9	2.1	2.5	2.1	1.7
		100~200	1.9	2.5	1.7	1.0	2.0	2.0
		200~300	0.4	0.8	0.3	0	0.6	0.2
		>300	0.1	0.0	0.1	0	0.1	0
		合计	4.8	5.5	4.6	3.9	5.1	4.4
	沙量(万t)	<50	1	1	2	1	2	2
		50~100	32	27	28	49	30	19
		100~200	90	112	95	26	100	109
		200~300	47	93	28	0	68	11
		>300	10	20	5	0	15	0
		合计	179	253	158	76	215	141
大通河(享堂站)	历时(d)	<50	3.4	2.0	3.0	6.8	1.6	5.5
		50~100	23.2	24.7	23.1	20.8	24.2	22.3
		100~200	25.9	26.0	26.2	24.6	26.6	24.6
		200~300	6.1	6.0	5.9	7.3	5.9	6.3
		>300	2.4	2.3	2.8	1.5	2.7	2.3
		合计	61.0	61.0	61.0	61.0	61.0	61.0
	水量(亿m^3)	<50	0.1	0.1	0.1	0.2	0.1	0.2
		50~100	1.5	1.7	1.5	1.3	1.6	1.4
		100~200	3.1	3.2	3.1	3.0	3.2	3.0
		200~300	1.2	1.2	1.2	1.5	1.2	1.3
		>300	0.8	0.7	1.0	0.5	0.9	0.8
		合计	6.8	6.9	6.9	6.5	7.0	6.7
	沙量(万t)	<50	0	0	0	0	0	0
		50~100	1	1	1	1	1	1
		100~200	6	6	7	4	7	3
		200~300	5	7	5	3	6	4
		>300	11	10	15	4	13	12
		合计	23	23	28	13	27	21

表 2-11(b)　主要支流秋汛期各流量级历时以及水沙变化

水文站	项目	流量级（m^3/s）	多年平均	1969 年以前	1970～1996 年	1997～2006 年	1986 年以前	1987～1996 年
洮河（红旗站）	历时（d）	<200	29.2	19.8	29.6	45.8	19.8	46.2
		200～400	23.5	26.7	25.0	12.3	29.1	14.3
		400～600	6.1	11.0	4.5	2.7	8.8	0.5
		600～800	1.1	1.8	0.9	0.2	1.6	0
		>800	1.1	1.7	1.0	0	1.7	0
		合计	61.0	61.0	61.0	61.0	61.0	61.0
	水量（亿 m^3）	<200	3.3	2.3	3.4	4.8	2.4	5.1
		200～400	5.8	7.0	6.1	2.8	7.4	3.3
		400～600	2.5	4.4	1.9	1.1	3.6	0.2
		600～800	0.7	1.1	0.6	0.1	1.0	0
		>800	1.0	1.7	1.0	0	1.6	0
		合计	13.4	16.5	12.9	8.9	16.0	8.6
	沙量（万 t）	<200	34	13	46	30	24	69
		200～400	195	398	128	42	255	127
		400～600	84	139	67	41	118	10
		600～800	27	50	22	2	42	0
		>800	119	158	133	0	187	0
		合计	460	757	397	115	625	207
大夏河（折桥）	历时（d）	<200	37.9	27.5	38.2	54.8	29.5	50.2
		200～400	17.9	23.5	18.5	5.9	23.7	9.2
		400～600	4.7	9.0	3.7	0.4	6.8	1.5
		600～800	0.5	0.6	0.6	0	0.7	0.1
		>800	0.2	0.4	0.1	0	0.3	0
		合计	61.0	61.0	61.0	61.0	61.0	61.0
	水量（亿 m^3）	<200	0.9	0.7	1.0	1.0	0.8	1.2
		200～400	1.1	1.5	1.1	0.3	1.5	0.5
		400～600	0.5	1.0	0.4	0	0.7	0.2
		600～800	0.1	0.1	0.1	0	0.2	0
		>800	0	0.1	0	0	0.1	0
		合计	2.7	3.4	2.6	1.4	3.2	1.9
	沙量（万 t）	<200	4	3	5	3	4	6
		200～400	13	15	15	2	19	5
		400～600	16	30	14	2	23	7
		600～800	8	10	10	0	11	4
		>800	7	12	8	0	12	0
		合计	49	69	52	7	69	22

2.4 洪水变化

2.4.1 干流洪水变化

2.4.1.1 唐乃亥洪水变化

黄河唐乃亥以上受人类活动的影响小，工农业用水几乎没有，洪水变化主要受自然地理条件和气候因素的制约，实测水沙量基本可以代表天然水沙变化情况，点绘唐乃亥历年最大流量过程（见图 2-1）可以看出，近期最大流量平均值为 1 730 m^3/s，与 1970 ~ 1996 年的 2 550 m^3/s 相比，减少了 32%。

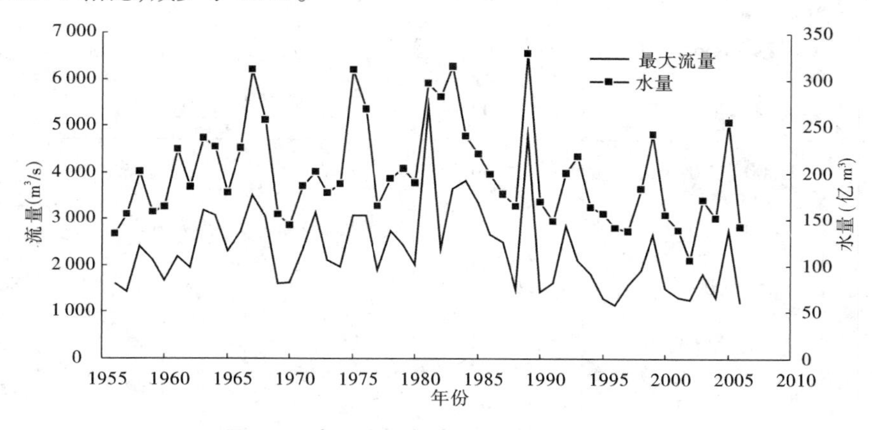

图 2-1 唐乃亥历年水量和最大流量过程

统计 1956 ~ 2006 年洪峰大于 1 000 m^3/s（日最大）洪水 171 场，年平均洪水 3.35 场/年，洪水历时 31.72 d/场，洪量 35.40 亿 m^3/场（见表 2-12）。其中，近期平均洪水 2.70 场/年，洪水历时 33.19 d/场，洪量 32.48 亿 m^3/场，与 1970 ~ 1996 年的 3.52 场/年、29.65 d/场、35.22 亿 m^3/场相比，洪水场次减少 23%，每场洪水洪量减少 8%，每场洪水历时增加 12%。由表 2-12 还可以看出，近期不同流量级洪水变化情况，与 1970 ~ 1996 年对比，洪水场次中，2 000 m^3/s 以下的洪水年平均变化不大，而 2 000 m^3/s 以上的洪水年均明显减少，特别是大于 3 000 m^3/s 以上的洪水近期没有出现，而 1970 ~ 1996 年为 0.22 次/年；3 000 m^3/s 流量级以下洪水每次洪水的历时和水沙量均超过 1970 ~ 1996 年。

点绘不同时期洪水历时与洪量的关系（见图 2-2）可以看出，相同历时条件下，近期洪水的洪量明显减小；相同洪量条件下，洪峰流量减小（见图 2-3）。统计不同时期各级峰型系数（最大洪峰/平均流量）可以看出，近期平均峰型系数变化不大，但分流量级平均峰型系数较 1970 ~ 1996 年有所增加（见表 2-13）。

表 2-12　唐乃亥洪水统计

项目	流量级	1956～1969 年	1970～1996 年	1997～2006 年	1956～2006 年
洪水场次（场/年）	1 000～2 000 m^3/s	2. 57	2. 22	2. 30	2. 33
	2 000～3 000 m^3/s	0. 57	1. 07	0. 40	0. 80
	≥3 000 m^3/s	0. 36	0. 22		0. 22
	合计	3. 50	3. 51	2. 70	3. 35
历时（d/场）	1 000～2 000 m^3/s	31. 81	25. 18	29. 61	28. 04
	2 000～3 000 m^3/s	41. 63	35. 48	53. 75	38. 46
	≥3 000 m^3/s	46. 60	46. 17		46. 36
	平均	34. 92	29. 65	33. 19	31. 72
洪量（亿 m^3/场）	1 000～2 000 m^3/s	28. 86	23. 01	24. 98	25. 16
	2 000～3 000 m^3/s	52. 96	49. 93	75. 62	53. 03
	≥3 000 m^3/s	73. 36	86. 26		80. 40
	平均	37. 34	35. 22	32. 48	35. 40
沙量（万 t/场）	1 000～2 000 m^3/s	166	166	221	176
	2 000～3 000 m^3/s	436	541	673	533
	≥3 000 m^3/s	737	1 220		1 000
	平均	269	347	288	315

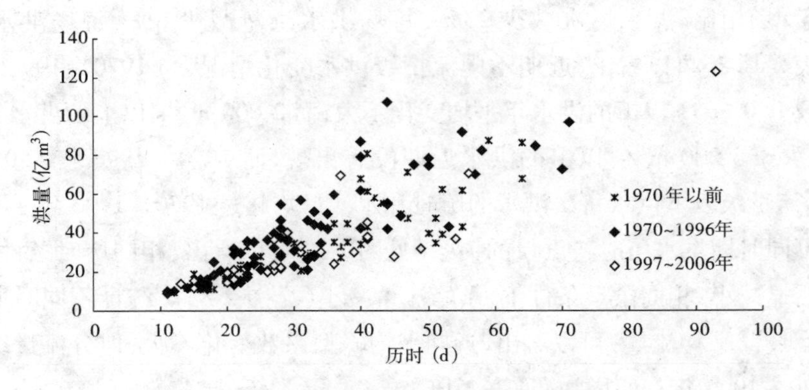

图 2-2　唐乃亥洪水历时与洪量关系

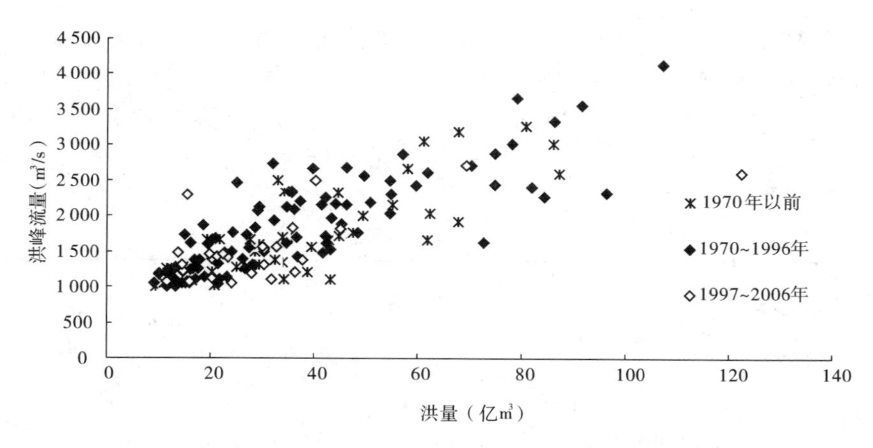

图 2-3　唐乃亥洪水洪峰流量与洪量关系

表 2-13　唐乃亥不同时期峰型系数变化

流量级	平均峰型系数			最大峰型系数		
	1956～1969年	1970～1996年	1997～2006年	1956～1969年	1970～1996年	1997～2006年
1 000～2 000 m^3/s	1.45	1.33	1.36	1.72	1.64	1.58
2 000～3 000 m^3/s	1.59	1.46	1.54	1.77	1.92	1.87
≥3 000(m^3/s)	1.73	1.76		1.94	1.91	
平均	1.42	1.40	1.39	1.94	1.92	1.87

2.4.1.2　兰州洪水变化

兰州站是上游主要控制站，控制流域面积占黄河流域面积的30%，天然水量占全河（利津站）水量的60%，故有人把兰州以上流域形象地比喻为黄河的“水塔”，兰州站是“水塔”的“龙头”，“龙头”水量的变化可以影响到整个黄河的水沙变化。兰州以上有龙羊峡、刘家峡等已建大中型水利工程13个，特别是龙羊峡、刘家峡水库的运用直接影响兰州站的水沙变化，而兰州站的水沙变化又会影响到宁蒙河段以及中下游的水沙运行。

点绘兰州站历年最大流量过程（见图2-4）可以看出，1969年以前平均值为3 653 m^3/s，1970～1996年为3 086 m^3/s，近期最大流量平均值为1 968 m^3/s，与1970～1996年相比，近期减少36%。

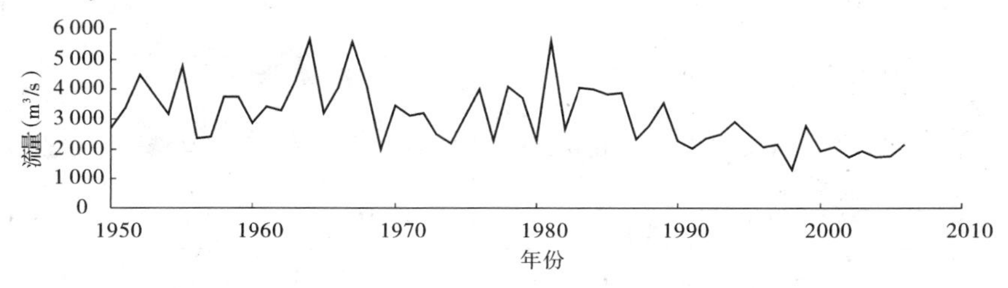

图 2-4　兰州站历年最大流量过程

统计1956～2006年洪峰大于1 000 m^3/s(日最大)洪水248场,年平均洪水4.86场/年,洪水历时24.6 d/场,洪量32.96亿m^3/场(见表2-14)。其中,近期平均洪水5.60场/年,洪水历时25.7 d/场,洪量23.09亿m^3/场,与1970～1996年的4.78场/年、23.0 d/场、31.01亿m^3/场相比,洪水场次增加15%,每次洪水历时增加11%,每次洪水洪量减少34%。

表2-14　兰州洪水统计

项目	流量级(m^3/s)	1956～1969年	1970～1996年	1997～2006年	1956～2006年
洪水场次(场/年)	1 000～1 500	0.57	1.89	4.70	2.08
	1 500～2 000	1.21	1.15	0.90	1.12
	2 000～3 000	1.29	1.15		0.96
	≥3 000	1.43	0.59		0.71
	合计	4.50	4.78	5.60	4.90
历时(d/场)	1 000～1 500	22.75	20.41	25.83	22.99
	1 500～2 000	18.71	21.81	24.78	21.35
	2 000～3 000	24.5	22.0		22.9
	≥3 000	38.6	35.2		37.1
	平均	27.2	23.0	25.7	24.6
洪量(亿m^3/场)	1 000～1 500	20.24	18.42	22.33	20.29
	1 500～2 000	22.07	24.11	27.09	23.97
	2 000～3 000	38.03	33.54		35.19
	≥3 000	83.00	79.54		81.46
	平均	45.74	31.01	23.09	32.96
沙量(亿t/场)	1 000～1 500	0.067	0.031	0.035	0.036
	1 500～2 000	0.079	0.097	0.095	0.091
	2 000～3 000	0.075	0.056	0.045	0.055
	≥3 000	0.217	0.074		0.126
	平均	0.450	0.285		0.377

由表 2-14 还可以看出，近期不同流量级洪水变化情况，与 1970 ~ 1996 年对比，洪水场次中，1 000 ~ 1 500 m^3/s 流量级的洪水年平均增加，而 1 500 ~ 2 000 m^3/s 流量级的洪水年均明显减少，特别是大于 2 000 m^3/s 以上的洪水近期没有出现过；2 000 m^3/s 以下洪水同流量级的历时和水量均超过 1970 ~ 1996 年，但沙量变化不大。

点绘兰州站不同时期洪水历时与洪量的关系（见图 2-5）可以看出，相同历时条件下，近期洪水的洪量和洪峰流量（见图 2-6）明显减少，相同洪量条件下，洪峰流量减少（见图 2-7）。

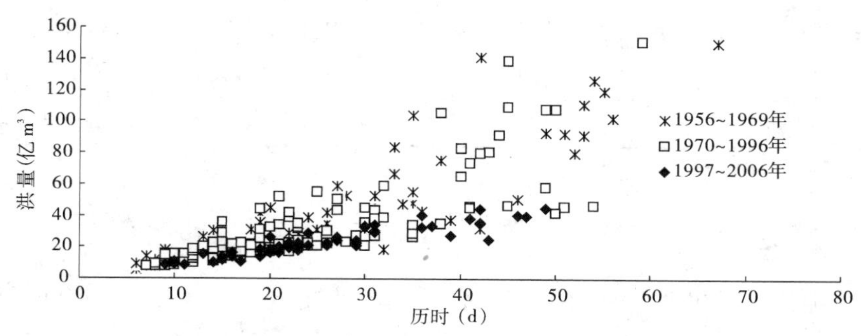

图 2-5　兰州洪水历时与洪量关系

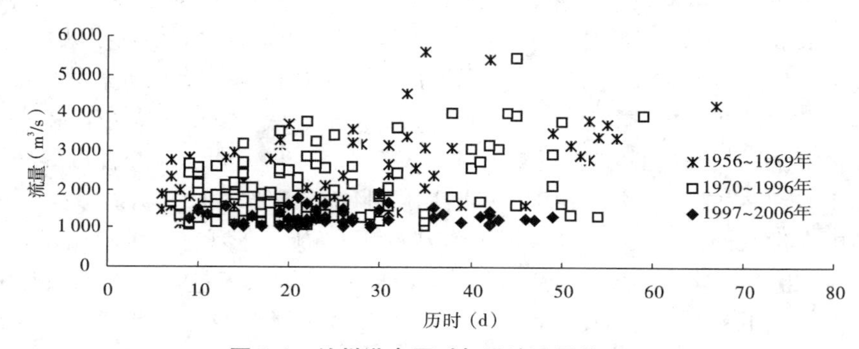

图 2-6　兰州洪水历时与洪峰流量关系

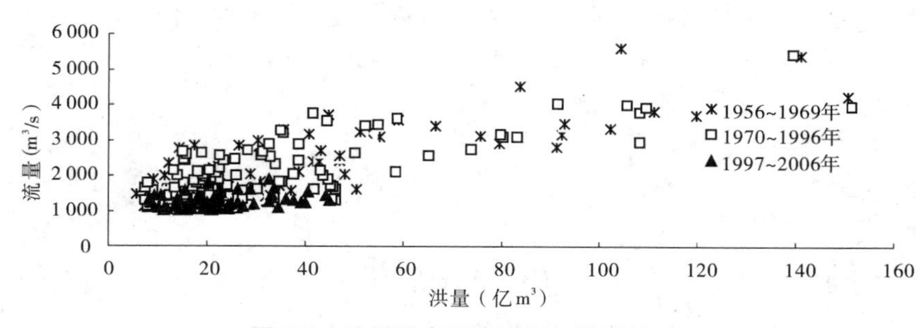

图 2-7　兰州洪水洪峰流量与洪量关系

统计不同时期各级峰型系数（见表 2-15）可以看出，近期平均峰型系数为 1.24，较 1970 ~ 1996 年的 1.32 明显减小，但分流量级平均峰型系数较 1970 ~ 1996 年变化不大。最大峰型系数 1 500 m^3/s 以下增加，而 1 500 m^3/s 以上减小。

表 2-15　兰州站不同时期峰型系数变化

流量级(m^3/s)	平均峰型系数			最大峰型系数		
	1956～1969 年	1970～1996 年	1997～2006 年	1956～1969 年	1970～1996 年	1997～2006 年
1 000～1 500	1.3	1.21	1.22	2.05	1.49	1.81
1 500～2 000	1.22	1.34	1.31	1.55	1.70	1.60
2 000～3 000	1.36	1.41		1.73	2.35	
≥3 000	1.49	1.44		1.70	1.83	
平均	1.35	1.32	1.24	2.05	2.35	1.81

2.4.2　典型支流洪水变化

支流洮河流域面积 24 973 km^2，占唐乃亥—兰州区间集水面积（100 579 km^2）的 25%，多年平均水沙量分别为 46.24 亿 m^3 和 0.249 亿 t，水沙量均占区间水沙量的 42%，因此是唐乃亥—兰州区间的主要来水来沙支流，其水沙变化对区间水沙变化影响比较大。洮河干流全长 673.1 km，河源高程 4 260 m，河口高程 1 629 m，由于刘家峡水库的影响，实际高程 1 735 m，河口以下为库区，全干流平均比降为 2.8‰，流域面积大于 1 000 km^2 的支流有 7 条。洮河突出的特点是水沙异源，其水量主要来自中上游（李家村以上），而沙量则来自下游（李家村以下）。近期洮河红旗站来水、来沙量分别占唐乃亥—兰州区间水沙量的 40% 和 49%，与 1970～1996 年同期的 44% 和 73% 相比，明显减少。洮河汛期沙量更集中在洪水期，甚至集中在一场洪水或一天之内。洮河红旗水文站，1959 年全年输沙量为 4 720 万 t，该年 8 月 21～25 日一场洪水的输沙量就高达 1 640 万 t，8 月 24 日一天的输沙量达到 1 340 万 t，占全年的 28.4%。洮河的沙峰频繁丰沙年份的 7、8 月可出现 4～8次沙峰。

点绘红旗站历年最大流量过程（见图 2-8）可以看出，1969 年以前平均值为 885 m^3/s，1970～1996 年为 692 m^3/s，近期最大流量平均值为 459 m^3/s，与 1970～1996 年相比，近期减少 34%。

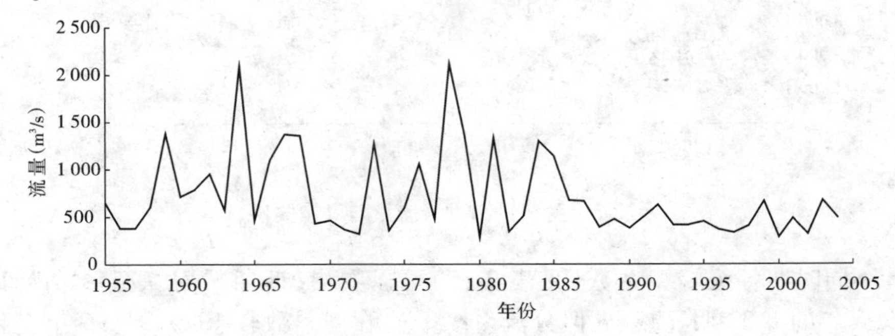

图 2-8　红旗站历年最大流量过程

统计 1956 ~ 2004 年洪峰大于 200 m^3/s（日最大）的洪水 293 场，年平均洪水 6.0 场年，洪水历时 17.58 d/场，洪量 4.48 亿 m^3/场，沙量 355 万 t/场（见表 2-16）。其中，1997 ~ 2004 年平均洪水 3.4 场/年，洪水历时 20.89 d/场，洪量 4.10 亿 m^3/场，沙量 252 万 t/场，与 1970 ~ 1996 年的 6.6 场/年、16.51 d/场、4.01 亿 m^3/场、341 万 t/场相比，洪水场次减少 49%，每次洪水历时增加 27%，每次洪水洪量增加 2%，沙量减少 26%。

表 2-16　红旗站不同流量级洪水统计

项目	流量级（m^3/s）	1956 ~ 1969 年	1970 ~ 1996 年	1997 ~ 2004 年	1956 ~ 2004 年
洪水场次（场/年）	200 ~ 500	4.2	5.4	2.9	4.7
	500 ~ 1 000	1.6	0.9	0.5	1.0
	≥1 000	0.4	0.3	0	0.3
	合计	6.2	6.6	3.4	6.0
历时（d/场）	200 ~ 500	16.49	15.69	19.57	16.28
	500 ~ 1 000	24.36	16.83	28.50	21.08
	≥1 000	20.50	30.63		26.29
	平均	18.76	16.51	20.89	17.58
洪量（亿 m^3/场）	200 ~ 500	3.73	3.08	3.24	3.26
	500 ~ 1 000	8.52	5.83	9.08	7.27
	≥1 000	13.10	15.53		14.49
	平均	5.58	4.01	4.10	4.48
沙量（万 t/场）	200 ~ 500	245	219	149	219
	500 ~ 1 000	620	707	847	680
	≥1 000	1 342	1 479		1 420
	平均	415	341	252	355

由表 2-16 还可以看出，近期不同流量级洪水变化情况，与 1970 ~ 1996 年对比，洪水场次中，200 ~ 500 m^3/s 流量级的洪水年平均减少 47%，500 ~ 1 000 m^3/s 流量级的洪水年均减少 44%，特别是大于 1 000 m^3/s 的洪水近期没有出现过；1 000 m^3/s 以下洪水同流量级的历时和水量均超过 1970 ~ 1996 年；200 ~ 500 m^3/s 流量级洪水同流量级沙量减少，500 ~ 1 000 m^3/s 流量级同流量级沙量增加。

点绘红旗站不同时期洪水历时与洪量的关系（见图 2-9），可见相同历时条件下，近期洪水的洪量和洪峰流量（见图 2-10）明显减小；相同洪量条件下，洪峰流量减小（见图 2-11）。

统计红旗站不同时期各级峰型系数（见表 2-17）可以看出，近期平均峰型系数为 1.6，较 1970 ~ 1996 年的 1.48 明显增加，同流量级平均峰型系数较 1970 ~ 1996 年也增加。近期最大峰型系数 2.37 较 1970 ~ 1996 年的 2.89 减小，但 200 ~ 500 m^3/s 流量级增加，500 ~ 1 000 m^3/s流量级减小。

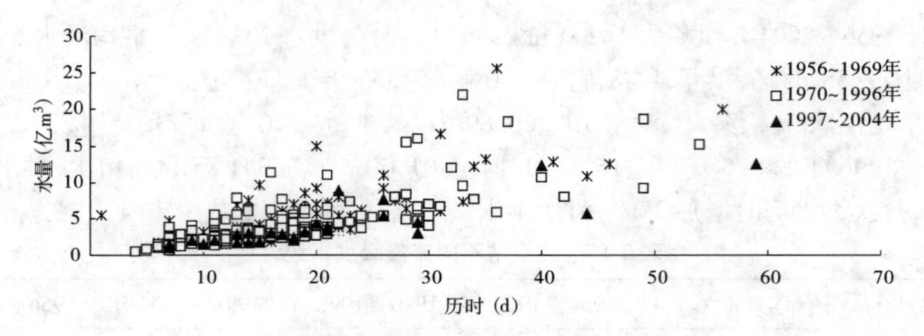

图 2-9　红旗站洪水历时与洪量关系

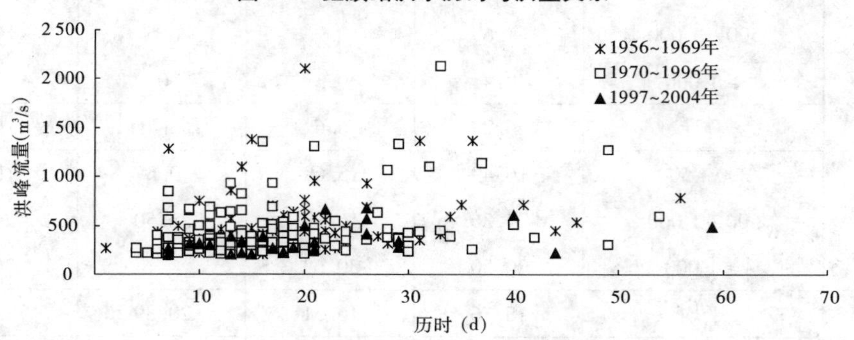

图 2-10　红旗站洪水历时与洪峰流量关系

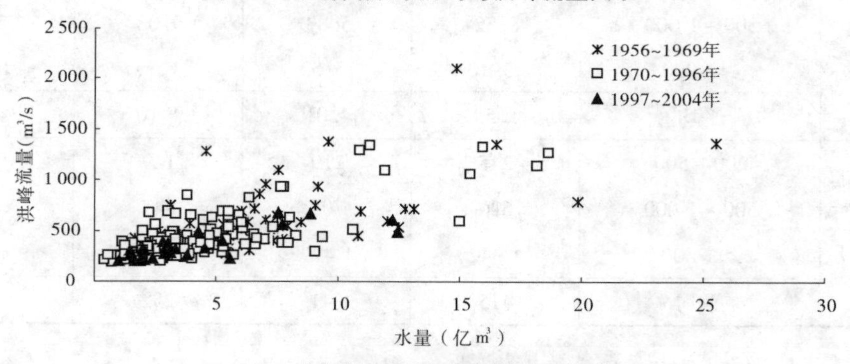

图 2-11　红旗站洪水洪量与洪峰流量关系

表 2-17　红旗站不同时期峰型系数变化

流量级 (m³/s)	平均峰型系数			最大峰型系数		
	1956～1969 年	1970～1996 年	1997～2006 年	1956～1969 年	1970～1996 年	1997～2006 年
200～500	1. 39	1. 42	1. 58	1. 86	2. 17	2. 37
500～1 000	1. 67	1. 54	1. 70	2. 46	2. 16	2. 00
≥1 000	1. 94	2. 22		2. 44	2. 89	
平均	1. 50	1. 48	1. 60	2. 46	2. 89	2. 37

将293场洪水按不同含沙量进行分级(见表2-18)可以看出,近期大于100 kg/m³ 的洪水没有出现,小于50 kg/m³ 的洪水年平均2.8场/年,而50~100 kg/m³ 洪水年平均0.6场,与1970~1996年相比,分别减少40%和50%。1970~2004年与1970~1996年同期相比,小于50 kg/m³ 洪水的历时增加,但洪量和沙量变化不大;50~100 kg/m³ 洪水的历时变化不大,但洪量和沙量明显增加。

表2-18 红旗站不同含沙量级洪水统计

项目	量级(kg/m³)	1956~1969年	1970~1996年	1997~2004年	1956~2004年
洪水场次(场/年)	<50	4.5	4.6	2.8	4.3
	50~100	0.9	1.3	0.6	1.1
	≥100	0.8	0.8	0	0.7
	合计	6.2	6.7	3.4	6.1
历时(d/场)	<50	19.59	16.60	21.64	18.03
	50~100	16.54	17.59	17.60	17.33
	≥100	16.64	14.19		15.03
	平均	18.76	16.51	20.89	14.68
洪量(亿m³/场)	<50	5.62	3.99	4.02	4.48
	50~100	5.96	4.14	4.50	4.63
	≥100	4.96	3.92		4.28
	平均	5.58	4.01	4.10	4.48
沙量(万t/场)	<50	211	154	153	171
	50~100	691	567	692	610
	≥100	1 264	1 076		1 141
	平均	415	341	252	355

2.5 水库调节对兰州水沙的影响

2.5.1 龙羊峡和刘家峡水库运用和调蓄特点

2.5.1.1 龙羊峡、刘家峡水库(简称龙刘水库)的基本概况

龙羊峡水库是以发电为主,兼顾防洪、灌溉、供水等多年调节综合利用工程。该库位于青海省共和县,集水面积13.17万km²,多年平均入库(唐乃亥站1956~2005年)水量199.85亿m³,入库输沙量0.126亿t,千年一遇设计洪峰流量7 060 m³/s,设计坝高178 m,总库容247亿m³,有效库容194亿m³,汛限水位2 954.0 m,总装机容量128万kW,年发电量59.4亿kWh,是黄河干流上最靠上游的重大水利工程。它与刘家峡水电站联合运

用，为我国西北部地区提供足够的电力和灌溉用水，并将刘家峡水库防洪标准由五千年一遇提高到一万年一遇，兰州市防洪标准由五十年一遇提高到一百年一遇。

刘家峡水库位于兰州市上游约 100 km 的永靖县境内，与上游龙羊峡水库河长距离 334.5 km，它是以发电为主，兼顾防洪、灌溉、防凌、养殖等综合利用的工程。集水面积 18.21 km^2，多年入库径流量 266.07 亿 m^3，入库输沙量 0.6 亿 t（循化 + 红旗 + 折桥），千年一遇设计洪峰流量 8 720 m^3/s，汛限水位 1 726 m，水位为 1 735 m 时总库容 57 亿 m^3，其中调节库容 41.5 亿 m^3，是年调节水库，总装机容量 122.5 万 kW，年均发电量 55.8 亿 kWh。

2.5.1.2 龙羊峡、刘家峡水库运用方式

刘家峡水库 1968 年 10 月开始蓄水运用，龙羊峡水库 1986 年 10 月开始蓄水，都是以发电为主的水电站，全年采用蓄丰补枯的运行方式，即每年将汛期的水量拦蓄起来，调蓄到非汛期下泄，遇到丰水年，可将多余的水量拦蓄起来，调蓄到枯水年和非汛期使用，这样可以提高电站的发电效益及灌溉效益。龙羊峡水库库容大，是多年调节水库，可将丰水年水量调节到枯水年；刘家峡水库库容较小，是不完全年调节水库，主要是将汛期水量调节到非汛期。龙羊峡水库修建前，刘家峡水库承担自身径流调节和发电任务以及盐锅峡、八盘峡、青铜峡水电站的径流调节任务，同时又要承担黄河上游的防洪、防凌和灌溉用水的调节任务。

龙羊峡水库建成后，由于刘家峡水库离库下游的防洪、防凌对象及灌区比龙羊峡近，从梯级开发总体效益最大的原则出发，仍以刘家峡水库承担黄河上游防洪、防凌和灌溉任务为主较合理，龙羊峡水库则承担自身的径流调节和发电任务及对刘家峡水库的径流补偿调节任务。也就是说，龙羊峡水库的开发任务是以发电为主，同时配合刘家峡水库担负下游的防洪、防凌和灌溉任务。由于龙羊峡、刘家峡水库的互补作用大，并且龙羊峡水库的蓄、补水运用必须经过刘家峡水库运行才能反映到水库下游，因此在研究分析刘家峡水库或龙羊峡水库运用对水库下游水沙变化和河道冲淤影响时必须把二者放在一起进行综合分析计算。在分析二者在汛期的运用原则时，重点分析刘家峡水库的运用原则。

大汛期间，为了保证兰州市百年一遇洪水控制在 6 500 m^3/s 以下，刘家峡水库规定限制泄流量为 4 540 m^3/s，防洪限制水位为 1 725.80 m。当入库流量超过百年一遇洪水（6 800 m^3/s）时，为保证大坝安全，下泄量可不受 4 540 m^3/s 限制，但不得超过 7 500 m^3/s。要求遇到千年一遇洪水 8 720 m^3/s 时，下泄流量控制在 7 500 m^3/s，库水位控制在 1 735.00 m以下。当入库流量超过千年一遇洪水时，则全部泄水建筑物敞泄，最高水位控制在 1 738.00 m。泄水建筑物开启程序为先开溢洪道，而后开泄水道、泄洪洞。

凌汛期间，黄河防总根据凌期气象、水情、冰情等因素，在首先保证凌汛安全的前提下兼顾发电，调度刘家峡水库的下泄水量。

刘家峡水库下泄量采用月计划旬安排的调度方式，即提前 5 d 下达次月的调度计划及次旬的水量调度命令。

刘家峡水库下泄量按旬平均流量严格控制，各日出库流量避免忽大忽小，日平均流量变幅不能超过旬平均流量的 10%。

(1)流凌初封期：封河前调匀并适量加大泄量，一般控制在 500 ~ 550 m^3/s（兰州站流量），最多不超过 600 m^3/s，控制时间为 30 ~ 40 d，目的是推迟封河时间，避免小流量封

河，有利于抬高冰盖。同时，要防止大流量封河产生冰塞灾害，要防止忽大忽小或由小变大的现象。要注意掌握宁蒙河段冬灌和退水情况，使流量保持平稳。

（2）稳封期：气温最低，冰盖最厚，过流能力小于初封期，水库下泄量一般为450～500 m^3/s（兰州站）。稳封期的后期冰盖过流能力稍大于初期，流量可以稍大于前期，但总的来说流量应控制在500～550 m^3/s，从2月上旬开始可以逐渐向开河期减少。

（3）开河期：适时平稳控制兰州站的流量在400～450 m^3/s，并在石嘴山开河前5 d控制下泄，为了不使封河上段出现较大凌峰，维持水位平稳，兰州流量过程也应平稳或缓慢减少，为“开河”创造条件。

2.5.1.3 龙刘水库对水沙的调节

唐乃亥站和贵德站分别为龙羊峡水库进、出库站，统计不同时期径流变化，列于表2-19，可以看出，唐乃亥汛期水量占年比例均在60%左右，而贵德在建库前为61%，建库以后明显下降，特别是近期仅剩35%。

表2-19　龙羊峡不同时期进出库径流变化

时间	唐乃亥			贵德		
	1986年以前	1987～1996年	1997～2006年	1986年以前	1987～1996年	1997～2006年
1月	4.73	4.22	3.90	5.12	14.17	11.50
2月	4.16	3.88	3.58	4.53	13.15	9.90
3月	6.03	5.76	5.06	6.37	14.98	11.50
4月	9.32	9.46	7.69	9.48	12.07	12.64
5月	15.62	16.12	12.33	15.93	16.96	13.98
6月	22.32	25.62	20.60	22.98	17.77	14.24
7月	35.79	31.22	28.19	36.75	19.39	14.26
8月	29.89	27.71	24.32	31.16	21.71	12.64
9月	34.96	24.52	23.71	35.82	17.86	12.16
10月	28.76	20.95	22.67	29.89	14.15	14.47
11月	13.48	11.15	10.62	14.18	14.00	13.92
12月	6.46	5.64	5.29	6.95	13.89	13.05
全年	211.52	186.25	167.96	219.16	190.10	154.26
汛期	129.40	104.40	98.89	133.62	73.11	53.53
汛期/年（%）	61	56	59	61	38	35

小川站是刘家峡水库的出库站，是龙刘水库联合调节的结果。1950～1968年是无龙刘水库期，汛期水量占年水量61%（见表2-20），1969～1986年是刘家峡水库单独运期，汛期水量占年水量下降到51%，1987年龙羊峡水库运用以后进一步下降，近期仅剩37%。

表 2-20　小川站不同时期水量分布情况

时间	1950～1968 年	1969～1986 年	1987～1996 年	1997～2006 年	1987～2006 年
1 月	8.11	13.71	14.10	11.30	12.70
2 月	6.79	11.45	12.23	8.92	10.57
3 月	8.92	12.28	12.67	10.43	11.55
4 月	12.38	16.67	17.29	17.92	17.60
5 月	22.23	25.33	28.26	25.88	27.07
6 月	27.39	27.64	22.91	22.02	22.46
7 月	46.57	38.63	23.68	18.57	21.12
8 月	43.55	35.63	25.91	16.34	21.13
9 月	48.09	36.97	20.80	16.95	18.87
10 月	39.06	34.46	20.29	23.06	21.67
11 月	19.25	19.92	20.58	19.32	19.95
12 月	10.29	14.08	15.72	12.89	14.31
全年	292.63	286.77	234.44	203.60	219.00
汛期	177.27	145.69	90.68	74.92	82.79
汛期/年（%）	61	51	39	37	38

龙羊峡水库 1986 年 10 月开始蓄水，1987～2005 年共淤积泥沙 4.14 亿 t，年均淤积 0.207 亿 t。刘家峡水库 1968 年 10 月开始蓄水运用，1969～2005 年淤积泥沙 23.1 亿 t，年均淤积 0.607 亿 t，库容损失 29.8%。

龙羊峡水库 1987～2006 年共淤积泥沙 1.78 亿 t，年均淤积 0.089 亿 t（输沙率法），其中 1987～1996 年平均淤积 0.097 亿 t，1997～2006 年均淤积 0.081 亿 t。刘家峡水库 1969～2006 年水库淤积泥沙 13.69 亿 t，年均淤积 0.36 亿 t。其中，1969～1986 年平均淤积 0.569 亿 t，1987～1996 年平均淤积 0.223 亿 t。

2.5.1.4　龙刘水库对汛期流量级调节

小川站在龙刘水库运用前后汛期流量级变化情况见图 2-12，可以看出，汛期较大流量级随着水库相继运用，历时减少。如汛期大于 2 000 m^3/s，龙刘水库运用前（1956～1968 年）历时为 38.2 d，占汛期历时的 31%；刘家峡单库运用区间（1969～1986 年）为 24 d，占汛期历时的 20%；龙羊峡水库运用后的 1987～2006 年减少到 1.8 d，占汛期历时的 1%；近期 1997～2006 年没有出现。

2.5.1.5　龙刘水库对洪水的调节

1）龙刘水库对洪峰流量的调节

据统计，刘家峡单库运用期间的入库流量大于 1 000 m^3/s 的洪水 71 次[❶]，平均削峰

❶ 汪岗、范昭，黄河水利出版社，黄河水沙变化研究第一卷，黄河上游水沙变化及宁蒙河段冲淤演变分析 P372-397。

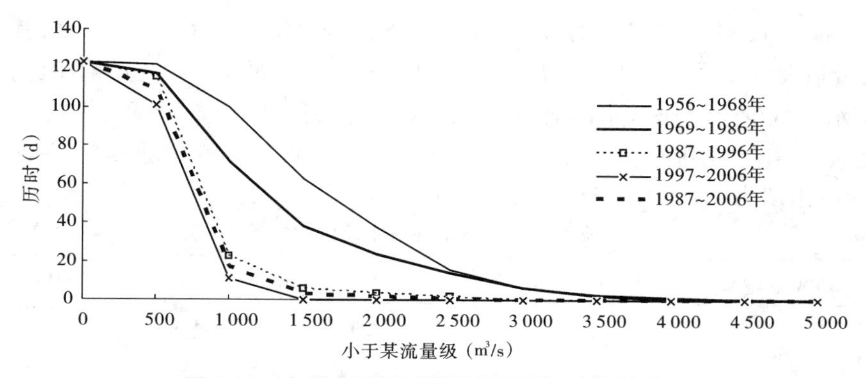

图 2-12　小川站不同时期汛期流量级变化情况

率20%,主要在流量级为1 500 ~2 500 m³/s 时削减。点绘两库运用期间入库洪峰与水库削峰率关系,见图2-13,可以看出,削峰率与入库流量成正比。据统计,1987 ~2006 年唐乃亥站入库流量大于1 000 m³/s 的洪水56 次,平均削峰率52%,其中流量级为1 000 ~1 500 m³/s削减平均削峰率为45%;流量级为1 500 ~2 000 m³/s 时削减平均削峰率为66%;流量级为2 000 m³/s 以上时削减平均削峰率为58%。

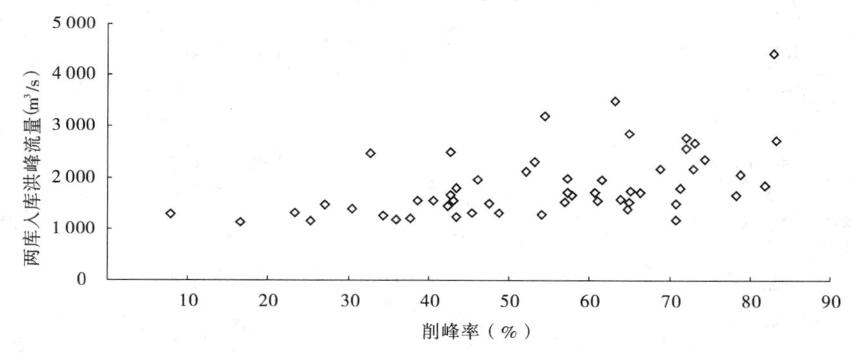

图 2-13　两库运用期间入库洪峰流量与水库削峰率关系

2)龙刘水库对洪水水量的调节

据统计,刘家峡单库运用期间平均削洪量为20%,其中流量级为2 000 ~2 000 m³/s 时削减最大,削洪率为25%;大于3 000 m³/s 时削洪率为25%。两库运用期间的唐乃亥站入库流量大于1 000 m³/s 的平均削洪率为37%,其中流量级为1 000 ~1 500 m³/s 时削减平均削洪率为29%;流量级为1 500 ~2 000 m³/s 时削减平均削洪率为51%;流量级为2 000 m³/s 以上时削减平均削洪率为46%。

2.5.2　龙刘水库对兰州站水沙影响

2.5.2.1　龙刘水库对兰州站水沙以及年内分布影响

由表2-21 可以看出兰州站不同时期月水量情况,龙刘水库运用前,兰州站年均水量342.80 亿 m³,其中汛期占61%,水量最大的4 个月分别是9 月、7 月、8 月和10 月;刘家峡单库运用期间,年均水量326.53 亿 m³,其中汛期占52%,水量最大的4 个月分别是7 月、

9 月、8 月和 10 月；龙刘水库运用的 1987 ~ 2006 年，年均水量 261.69 亿 m^3，其中汛期占 42%，水量最大的 4 个月分别是 5 月、8 月、7 月和 6 月，与龙刘水库运用前相比，年水量减少 24%，水量减少主要在汛期，减少幅度达 48%，特别 1997 ~ 2006 年，年均水量 247.35 亿 m^3，与龙刘水库运用前相比，年水量减少 28%，汛期减少 51%，说明近期兰州站年水量由过去的以汛期为主，变为以非汛期为主。

表 2-21　兰州站各月水量分布情况　（单位：亿 m^3）

时间	1950 ~ 1968 年	1969 ~ 1986 年	1987 ~ 1996 年	1997 ~ 2006 年	1987 ~ 2006 年
1 月	9.30	14.79	15.44	12.89	14.17
2 月	7.86	12.51	13.35	10.53	11.94
3 月	10.45	13.58	13.82	12.02	12.92
4 月	14.51	18.59	19.26	20.02	19.64
5 月	26.29	28.01	31.39	28.14	29.77
6 月	32.04	31.12	27.66	25.55	26.60
7 月	55.28	45.04	31.11	25.40	28.26
8 月	52.13	43.12	33.59	24.27	28.93
9 月	56.13	43.70	27.18	24.22	25.70
10 月	44.66	38.73	24.01	27.72	25.87
11 月	22.04	21.75	21.91	21.59	21.75
12 月	12.10	15.59	17.28	15.00	16.14
全年	342.79	326.53	276.0	247.35	261.69
汛期	208.20	170.59	115.89	101.61	108.76
汛期/年（%）	61	52	42	41	42

由表 2-22 可以看出兰州站不同时期月沙量情况，龙刘水库运用前，兰州站年均沙量 1.213 亿 t，其中汛期占 85%，连续（4 个月，下同）沙量最大的月为 6 ~ 9 月，与水量变化不一致；刘家峡单库运用期间，年均沙量 0.503 亿 t，其中汛期占 85%，由于刘家峡水库拦沙，年沙量较龙刘水库运用前减少 59%；龙刘水库运用的 1987 ~ 2006 年，兰州站年均沙量仅 0.412 亿 t，其中汛期占 78%，与龙刘水库运用前相比，年沙量减少 66%，特别是 1997 ~ 2006 年，年均仅剩沙量 0.338 亿 t，与龙刘水库运用前相比，年沙量减少 72%。

表 2-22 兰州站各月沙量分布情况　　（单位：亿 t）

时间	1950 ~ 1968 年	1969 ~ 1986 年	1987 ~ 1996 年	1997 ~ 2006 年	1987 ~ 2006 年
1 月	0.002	0	0.001	0.001	0.001
2 月	0.003	0.001	0.001	0	0.001
3 月	0.006	0.002	0.001	0.001	0.001
4 月	0.014	0.005	0.007	0.005	0.006
5 月	0.067	0.017	0.032	0.026	0.029
6 月	0.081	0.048	0.063	0.034	0.049
7 月	0.325	0.131	0.143	0.104	0.123
8 月	0.463	0.195	0.158	0.112	0.135
9 月	0.192	0.083	0.067	0.028	0.047
10 月	0.049	0.018	0.008	0.020	0.014
11 月	0.008	0.002	0.005	0.006	0.006
12 月	0.003	0.001	0.001	0.001	0.001
全年	1.213	0.503	0.488	0.338	0.413
汛期	1.029	0.427	0.374	0.264	0.319
汛期/年(%)	85	85	77	78	78

2.5.2.2 龙刘水库对兰州站汛期流量级影响

兰州在龙刘水库运用前后汛期流量级变化情况见图 2-14，可以看出汛期较大流量级随着水库相继运用，历时减少。如汛期大于 2 000 m^3/s 历时，龙刘水库运用前（1956 ~ 1968 年）历时为 53.6 d，占汛期历时 44%；刘家峡单库运用区间（1969 ~ 1986 年）为 30.9 d，占汛期历时 25%；龙羊峡水库运用后的 1987 ~ 2006 年减少到 3.1 d，占汛期历时 2%；近期 1997 ~ 2006 年没有出现。

2.5.2.3 龙刘水库对兰州站洪水影响

1）龙刘水库对兰州站洪水最大洪峰影响

统计兰州站历年最大流量过程可知，龙刘水库运用前平均值为 3 741 m^3/s，刘家峡单库平均值为 3 333 m^3/s，1987 ~ 2006 年平均值为 2 249 m^3/s，与龙刘水库运用前相比，近期减少 40%，其中 1987 ~ 1996 年平均值为 2 529 m^3/s，近期最大流量平均值为 1 968 m^3/s，与龙刘水库运用前相比，近期减少 47%。

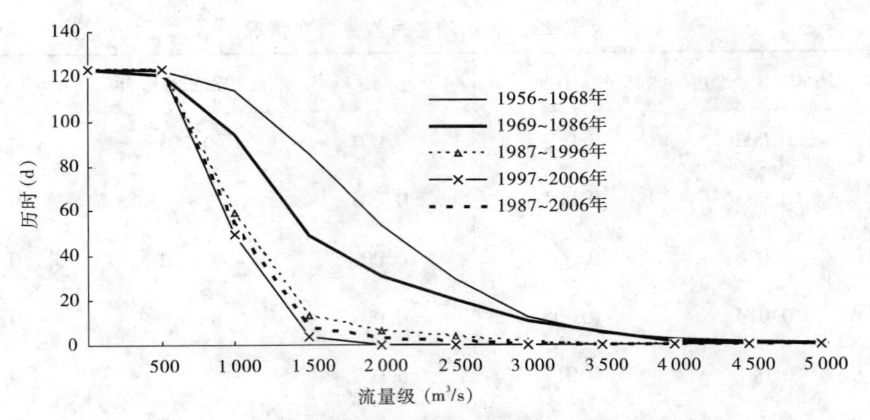

图 2-14　兰州站不同时期汛期流量级变化情况

2) 龙刘水库调蓄对兰州站洪水洪峰影响

还原水库的调蓄流量,得到还原后的兰州站洪峰日均流量,点绘兰州站实测与还原最大日均流量的关系(见图 2-15),可以看出水库削峰影响十分显著。根据还原成果统计,刘家峡水库单库运用期间,水库削峰使得兰州站洪峰流量(42 场洪水)平均减少 15%,最大减少 44%(1971 年);龙羊峡和刘家峡水库联合运用期间(56 场洪水),兰州站日均洪峰流量平均减少 25%,最大减少 57%(2005 年)。两库削峰的幅度明显大于刘家峡单库运用。

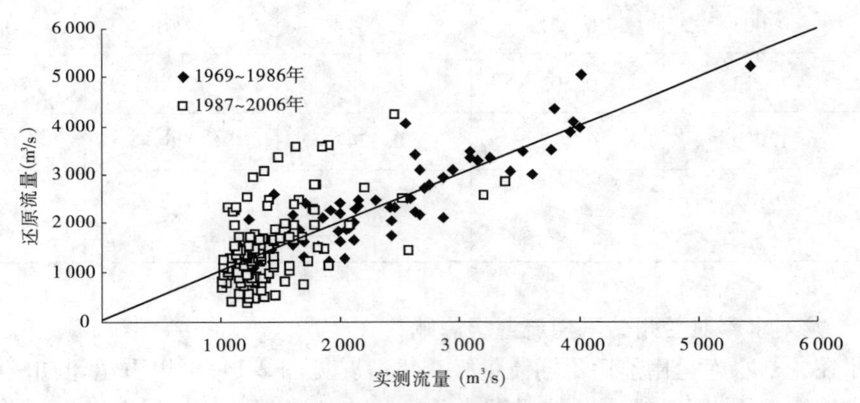

图 2-15　水库运用对兰州站洪峰流量的影响

3) 龙刘水库调蓄对兰州站洪水、洪量的影响

兰州站洪峰流量大于 1 000 m³/s 的洪水在刘家峡单库运用期有 74 场,其中有 39 场被拦蓄减少洪量,平均削减兰州站洪量的 20%;两库联合运用期 87 场,有 54 场被拦蓄减少洪量,平均削减兰州站洪量的 31%。

刘家峡水库单库蓄水量占兰州站洪量 10% 以下的有 7 场(见表 2-23),占 10% ~30% 的有 20 场,占 30% ~50% 的有 5 场,占 50% ~100% 的有 7 场;两库蓄水量占兰州站洪量 10% 以下的有 4 场,占 10% ~30% 的有 15 场,占 30% ~50% 的有 12 场,占 50% ~100% 的有 13 场。

表 2-23　水库蓄水对兰州站洪量影响　（单位：场）

水库	水库蓄水占兰州实测水量比例					
	0～10%	10%～30%	30%～50%	50%～100%	大于 100%	合计
刘家峡单库	7	20	5	7		39
龙刘两库	4	15	12	13	10	54

点绘水库蓄水时入库洪量与兰州站实测洪量以及与还原水库蓄水量后洪量的关系（见图 2-16）可以看出，在入库洪量相同条件下，两库运用对兰州站洪量影响大。单库运用时期，当入库水量到达 30 亿 m³ 后，水库蓄水量对兰州站洪量的影响比例基本稳定在 12%左右；两库联调运用期间，当入库水量达到 60 亿 m³ 后，水库蓄水量对兰州站实测洪量的影响比例基本稳定在 40%左右。

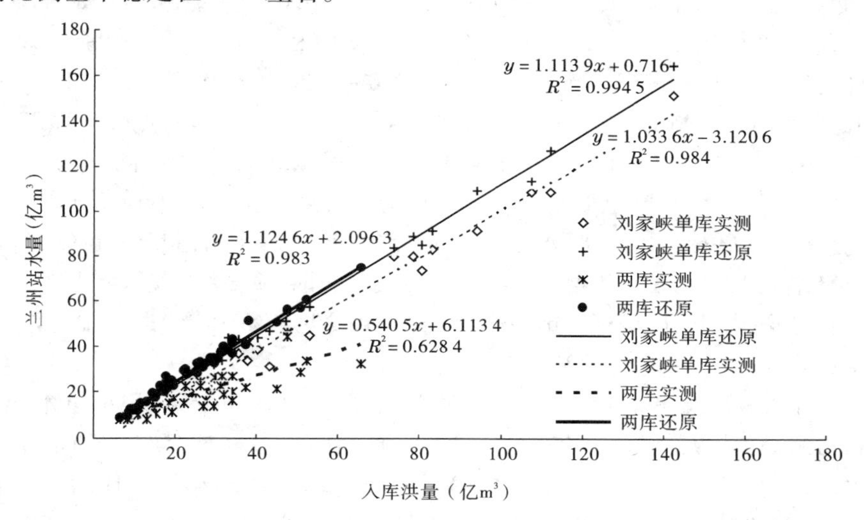

图 2-16　水库调蓄运用对兰州站洪量的影响

2.6　主要认识

（1）近期黄河干流唐乃亥站和兰州站年均水量分别为 167.96 亿 m³ 和 247.37 亿 m³，年均沙量分别为 0.100 亿 t 和 0.337 亿 t，与 1970～1996 年相比，水量分别减少 20% 和 21%，沙量分别减少 30% 和 33%。

（2）近期主要支流湟水民和站、大通河享堂站、洮河红旗站和大夏河折桥站年均水量分别为 13.10 亿 m³、25.90 亿 m³、31.82 亿 m³ 和 5.76 亿 m³，年均沙量分别为 0.075 亿 t、0.018 亿 t、0.116 亿 t 和 0.008 亿 t，与 1970～1996 年相比，水量分别减少 16%、10%、30% 和 32%，沙量分别减少 48%、43%、56% 和 71%。干支流沙量减少幅度均大于水量。

（3）近期唐乃亥—兰州区间水量为 79.41 亿 m³，较 1970～1996 年减少 23%，唐乃亥年水量占兰州年水量仍然维持在 1970～1996 年的水平，即 67%。区间支流湟水、大通河、洮河和大夏河水量分别占区间水量的16%、33%、40%和7%,与1970～1996年系列相比,大通河水量减少,洮河水量增加。

(4)近期年水沙量变幅(年最大值与最小值比值)减小。其中,水量变幅唐乃亥站由1970～1996年的2.3增加到2.4,兰州站则由1970～1996年的1.9～2.4减少到1.5～1.8;沙量变幅唐乃亥站和兰州站分别由1970～1996年的8.0和7.2,下降到7.6和4.2。

(5)近期干流汛期水量占年比例除唐乃亥站仍然维持60%左右外,其余均由1970～1996年的47%～54%下降到34%～41%;支流与1970～1996年相比,汛期水量占年水量比例变化不大,仍然维持在60%左右。近期汛期沙量占年沙量比例唐乃亥站和兰州站分别为74%和78%,与1970～1996年的71%和82%相比变化不大;支流洮河、大夏河、湟水和大通河汛期水量占年水量比例变化不大,仍然维持在78%左右。汛期沙量减少幅度大于水量。水沙减少幅度支流大于干流。

(6)近期汛期干支流较大流量级历时较1970～1996年明显减少。如日均流量大于3 000 m^3/s,近期没有出现,而1970～1996年唐乃亥站和兰州站,历时分别为1.6 d和7.4 d;洮河日均流量大于800 m^3/s没有出现,而1970～1996年年均历时2.1 d。

(7)近期大于1 000 m^3/s唐乃亥站洪水洪峰平均2.7场/年,洪水历时33.19 d/场,洪量32.48亿m^3/场,与1970～1996年相比,场次减少23%,每次洪水洪量减少8%,每次洪水历时增加12%;兰州站近期平均洪水5.6场/年,洪水历时25.66 d/场,洪量23.09亿m^3/场,与1970～1996年相比,洪水场次增加15%,每次洪水历时增加11%,每次洪水洪量减少34%;洮河红旗站平均洪水3.4场/年,洪水历时20.89 d/场,洪量4.1亿m^3/场,沙量252万t/场,与1970～1996年相比,洪水场次减少49%,每次洪水历时增加27%,每次洪水洪量增加2%,沙量减少26%。

(8)与1970～1996年相比,唐乃亥站洪水场次中,2 000 m^3/s以下的洪水年平均变化不大,而2 000 m^3/s以上的洪水年均明显减少,但3 000 m^3/s流量级以下洪水每次洪水的历时和水沙量均增加;兰州站1 000～1 500 m^3/s流量级的洪水年平均增加,而1 500～2 000 m^3/s流量级的洪水年均明显减少,特别是大于2 000 m^3/s的洪水近期没有出现过;2 000 m^3/s以下洪水同流量级的历时和水量增加,但沙量变化不大;红旗站200～500 m^3/s流量级的洪水场次年平均减少47%,500～1 000 m^3/s流量级的洪水年均减少44%,特别是大于1 000 m^3/s的洪水近期没有出现过。

(9)与1970～1996年相比,近期唐乃亥站和兰州站洪水相同历时条件下,洪水的洪量明显减少;相同洪量条件下,洪峰流量减少;平均峰型系数唐乃亥站变化不大,而兰州站减小;但分流量级平均峰型系数唐乃亥站增加,兰州站变化不大。

与1970～1996年相比,洮河红旗站相同历时条件下,近期洪水的洪量和洪峰流量明显减少;相同洪量条件下,洪峰流量减少;平均峰型系数以及同流量级平均峰型系数均增加。

(10)龙羊峡和刘家峡两库联合运用后,兰州站年水量261.69亿m^3,其中汛期水量占年水量的比例42%,较1968年以前年水量减少24%,使得兰州年水量由过去的以汛期为主,变为以非汛期为主;年均沙量仅0.413亿t,其中汛期占78%,较1968年以前年沙量减少66%。兰州汛期大于2 000 m^3/s历时,由1968年以前的53.6 d减少到3.1 d。

（11）龙羊峡和刘家峡两库联合运用后，兰州站最大洪峰平均值为 2 249 m^3/s，较 1968 年以前相比减少 40%；兰州站洪峰流量平均减少 25%，最大减少 57%（2005 年），两库削峰的幅度明显大于刘家峡单库运用；入库洪量相同条件下，两库运用对兰州站洪量影响大。单库运用时期，当入库水量到达 30 亿 m^3 后，水库蓄水量对兰州站洪量的影响比例基本稳定在 12% 左右；两库联调运用期间，当入库水量达到 60 亿 m^3 后，水库蓄水量对兰州站实测洪量的影响比例基本稳定在 40% 左右。

第3章　兰州—头道拐近期水沙变化特点分析报告

3.1　河道基本情况

黄河兰州—头道拐河段位于黄河的上游，地处西北内陆干旱半干旱地区，跨甘肃、宁夏、内蒙古三省(区)，河段全长1 342.3 km，河道海拔从1 511 m降至987 m，水面落差524 m，河道平均比降为3.9‰。自上而下分布有兰州、安宁渡、下河沿、青铜峡、石嘴山、磴口、巴彦高勒、三湖河口、头道拐等水文站(见图3-1)，其中兰州水文站集水面积22.255 1万km^2，头道拐水文站集水面积36.79万km^2，分别约占全河的29.6%和46.3%；由表3-1可见，黄河兰州水文站多年平均(1950～2005年)径流量309.38亿m^3，多年平均输沙量为0.715亿t，多年平均含沙量为2.31 kg/m^3；头道拐水文站多年平均径流量218.3亿m^3，多年平均输沙量为1.082亿t，多年平均含沙量为4.95 kg/m^3。

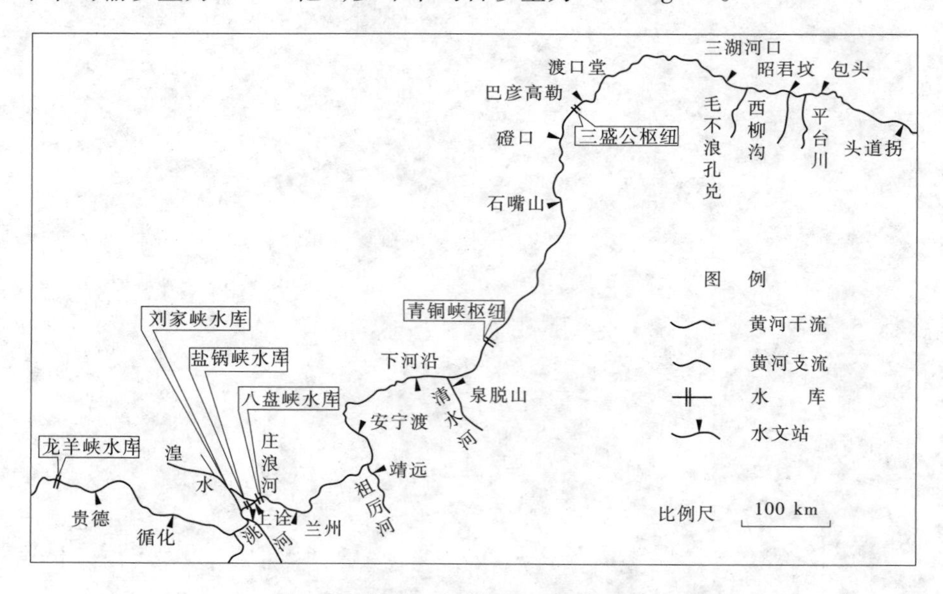

图3-1　兰州—头道拐区间河道示意图

兰州—头道拐区间，大部分年份降雨量较小，基本上是没有灌溉就没有农业的干旱地区。早在秦汉时期，黄河河套地区就有秦渠、汉渠等引黄灌区，据1985年统计，黄河上游万亩(667 hm^2)以上灌区有60个，其中兰州以上有7个，兰州至头道拐河段有53个。河段内现建设有沙坡头、青铜峡、三盛公3座水利枢纽，有效地支持了农业灌溉，但有效库容不大，调节能力较低，大量农灌退水对河道水量有补充作用。

表 3-1 兰州—河口镇区间主要干支流水文站实测水量和沙量

水文站		兰州	下河沿	石嘴山	巴彦高勒	三湖河口	头道拐	祖厉河（靖远）	清水河（泉眼山）	毛不浪沟（图格日格）	西柳沟（龙头拐）
控制面积（km^2）		222 551	254 142	309 134	313 999	347 908	367 898	11 758	14 476	1 249	1 147
时段		1950 ~ 2005 年	1950 ~ 2005 年	1952 ~ 2005 年	1950 ~ 2005 年	1952 ~ 2005 年	1950 ~ 2005 年	1955 ~ 2004 年	1957 ~ 2005 年	1960 ~ 2005 年	1960 ~ 2005 年
水量	①汛期（亿 m^3）	162.23	161.0	152.0	119.7	117.4	117.3	0.84	0.81	0.13	0.21
	②年（亿 m^3）	309.38	302.2	276.5	224.3	221.0	218.3	1.16	1.12	0.14	0.3
	③主汛期（亿 m^3）	84.12	83.2	74.1	59.0	57.0	56.1	0.68			
	①/②（%）	52	53	55	53	53	54	72	72	93	70
	③/②（%）	27	28	27	26	26	26	60			
	年最大/年最小	2.5	2.7	3	4.5	4.3	4.4	7.8	22.4	2 266.3	10.3
	年 C_v	0.23	0.25	0.28	0.36	0.35	0.36	0.53	0.64	1.1	0.66
	年 C_s	0.78	0.72	0.66	0.49	0.74	0.65	1.18	1.78	2.74	1.59
沙量	④汛期（亿 t）	0.596	1.111	0.959	0.870	0.820	0.842	0.412	0.250	0.032	0.041
	⑤年（亿 t）	0.715	1.317	1.264	1.133	1.051	1.082	0.499	0.273	0.034	0.042
	⑥主汛期（亿 t）	0.461	0.872	0.56	0.509	0.42	0.423	0.376			
	④/⑤（%）	83	84	76	77	78	78	82	93	107	98
	⑥/⑤（%）	64	66	44	45	40	39	75			
	年最大/年最小	18.2	20.1	15.4	28.2	16.4	19.2	20.5	18	63 521	13 607
	年 C_v	0.8	0.73	0.63	0.71	0.75	0.73	0.74	0.97	3.24	1.85
	年 C_s	1.8	1.64	1.76	1.63	1.32	0.96	1.66	1.85	5.71	4.29

3.2 干流水沙变化

3.2.1 水沙量变化

3.2.1.1 近期年均水沙量减少,沙量减幅大于水量

从兰州—头道拐河段不同年代各站水沙量变化过程可以明显看出(见图3-2～图3-5),自20世纪80年代以来,水沙量逐渐减少,尤其是20世纪90年代以后,水沙量减少更为突出。如:兰州站多年平均水沙量(1950～2005年)分别为309.4亿m^3和0.715亿t,而1990～1999年水沙量分别为259.8亿m^3和0.516亿t,与多年均值相比水沙量分别减少16%和27.8%。2000～2006年水沙量分别为254.1亿m^3和0.235亿t,与多年均值相比,水沙量减少更多,分别减少17.8%和67.1%,沙量减少幅度大于水量减少幅度。

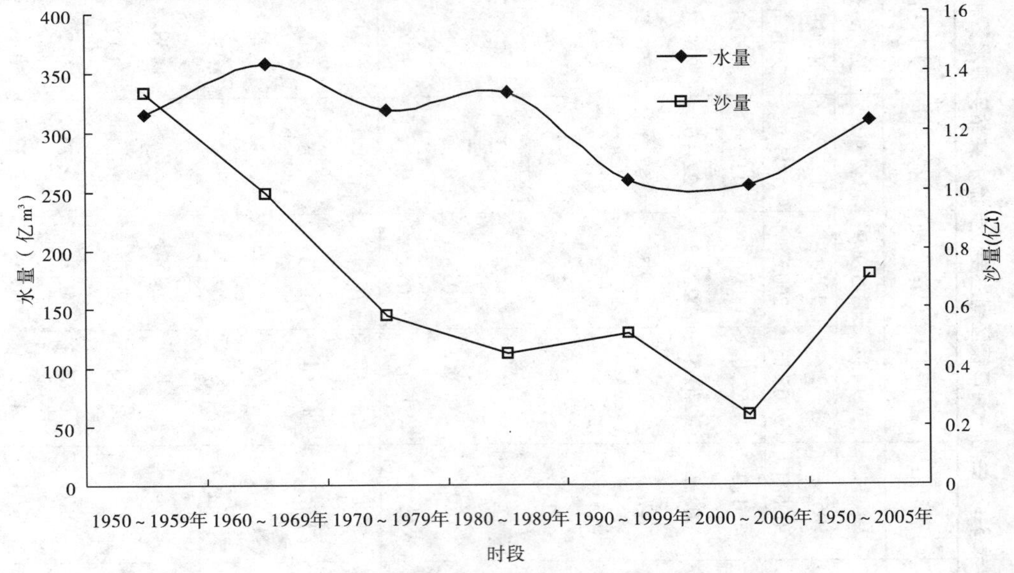

图3-2 兰州站不同年代年均水沙量变化过程

从不同典型时段的水沙过程来看,近期黄河上游干流主要水文站实测水沙量明显减少,其中兰州、下河沿、石嘴山、巴彦高勒、三湖河口、头道拐年平均水量分别为247.37亿m^3、228.0亿m^3、194.9亿m^3、133.9亿m^3、141.0亿m^3和132.1亿m^3,平均沙量分别为0.337亿t、0.57亿t、0.69亿t、0.59亿t、0.44亿t和0.32亿t(见表3-2),与多年均值相比,各站水沙量分别减少20%～40.3%和45.1%～70.2%。与1969年以前年均水沙量相比,各站年均水量分别减少26.5%～52.2%,其中巴彦高勒站水量减少最大,兰州站水量减少最小;各站沙量也大幅度减少,并且减少幅度大于水量减少幅度,各站减少范围在63.6%～80.8%,其中头道拐站沙量减少最大,石嘴山站沙量减少最小。与1970～1996年均值相比,各站水沙量也是明显减少的,其中水量减少范围在20.7%～39.7%,头道拐站水量减少最多,兰州站水量减少最少。各站沙量减少范围在27.3%～64.4%,头道拐

站沙量减少最大，巴彦高勒站沙量减少最小。

可见，兰州—头道拐河段，与其他各时段相比，近期水沙量均有不同程度的减少，并且沙量的减幅大于水量减幅。

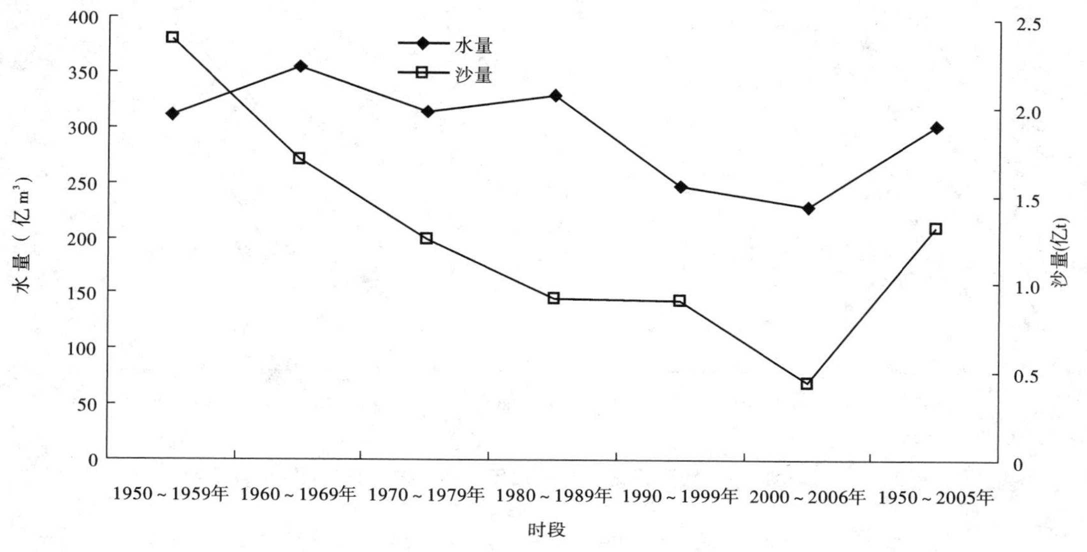

图3-3　下河沿站不同年代年均水沙量变化过程

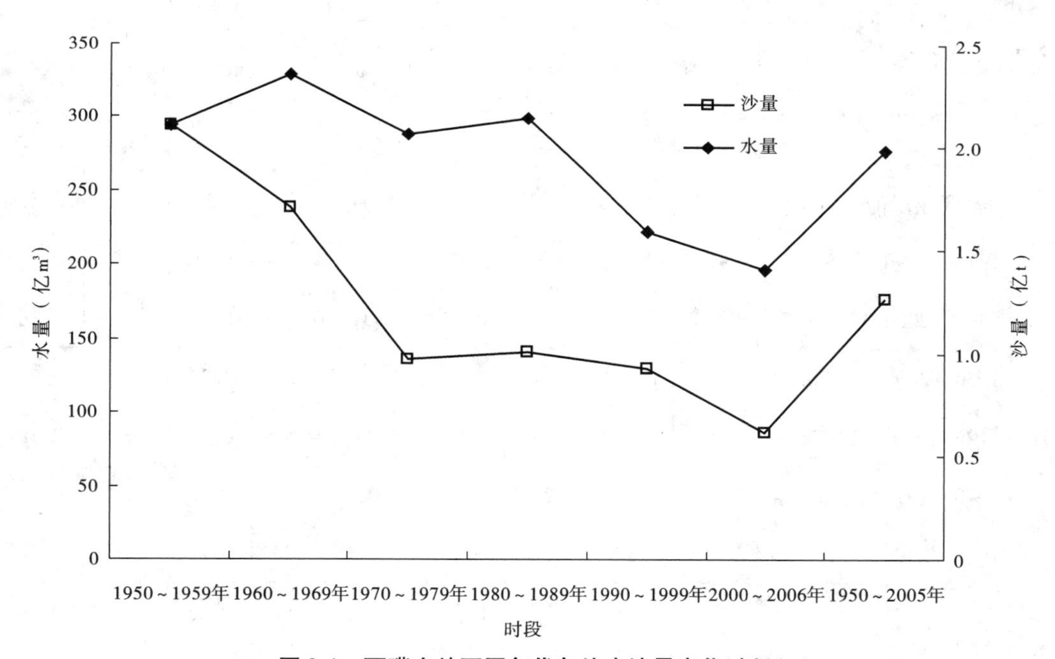

图3-4　石嘴山站不同年代年均水沙量变化过程

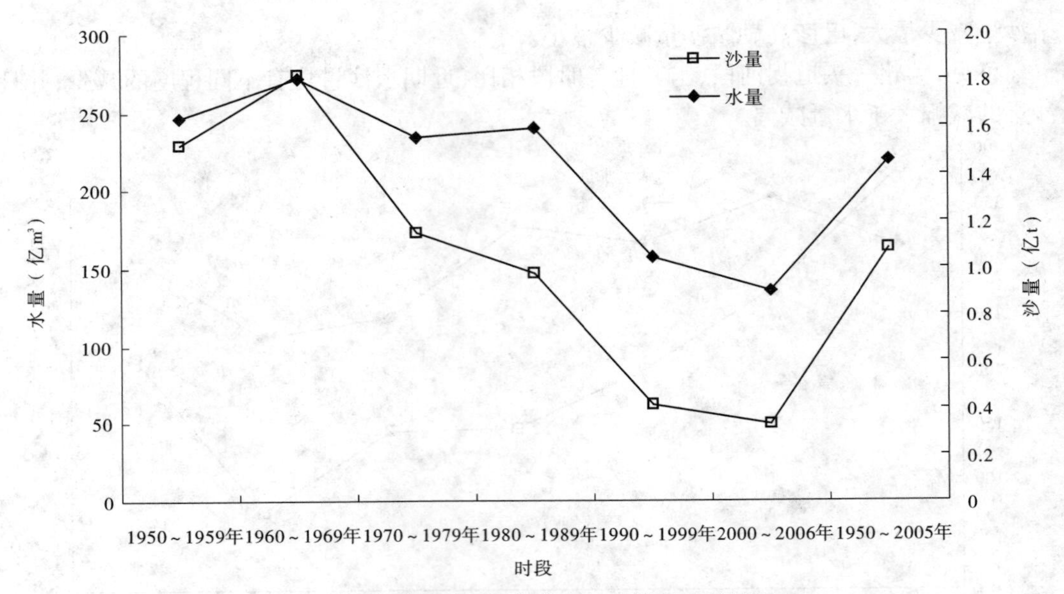

图3-5　头道拐站不同年代年均水沙量变化过程

表3-2　黄河上游干流主要水文站不同时期水沙量统计

站名	时段	水量(亿 m³)					沙量(亿 t)				
		年均值	最大值	最小值	变幅	C_v	年均值	最大值	最小值	变幅	C_v
兰州	1950~2005年	309.38	517.95	203.87	2.5	0.23	0.715	2.716	0.149	18.2	0.80
	1969年以前	336.61	517.95	219.13	2.4	0.22	1.164	2.716	0.222	12.2	0.62
	1970~1996年	311.79	429.95	230.30	1.9	0.2	0.506	1.074	0.149	7.2	0.46
	1997~2006年	247.37	298.87	203.89	1.5	0.13	0.337	0.726	0.171	4.2	0.58
下河沿	1950~2005年	302.2	519.1	195.2	2.7	0.25	1.32	4.39	0.22	20.1	0.73
	1969年以前	333.4	519.1	217.7	2.4	0.23	2.03	4.39	0.47	9.4	0.58
	1970~1996年	305.4	424.1	211.7	2	0.22	1.03	1.97	0.32	6.2	0.44
	1997~2006年	228.0	273.4	195.2	1.4	0.13	0.57	1.43	0.22	6.6	0.58
石嘴山	1950~2005年	276.5	492.7	162.8	3	0.28	1.26	3.82	0.25	15.4	0.63
	1969年以前	311.7	492.7	179.5	2.7	0.25	1.9	3.82	0.25	15.4	0.52
	1970~1996年	279.1	399.3	190.2	2.1	0.23	0.98	1.60	0.34	4.8	0.34
	1997~2006年	194.9	233.6	162.8	1.4	0.13	0.69	1.17	0.47	2.5	0.29

续表 3-2

站名	时段	水量(亿 m^3)					沙量(亿 t)				
		年均值	最大值	最小值	变幅	C_v	年均值	最大值	最小值	变幅	C_v
巴彦高勒	1950~2005 年	224.3	439.4	97.1	4.5	0.36	1.13	3.64	0.13	28.2	0.71
	1969 年以前	280.2	439.4	129	3.4	0.27	1.84	3.64	0.13	28.2	0.52
	1970~1996 年	214.8	337.6	122	2.8	0.29	0.81	1.56	0.24	6.6	0.42
	1997~2006 年	133.9	183.3	97.1	1.9	0.20	0.59	1.02	0.45	2.3	0.28
三湖河口	1952~2005 年	221.0	445.9	102.5	4.3	0.35	1.05	3.25	0.20	16.4	0.75
	1969 年以前	258.1	445.9	130.3	3.4	0.31	1.76	3.25	0.21	15.3	0.51
	1970~1996 年	224.7	354.8	130.8	2.7	0.29	0.8	1.78	0.2	9	0.54
	1997~2006 年	141.0	188.2	102.5	1.8	0.19	0.44	0.82	0.28	2.9	0.44
头道拐	1950~2005 年	218.3	444.9	101.8	4.4	0.36	1.08	3.23	0.17	19.2	0.73
	1969 年以前	258.3	444.9	125.0	3.6	0.3	1.68	3.23	0.23	14.2	0.5
	1970~1996 年	219.0	351.4	116.7	3.0	0.3	0.91	1.99	0.17	11.8	0.58
	1997~2006 年	132.1	174.9	101.8	1.7	0.17	0.32	0.63	0.2	3.2	0.41

3.2.1.2 年际间水沙变化

1)近期年最大水沙量减少,且沙量减幅大于水量减幅

近期干流主要水文站兰州、下河沿、石嘴山、巴彦高勒、三湖河口、头道拐年最大水量分别为298.87亿 m^3、273.4亿 m^3、233.6亿 m^3、183.3亿 m^3、188.2亿 m^3、174.9亿 m^3,沙量分别为0.726亿t、1.43亿t、1.17亿t、1.02亿t、0.82亿t、0.63亿t(见表3-2),与1969年以前相比,近期最大水沙量分别减少了46.8%~60.7%与62.9%~80.3%,其中头道拐站最大水沙量减少最多。与1970~1996年相比,最大水沙量分别减少了30.5%~50.2%与24.5%~68.3%,同样是头道拐站最大水沙量减少最多。如:近期兰州站最大水沙量分别为298.87亿 m^3(2006年)和0.726亿t(1999年),比1969年以前最大水沙量517.9亿 m^3(1967年)和2.716亿t(1967年)分别减少42.3%和73.2%,比1970~1996年最大水沙量429.95亿 m^3(1976年)和1.074亿t(1979年)分别减少30.5%和31.8%。头道拐站近期最大水沙量分别为174.9亿 m^3(2006年)和0.63亿t(2006年),比1969年以前最大水沙量444.9亿 m^3(1967年)和3.23亿t(1967年)分别减少60.7%和80.5%;比1970~1996年最大水沙量351.4亿 m^3(1976年)和1.99亿t(1976年)分别减少50.2%和68.3%。

从各站不同时段最大水沙量统计情况可以看出,近期各站最大水沙量均有不同程度的减少,并且最大沙量减幅大于水量减幅,头道拐站近期最大水沙量减少最多。

2)近期年际水沙量变幅减小

从图3-6~图3-9上游四站年水沙过程图上可以明显看出,兰州—头道拐河段各站年

实测水沙量过程各年虽有起伏,但总的趋势是减少的,并且实测水沙量年际间变化幅度减小。近期兰州—头道拐河段各站的水沙量变幅(时期内最大水沙量与最小水沙量比值)与1969年以前相比(见表3-2),水量变幅减少范围为38% ~51.7%,其中头道拐站水量减幅较大,兰州站变幅减少最少。干流各站变幅减少范围为30% ~91.9%,其中巴彦高勒站变幅减少最大,下河沿站变幅减少最小。与1970 ~1996年变幅相比,水量变幅范围减少在21.5% ~42.9%之间,头道拐站变幅最大,兰州站变幅最小。随着水量变幅的减少,沙量变幅也随着减少,近期沙量变幅除下河沿站增大6.45%外,其他各站变幅减少范围在41.7% ~72.9%,其中头道拐站减少最大,兰州站减少最小。

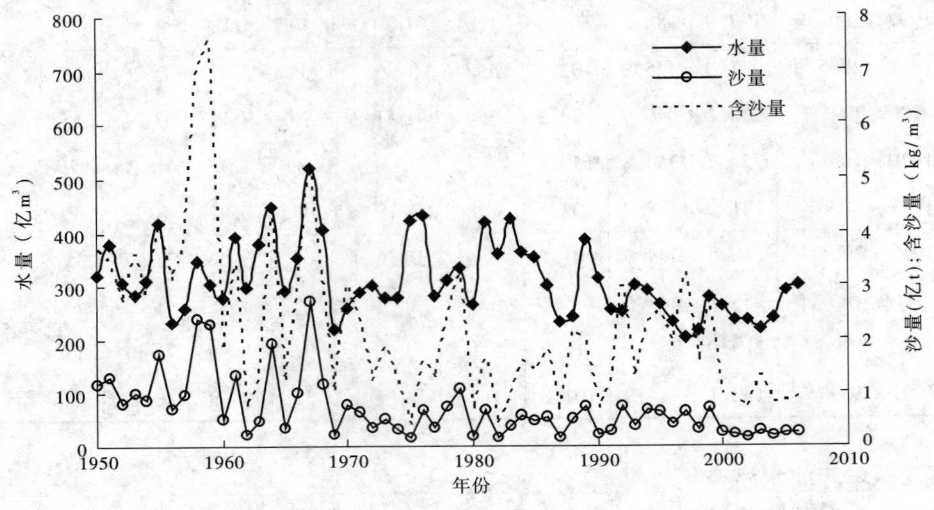

图3-6　兰州站年水沙过程

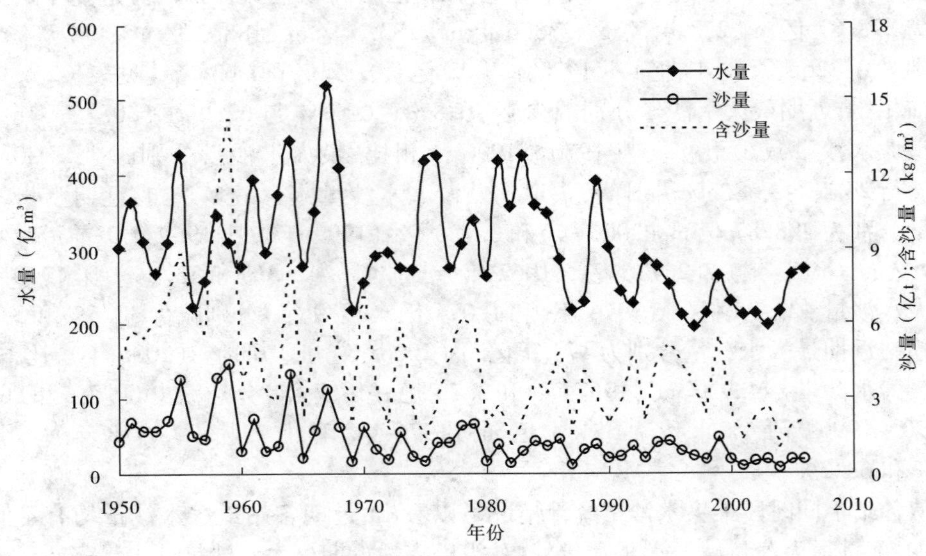

图3-7　下河沿站年水沙过程

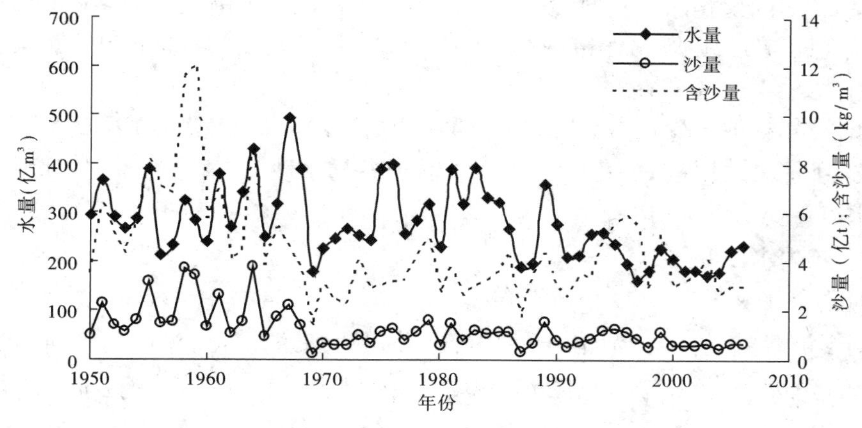

图 3-8　石嘴山站年水沙过程

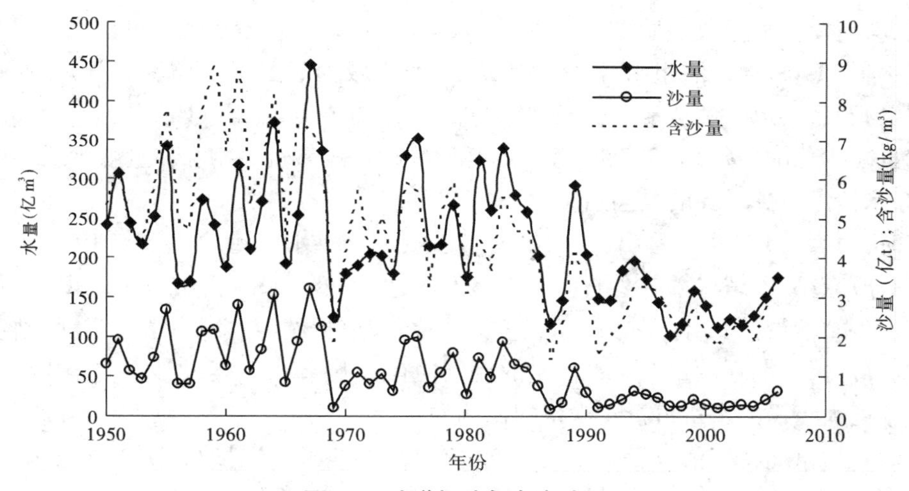

图 3-9　头道拐站年水沙过程

近期各站年际水沙量变幅与前两个时段相比都是减少的,并且沙量减幅大于水量减幅。

3)近期年 C_v 值变化特点

水文计算中常用均方差与均值之比作为衡量系列的相对离散程度的一个参数,称为变差系数,或称离差系数、离势系数,用 C_v 表示。该值越大说明该系列的离散程度越大,反之越小。C_v 值变化也显示出年际间水沙变化情况。

近期干流主要水文站兰州、下河沿、石嘴山、巴彦高勒、三湖河口、头道拐年均水量的 C_v 值分别为 0.13、0.13、0.13、0.20、0.19、0.17,年均沙量的 C_v 值分别为 0.58、0.58、0.29、0.28、0.44、0.41(见表 3-2),与 1969 年以前相比,干流各站水量 C_v 值减少范围在 0.07 ~0.13,头道拐站 C_v 值减少最大,巴彦高勒站减小最少。沙量 C_v 值的变化,各站减少范围在 0.04 ~0.24,巴彦高勒站 C_v 值减少最大,兰州站减小最少。与 1970 ~1996 年年均水沙 C_v 值相比,水量 C_v 值减小范围在 0.07 ~0.13,头道拐站减少最大,兰州站减少最少。沙量 C_v 值的变化除兰州站、安宁渡站、下河沿站增加范围在 0.11 ~ 0.14 外，其他各站沙量 C_v 值均有所减少，减小范围在 0.04 ~ 0.17，头道拐站沙量 C_v 值减少最大，兰州站、石嘴山站沙量 C_v 值减少最少。

年水沙量 C_v 值的变化，反映出年际间水沙量变化特点，近期与 1970 ~ 1996 年相比，除兰州站、下河沿站沙量 C_v 值略有增加外，其他各站水沙 C_v 值均有不同程度的减少，表明近期水沙量变幅明显减小。

3.2.1.3 年内水沙变化

1）汛期水沙变化

近期干流各站兰州、下河沿、石嘴山、巴彦高勒、三湖河口、头道拐汛期水量分别为 101.62 亿 m^3、94.6 亿 m^3、83.8 亿 m^3、46.8 亿 m^3、51.1 亿 m^3、47.1 亿 m^3，沙量分别为 0.263 亿 t、0.442 亿 t、0.432 亿 t、0.316 亿 t、0.245 亿 t、0.166 亿 t（见表 3-3），与 1969 年之前水沙量相比，由于 1969 年以前水量较丰，所以减少幅度较大，减少范围为 49.8% ~ 73%，巴彦高勒站水量减少最多，兰州站减少最少。汛期平均沙量随着平均水量的减少也有所减少，与 1969 年以前相比，各站沙量减少较多，减少范围为 72% ~ 87.8%，沙量减幅大于水量减幅，头道拐站沙量减少最多。与 1970 ~ 1996 年相比汛期水沙量有所减少，各站水沙量减少范围分别为 33.7% ~ 57.5% 和 36.8% ~ 76%，汛期水沙量减少最多的是头道拐站，水沙量减少最少的是兰州站。

同时，由表 3-4 还可以看出，近期汛期水沙量占全年水沙量的比例与 1970 ~ 1996 年相比均有所减小，各站水量减少百分数为 8.0% ~ 14.9%，头道拐站减少最多，兰州站减少最小。各站沙量减少百分数为 4.1% ~ 24.8%，头道拐站沙量减少最多，兰州站沙量减少最少。可见，汛期水沙量占年水沙量的比例均有所下降，并且汛期沙量占全年沙量的比例减少幅度大于汛期水量占全年水量的比例的减少幅度。

干流各站汛期特征值也发生不同程度的变化，近期平均流量与 1969 年前相比，流量减少范围在 949 ~ 1 193 m^3/s，巴彦高勒站减少最多，兰州站减少最少。与 1970 ~ 1996 年相比（见表 3-5），各站平均流量均有所减小，减少范围在 486 ~ 599 m^3/s，头道拐站流量减少最多，兰州站减少最少。近期平均含沙量与 1969 年前相比，各站含沙量均有所减少，减少值范围在 2.13 ~ 5.02 kg/m^3，巴彦高勒站含沙量减少最少，头道拐站含沙量减少最多。与 1970 ~ 1996 年相比，除石嘴山、巴彦高勒含沙量分别增加 0.27 kg/m^3 和 1.23 kg/m^3 外，其他各站含沙量均有所减少，减少范围在 0.64 ~ 2.71 kg/m^3，头道拐站含沙量减少最多，三湖河口站减少最少。

近期来沙系数变化与 1969 年前相比，来沙系数增加范围为 0.000 1 ~ 0.009 9 $kg \cdot s/m^6$，两个时段巴彦高勒站增加值最大，兰州站增加值最小。与 1970 ~ 1996 年相比，来沙系数均有不同程度的增加，增加范围为 0.000 8 ~ 0.009 7 $kg \cdot s/m^6$。总之，近期水沙特征值与前两个时段相应值相比，平均流量有所减少，来沙系数均有所增加，表明近期水沙关系不协调。

表 3-3 黄河上游干流各水文站年内不同时期水沙量统计

站名	时段	量值					
		水量(亿 m^3)			沙量(亿 t)		
		汛期	非汛期	年	汛期	非汛期	年
兰州	1950~2005 年	162.23	147.2	309.38	0.596	0.119	0.715
	1969 年以前①	202.43	134.2	336.61	0.987	0.177	1.164
	1970~1996 年②	153.21	158.6	311.79	0.416	0.089	0.506
	1997~2006 年③	101.62	145.8	247.37	0.263	0.073	0.337
	(③-①)/①(%)	-49.8	8.6	-26.5	-73.4	-58.8	-71.0
	(③-②)/②(%)	-33.7	-8.1	-20.7	-36.8	-18.0	-33.4
下河沿	1950~2005 年	161.0	141.2	302.2	1.111	0.207	1.317
	1969 年以前①	202.9	130.5	333.4	1.767	0.266	2.033
	1970~1996 年②	152.5	152.9	305.4	0.846	0.189	1.035
	1997~2006 年③	94.6	133.4	228	0.442	0.129	0.571
	(③-①)/①(%)	-53.4	2.2	-31.6	-75.0	-51.5	-71.9
	(③-②)/②(%)	-38.0	-12.8	-25.3	-47.8	-31.7	-44.8
石嘴山	1950~2005 年	152.0	124.5	276.5	0.959	0.305	1.264
	1969 年以前①	194.1	117.7	311.7	1.541	0.362	1.904
	1970~1996 年②	144.0	135.0	279.1	0.703	0.278	0.981
	1997~2006 年③	83.8	111.1	194.9	0.432	0.262	0.693
	(③-①)/①(%)	-56.8	-5.6	-37.5	-72.0	-27.6	-63.6
	(③-②)/②(%)	-41.8	-17.7	-30.2	-38.5	-5.8	-29.4
巴彦高勒	1950~2005 年	119.7	104.5	224.3	0.87	0.263	1.133
	1969 年以前①	173.5	106.7	280.2	1.541	0.295	1.836
	1970~1996 年②	104.9	109.9	214.8	0.579	0.234	0.813
	1997~2006 年③	46.8	87.1	133.9	0.316	0.275	0.591
	(③-①)/①(%)	-73.0	-18.4	-52.2	-79.5	-6.8	-67.8
	(③-②)/②(%)	-55.4	-20.7	-37.7	-45.4	17.5	-27.3
三湖河口	1952~2005 年	117.4	103.6	221	0.82	0.231	1.051
	1969 年以前①	160.3	97.9	258.1	1.46	0.301	1.761
	1970~1996 年②	111.5	113.2	224.7	0.606	0.198	0.804
	1997~2006 年③	51.1	89.8	141	0.245	0.196	0.442
	(③-①)/①(%)	-68.1	-8.3	-45.4	-83.2	-34.9	-74.9
	(③-②)/②(%)	-54.2	-20.7	-37.2	-59.6	-1.0	-45.0
头道拐	1950~2005 年	117.3	101.0	218.3	0.842	0.24	1.082
	1969 年以前①	158.7	99.6	258.3	1.357	0.319	1.677
	1970~1996 年②	110.8	108.2	219	0.691	0.215	0.906
	1997~2006 年③	47.1	85.0	132.1	0.166	0.156	0.323
	(③-①)/①(%)	-70.3	-14.7	-48.9	-87.8	-51.1	-80.7
	(③-②)/②(%)	-57.5	-21.4	-39.7	-76.0	-27.4	-64.3

表 3-4　黄河上游干流各水文站年内不同时期水沙量占年比例统计

站名	时段	占年比例（%）			
		水量		沙量	
		汛期	非汛期	汛期	非汛期
兰州	1950～2005 年	52.4	47.6	83.4	16.6
	1969 年以前①	60.1	39.9	84.8	15.2
	1970～1996 年②	49.1	50.9	82.3	17.7
	1997～2006 年③	41.1	58.9	78.2	21.8
	③－①	－19.0	19.0	－6.6	6.6
	③－②	－8.0	8.0	－4.1	4.1
下河沿	1950～2005 年	53.3	46.7	84.3	15.7
	1969 年以前①	60.9	39.1	86.9	13.1
	1970～1996 年②	49.9	50.1	81.7	18.3
	1997～2006 年③	41.5	58.5	77.4	22.6
	③－①	－19.4	19.4	－9.5	9.5
	③－②	－8.4	8.4	－4.3	4.3
石嘴山	1950～2005 年	55	45	75.9	24.1
	1969 年以前①	62.3	37.7	81	19
	1970～1996 年②	51.6	48.4	71.6	28.4
	1997～2006 年③	43	57	62.2	37.8
	③－①	－19.3	19.3	－18.8	18.8
	③－②	－8.6	8.6	－9.4	9.4
巴彦高勒	1950～2005 年	53.4	46.6	76.8	23.2
	1969 年以前①	61.9	38.1	83.9	16.1
	1970～1996 年②	48.8	51.2	71.2	28.8
	1997～2006 年③	35	65	53.5	46.5
	③－①	－26.9	26.9	－30.4	30.4
	③－②	－13.8	13.8	－17.7	17.7
三湖河口	1952～2005 年	53.1	46.9	78.0	22.0
	1969 年以前①	62.1	37.9	82.9	17.1
	1970～1996 年②	49.6	50.4	75.4	24.6
	1997～2006 年③	36.3	63.7	55.6	44.4
	③－①	－25.8	25.8	－27.3	27.3
	③－②	－13.3	13.3	－19.8	19.8
头道拐	1950～2005 年	53.8	46.2	77.8	22.2
	1969 年以前①	61.4	38.6	81	19.0
	1970～1996 年②	50.6	49.4	76.3	23.7
	1997～2006 年③	35.7	64.3	51.5	48.5
	③－①	－25.7	25.7	－29.5	29.5
	③－②	－14.9	14.9	－24.8	24.8

表 3-5　干流各站汛期、非汛期特征值变化

站名	时段	汛期			非汛期
		平均流量 (m^3/s)	平均含沙量 (kg/m^3)	来沙系数 ($kg\cdot s/m^6$)	平均流量 (m^3/s)
兰州	1950～2005 年	1 527	3. 68	0. 002 4	704
	1969 年以前	1 905	4. 88	0. 002 6	642
	1970～1996 年	1 442	2. 72	0. 001 9	758
	1997～2006 年	956	2. 59	0. 002 7	697
下河沿	1950～2005 年	1 515	6. 90	0. 004 6	675
	1969 年以前	1 909	8. 71	0. 004 6	624
	1970～1996 年	1 435	5. 55	0. 003 9	731
	1997～2006 年	890	4. 67	0. 005 2	638
石嘴山	1950～2005 年	1 430	6. 31	0. 004 4	596
	1969 年以前	1 826	7. 94	0. 004 3	563
	1970～1996 年	1 355	4. 88	0. 003 6	646
	1997～2006 年	788	5. 15	0. 006 5	531
巴彦高勒	1950～2005 年	1 127	7. 27	0. 006 5	500
	1969 年以前	1 633	8. 88	0. 005 4	510
	1970～1996 年	987	5. 52	0. 005 6	526
	1997～2006 年	440	6. 75	0. 015 3	416
三湖河口	1952～2005 年	1 105	6. 99	0. 006 3	496
	1969 年以前	1 508	9. 11	0. 006	468
	1970～1996 年	1 049	5. 44	0. 005 2	542
	1997～2006 年	481	4. 80	0. 01	430
头道拐	1950～2005	1 104	7. 17	0. 006 5	483
	1969 年以前	1 493	8. 55	0. 005 7	477
	1970～1996	1 043	6. 24	0. 006	517
	1997～2006	444	3. 53	0. 008	406

2)伏汛期(7～8 月)水沙量变化

上游干流伏汛期实测水沙量变化各年虽有起伏,但总趋势是减少的(见表 3-6),特别是近期水沙量减少更多。近期干流控制站兰州、下河沿、石嘴山、巴彦高勒、三湖河口、头道拐伏汛期水量分别为 49. 67 亿 m^3、45. 4 亿 m^3、34. 8 亿 m^3、22. 1 亿 m^3、23. 5 亿 m^3、21. 5 亿 m^3,沙量分别为 0. 216 亿 t、0. 36 亿 t 、0. 222 亿 t、0. 205 亿 t、0. 126 亿 t、0. 086 亿 t,与 1969 年前相比,水量减少百分数范围在 52. 7%～71. 6%,沙量减少的更多,减少百分数为 71. 5%～87. 3%,水沙量都是头道拐站减少最多,兰州站减少最少。与 1970～1996 年水量相比,水量减少百分数范围在 38. 3%～60%,其中头道拐站水量减少最多,兰州站水量减少最少。沙量减少百分数范围在 32. 9%～75. 5%,其中头道拐站减少最多,兰州站减少最少。

表 3-6　黄河上游干流各站伏汛期、秋汛期水沙量统计

站名	时段	伏汛期(7～8月)		秋汛期(9～10月)	
		水量(亿 m^3)	沙量(亿 t)	水量(亿 m^3)	沙量(亿 t)
兰州	1950～2005年	84.12	0.461	78.11	0.135
	1969年以前①	105.08	0.757	97.34	0.230
	1970～1996年②	80.49	0.322	72.73	0.094
	1997～2006年③	49.67	0.216	51.94	0.048
	(③-①)/①(%)	-52.7	-71.5	-46.7	-79.1
	(③-②)/②(%)	-38.3	-32.9	-28.6	-48.9
下河沿	1950～2005年	83.2	0.872	77.7	0.238
	1969年以前①	105.6	1.38	97.3	0.387
	1970～1996年②	79.6	0.664	72.8	0.182
	1997～2006年③	45.4	0.36	49.2	0.082
	(③-①)/①(%)	-57.0	-73.9	-49.4	-78.8
	(③-②)/②(%)	-43.0	-45.8	-32.4	-54.9
石嘴山	1950～2005年	74.1	0.56	77.9	0.399
	1969年以前①	96.4	0.925	97.7	0.616
	1970～1996年②	71	0.401	73.0	0.302
	1997～2006年③	34.8	0.222	49.0	0.209
	(③-①)/①(%)	-63.9	-76.0	-49.8	-66.1
	(③-②)/②(%)	-51.0	-44.6	-32.9	-30.8
巴彦高勒	1950～2005年	59	0.509	60.7	0.361
	1969年以前①	85.5	0.892	88.0	0.649
	1970～1996年②	52.1	0.337	52.7	0.241
	1997～2006年③	22.1	0.205	24.7	0.111
	(③-①)/①(%)	-74.2	-77.0	-71.9	-82.9
	(③-②)/②(%)	-57.6	-39.2	-53.1	-53.9
三湖河口	1952～2005年	57	0.42	60.4	0.4
	1969年以前①	78.1	0.757	82.2	0.703
	1970～1996年②	54.7	0.304	56.9	0.303
	1997～2006年③	23.5	0.126	27.7	0.120
	(③-①)/①(%)	-69.9	-83.4	-66.3	-82.9
	(③-②)/②(%)	-57.0	-58.6	-51.3	-60.4
头道拐	1950～2005年	56.1	0.423	61.2	0.419
	1969年以前①	75.6	0.678	83.1	0.680
	1970～1996年②	53.8	0.351	57.0	0.340
	1997～2006年③	21.5	0.086	25.6	0.080
	(③-①)/①(%)	-71.6	-87.3	-69.2	-88.2
	(③-②)/②(%)	-60.0	-75.5	-55.1	-76.5

与1969年前相比，近期伏汛期水沙量占全年水沙量比例有所减少，水量占年比例减少范围在11.1%～14%（见表3-7），巴彦高勒站减少最多，兰州站减少最少；沙量占年比例减少范围在1.0%～16.6%，石嘴山站减少最多，兰州站减少最少。与1970～1996年相比，伏汛期水量占全年水量比例也有所减少，减少范围为5.7%～8.3%，其中头道拐站伏汛期水量减少最多，兰州站伏汛期水量减少最少。近期伏汛期沙量占年沙量的比例也有所减少，与1970～1996年相比，除兰州站增加0.3%外，其他各站伏汛期沙量占年沙量的比例减少范围为1%～12%。

表3-7　黄河上游干流各站伏汛期、秋汛期水沙量占年水沙量比例

站名	时段	伏汛期（7～8月）占年比例（%）		秋汛期（9～10月）占年比例（%）	
		水量	沙量	水量	沙量
兰州	1950～2005年	27.2	64.5	25.2	18.9
	1969年以前①	31.2	65.0	28.9	19.8
	1970～1996年②	25.8	63.7	23.3	18.6
	1997～2006年③	20.1	64.0	21.0	14.2
	③－①	－11.1	－1.0	－7.9	－5.6
	③－②	－5.7	0.3	－2.3	－4.4
下河沿	1950～2005年	27.5	66.2	25.7	18.1
	1969年以前①	31.7	67.9	29.2	19.0
	1970～1996年②	26.1	64.1	23.8	17.6
	1997～2006年③	19.9	63.0	21.6	14.3
	③－①	－11.8	－4.9	－7.6	－4.7
	③－②	－6.2	－1.1	－2.2	－3.3
石嘴山	1950～2005年	26.8	44.3	28.2	31.6
	1969年以前①	30.9	48.6	31.3	32.4
	1970～1996年②	25.4	40.9	26.2	30.8
	1997～2006年③	17.9	32.0	25.1	30.2
	③－①	－13.0	－16.6	－6.2	－2.2
	③－②	－7.5	－8.9	－1.1	－0.6

续表 3-7

站名	时段	伏汛期(7～8月) 占年比例(%)		秋汛期(9～10月) 占年比例(%)	
		水量	沙量	水量	沙量
巴彦高勒	1950～2005年	26.3	44.9	27.1	31.9
	1969年以前①	30.5	48.6	31.4	35.3
	1970～1996年②	24.3	41.5	24.6	29.7
	1997～2006年③	16.5	34.7	18.4	18.7
	③-①	-14.0	-13.9	-13.0	-16.6
	③-②	-7.8	-6.8	-6.2	-11.0
三湖河口	1952～2005年	25.8	39.9	27.3	38.1
	1969年以前①	30.2	43.0	31.8	39.9
	1970～1996年②	24.3	37.7	25.3	37.7
	1997～2006年③	16.6	28.4	19.6	27.1
	③-①	-13.6	-14.6	-12.2	-12.8
	③-②	-7.7	-9.3	-5.7	-10.6
头道拐	1950～2005年	25.7	39.1	28	38.7
	1969年以前①	29.2	40.4	32.2	40.5
	1970～1996年②	24.6	38.7	26	37.6
	1997～2006年③	16.3	26.7	19.4	24.8
	③-①	-12.9	-13.7	-12.8	-15.7
	③-②	-8.3	-12.0	-6.6	-12.8

伏汛期水沙特征值也发生相应的变化，由表3-8可以看出，近期伏汛期平均流量与1969年前相比，流量减少范围在1 008～1 184 m^3/s，巴彦高勒站减少最多，头道拐站减少最少；与1970～1996年相比，各站平均流量均有所减小，各站流量减少范围在560～676 m^3/s，石嘴山站流量减少最大，巴彦高勒站减少最少。近期平均含沙量与1969年前相比，各站有所减少，减少值范围在1.15～5.20 kg/m^3，巴彦高勒站含沙量减少值最小，下河沿站含沙量减少值最大；与1970～1996年相比，除兰州站、石嘴山站、巴彦高勒站含沙量分别增加0.3 kg/m^3、0.74 kg/m^3和2.81 kg/m^3外，其他各站含沙量均有所减少，减少范围为0.2～2.51 kg/m^3，头道拐站含沙量减少最多，三湖河口站减少最少。近期来沙系数变化与1969年前相比，来沙系数增加范围为0.001～0.016 $kg \cdot s/m^6$，两个时段巴彦高勒站增加值最大，兰州站增加值最小。与1970～1996年相比，来沙系数均有不同程度的增加，增加范围为0.002～0.158 $kg \cdot s/m^6$。

表 3-8　黄河上游干流各站伏汛期、秋汛期特征值变化

站名	时段	伏汛期(7~8月)			秋汛期(9~10月)		
		平均流量(m^3/s)	平均含沙量(kg/m^3)	来沙系数($kg \cdot s/m^6$)	平均流量(m^3/s)	平均含沙量(kg/m^3)	来沙系数($kg \cdot s/m^6$)
兰州	1950~2005年	1 570	5.5	0.003 5	1 482	1.7	0.001 2
	1969年以前	1 962	7.2	0.003 7	1 847	2.4	0.001 3
	1970~1996年	1 503	4	0.002 7	1 380	1.3	0.000 9
	1997~2006年	927	4.3	0.004 7	986	0.9	0.000 9
下河沿	1950~2005年	1 554	10.5	0.006 7	1 475	3.1	0.002 1
	1969年以前	1 971	13.1	0.006 6	1 847	4.0	0.002 2
	1970~1996年	1 487	8.3	0.005 6	1 382	2.5	0.001 8
	1997~2006年	847	7.9	0.009 4	934	1.7	0.001 8
石嘴山	1950~2005年	1 383	7.6	0.005 5	1 478	5.1	0.003 5
	1969年以前	1 799	9.6	0.005 3	1 854	6.3	0.003 4
	1970~1996年	1 326	5.6	0.004 3	1 386	4.1	0.003
	1997~2006年	650	6.4	0.009 8	929	4.3	0.004 6
巴彦高勒	1950~2005年	1 101	8.6	0.007 8	1 152	6.0	0.005 2
	1969年以前	1 597	10.4	0.006 5	1 669	7.4	0.004 4
	1970~1996年	973	6.5	0.006 7	1 001	4.6	0.004 6
	1997~2006年	413	9.3	0.022 5	469	4.5	0.009 6
三湖河口	1952~2005年	1 065	7.4	0.006 9	1 145	6.6	0.005 8
	1969年以前	1 457	9.7	0.006 7	1 560	8.6	0.005 5
	1970~1996年	1 020	5.6	0.005 4	1 079	5.3	0.004 9
	1997~2006年	438	5.4	0.012 2	525	4.3	0.008 2
头道拐	1950~2005年	1 048	7.5	0.007 2	1 161	6.8	0.005 9
	1969年以前	1 410	9	0.006 4	1 577	8.2	0.005 2
	1970~1996年	1 005	6.5	0.006 5	1 082	6.0	0.005 5
	1997~2006年	402	4	0.01	486	3.1	0.006 4

3)秋汛期水沙量变化

上游干流秋汛期实测水沙量总趋势是减少的(见表3-7),特别是近期水沙量减少更多。近期秋汛期干流各站兰州、下河沿、石嘴山、巴彦高勒、三湖河口、头道拐水量分别为51.94亿m^3、49.2亿m^3、49.0亿m^3、24.7亿m^3、27.7亿m^3、25.6亿m^3,沙量分别为0.048亿t、0.082亿t、0.209亿t、0.111亿t、0.120亿t、0.080亿t,与1969年前相比,水量减少46.7%~71.9%;沙量减少得更多,减少66.1%~88.2%,巴彦高勒站减少最多,

兰州站减少最少;头道拐站减少最多,石嘴山站减少最少。与 1970 ~ 1996 年相比,水量减少 28.6% ~55.1%,头道拐站减少最多,兰州站减少最少;沙量减少 30.1% ~76.5%,头道拐站减少最多,石嘴山站减少最少。

近期秋汛期水沙量占全年水沙量比例均有所减少(见表 3-7),与 1969 年前相比,秋汛期水沙量占年水沙量的比例减少得较多,水沙量占年水沙量的比例分别减少 6.2% ~13.0% 和 2.2% ~16.6%,水沙量占年比例都是巴彦高勒站减少最多,石嘴山站减少最少。与 1970 ~1996 年相比,秋汛期水沙量占年水沙量的比例减少范围分别为 1.1% ~6.6% 和 0.6% ~12.8%,头道拐站减少最多,石嘴山站减少最少。

从伏汛期、秋汛期水沙量的变化可以看出,两个时期的水沙量都是减少的。

从表 3-8 也可以看出,秋汛期水沙特征值的变化,近期秋汛期平均流量与 1969 年前相比,流量减少范围在 861 ~1 200 m^3/s,巴彦高勒站减少最多,兰州站减少最少。与 1970 ~1996 年相比,各站平均流量均有所减小,各站减少流量范围在 394 ~596 m^3/s,头道拐站流量减少最大,兰州站减少最少。近期平均含沙量与 1969 年前相比,各站含沙量有所减少,减少值范围在 1.50 ~5.10 kg/m^3,兰州站含沙量减少值最小,头道拐站含沙量减少值最大。与 1970 ~1996 年相比,除石嘴山含沙量增加 0.20 kg/m^3 外,其他各站含沙量均有所减少,减少 0.1 ~2.90 kg/m^3,头道拐站含沙量减少最多,巴彦高勒站减少最少。

近期秋汛期来沙系数变化与 1969 年前相比,除兰州、下河沿站来沙系数分别减少 0.000 3 $kg \cdot s/m^6$、0.000 4 $kg \cdot s/m^6$ 外,其他各站来沙系数增加范围为 0.001 2 ~0.005 1 $kg \cdot s/m^6$,巴彦高勒站增加最多,石嘴山站增加最少。与 1970 ~1996 年相比,兰州、下河沿的来沙系数基本不变,其他各站来沙系数均有不同程度的增加,增加范围为 0.000 9 ~0.005 $kg \cdot s/m^6$,巴彦高勒站增加最多,头道拐站增加最少。

4)非汛期水沙量变化

由表 3-3 可以看出,近期干流兰州、下河沿、石嘴山、巴彦高勒、三湖河口、头道拐各站非汛期水量均值分别为 145.8 亿 m^3、133.4 亿 m^3、111.1 亿 m^3、87.1 亿 m^3、89.8 亿 m^3、85.0 亿 m^3,沙量分别为 0.073 亿 t、0.129 亿 t、0.262 亿 t、0.275 亿 t、0.196 亿 t、0.156 亿 t,与 1969 年之前相比,非汛期水量除兰州站、下河沿站分别增加 8.6%、2.2% 外,其他各站水量减少 5.6% ~18.4%,巴彦高勒站减少最多,石嘴山站减少最少;非汛期各站沙量减少较多,减少 6.8% ~58.8%,兰州站减少最多,巴彦高勒站减少最少。与 1970 ~1996 年相比各站年均水量均有所减少,减少 8.1% ~21.4%,头道拐站减少最多,兰州站水量减少最少;非汛期年均沙量随着平均水量的减少也有所减少,近期沙量与 1970 ~1996 年相比,除巴彦高勒站沙量增加 17.5% 外,其余各站沙量均减少,减少 1.0% ~31.7%。下河沿站非汛期沙量减少最多,三湖河口站非汛期沙量减少最少。

近期非汛期水沙量占全年的比例均有所增加,与 1969 年前相比,各站非汛期水沙量占年比例分别增加 19% ~26.9% 和 6.6% ~30.4%,可见沙量占全年的比例增加较大,水沙量占年的比例都是巴彦高勒站增加最多,兰州站增加最少。与 1970 ~1996 年相比,各站非汛期水沙量占全年的比例均有所增加,各站水沙量增加 8.0% ~14.9% 和 4.1% ~

24.8%,水沙量占年的比例都是头道拐站增加最多,兰州站增加最少。

近期非汛期平均流量与1969年前相比(见表3-5),兰州站、下河沿站分别增加55 m^3/s、14 m^3/s,其他各站均减少,减少32~94 m^3/s,其中巴彦高勒站减少最多,石嘴山站减少最少。与1970~1996年相比,各站均有所减少,减少61~115 m^3/s,头道拐站减少最多,兰州站减少最少。

年内水量分配的变化导致汛期、非汛期水流过程相差程度减少,如兰州站,1969年以前、1970~1996年汛期平均流量是非汛期平均流量的3倍和1.9倍,近期降低到1.4倍。

3.2.2 汛期水沙过程变化

3.2.2.1 **汛期**

由表3-9、表3-10可以看出,对于干流各典型站,近期汛期流量过程基本以小流量为主(500~1 000 m^3/s),大流量(大于2 000 m^3/s)几乎没有发生过。分析不同流量级历时情况,1 000 m^3/s以下小流量历时增加最多,与1969年前相比,1 000 m^3/s以下小流量历时占总历时比例为4%~35.9%,1970~1996年该流量历时占总历时比例有所增加为22.7%~62.1%,而近期占总历时比例进一步增加到66.9%~93.7%;1 000~2 000 m^3/s流量级历时占总历时比例1969年之前为43.5%~53.5%,减少到1970~1996年27.1%~57.5%,近期该流量历时占总历时比例进一步减少到6.5%~33.1%。大于2 000 m^3/s流量级历时在1969年以前占汛期总历时比例为21.1%~57.7%,到1970~1996年,大于2 000 m^3/s流量级历时占总历时比例为10.8%~19.8%,而到近期,大于2 000 m^3/s流量级没有发生过。

分析不同流量级洪水的水沙情况,1969年以前,1 000 m^3/s以下小流量级水沙量占汛期水沙量的比例分别为1.5%~14.7%和0.4%~9.6%,1970~1996年该流量级水沙量占汛期水沙量比例有所增加,分别为22.7%~62.1%和7.3%~18.3%,近期该流量级水沙量占汛期总水沙量的比例进一步增加到58%~82.7%和34.8%~72.2%;1 000~2 000 m^3/s水沙量占汛期水沙量的比例在1969年以前分别为35%~44.5%和28.2%~40.4%,1970~1996年该流量级水沙量占汛期水沙量比例分别38.9%~50.5%和40%~59.5%,近期该流量级水沙占汛期总水沙量的比例进一步增加到17.3%~42%和33.4%~65.2%。如下河沿站近期500~1 000 m^3/s流量级天数由1970~1996年的年均45.8 d增加到现在的86.4 d,水沙量明显增加,水量增加26.14亿m^3,年均沙量增加0.058亿t。1 000~2 000 m^3/s流量级的历时由1970~1996年的年均53.8 d减少到近期的34.9 d,水量减少26.9亿m^3,年均沙量减少0.183亿t。大于2 000 m^3/s流量级1970~1996年年均发生22.4 d,近期没有发生过。

据统计,头道拐站近期汛期流量小于50 m^3/s天数明显增加,近期共有13 d,分别是1997年11 d,2001年1 d,2004年1 d;而1952~1997年汛期头道拐小于50 m^3/s天数只有7 d(1966年)。

表 3-9　干流典型站汛期各流量级历时、水沙量占总量的比例　（%）

站名	项目	时期	各流量级(m^3/s)占总量比例					
			<500	500～1 000	1 000～2 000	2 000～3 000	>3 000	合计
兰州	时间	1969 年以前	1.1	9.0	49.9	30.8	9.2	100
		1970～1996 年	0.6	32.1	48.7	12.5	6.1	100
		1997～2006 年	0.1	59.5	40.4	0	0	100
	水量	1969 年以前	0.2	3.9	39.2	39.3	17.4	100
		1970～1996 年	0.2	18.6	44.8	21.4	15.0	100
		1997～2006 年	0.1	50.4	49.5	0	0	100
	沙量	1969 年以前	0	0.5	28.2	47.0	24.3	100
		1970～1996 年	0.01	8.3	49.7	22.7	19.3	100
		1997～2006 年	0.46	33.8	65.74	0	0	100
下河沿	时间	1969 年以前	10.3	13.0	40.1	26.8	9.8	100
		1970～1996 年	0.8	37.2	43.8	11.8	6.4	100
		1997～2006 年	1.4	70.2	28.4	0	0	100
	水量	1969 年以前	0.5	6.0	34.5	38.1	20.9	100
		1970～1996 年	0.3	21.3	41.5	20.5	16.4	100
		1997～2006 年	0.7	61.8	37.5	0	0	100
	沙量	1969 年以前	0	2.7	29.9	48.7	18.7	100
		1970～1996 年	0	16.5	51.0	18.1	14.4	100
		1997～2006 年	0.9	44.4	54.7	0	0	100
石嘴山	时间	1969 年以前	6.1	13.7	45.9	26.0	8.3	100
		1970～1996 年	2.3	41.0	39.0	12.2	5.5	100
		1997～2006 年	18.6	60.1	21.3	0	0	100
	水量	1969 年以前	0.3	6.2	39.3	36.9	17.3	100
		1970～1996 年	0.7	23.7	39.0	22.1	14.5	100
		1997～2006 年	9.4	57.4	33.2	0	0	100
	沙量	1969 年以前	0.1	3.2	34.6	44.3	17.8	100
		1970～1996 年	0.3	17.6	44.3	23.5	14.3	100
		1997～2006 年	5.5	47.6	46.9	0	0	100
头道拐	时间	1969 年以前	10.3	25.5	39.8	20.0	4.4	100
		1970～1996 年	29.8	30.4	26.7	9.2	3.9	100
		1997～2006 年	59.8	34.9	5.3	0	0	100
	水量	1969 年以前	2.1	13.3	40.2	32.9	11.5	100
		1970～1996 年	7.8	21.7	35.4	21.9	13.2	100
		1997～2006 年	31.9	54.3	13.8	0	0	100
	沙量	1969 年以前	0.4	8.5	43.8	37.5	9.8	100
		1970～1996 年	2.0	13.1	38.1	30.8	16.0	100
		1997～2006 年	16.8	59.5	23.7	0	0	100

表 3-10　干流典型站汛期各流量级历时、水量和沙量变化

站名	项目	时期	流量级(m^3/s)					
			<500	500 ~ 1 000	1 000 ~ 2 000	2 000 ~ 3 000	>3 000	合计
兰州	时间(d)	1969 年以前	1.4	11.1	61.4	37.9	11.2	123
		1970 ~ 1996 年	0.8	39.5	59.9	15.4	7.4	123
		1997 ~ 2006 年	0.1	73.2	49.7	0	0	123
	水量(亿 m^3)	1969 年以前	0.5	7.9	79.1	79.4	35.1	202
		1970 ~ 1996 年	0.3	28.5	68.5	32.8	23	153.1
		1997 ~ 2006 年	0	50.6	49.7	0	0	100.3
	沙量(亿 t)	1969 年以前	0	0	0.23	0.39	0.2	0.82
		1970 ~ 1996 年	0	0.03	0.21	0.09	0.08	0.41
		1997 ~ 2006 年	0	0.09	0.17	0	0	0.26
下河沿	时间(d)	1969 年以前	12.7	16	49.3	33	12	123
		1970 ~ 1996 年	1	45.8	53.8	14.5	7.9	123
		1997 ~ 2006 年	1.7	86.4	34.9	0	0	123
	水量(亿 m^3)	1969 年以前	0.94	10.96	62.76	69.23	37.99	181.9
		1970 ~ 1996 年	0.37	31.99	62.16	30.8	24.63	150
		1997 ~ 2006 年	0.68	58.13	35.26	0	0	94.1
	沙量(亿 t)	1969 年以前	0.001	0.039	0.436	0.71	0.272	1.458
		1970 ~ 1996 年	0	0.138	0.425	0.151	0.12	0.834
		1997 ~ 2006 年	0.004	0.196	0.242	0	0	0.442
石嘴山	时间(d)	1969 年以前	7.5	16.9	56.5	31.9	10.2	123
		1970 ~ 1996 年	2.8	50.4	48	15	6.8	123
		1997 ~ 2006 年	22.9	73.9	26.2	0	0	123
	水量(亿 m^3)	1969 年以前	0.48	11.42	72.13	67.6	31.66	183.3
		1970 ~ 1996 年	1.05	34.16	56.36	31.93	20.9	144.4
		1997 ~ 2006 年	7.85	48.09	27.85	0	0	83.8
	沙量(亿 t)	1969 年以前	0.001	0.044	0.478	0.612	0.247	1.382
		1970 ~ 1996 年	0.002	0.124	0.311	0.165	0.1	0.702
		1997 ~ 2006 年	0.024	0.206	0.202	0	0	0.432
头道拐	时间(d)	1969 年以前	12.7	31.4	48.9	24.6	5.4	123
		1970 ~ 1996 年	36.6	37.4	32.8	11.4	4.8	123
		1997 ~ 2006 年	73.5	43	6.5	0	0	123
	水量(亿 m^3)	1969 年以前	3.28	20.65	62.38	50.91	17.81	155
		1970 ~ 1996 年	8.63	23.86	38.96	24.05	14.57	110.1
		1997 ~ 2006 年	15.05	25.58	6.5	0	0	47.1
	沙量(亿 t)	1969 年以前	0.006	0.118	0.609	0.521	0.136	1.391
		1970 ~ 1996 年	0.014	0.09	0.262	0.211	0.11	0.687
		1997 ~ 2006 年	0.028	0.099	0.039	0	0	0.166

3.2.2.2 主汛期

由表3-11可以看出，对于干流各站，近期主汛期主要以小流量为主(500~1 000 m^3/s)，大流量(2 000~3 000 m^3/s)几乎没有发生，流量基本以小流量级为主。

表3-11 干流典型站主汛期各流量级历时、水量和沙量变化

站名	项目	时期	流量级(m^3/s)					
			<500	500~1 000	1 000~2 000	2 000~3 000	>3 000	合计
下河沿	时间(d)	1969年以前	5.2	5.3	28.5	17.9	5.1	62
		1970~1996年	0.1	19.4	30.6	8.0	3.9	62
		1997~2006年	1.5	48.2	12.3	0	0	62
	水量(亿m^3)	1969年以前	0	3.87	35.65	37.2	15.7	92.42
		1970~1996年	0.05	14.08	35.18	16.84	11.6	77.75
		1997~2006年	0.59	31.86	12.48	0	0	44.93
	沙量(亿t)	1969年以前	0	0.04	0.44	0.71	0.27	1.46
		1970~1996年	0	0.14	0.43	0.15	0.12	0.84
		1997~2006年	0	0.16	0.19	0	0	0.35
石嘴山	时间(d)	1969年以前	3.9	7.6	29.7	17.2	3.8	62
		1970~1996年	1.9	24.7	24.9	7.4	3	62
		1997~2006年	20.4	36.2	5.4	0	0	62
	水量(亿m^3)	1969年以前	0.24	5.36	37.72	36.11	11.82	91.25
		1970~1996年	0.7	16.38	29.68	15.53	8.72	71.02
		1997~2006年	6.99	21.8	6.03	0	0	34.82
	沙量(亿t)	1969年以前	0	0.02	0.3	0.37	0.13	0.82
		1970~1996年	0	0.07	0.2	0.09	0.05	0.4
		1997~2006年	0.02	0.11	0.09	0	0	0.22
头道拐	时间(d)	1969年以前	6.9	15.4	26.6	11.4	1.7	62
		1970~1996年	18.9	17.9	18.4	4.9	1.9	62
		1997~2006年	40.8	17.3	3.9	0	0	62
	水量(亿m^3)	1969年以前	1.9	9.23	34.06	24.76	5.82	75.76
		1970~1996年	3.98	11.67	22.12	10.28	5.47	53.52
		1997~2006年	7.08	10.5	3.93	0	0	21.51
	沙量(亿t)	1969年以前	0	0.06	0.35	0.26	0.04	0.71
		1970~1996年	0.01	0.05	0.15	0.09	0.05	0.35
		1997~2006年	0.02	0.05	0.02	0	0	0.09

近期各流量级历时、水沙量变化与1969年前相比，1 000 m^3/s以下小流量历时增加更多，该流量级历时占总历时比例由4%～35.9%增大到66.9%～93.7%，水量占总量的百分数由1.5%～14.7%增加到58%～82.7%，沙量占总量的比例由0.4%～9.6%增加到34.8%～72.2%。1 000～2 000 m^3/s流量级历时占总历时的比例由43.5%～53.5%减少到6.5%～33.1%。水量占总量的百分数由35%～44.5%减少到17.3%～42%，沙量占总量的百分数由28.2%～40.4%增加到33.4%～65.2%。大于2 000 m^3/s流量级历时占总历时的比例由21.1%～57.7%减少到0。

与1970～1996年相比，1 000 m^3/s以下小流量历时大大增加，此流量级历时占总历时的比例由1970～1996年的22.7%～62.1%增加到近期的66.9%～93.7%，水量占总量的百分数由13.2%～31.9%增加到近期的58%～82.7%，沙量占总量的比例由7.3%～18.3%增加到近期的34.8%～72.2%。1 000～2 000 m^3/s流量级历时占总历时的比例由27.1%～57.5%减少到近期的6.5%～33.1%，水量占总量的百分数由38.9%～50.5%减少到近期的17.3%～42%，沙量占总量的百分数由40%～59.5%增加到近期的33.4%～65.2%。大于2 000 m^3/s流量级占总历时比例由10.8%～19.8%减少为近期的0，近期大于2 000 m^3/s流量级没有发生过。典型站下河沿近期500～1 000 m^3/s流量级天数由1970～1996年的年均19.4 d增加到近期的48.2 d，水沙量明显增加，水量增加17.78亿m^3，年均沙量增加0.02亿t。1 000～2 000 m^3/s流量级的历时由1970～1996年的年均30.6 d减少到近期的12.3 d，水量减少22.7亿m^3，年均沙量减少0.24亿t。大于2 000 m^3/s流量级1970～1996年年均发生11.9 d，近期没有发生过。

3.2.2.3 秋汛期

由表3-12可以看出，对于干流各站，近期秋汛期主要也是以小流量为主（500～1 000 m^3/s），大流量（大于2 000 m^3/s）几乎没有发生过，流量基本以小流量级为主。

秋汛期各流量级历时、水沙量与1969年前相比，1 000 m^3/s以下小流量级历时增加更多，该流量级历时占总历时的比例由16.3%～35.7%增大到近期的52.1%～96.1%，1 000～2 000 m^3/s流量级历时占总历时的比例由36.5%～46.2%减少到近期的4.3%～37.7%，大于2 000 m^3/s流量级历时占总历时的比例由25.5%～40.6%减少到近期的0。与1970～1996年相比，1 000 m^3/s以下小流量历时大大增加，并且主要集中在500～1 000 m^3/s流量级，近期小于1 000 m^3/s流量级历时占总历时的比例由1970～1996年的42.9%～62.3%增加到近期的52.1%～62.6%，1 000～2 000 m^3/s流量级历时占总历时的比例，除兰州站由39.8%增加到47.9%外，其他各站由20.2%～40.1%减少到4.3%～37.7%，大于2 000 m^3/s流量级占总历时的比例由15.3%～18.5%减少为0，近期大于2 000 m^3/s流量级秋汛期没有发生过。如下河沿站近期500～1 000 m^3/s流量级天数由1970～1996年的年均26.41 d增加到近期的38.2 d，水沙量明显增加，水量增加10.81亿m^3，年均沙量增加0.012亿t。1 000～2 000 m^3/s流量级的历时变化不大，大于2 000 m^3/s流量级1970～1996年年均发生10.48 d，近期没有发生过。

表 3-12　干流典型站秋汛期各流量级历时、水量和沙量变化

站名	项目	时期	流量级(m^3/s)					
			<500	500 ~ 1 000	1 000 ~ 2 000	2 000 ~ 3 000	≥3 000	合计
下河沿	时间(d)	1969 年以前	7.5	10.67	20.83	15.08	6.92	61
		1970 ~ 1996 年	0.85	26.41	23.26	6.48	4	61
		1997 ~ 2006 年	0.2	38.2	22.6	0	0	61
	水量(亿 m^3)	1969 年以前	0.94	7.1	27.11	32.03	22.29	89.47
		1970 ~ 1996 年	0.33	17.91	26.98	13.96	13.03	72.21
		1997 ~ 2006 年	0.08	26.26	22.78	0	0	49.12
	沙量(亿 t)	1969 年以前	0.001	0.012	0.075	0.205	0.116	0.409
		1970 ~ 1996 年	0	0.024	0.078	0.032	0.047	0.181
		1997 ~ 2006 年	0	0.035	0.047	0	0	0.082
石嘴山	时间(d)	1969 年以前	3.65	9.35	26.85	14.8	6.35	61
		1970 ~ 1996 年	0.93	25.66	23.11	7.56	3.74	61
		1997 ~ 2006 年	2.5	37.7	20.8	0	0	61
	水量(亿 m^3)	1969 年以前	0.23	6.07	34.41	31.49	19.85	92.05
		1970 ~ 1996 年	0.34	17.78	26.68	16.4	12.18	73.38
		1997 ~ 2006 年	0.87	26.28	21.83	0	0	48.98
	沙量(亿 t)	1969 年以前	0	0.025	0.181	0.241	0.114	0.561
		1970 ~ 1996 年	0.001	0.055	0.116	0.076	0.054	0.302
		1997 ~ 2006 年	0.003	0.096	0.111	0	0	0.210
头道拐	时间(d)	1969 年以前	5.79	16	22.29	13.21	3.71	61
		1970 ~ 1996 年	17.7	19.52	14.33	6.56	2.89	61
		1997 ~ 2006 年	32.7	25.7	2.6	0	0	61
	水量(亿 m^3)	1969 年以前	1.52	10.51	28.21	27.92	12.41	80.57
		1970 ~ 1996 年	4.66	12.19	16.84	13.76	9.1	56.55
		1997 ~ 2006 年	7.98	15.08	2.57	0	0	25.63
	沙量(亿 t)	1969 年以前	0.003	0.053	0.263	0.265	0.096	0.68
		1970 ~ 1996 年	0.006	0.038	0.11	0.12	0.063	0.337
		1997 ~ 2006 年	0.012	0.053	0.015	0	0	0.08

3.2.3 洪水特性

3.2.3.1 不同时段最大洪峰流量的变化

从图 3-10～图 3-13 上可以明显看出，近期（1997～2006 年）各站最大洪峰流量是明显减少的。典型站兰州、下河沿、石嘴山、头道拐最大洪峰流量分别为 2 160 m^3/s、2 160 m^3/s、2 070 m^3/s、3 350 m^3/s，比 1970～1996 年最大洪峰流量 5 600 m^3/s、5 980 m^3/s、5 660 m^3/s、5 150 m^3/s 分别减少 3 440 m^3/s、3 820 m^3/s、3 590 m^3/s、1 800 m^3/s，比 1969 年以前最大洪峰流量 5 660 m^3/s、5 330 m^3/s、5 440 m^3/s、5 420 m^3/s 分别减少 3 500 m^3/s、3 170 m^3/s、3 370 m^3/s、2 070 m^3/s。

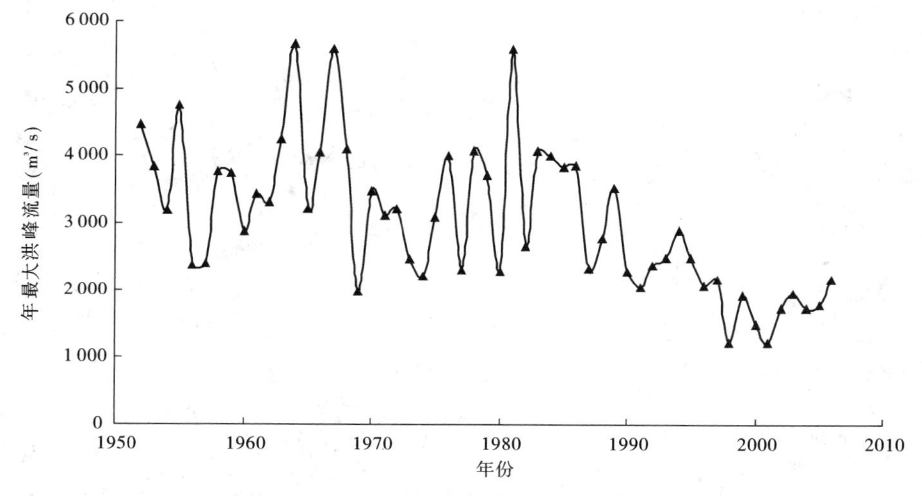

图 3-10　兰州站历年最大洪峰流量过程

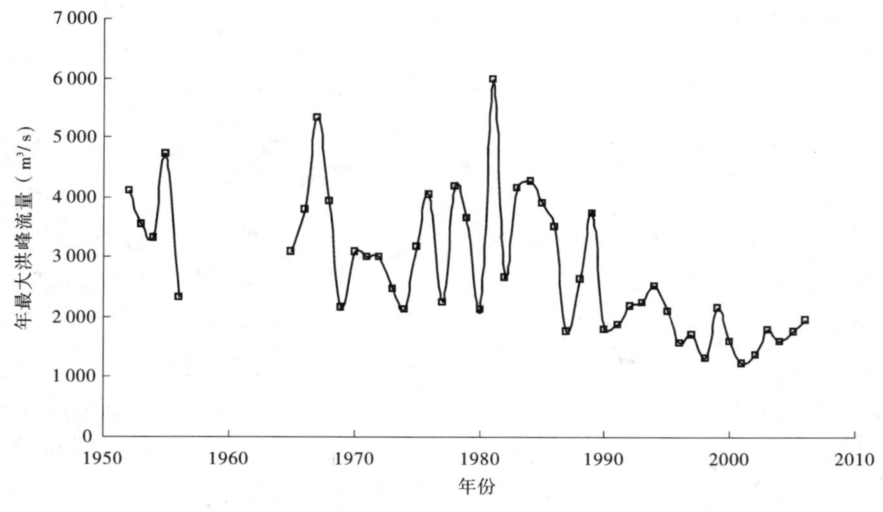

图 3-11　下河沿站历年最大洪峰流量过程

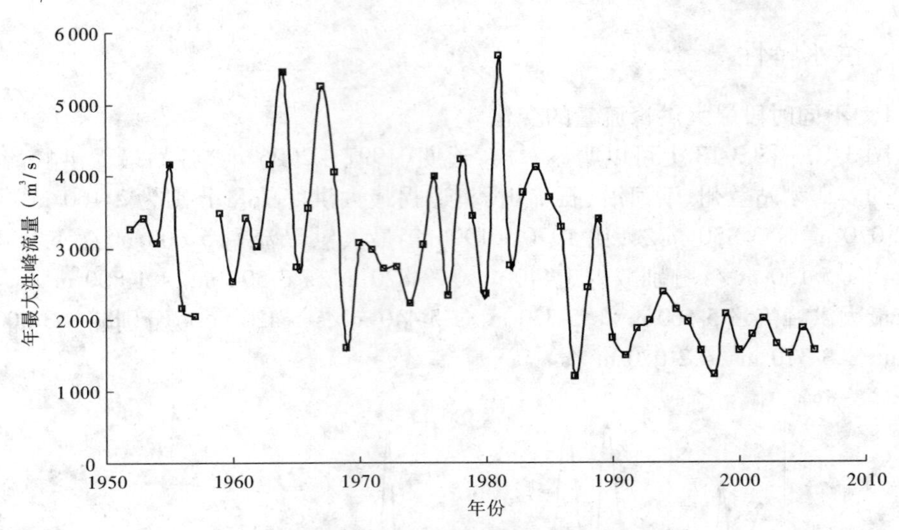

图 3-12　石嘴山站历年最大洪峰流量过程

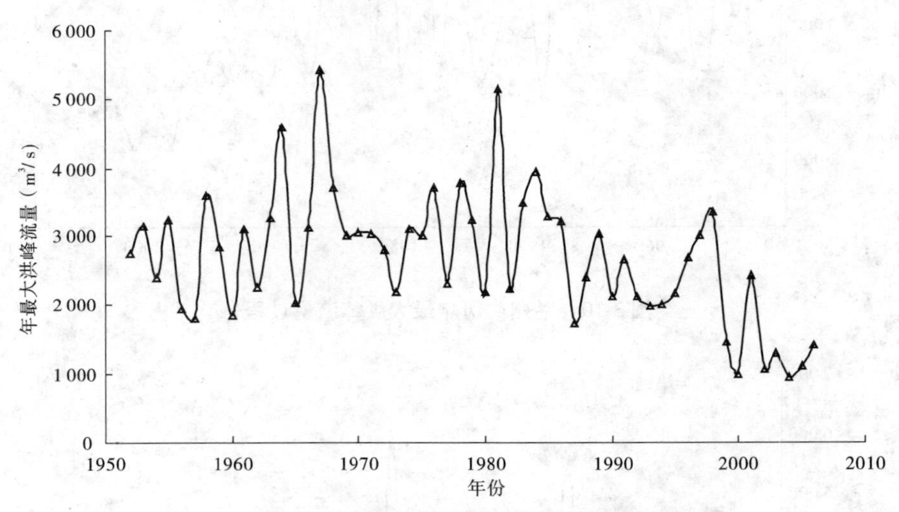

图 3-13　头道拐站历年最大洪峰流量过程

3.2.3.2　不同时段洪水场次的统计及对比

考虑到上游水库的蓄水运用，一方面削减洪峰，另一方面又延长洪峰传递过程，因此对于上游各站来说，十分尖瘦的峰形一般较少，以实测洪水资料为基础，把各站洪峰流量超过 1 000 m^3/s 的径流过程作为洪水发生的场次进行统计，表 3-13 为兰州—头道拐各水文站洪峰流量统计情况。从表 3-13 中可以看出，20 世纪 70 年代以前，是黄河上游洪水频繁的年代，如兰州站，大于 1 000 m^3/s 的洪水年均发生 3.7 次，其中大于 2 000 m^3/s 的洪水年均发生 2.5 次，大于 3 000 m^3/s 的洪水年均发生 1.4 次，并且 1964 年发生了 5 660 m^3/s的洪水。20 世纪 70 年代以后，大洪水的发生的频次明显减少。

表 3-13　各时段年均发生洪水场次数量的对比

站名	时段	流量级(m^3/s)次数			最大洪峰	
		>1 000	>2 000	>3 000	流量(m^3/s)	出现年份
兰州	1956～1969 年	3.7	2.5	1.43	5 660	1964
	1970～1996 年	3.9	2.4	0.59	5 600	1981
	1997～2006 年	3.3	0.1	0	2 150	1997
下河沿	1956～1969 年	1.4	0.9	0.6	5 240	1967
	1970～1996 年	3.9	2.1	0.6	5 780	1981
	1997～2006 年	3.5	0.1	0	2 160	1999
头道拐	1956～1969 年	3.6	1.9	0.6	5 310	1967
	1970～1996 年	3.2	1.1	0.4	5 150	1981
	1997～2006 年	1.1	0	0	1 460	1999

近期与 1970～1996 年相比，年均洪水场次明显减少，尤其是大于 2 000 m^3/s 的洪水场次，并且近期各站均未发生过大于 3 000 m^3/s 的洪水过程。如头道拐站，大于 1 000 m^3/s 的洪水由 1970～1996 年年均 3.2 次减少到近期的 1.1 次，其中大于 2 000 m^3/s 的洪水由年均 1.1 次减少到近期的 0 次，大于 3 000 m^3/s 的洪水由年均 0.4 次减少到近期的 0 次。

总的来说，近期洪水场次明显减少，尤其是大洪水场次减少，近期各站均未发生大于 3 000 m^3/s 的洪水，而且巴彦高勒站、三湖河口站头道拐站大于 2 000 m^3/s 的洪水也没有发生过。

3.2.3.3　不同时段多年平均场次洪水特征值比较

表 3-14、表 3-15 为兰州—头道拐河段干流典型站洪水特征值统计，可以看出，近期洪水期水沙量与 1970～1996 年相比，水沙量明显减少；由于近期大洪水场次较少，洪水期平均流量较低，因此近期平均来沙系数明显增大；峰形系数（洪水期最大流量与平均流量比值）除兰州站变小外，其他各站基本上都增大。如兰州站，洪水期平均洪量、平均沙量由 1970～1996 年的 32.5 亿 m^3、0.10 亿 t 分别减少到近期的 20.0 亿 m^3、0.06 亿 t。兰州站平均来沙系数由 0.002 0 $kg \cdot s/m^6$ 增加到近期的 0.003 1 $kg \cdot s/m^6$。

表 3-14　干流典型站洪水特征值统计

水文站	时段	多年平均洪量（亿 m^3）	多年平均沙量（亿 t）	多年平均含沙量（kg/m^3）	多年平均来沙系数（$kg \cdot s/m^6$）	峰型系数
兰州	1956～1969 年	49.1	0.26	5.37	0.002 8	1.40
	1970～1996 年	32.5	0.10	3.13	0.002 0	1.55
	1997～2006 年	20.0	0.06	3.22	0.003 1	1.44
下河沿	1956～1969 年	48.2	0.36	7.55	0.003 9	1.39
	1970～1996 年	32.2	0.20	6.30	0.004 1	1.46
	1997～2006 年	18.7	0.11	5.92	0.006 4	1.49
头道拐	1956～1969 年	39.0	0.36	9.28	0.005 9	1.38
	1970～1996 年	29.3	0.20	6.91	0.005 4	1.62
	1997～2006 年	13.8	0.08	5.50	0.007 9	1.96

表 3-15　典型站各时段不同流量级洪水特征值

水文站		洪水场次		平均洪量(亿 m^3)		平均沙量(亿 t)	
		1970～1996 年	1997～2006 年	1970～1996 年	1997～2006 年	1970～1996 年	1997～2006 年
兰州	$Q_m > 1\ 000\ m^3/s$	3.9	3.3	32.5	20.0	0.10	0.06
下河沿	$Q_m > 1\ 000\ m^3/s$	3.9	3.5	32.2	18.7	0.20	0.11
头道拐	$Q_m > 1\ 000\ m^3/s$	3.2	1.1	29.3	13.8	0.20	0.08

水文站		平均含沙量(kg/m^3)		平均来沙系数($kg \cdot s/m^6$)		峰型系数	
		1970～1996 年	1997～2006 年	1970～1996 年	1997～2006 年	1970～1996 年	1997～2006 年
兰州	$Q_m > 1\ 000\ m^3/s$	3.1	3.2	0.002 0	0.003 1	1.55	1.44
下河沿	$Q_m > 1\ 000\ m^3/s$	6.3	5.9	0.004 1	0.006 4	1.46	1.49
头道拐	$Q_m > 1\ 000\ m^3/s$	6.9	5.5	0.005 4	0.007 9	1.62	1.96

3.2.4　汛期悬沙组成变化

3.2.4.1　不同时期分组沙量的变化

近期在干流汛期沙量急剧减少的情况下，各分组泥沙也相应发生变化。由表 3-16 各

表 3-16　黄河上游干流各站不同时期汛期各分组沙量

站名	时期	沙量(亿 t)					占全沙比例(%)				d_{50}(mm)
		全沙	细泥沙	中泥沙	粗泥沙	特粗沙	细泥沙	中泥沙	粗泥沙	特粗沙	
兰州	1960～1969 年	1.554	0.978	0.315	0.261	0.100	63	20	17	6	0.016
	1970～1996 年	0.610	0.327	0.135	0.148	0.06	54	22	24	10	0.021
	1997～2005 年	0.236	0.143	0.049	0.044	0.013	60	21	19	5	0.017
	1960～1986 年	1.063	0.619	0.224	0.220	0.092	58	21	21	9	0.017 5
	1987～1996 年	0.330	0.182	0.076	0.072	0.017	55	23	22	5	0.02
下河沿	1970～1996 年	0.846	0.531	0.185	0.130	0.036	63	22	15	4	0.016
	1997～2005 年	0.445	0.296	0.090	0.059	0.007	67	20	13	2	0.014
	1970～1986 年	0.911	0.573	0.205	0.133	0.041	63	22	15	5	0.016
	1987～1996 年	0.685	0.426	0.142	0.117	0.027	62	21	17	4	0.016
石嘴山	1965～1969 年	0.998	0.626	0.217	0.155	0.029	63	21	16	3	0.016
	1970～1996 年	0.709	0.458	0.141	0.110	0.025	65	20	15	4	0.014
	1997～2005 年	0.435	0.278	0.089	0.068	0.012	64	20	16	3	0.015
	1970～1986 年	0.817	0.522	0.174	0.121	0.027	64	21	15	3	0.015
	1987～1996 年	0.626	0.408	0.110	0.108	0.024	65	18	17	4	0.013
头道拐	1960～1969 年	1.612	0.996	0.384	0.232	0.035	62	24	14	2	0.017
	1970～1996 年	0.697	0.423	0.150	0.124	0.028	61	21	18	4	0.016 5
	1997～2005 年	0.148	0.110	0.020	0.018	0.004	75	13	12	3	0.008
	1970～1986 年	1.179	0.717	0.272	0.190	0.037	61	23	16	3	0.017
	1987～1996 年	0.315	0.204	0.054	0.057	0.011	65	17	18	3	0.012

时期汛期分组沙可见,兰州、下河沿、石嘴山、头道拐 4 个站的沙量,细泥沙($d<0.025$ mm)、中泥沙(0.025 mm $<d<$ 0.05 mm)、粗泥沙($d>0.05$ mm)和特粗沙($d>0.1$ mm)基本上都是减少的。1997 ~ 2005 年兰州站细泥沙、中泥沙、粗泥沙、特粗沙年均分别为 0.143 亿 t、0.049 亿 t、0.044 亿 t、0.013 亿 t,比 1970 ~ 1996 年减少 57% ~ 72%;下河沿站各分组沙分别为 0.296 亿 t、0.090 亿 t、0.059 亿 t、0.007 亿 t,减幅为 57% ~ 72%;石嘴山站各分组沙分别为 0.278 亿 t、0.089 亿 t、0.068 亿 t、0.012 亿 t,减幅为 37% ~ 51%;头道拐站各分组沙量分别为 0.110 亿 t、0.020 亿 t、0.018 亿 t、0.004 亿 t,减少幅度为 74% ~ 87%。

从兰州站、下河沿站各分组沙的减幅来看,特粗沙的减少最多,减幅分别为 72%、80%;粗泥沙次之,为 55%、68%,中泥沙分别减少 63%、51%,细泥沙减少最少,约为 57%、44%。从石嘴山站各分组沙的减幅来看,细泥沙、中泥沙、粗泥沙减少幅度相差不大,分别减少 39%、37% 和 38%,而特粗沙减少最多,约 51%。头道拐站中泥沙、粗泥沙减少较多,分别为 87% 和 86%;其次是特粗沙,减少 84%;细沙减少最少为 74%。因此,兰州站、下河沿站、石嘴山站泥沙组成发生变化主要是细泥沙比例增加较多,中泥沙变化不大,粗泥沙比例减少较多,尤其是特粗沙减少较多。

3.2.4.2 中数粒径 d_{50} 变化

中数粒径 d_{50} 是大于和小于某粒径的沙重正好相等的粒径,它是在一定程度上反映泥沙粗细的特征值。从表 3-16 可以看到,兰州站、下河沿站、头道拐站的 d_{50} 都是明显变小的,兰州站从 1970 ~ 1996 年的 0.021 mm 减小到 1997 ~ 2005 年的 0.017 mm,减小约 0.004 mm;下河沿站由 0.016 mm 减小到 0.014 mm,减少约 0.002 mm;头道拐站变化最大,中数粒径由 0.016 5 mm 减小到 0.008 0 mm,减少 0.008 5 mm。

从图 3-14 ~ 图 3-17 可以看出,兰州站、下河沿站、石嘴山站、头道拐站 d_{50} 从 20 世纪 70 年代即开始变小,除个别年份外,基本上都呈减小的趋势,近期与 1970 ~ 1996 年相比各站 d_{50} 减少得比较多。

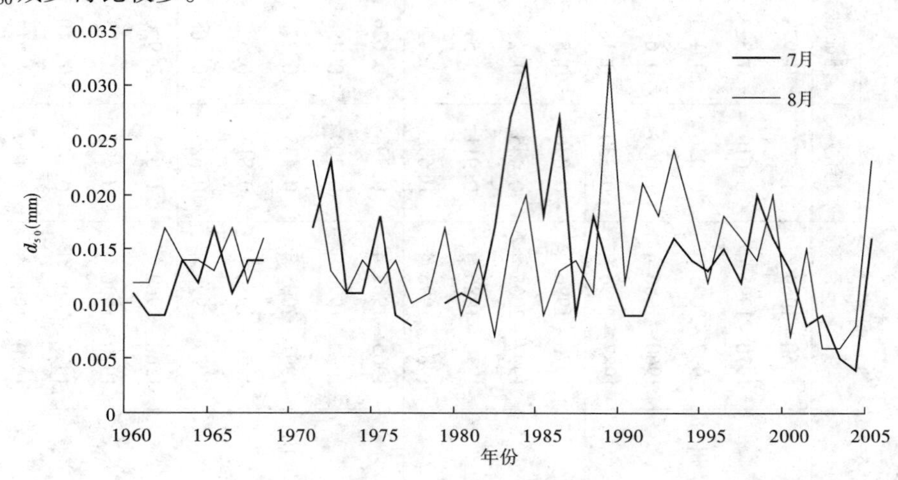

图 3-14 兰州站 d_{50} 变化过程

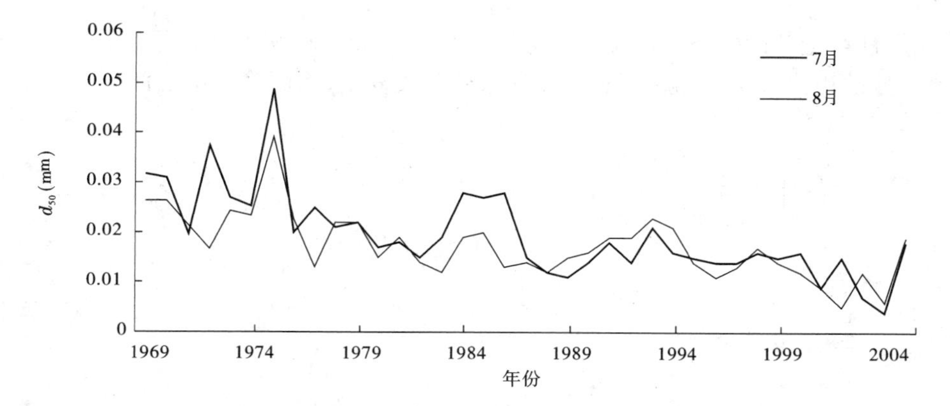

图 3-15　下河沿站 d_{50} 变化过程

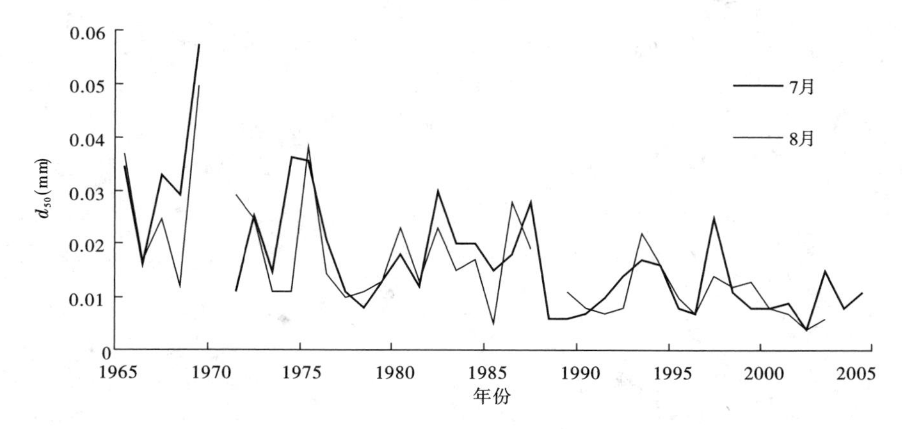

图 3-16　石嘴山站 d_{50} 变化过程

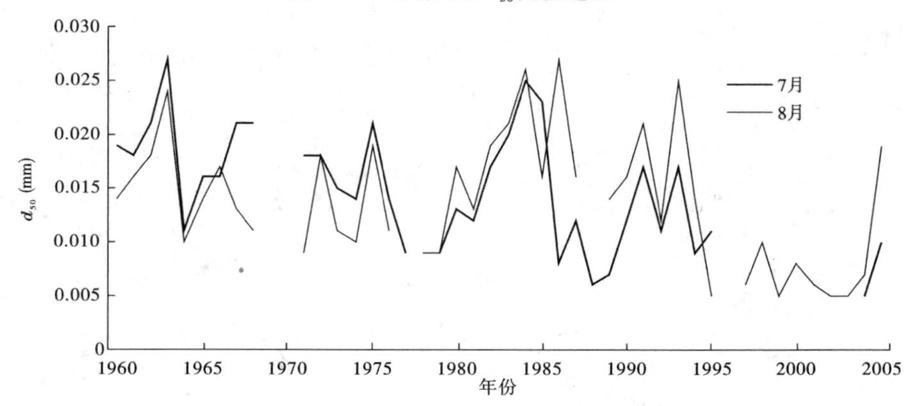

图 3-17　头道拐站 d_{50} 变化过程

3.2.4.3　相同来沙条件下泥沙组成变化

点绘兰州、石嘴山、头道拐 3 个站长系列各年分组沙与全沙的关系，见图 3-18 ~ 图 3-20。3 站存在普遍的规律如下：

(1)各分组沙量与全沙的关系都成正相关关系，全沙量增大，则各分组沙量也增大。

(2)各分组沙中，细泥沙、中泥沙与全沙的关系很好，点群分布比较集中，点群带比较窄;而粗泥沙与全沙的关系较散乱,尤其是在沙量较大时,粗泥沙变化幅度很大。这反映了水流挟沙的规律,粗泥沙起动条件、输移条件比较复杂,因而输沙量不稳定。

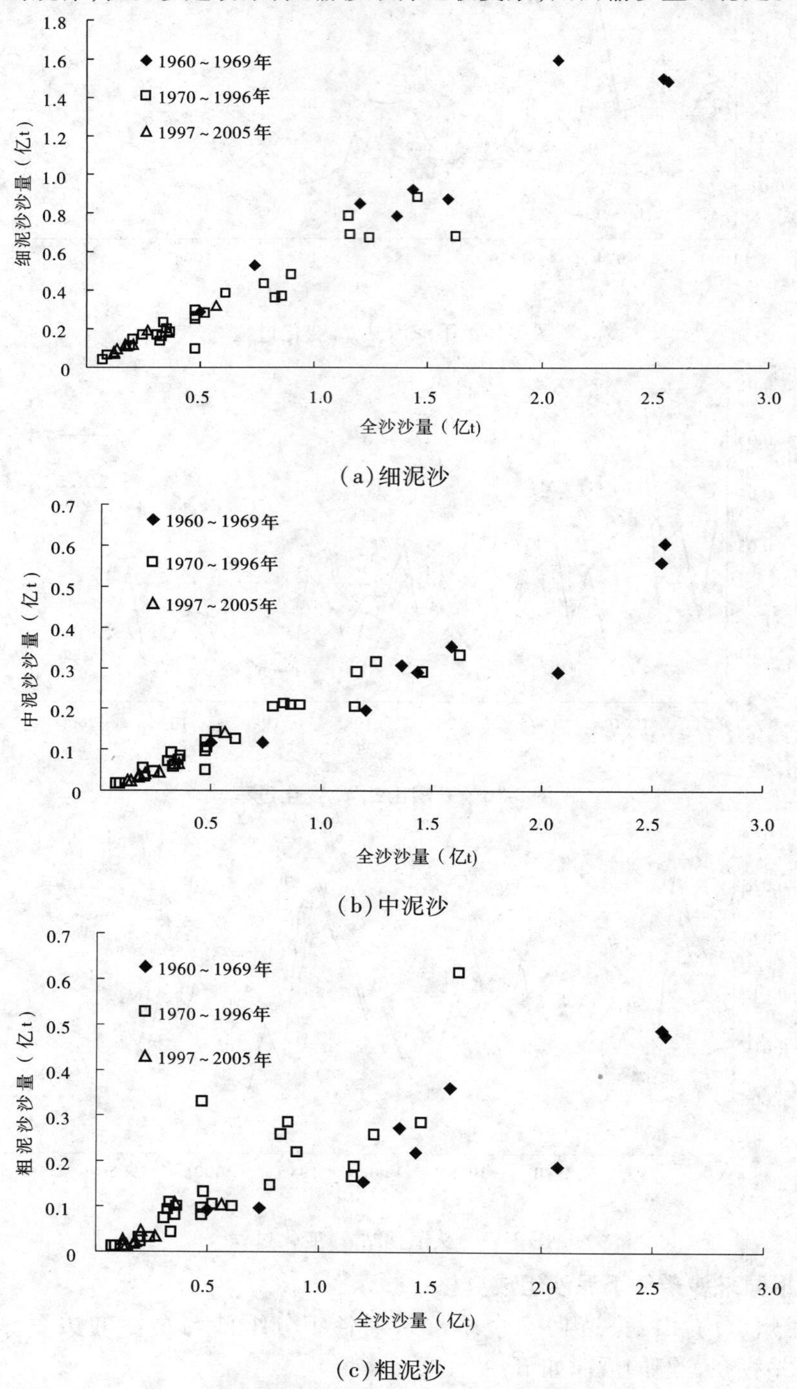

(a)细泥沙

(b)中泥沙

(c)粗泥沙

图 3-18　兰州站汛期分组沙与全沙的关系

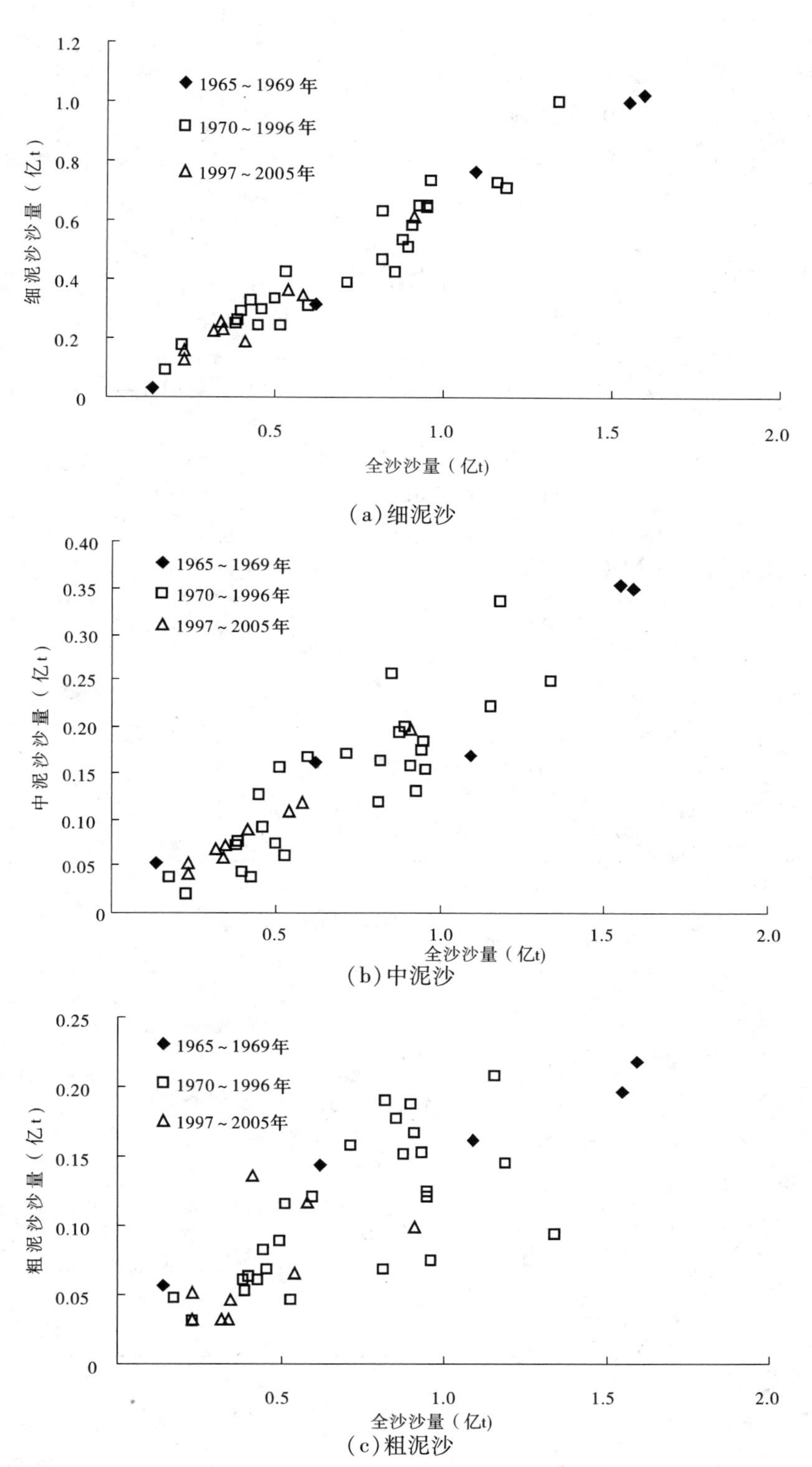

图 3-19　石嘴山站汛期分组沙与全沙的关系

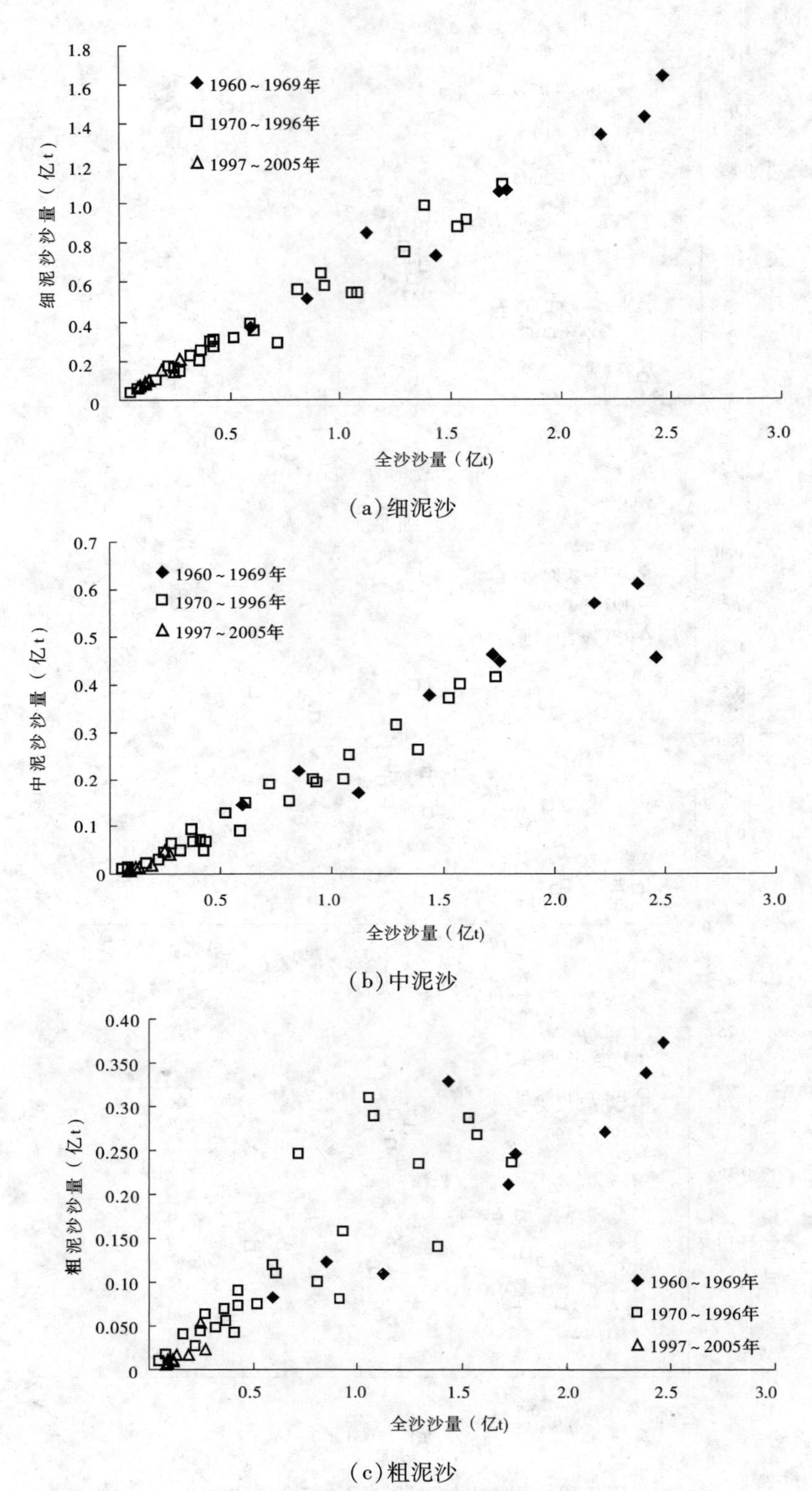

(a)细泥沙

(b)中泥沙

(c)粗泥沙

图 3-20　头道拐站汛期分组沙与全沙的关系

3.2.5 非汛期悬沙组成变化

3.2.5.1 不同时期分组沙量的变化

在干流非汛期沙量急剧减少的变化情况下，非汛期各分组泥沙也相应变化。由表3-17可见，兰州、下河沿、石嘴山、头道拐4站的沙量，细泥沙（$d<0.025$ mm）、中泥沙（0.025 mm $<d<$ 0.05 mm）、粗泥沙（$d>0.05$ mm）和特粗沙基本上都是减少的。

1997～2005年兰州站细泥沙、中泥沙、粗泥沙、特粗沙年均值分别为0.092亿t、0.040亿t、0.044亿t、0.015亿t，与1969年以前相比，中泥沙和粗泥沙分别增加12%和2%，细泥沙减少24%，特粗沙减少16%。下河沿站细泥沙、中泥沙、粗泥沙、特粗沙年均值分别为0.082亿t、0.026亿t、0.019亿t、0.004亿t，比1970～1996年减少29%～72%；石嘴山站各分组沙分别为0.116亿t、0.070亿t、0.071亿t、0.021亿t，除细泥沙、中泥沙保持基本相持平外，粗泥沙和特粗沙分别减少25%和53%；头道拐站各分组沙量分别为0.090亿t、0.025亿t、0.025亿t、0.007亿t，减少幅度在26%～60%。

从非汛期各分组沙占全沙的比例还可以看出，头道拐站1970～1996年，细泥沙、粗泥沙占全沙的比例分别为56%和23%，而1997～2006年，细泥沙占全沙的比例增加到64%，粗泥沙占全沙的比例减少到18%，中泥沙占全沙的比例分别为20%和18%。因而下河沿站、石嘴山站、头道拐站泥沙组成发生变化主要是细泥沙比例增加较多，中泥沙变化不大，粗泥沙比例减少较多，尤其是特粗沙减少较多。

3.2.5.2 中数粒径 d_{50} 变化

从表3-17可以看到，近期下河沿站、石嘴山站、头道拐站 d_{50} 都是有所减小的，下河沿站从1970～1996年的0.017 mm减少到1997～2005年的0.015 mm，减少0.002 mm；石嘴山站由0.032 mm减少到0.029 mm，减少0.003 mm；头道拐站变化最大，中数粒径约由0.019 mm减小到0.015 mm，减少0.004 mm。

3.3 支流水沙量变化

3.3.1 水沙量变化

兰州—头道拐河段中，有祖厉河、清水河及十大孔兑毛不浪沟、西柳沟等支流汇入，这些支流属于暴雨季节性河流，并且含沙量高。

3.3.1.1 近期年均水沙量减少，沙量减幅大于水量减幅

近期1997～2005年黄河上游支流祖厉河、毛不浪沟、西柳沟水沙量与1970～1996年相比是明显减少的，清水河的水沙量有所增加。其中，近期祖厉河、清水河、毛不浪沟、西柳沟年平均水量分别为0.73亿m^3、1.20亿m^3、0.14亿m^3和0.26亿m^3（见表3-18），与1970～1996年均值相比，祖厉河、毛不浪沟、西柳沟水量分别减少31.8%、12.5%、16.1%，其中祖厉河水量减少最多，毛不浪沟水量减少最少，清水河水量增加27.6%。

近期祖厉河、清水河、毛不浪沟、西柳沟年平均沙量分别为0.25亿t、0.32亿t、0.03亿t、0.033亿t（见表3-18），与1970～1996年相比，除清水河沙量增加24.3%外，祖厉河、

表 3-17　黄河上游干流典型水文站不同时期非汛期分组沙量变化

站名	时期	沙量(亿 t)					占全沙比例(%)				d_{50}(mm)
		全沙	细泥沙	中泥沙	粗泥沙	特粗沙	细泥沙	中泥沙	粗泥沙	特粗沙	
兰州	1960～1969 年	0.341	0.196	0.048	0.097	0.071	57	14	29	21	0.018
	1970～1996 年	0.200	0.121	0.036	0.043	0.018	60	18	22	9	0.016
	1997～2005 年	0.176	0.092	0.040	0.044	0.015	52	23	25	9	0.023
	1960～1986 年	0.250	0.149	0.036	0.064	0.041	59	23	18	16	0.016 5
	1987～1996 年	0.193	0.113	0.044	0.035	0.006	59	23	18	3	0.017 5
下河沿	1970～1996 年	0.189	0.115	0.037	0.037	0.014	61	19	20	7	0.017
	1997～2005 年	0.127	0.082	0.026	0.019	0.004	65	20	15	3	0.015
	1970～1986 年	0.179	0.107	0.035	0.037	0.015	60	19	21	8	0.017 5
	1987～1996 年	0.195	0.121	0.039	0.035	0.011	62	20	18	5	0.016
石嘴山	1960～1969 年	0.325	0.143	0.074	0.108	0.035	44	23	33	11	0.031
	1970～1996 年	0.283	0.118	0.071	0.095	0.045	42	25	33	16	0.032
	1997～2005 年	0.257	0.116	0.070	0.071	0.021	45	27	28	8	0.029
	1970～1986 年	0.284	0.115	0.069	0.100	0.043	40	25	35	15	0.035
	1987～1996 年	0.302	0.139	0.075	0.089	0.045	46	25	29	15	0.028 5
头道拐	1960～1969 年	0.390	0.238	0.075	0.077	0.029	61	19	20	7	0.017
	1970～1996 年	0.215	0.121	0.043	0.050	0.017	57	20	23	8	0.019
	1997～2005 年	0.141	0.090	0.025	0.025	0.007	64	18	18	5	0.015
	1970～1986 年	0.295	0.172	0.060	0.064	0.021	58	20	22	7	0.02
	1987～1996 年	0.172	0.101	0.031	0.041	0.017	58	18	24	10	0.017 5

毛不浪沟、西柳沟水文站沙量分别减少44.4%、50%、31%，祖厉河沙量减少最多。

表3-18 支流不同时期水沙量变化

河名(站名)	时段	水量(亿 m^3)					沙量(万t)				
		年均值	最大值	最小值	变幅	C_v	年均值	最大值	最小值	变幅	C_v
祖厉河(靖远)	1955~2004年	1.16	3.03	0.39	7.8	0.53	5 000	18 000	900	20.5	0.74
	1969年以前	1.55	3.03	0.67	4.5	0.3	7 200	18 000	2 100	8.7	0.46
	1970~1996年	1.07	2.23	0.39	5.8	0.46	4 500	10 900	1 000	11	0.61
	1997~2004年	0.73	1.42	0.44	3.3	0.41	2 500	6 700	900	7.6	0.71
清水河(泉眼山)	1957~2005年	1.12	3.92	0.18	22.4	0.64	2 700	12 200	700	18	0.97
	1969年以前	1.42	3.92	0.18	22.4	0.72	2 700	12 200	8.4	1 448.3	1.32
	1970~1996年	0.94	2.45	0.29	8.4	0.62	2 600	10 400	600.0	18.3	0.97
	1997~2005年	1.20	1.64	0.71	2.3	0.25	3 200	4 700	500.0	8.9	0.47
毛不浪沟(图格日格)	1960~2005年	0.14	0.88	0.000 4	2 266.3	1.1	300	7100	0.1	63 521	3.24
	1969年以前	0.10	0.38	0.000 4	974	2.74	200	1 400	0.1	12 305	1.94
	1970~1996年	0.16	0.88	0.02	54.9	1.12	600	7 100	11.1	639	2.44
	1997~2005年	0.14	0.39	0.02	17.3	0.86	300	1 800	15.1	119	1.83
西柳沟(龙头拐)	1960~2005年	0.30	0.93	0.09	10.3	0.66	420	4 750	0.3	13 607	1.85
	1969年以前	0.33	0.93	0.12	7.8	0.74	320	1 760	2.8	632	1.68
	1970~1996年	0.31	0.86	0.09	9.4	0.64	480	4 750	2.5	1 933	1.9
	1997~2005年	0.26	0.51	0.11	4.8	0.6	330	1 480	0.3	4 241	1.57

3.3.1.2 年际间水沙量变化

1）水沙量年际变化大，含沙量高

祖厉河、清水河是水少沙多的河流，据实测资料统计，祖厉河靖远站多年(1955~2004年)平均水量为1.16亿 m^3，年均输沙量为0.50亿t，多年平均含沙量为431 kg/m^3，年际间水沙量变化较大，最大年水量为3.006亿 m^3(1964年)，最小的为0.383亿 m^3(1975年)，最大年沙量为1.8亿t(1959年)，最小年沙量为0.088亿t(2003年)，见图3-21。

清水河泉眼山站多年(1957~2005年)平均水量为1.12亿 m^3，年均输沙量为0.27亿t，多年平均含沙量为241 kg/ m^3，含沙量较高。年际间水沙量变化起伏较大，丰枯悬殊，年水量最大的是1964年的3.711亿 m^3，最小的是1960年0.131亿 m^3，相差20多倍；清水河(泉眼山站)年最大来沙量为1.22亿t(1958年)，最小的是1960年的0.000 8亿t，相差一千多倍，年水沙量过程见图3-22。

毛不浪沟(图格日格站)1960~2005年年均水量为0.14亿 m^3，年均输沙量为0.03亿t，含沙量为239.6 kg/ m^3，年水量最大的是0.879亿 m^3(1989年)，最小的是0.000 39亿 m^3(1962年)，水量相差悬殊；年最大来沙量为0.714亿t(1989年)，最小的是0.000 01亿

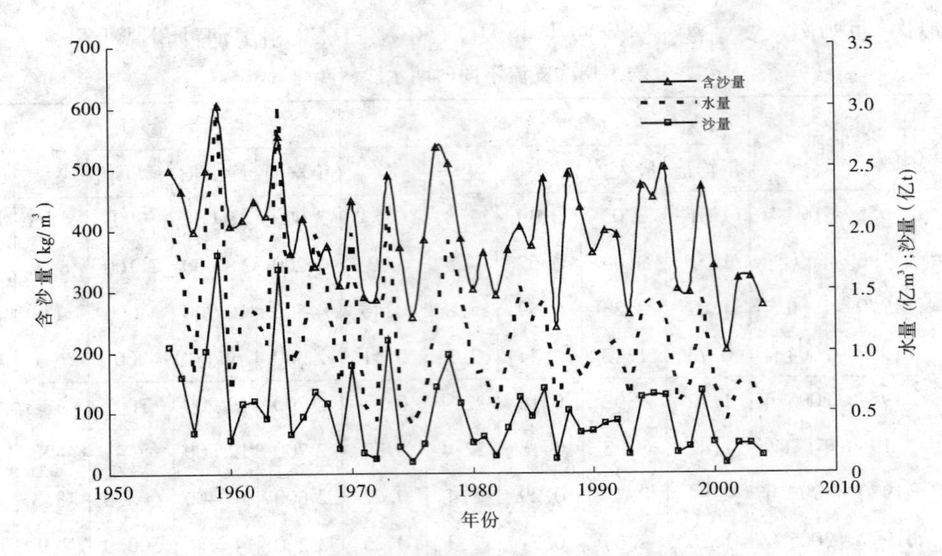

图 3-21　祖厉河(靖远站)历年水沙量过程

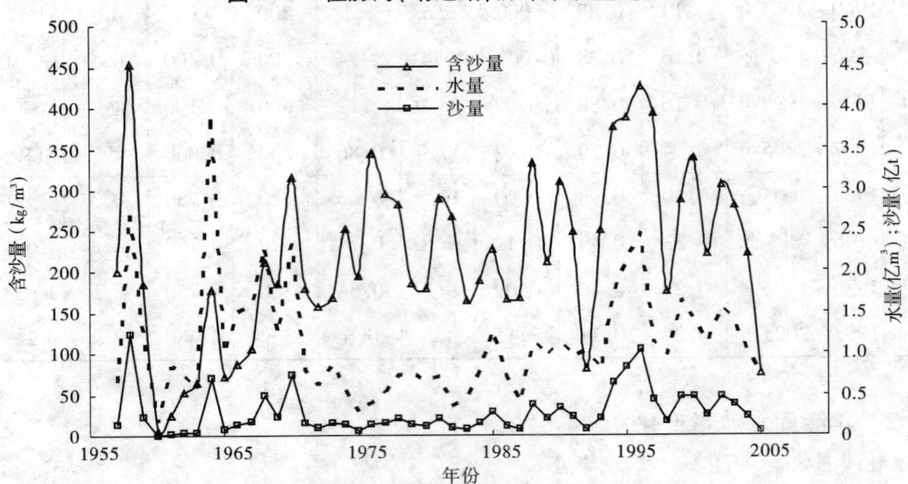

图 3-22　清水河(泉眼山站)历年水沙量过程

t(1960 年),相差上千倍,年水沙量过程见图 3-23。

西柳沟(龙头拐站)1960 ~ 2005 年年均水量为 0.3 亿 m³,年输沙量为 0.042 亿 t,含沙量为 137.73 kg/ m³,年水量最大的是 0.93 亿 m³(1961 年),最小的是 0.09 亿 m³(1987 年),水量相差悬殊;年最大来沙量为 0.475 亿 t(1989 年),最小的是 0.000 3 亿 t(1960 年),相差上千倍,年水沙量过程见图 3-24。

2)近期年际水沙量变幅减小,个别站水量变幅增大

支流各站年实测水量过程总的趋势是减少的。实测水量年际间变化幅度大大降低,近期祖厉河、清水河、毛不浪沟、西柳沟各站的水量变幅与 1970 ~ 1996 年相比(见表 3-18),分别减少 43.2%、72.5%、68.5%、49%。近期实测沙量变幅与 1970 ~ 1996 年相比,祖厉河、清水河、毛不浪沟各站的沙量变幅分别减少 30.6%、51.4%、81.3%,西柳沟(龙头拐站)沙量变幅增大 119.4%。

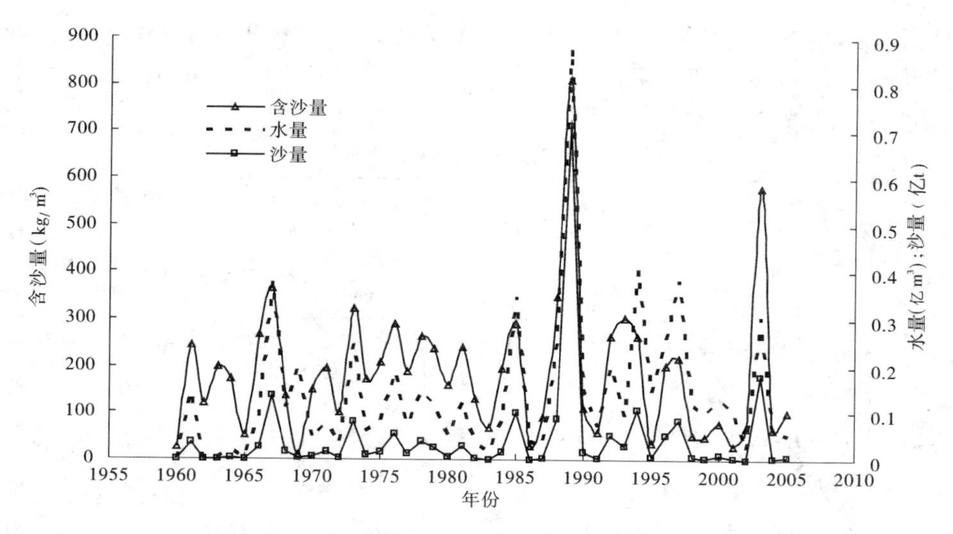

图 3-23　毛不浪沟(图格日格站)历年水沙量过程

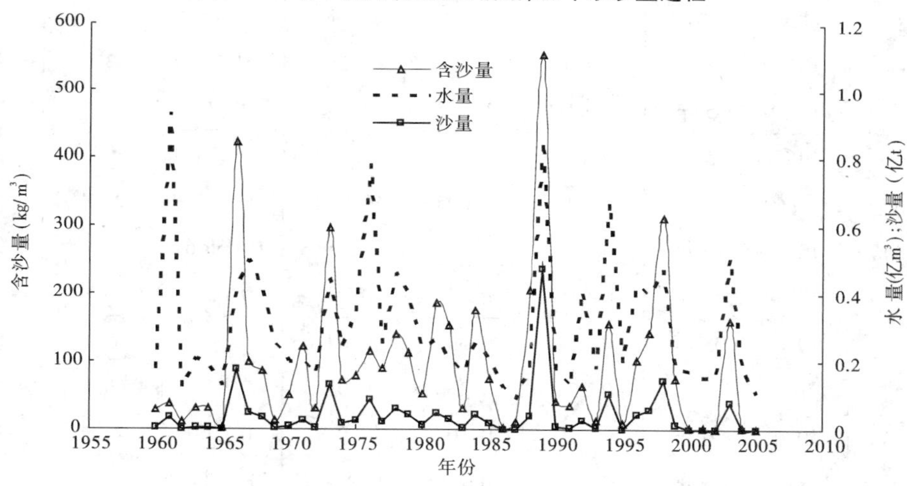

图 3-24　西柳沟(龙头拐站)历年水沙量过程

3)近期年 C_v 值变化特点

近期祖厉河、清水河、毛不浪沟、西柳沟年均水量的 C_v 值(见表 3-18),与 1970 ~ 1996 年的 C_v 值相比,分别减少 0.05、0.37、0.25、0.04。近期干流各站年均沙量的 C_v 值(见表 3-18),与 1970 ~ 1996 年 C_v 值相比,清水河、毛不浪沟、西柳沟分别减少 0.50、0.61、0.33,祖厉河沙量 C_v 值增大 0.10。与 1969 年前相比,清水河、毛不浪沟、西柳沟分别减少 0.85、0.1、0.11,祖厉河站沙量 C_v 值增大 0.25,与 1987 ~ 1996 年相比,清水河、毛不浪沟、西柳沟各站减少 0.24、0.42、0.52,祖厉河增加 0.13。

年水沙 C_v 值的变化,反映年际间水沙变化特点,近期与 1970 ~ 1996 年相比,除祖厉河站沙量 C_v 值略有增加外,其他各站水沙量 C_v 值均有不同程度的减少,表明近期水沙量变幅减小。

3.3.1.3　年内水沙变化

近期支流各站汛期水量均值与 1970 ~ 1996 年相比(见表 3-19),除清水河水量增加

27.1%外，祖厉河、毛不浪沟、西柳沟站水量分别减少38.9%、9.4%、23.7%。近期各站汛期平均沙量与1970～1996年相比，清水河站沙量增加19.2%，祖厉河、毛不浪沟、西柳沟各站沙量分别减少43.5%、41%、30.0%。

表3-19　汛期支流水沙量占年水沙比例

河名（站名）	时段	水量（亿 m^3）		沙量（亿t）		汛期占年比例（%）	
						水量	沙量
		汛期	年	汛期	年	汛期	汛期
祖厉河（靖远）	1955～2004年	0.836	1.163	0.412	0.499	72.2	82.6
	1969年以前	1.202	1.552	0.629	0.72	77.4	87.4
	1970～1996年	0.745	1.075	0.354	0.451	69.3	78.5
	1997～2004年	0.455	0.733	0.20	0.25	62.1	80.0
清水河（泉眼山）	1957～2005年	0.81	1.118	0.25	0.273	72.5	91.6
	1969年以前	1.016	1.418	0.247	0.266	71.7	93.0
	1970～1996年	0.690	0.945	0.239	0.26	73.0	91.9
	1997～2005年	0.877	1.203	0.285	0.324	72.9	88.0
毛不浪沟（图格日格）	1960～2005年	0.126	0.141	0.032	0.034	89.4	94.1
	1969年以前	0.092	0.095	0.022	0.022	96.8	99.9
	1970～1996年	0.138	0.157	0.054	0.055 6	87.9	97.1
	1997～2005年	0.125	0.142	0.032	0.033	88.0	97.0
西柳沟（龙头拐）	1960～2005年	0.211	0.303	0.041	0.042	69.6	97.6
	1969年以前	0.231	0.333	0.031	0.032	69.4	96.9
	1970～1996年	0.219	0.307	0.047	0.048	71.2	97.9
	1997～2005年	0.167	0.259	0.032 9	0.033 3	64.5	98.8

可见，近期支流水沙量与1970～1996年相比，除清水河水沙量增加外，其他各站汛期水沙量是减少的，并且汛期沙量均值减幅大于水量均值减幅。

由表3-19可以看出，近期水沙量与1970～1996年相比，各站汛期水量占全年的比例除毛不浪沟站增加0.1%外，其他各站汛期水量占年水量的比例均有所减小，各站汛期水量减少百分数范围为0.1%～7.2%，祖厉河减少最多，清水河站减少最少。汛期沙量占年沙量的比例清水河、毛不浪沟的比例分别减少3.9%和0.1%，祖厉河、西柳沟汛期沙量占年沙量的比例分别增加1.5%和0.9%，变化不大。

3.3.2　支流洪水情况

内蒙古十大孔兑是指黄河内蒙古河段右岸较大的10条直接入黄支沟（见图3-25），从西向东依次为毛不浪孔兑、布日色太沟、黑赖沟、西柳沟、罕台川、壕庆河、哈什拉川、木哈尔河、东柳沟、呼斯太河，是内蒙古河段的主要产沙支流。十大孔兑发源于鄂尔多斯台地，河短坡陡，从南向北汇入黄河，上游为丘陵沟壑区，中部通过库布齐沙漠，下游为冲积平原。实测资料中只有三大孔兑有部分水沙资料，即毛不浪孔兑图格日格站（官长井）、西柳沟龙头拐站、罕台川红塔沟站（瓦窑、响沙湾）。十大孔兑所在区域干旱少雨，降雨主要以暴雨形式出现，7 月、8 月经常出现暴雨，上游发生特大暴雨时，形成洪峰高、洪量小、陡涨陡落的高含沙洪水（见表 3-20），含沙量最高达 1 550 kg/m^3。如西柳沟 1966 年 8 月 12 日发生的洪水过程（见图 3-26），毛不浪沟和西柳沟 1989 年 7 月 21 日发生的洪水过程（见图 3-27、图 3-28），三大孔兑的洪水和沙峰涨落时间很短，一般只有 10 h 左右。洪水挟带大量泥沙入黄，汇入黄河后遇小水时造成干流淤积，严重时可短期淤堵河口附近干流河道，1961 年、1966 年、1989 年都发生过这种情况，以 1989 年 7 月洪水最为严重。

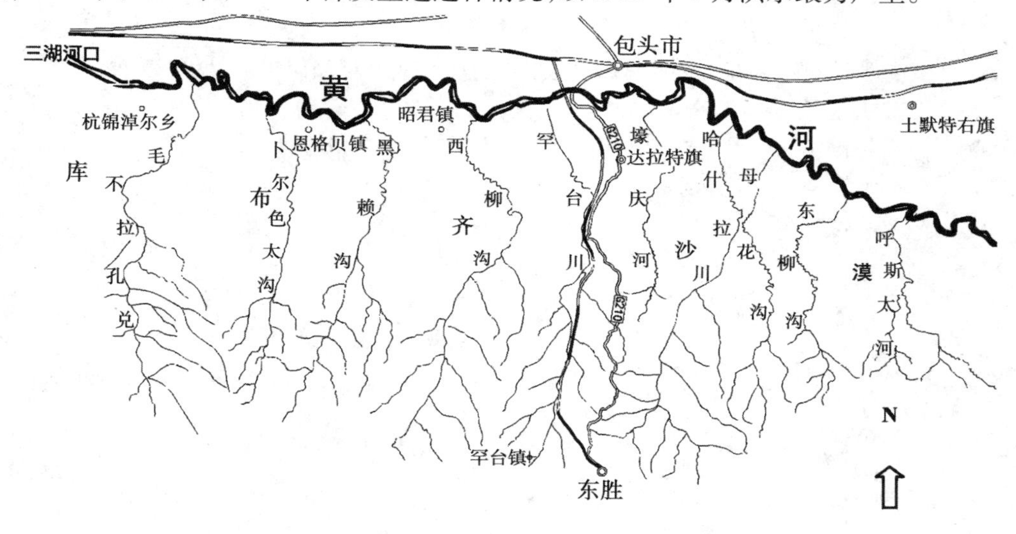

图 3-25　库布齐十大孔兑位置图

表 3-20　十大孔兑高含沙洪水

时间（年-月-日）	河流	洪峰流量（m^3/s）	最大含沙量（kg/m^3）
1961-08-21	西柳沟	3 180	1 200
1966-08-13	西柳沟	3 660	1 380
1973-07-17	西柳沟	3 620	1 550
1989-07-21	西柳沟	6 940	1 240
1989-07-21	罕台川	3 090	
1989-07-21	毛不浪孔兑	5 600	1 500

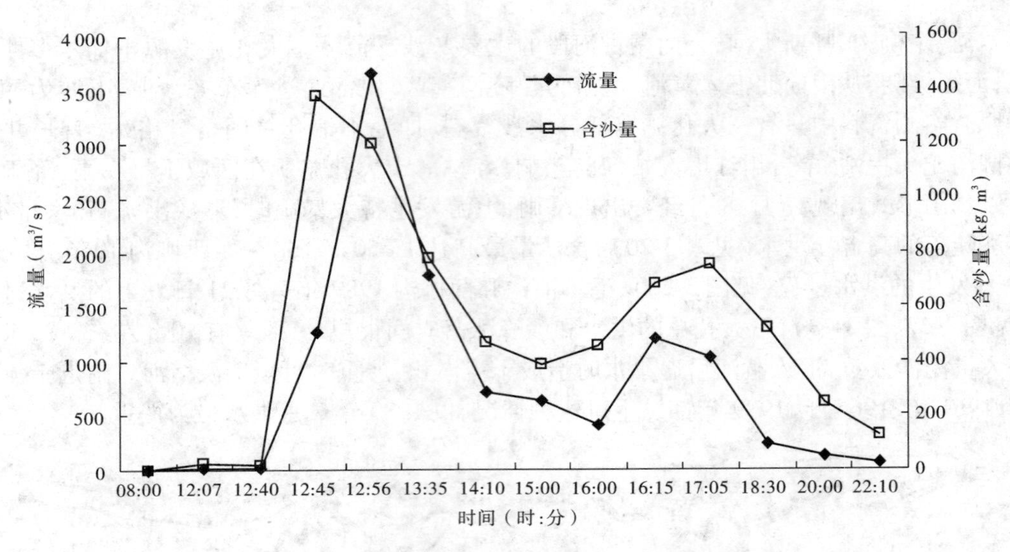

图 3-26　1966 年 8 月 12 日西柳沟洪水过程线

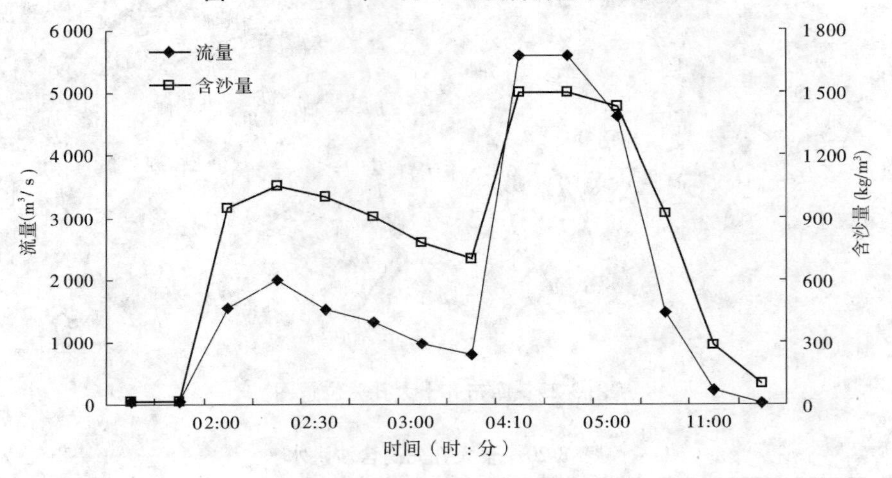

图 3-27　1989 年 7 月 21 日毛不浪沟洪水过程线

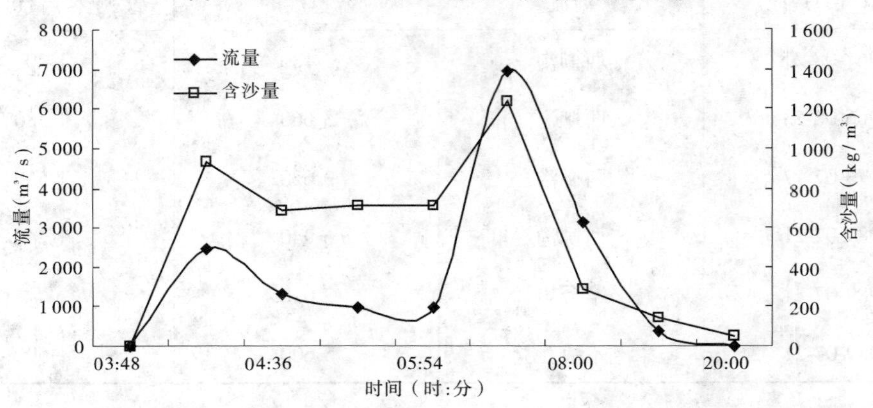

图 3-28　1989 年 7 月 21 日西柳沟洪水过程线

3.4 龙刘水库联合调蓄对干流水沙的影响

3.4.1 对水量的影响

龙刘水库调蓄运用使进出库径流过程发生很大的改变,兰州—头道拐河段汛期水量明显减少,非汛期水量增加,改变了年内水量分配。由表3-21可以看出,兰州—头道拐河段各水文站,在天然情况(1952~1968年)下,汛期水量占年水量的百分比为61.0%~63.2%,而1969~1986年刘家峡单库运用期间降为52.1%~54.9%,龙羊峡水库运用后(1987~2006年)汛期水量占年水量的百分比进一步降低到36%~42%。

表3-21 干流典型水文站不同时段水量变化

水文站	时段	水量		
		汛期(亿 m^3)	运用年(亿 m^3)	汛期/年(%)
兰州	1952~1968年	208.7	342.2	61.0
	1969~1986年	170.6	327.2	52.1
	1987~2006年	116.5	266.3	43.8
下河沿	1952~1968年	210.2	340.3	61.8
	1969~1986年	171.7	324.0	53.0
	1987~2006年	103.2	245.5	42.0
石嘴山	1952~1968年	200.5	317.1	63.2
	1969~1986年	162.3	295.9	54.9
	1987~2006年	94.3	216.9	43.5
头道拐	1952~1968年	165.4	264.3	62.6
	1969~1986年	129.9	239.2	54.3
	1987~2006年	58.5	153.0	38.3

3.4.2 对水流过程的影响

随着刘家峡水库和龙羊峡水库相继投入运用,水库汛期大量削峰蓄水,使得其下游的兰州站、下河沿站、石嘴山站和头道拐站汛期小流量级明显增加,大流量级减少(见

表 3-22)，如兰州站天然情况下，汛期小于 2 000 m^3/s 流量级仅 69.2 d，刘家峡单库运用期间增加到 92.2 d，龙羊峡水库和刘家峡水库联合运用期间增加到 120 d，该流量级占汛期历时的比例由天然情况下的 56.3% 提高到两库运用期间的 98%。天然情况下大于 2 000 m^3/s流量级为 53.8 d，刘家峡单库运用时减小到 30.9 d，龙羊峡水库和刘家峡水库联合运用期间减小到仅 3.1 d，该流量级占汛期历时的比例由天然情况下的 43.7% 减小到两库运用期间的 2%。

表 3-22　干流典型站不同流量级历时的变化

水文站	时段	各流量级(m^3/s)历时(d)				各流量级(m^3/s)历时占汛期历时的比例(%)			
		<1 000	1 000 ~ 2 000	2 000 ~ 3 000	>3 000	<1 000	1 000 ~ 2 000	2 000 ~ 3 000	>3 000
兰州	1956 ~ 1968 年	10.8	58.4	40.5	13.3	8.8	47.5	32.9	10.8
	1969 ~ 1986 年	29.1	63.1	20.4	10.5	23.6	51.3	16.6	8.5
	1987 ~ 2006 年	68.7	51.3	2.5	0.6	56	42	2	0
下河沿	1956 ~ 1968 年	37.7	38.7	30.8	15.8	31	31	25	13
	1969 ~ 1986 年	31.8	60.6	20.2	10.4	25.9	49.3	16.4	8.4
	1987 ~ 2006 年	82.5	37.8	1.5	1.3	67	31	1	1
石嘴山	1956 ~ 1968 年	25.2	53.2	32.2	12.5	21	42	26	10
	1969 ~ 1986 年	41.1	52.3	19.9	9.7	33	43	16	8
	1987 ~ 2006 年	88.4	31.9	2.3	0.4	72	26	2	0
头道拐	1956 ~ 1968 年	38.4	52.3	26.5	5.8	31	42	22	5
	1969 ~ 1986 年	62.9	38.3	14.7	7.2	51	31	12	6
	1987 ~ 2006 年	107.4	13.4	2.2	0.1	87	11	2	0

同时，从表 3-23 可以看出，龙刘水库运用以后，1 000 m^3/s 以上水量明显减少，如兰州站，大于 2 000 m^3/s 的水量由天然情况下年均 127.6 亿 m^3 减少到水库联合运用之后的 6.9 亿 m^3，占汛期水量的比例由 60.6% 减少到 6.3%。而水量增加较多的主要是 1 000 m^3/s 以下的小流量级，兰州站由天然情况下的 7.7 亿 m^3 增加到水库运用后的 48.2 亿 m^3，占汛期水量的比例由 3.7% 增加到 44.3%。

表 3-23　干流典型站不同流量级水量的变化

水文站	时段	各流量级(m^3/s)水量(亿 m^3)				各流量级(m^3/s)水量占汛期水量比例(%)			
		<1 000	1 000 ~ 2 000	2 000 ~ 3 000	>3 000	<1 000	1 000 ~ 2 000	2 000 ~ 3 000	>3 000
兰州	1956 ~ 1968 年	7.7	75.2	85.6	42.0	3.7	35.7	40.7	19.9
	1969 ~ 1986 年	20.2	74.1	43.3	32.7	11.9	43.5	25.4	19.2
	1987 ~ 2006 年	48.2	53.7	5.3	1.6	44.3	49.4	4.8	1.5
下河沿	1956 ~ 1968 年	11.7	46.9	65.5	51.3	6.7	26.8	37.3	29.2
	1969 ~ 1986 年	21.9	71.3	42.9	32.9	13.0	42.1	25.4	19.5
	1987 ~ 2006 年	55.5	39.6	2.9	3.6	54.6	39.0	2.9	3.5
石嘴山	1956 ~ 1968 年	10.7	67.2	69.1	39.5	5.8	36.0	37.0	21.2
	1969 ~ 1986 年	27.1	62.6	42.4	30.2	16.7	38.6	26.1	18.6
	1987 ~ 2006 年	54.1	34.7	4.9	1.1	57.1	36.6	5.2	1.1
头道拐	1956 ~ 1968 年	22.7	66.8	54.8	19.2	13.9	40.8	33.6	11.7
	1969 ~ 1986 年	29.8	46.4	30.9	21.7	23.1	36.0	24.0	16.9
	1987 ~ 2006 年	39.3	14.3	4.7	0.1	67.3	24.5	8.0	0.2

3.4.3　对洪水过程的影响

从表 3-24 可以看出，龙刘水库联合运用以后，洪水场次减少，尤其是大洪水场次减少更多，同时洪峰流量明显降低。如头道拐站大于 3 000 m^3/s 的洪水场次由天然情况下年均 0.7 次减少到刘家峡单库运用时的 0.5 次，两库联合运用后仅为 0.1 次。最大洪峰流量由天然情况下的 5 310 m^3/s 减少到两库联合运用后的 3 030 m^3/s。

龙刘水库联合运用后，洪水期平均水沙量明显减少，来沙系数增大(见表 3-25)。如石嘴山站，在天然情况下洪水期平均水沙量分别为 47.7 亿 m^3 和 0.39 亿 t，而两库运用后分别减少到 19.1 亿 m^3 和 0.123 亿 t，平均来沙系数由 0.004 3 $kg \cdot s/m^6$ 增加到 0.006 1 $kg \cdot s/m^6$。

表 3-24　各时段年均发生洪峰场次数量的对比

站名	时段	各流量级(m^3/s)次数			最大洪峰及出现年份	
		>1 000	>2 000	>3 000	最大洪峰(m^3/s)	出现年份
兰州	1956～1968 年	3.9	2.7	1.3	5 660	1964
	1969～1986 年	3.6	2.5	0.9	5 600	1981
	1987～2006 年	3.7	1.1	0.2	3 530	1989
下河沿	1956～1968 年	1.5	0.9	0.7	5 240	1967
	1969～1986 年	3.7	2.4	0.8	5 780	1981
	1987～2006 年	3.7	0.8	0.1	3 710	1989
石嘴山	1956～1968 年	3.5	2.2	1.6	5 440	1964
	1969～1986 年	3.7	2.3	0.7	5 660	1981
	1987～2006 年	3.4	0.6	0.1	3 390	1989
头道拐	1956～1968 年	3.8	2.0	0.7	5 310	1967
	1969～1986 年	3.4	1.6	0.5	5 150	1981
	1987～2006 年	1.8	0.2	0.1	3 030	1989

表 3-25　不同时段典型站洪水特征值

水文站	时段	平均洪量(亿 m^3)	平均沙量(亿 t)	平均含沙量(kg/m^3)	平均来沙系数($kg·s/m^6$)	峰型系数
兰州	1956～1968 年	49.3	0.266	5.40	0.002 8	1.39
	1969～1986 年	40.1	0.110	2.74	0.001 6	1.48
	1987～2006 年	20.3	0.078	3.84	0.003 3	1.56
下河沿	1956～1968 年	48.8	0.367	7.52	0.003 8	1.36
	1969～1986 年	39.6	0.227	5.73	0.003 4	1.43
	1987～2006 年	19.3	0.139	7.20	0.006 7	1.52
石嘴山	1956～1968 年	47.7	0.389	8.16	0.004 3	1.40
	1969～1986 年	37.9	0.180	4.75	0.002 9	1.50
	1987～2006 年	19.1	0.123	6.44	0.006 1	1.59
头道拐	1956～1968 年	39.3	0.367	9.34	0.005 9	1.37
	1969～1986 年	33.1	0.238	7.19	0.005 2	1.61
	1987～2006 年	17.7	0.099	5.59	0.005 9	1.75

3.5 主要认识

(1)近期(1997～2006年)与1970～1996年相比,黄河上游兰州至头道拐河段年均水沙量均有所减少,并且沙量减幅大于水量减幅。其中,各站水量减少范围为20.7%～39.7%,沙量减少范围为27.3%～64.4%。近期年最大水沙量减少,年际间水沙量变幅减小。汛期水沙量均值及占年水沙量的比例有所下降,并且主汛期(7～8月)、秋汛期(9～10月)水沙量都有不同程度减少。同时,汛期沙量占全年的比例减少幅度大于汛期水量占全年的比例减少幅度。

(2)近期汛期水流过程主要以小流量(500～1 000 m^3/s)为主,大流量(大于2 000 m^3/s)几乎没有发生过。小流量级水沙量明显增加,大流量级水沙量明显减少,尤其集中在大于2 000 m^3/s流量级水沙量的减少。同时,头道拐站流量小于50 m^3/s天数由1970～1996年的7 d增加到近期的13 d。

(3)近期干流各站最大洪峰流量、年均洪水场次都明显减少,尤其是大于2 000 m^3/s的洪水场次,并且近期各站均未发生过日均最大流量大于3 000 m^3/s的洪水过程。如头道拐站最大洪峰流量由1970～1996年期间的5 150 m^3/s减少到近期的3 350 m^3/s,大于1 000 m^3/s的洪水由1970～1996年年均3.2次减少到近期的1.1次,其中大于2 000 m^3/s、3 000 m^3/s的洪水由1970～1996年年均1.1次、0.4次减少到近期的0次。

同时,近期洪水期水沙量与1970～1996年相比明显减少;洪峰期平均流量降低,平均来沙系数明显增大;峰型系数除兰州站外,其他各站基本上都增大,洪峰变尖瘦。

(4)近期与1970～1996年相比,干流各分组沙量均减少,但粗泥沙减幅大于细泥沙减幅;细泥沙占全沙的比例增加较多,中泥沙变化不大,粗泥沙比例减少较多,尤其是特粗沙减少较多;近期泥沙中数粒径变细,但是泥沙组成规律(全沙与细、中、粗泥沙关系)基本不变。

(5)与1970～1996年相比,近期上游支流祖厉河、西柳沟和毛不浪沟的年均水沙量减少,但清水河水沙量增加。各支流年际间水沙量变幅减小。汛期水沙量及占年水沙量的比例减少,并且汛期沙量均值减幅大于水量均值减幅。

(6)上游支流和十大孔兑属于暴雨季节性河流,发生特大暴雨时,形成洪峰高、洪量小、陡涨陡落的高含沙量的洪水,洪水挟带大量泥沙入黄,汇入黄河后遇小水时容易造成干流淤积,严重时可短期淤堵河口附近干流河道。

(7)龙刘水库的联合运用,调节了水流过程,改变了水量年内分配。汛期水量占年水量的百分比由天然情况下的60%左右减少到两库运用后的40%左右。同时,汛期大量削峰蓄水,改变流量过程,汛期大流量级历时减少,小流量级历时明显增加。洪水期洪水场次减少,洪峰流量明显降低,洪水期平均水沙量明显减少,来沙系数增大。年内最大洪峰流量不是出现在汛期,而是出现在桃汛期。

第 4 章　头道拐—龙门近期水沙变化特点分析报告

4.1　河道概况

黄河头道拐—龙门(北干流)河段长 724 km,平均河床比降 8.4‱,区间面积为 111 591 km^2。两岸汇入的支沟有 390 余条,其中流域面积大于 1 000 km^2 的支流有 22 条,水系图见图 4-1。

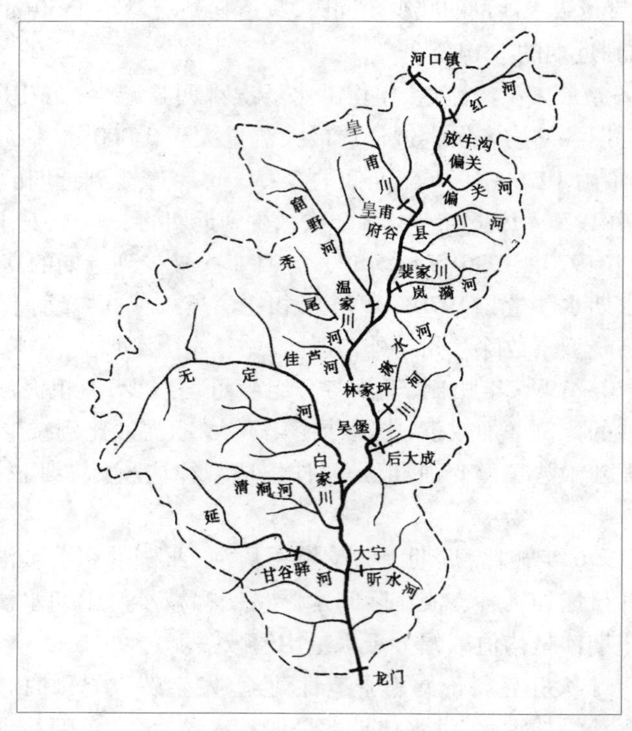

图 4-1　北干流水系示意图

该河段干流上设有头道拐、府谷、吴堡和龙门 4 处水文站。根据河道特性,按设站布局,将北干流划分为头道拐至府谷,府谷至吴堡,吴堡至龙门 3 个河段。

头道拐至府谷段河长 207 km,平均河床比降为 8.2‱。汇入本河段的支沟有 44 条,其中较大支流有红河、偏关河、皇甫川、清水川和县川河。喇嘛湾以上的河道,河床宽浅散乱,沙洲林立,为砂质河床冲积性河道;喇嘛湾以下至龙口(万家寨)是龙口峡谷,河道窄深,两侧岩石陡立,河床基岩暴露,堆有卵石和块石;河出龙口以后是河曲地,河面放宽,最宽处约 2.0 km,主流散乱汊道众多,为砂质河床冲积性河道;河曲至曲峪有皇甫川汇入,受皇甫川多沙粗沙洪水作用，河床冲淤变化较大；曲峪至天桥电站为义门峡谷，现为天桥库区，以下为府谷站。

府谷至吴堡河段长约 241 km，平均河床比降约为 7.5‱，两岸支沟纵横，有 106 条支沟汇入，其中较大支流有孤山川、朱家川、岚漪河、蔚汾河、窟野河、秃尾河、佳芦河、湫水河等。在本河段内有碛滩、沙滩 60 多处，其中较为典型的是迷糊滩群，在 12 km 范围内有 8 处碛滩，其中府谷至岚漪河口，河长 61 km，平均河床比降 7.4‱，有孤山川、岚漪河等大支流汇入。孤山川至朱家川，河面拓宽，有河心滩，河床为砂质间有卵石组成。受孤山川高含沙洪水的影响，河床冲淤变化较大。岚漪河口至窟野河口，河段长 36 km，平均河床比降 7.8‱。窟野河是本河段的最大支流，来沙量多且粗，对本河段河道的冲淤变化影响极大。窟野河至吴堡，河长 144 km，平均河床比降 7.4‱，有秃尾河、佳芦河、湫水河等 62 条支沟汇入。本河段碛滩众多，其中较大碛滩有秃尾碛、佳芦碛、索干达碛和大同碛。大同碛长 2.5 km，平均宽度约 400 m，碛滩面积约 90 万 m^2，枯水位以上体积为 150 万 m^3，由块石、卵石和粗砂组成，滩槽高差在 4 m 以上，中枯水时的河槽宽度只有 80 m，将主槽逼于右岸石壁下。

吴堡至龙门河段长 276 km，平均河床比降 9.6‱，本河段坡度陡，河谷窄深，最窄处不足 100 m。汇入本河段的大小支沟约 240 条，其中吴堡至清涧河，河段长 128 km，平均河床比降 8.7‱，河床多为卵石、块石和粗沙。有三川河、无定河、屈产河和清涧河等 116 条支沟汇入。本河段碛滩较多，其中土金碛较大，碛滩长 1.6 km，平均宽度 240 m，面积约 36 万 m^2，枯水位以上体积约 100 万 m^3，滩槽高差在 3.0 m 以上。无定河是本河段的最大支流，多年平均沙量为 1.33 亿 t，对干流河道冲淤变化有较大影响。清涧河口至延河，河段长 55 km，平均河床比降 7‱，其间有昕水河、延河等 55 条支沟汇入。河谷窄深，碛滩不多，其中最大的碛滩是禹王碛，长 900 m，平均宽 270 m，面积约 24 万 m^2，枯水位以上体积约 100 万 m^3。延河至壶口，河段长 29 km，平均河床比降 15‱，是河口镇至龙门河段中最陡的一段。有 32 条支沟汇入，河谷窄深，最大河宽不足 300 m，河床由块石、卵石或基岩组成。壶口以下至龙门，河段长 64 km，平均河床比降 10‱，壶口附近两岸石壁对峙，河床切入基岩形成瀑布，落差达 22 m。壶口瀑布以下的河床为粗细泥沙组成，覆盖层厚达 10 ~ 50 m，在流量、含沙量和河床边界条件达到某一临界值时，易发生揭底冲刷，龙门水文站断面可冲刷 2 ~ 9 m。

4.2 水沙量变化

4.2.1 年水沙量变化

4.2.1.1 近期年均水沙量减少，沙量减幅大于水量减幅

近期黄河中游干流主要水文站实测水沙量明显减少。其中，头道拐、府谷、吴堡、龙门等站年平均水量分别为 132.1 亿 m^3、132.0 亿 m^3、140.5 亿 m^3 和 161.9 亿 m^3（见表 4-1），与 1970 ~ 1996 年均值相比，各站水沙量均减少，其中水量分别减少 39.7%、41%、41%、38.5%，各站水量减少相差不多。沙量分别减少 64.4%、86.5%、73.8%、60.9%，府谷站

沙量减少最多。

可见，近期实测年均水沙量是减少的，并且沙量减少幅度大于水量减少幅度。

表 4-1　黄河中游干流不同时期水沙量

站名	时段	水量					沙量				
		年均值（亿 m³）	最大值（亿 m³）	最小值（亿 m³）	变幅	C_v	年均值（亿 t）	最大值（亿 t）	最小值（亿 t）	变幅	C_v
头道拐	1950～2005 年	218.3	444.9	101.8	4.4	0.36	1.08	3.23	0.17	19.2	0.73
	1969 年以前	258.3	444.9	125.0	3.6	0.30	1.68	3.23	0.23	14.2	0.50
	1970～1996 年	219.0	351.4	116.7	3.0	0.30	0.91	1.99	0.17	11.8	0.58
	1997～2006 年	132.1	174.9	101.8	1.7	0.17	0.32	0.63	0.20	3.2	0.41
府谷	1952～2005 年	223.1	460.5	95.1	4.8	0.365	2.17	8.67	0.04	224.8	0.76
	1969 年以前	270.4	460.5	140.7	3.3	0.304	3.57	8.67	1.15	7.6	0.50
	1970～1996 年	224.0	354.3	124.9	2.8	0.288	1.88	3.68	0.38	9.8	0.48
	1997～2006 年	132.0	183.8	95.1	1.9	0.202	0.25	0.54	0.04	13.9	0.76
吴堡	1950～2005 年	243.3	504.8	111	4.5	0.354	4.55	19.52	0.43	45.1	0.77
	1969 年以前	296.7	504.8	159.1	3.2	0.285	7.01	19.52	1.56	12.5	0.62
	1970～1996 年	239.6	367.4	134.3	2.7	0.269	3.90	7.79	1.11	7.0	0.42
	1997～2006 年	140.5	185.7	111.0	1.7	0.166	1.02	1.90	0.43	4.4	0.50
龙门	1950～2005 年	269.8	539.4	132.7	4.1	0.331	7.69	24.61	1.21	20.3	0.70
	1969 年以前	328.9	539.4	191.8	2.8	0.266	11.61	24.61	2.79	8.8	0.53
	1970～1996 年	263.4	399.7	147.3	2.7	0.245	6.48	16.66	2.34	7.1	0.51
	1997～2006 年	161.9	199.6	132.7	1.5	0.121	2.53	4.49	1.21	3.7	0.37

4.2.1.2　年际间水沙变化

1）近期年最大水沙量减少，且沙量减幅大于水量减幅

近期中游头道拐、府谷、吴堡、龙门等站最大水沙量与 1970～1996 年相比（见表 4-1），年最大水沙量均减少，水量减少了近一半左右，分别减少 50.2%、48.1%、49.4%、50.1%；沙量减少得更多，最大沙量各站分别减少 68%、85.4%、75.6%、50.1%；府谷站沙量减少得最多，沙量最大值的减幅大于水量最大值的减幅。

可见，近期黄河中游干流各水文站水沙量最大值都是减少的，并且沙量最大值减幅大于水量最大值的减幅。

2）近期年际水沙量变幅减小

中游干流河段头道拐、府谷、吴堡、龙门各站年实测水量过程各年虽有起伏，但总的趋势是减少的。实测水量年际间变化幅度大大降低，近期头道拐至龙门河段各站的水沙量变幅（时期内最大水量与最小水量比值）较 1970～1996 年变幅相比，水量变幅是减少的，

分别减少 43.3%、32.1%、37.0%、44.5%，龙门站减幅最多。沙量变幅除府谷站增加 41.8%外，头道拐、吴堡、龙门各站沙量的变幅分别减少 72.9%、37.1%、47.9%。

此外，从图 4-2 ~ 图 4-5 可以看出近期各站、年最大水沙量是逐渐减小的。近期头道拐站最大水沙量分别为 174.9 亿 m^3(2006 年)和 0.63 亿 t(2006 年)，比 1970 ~ 1996 年最大水沙量 351.4 亿 m^3(1976 年)和 1.99 亿 t(1976 年)分别减少 50.2%和 68.3%。

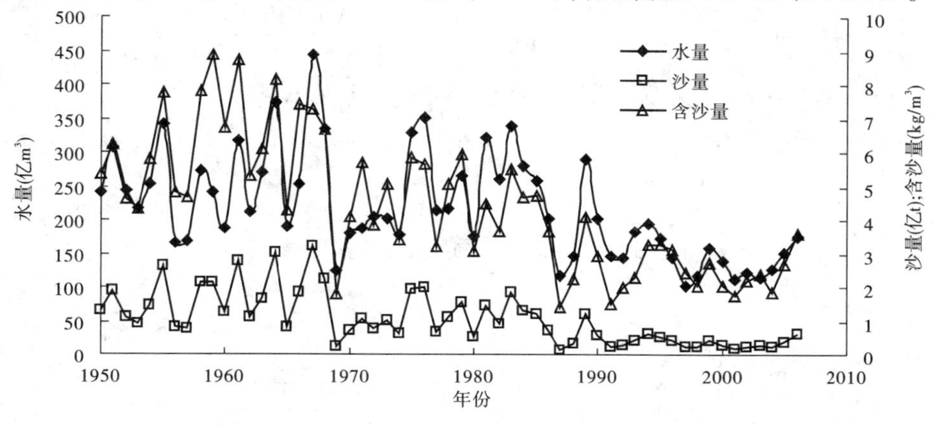

图 4-2 头道拐站年水沙过程

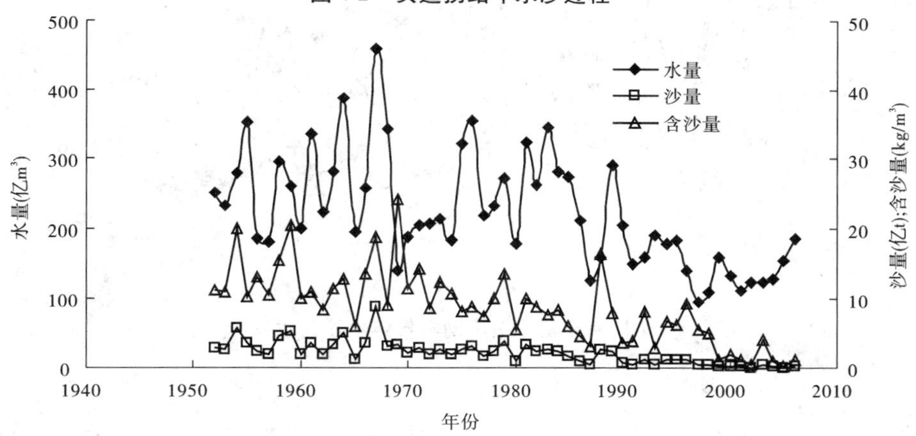

图 4-3 府谷站不同年份年水沙过程

可见，近期各站年际水沙量与 1970 ~ 1996 年相比变幅大幅度降低，并且沙量减幅大于水量减幅。

3) 近期年 C_v 值变化特点

水文计算中用均方差与均值之比作为衡量系列的相对离散程度的参数，称为变差系数，或称离差系数、离势系数，用 C_v 表示。该值越大说明该系列的离散程度越大，反之越小。C_v 值的变化也显示出年际间水沙变幅。

近期干流各站年均水沙量的 C_v 值(见表 4-1)，与 1970 ~ 1996 年 C_v 值相比，头道拐、府谷、吴堡、龙门各站水量 C_v 值分别减少 0.13、0.086、0.103、0.124，头道拐站、龙门站沙量 C_v 值减少 0.17、0.14，府谷站、吴堡站 C_v 值增加 0.28、0.08，各站年均水沙量的 C_v 值的减少，也说明干支流水沙量变幅大幅度降低。

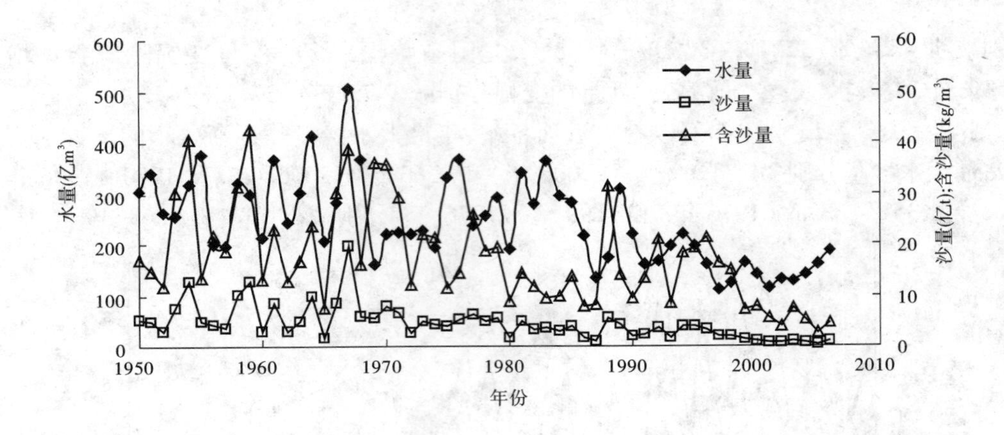

图 4-4 吴堡站不同年份年水沙过程

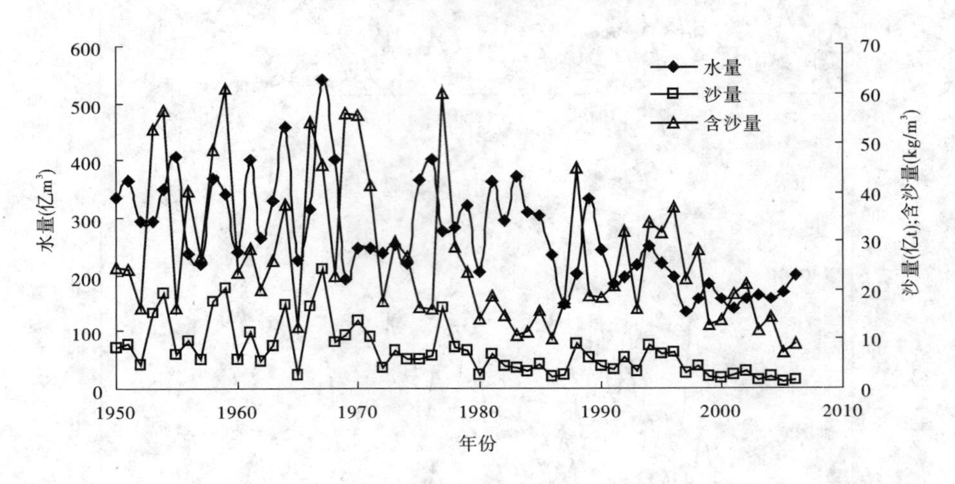

图 4-5 龙门站不同年份年水沙过程

4.2.1.3 年内水沙变化

近期干流 4 站头道拐、府谷、吴堡、龙门汛期的平均水量分别为 47.1 亿 m^3、45.9 亿 m^3、50.6 亿 m^3、62.6 亿 m^3,沙量分别为 0.166 亿 t、0.154 亿 t、0.663 亿 t、1.928 亿 t(见表 4-2),各站汛期水沙量均值与 1970 ~ 1996 年相比(见表 4-2),水沙量均是减少的,水量分别减少 57.5%、59.1%、58.1%、52.9%,沙量分别减少 76%、89.9%、79.4%、65.5%,府谷站水沙量减少得最多。可以看出,与其他各时段相比,近期汛期水沙量均有不同程度减少,并且汛期沙量均值减幅大于水量均值减幅,其中府谷站水沙量减少得最多。

由表 4-2 也可以看出,近期水量与 1970 ~ 1996 年相比,各站汛期水沙量占全年的比例均有所减小,4 站水量分别减少 14.9%、15.3%、14.4%、11.8%,沙量分别减少 24.8%、20.0%、17.8%、10.1%。府谷站水量减少最多,头道拐站沙量减少得最多。

与 1970 ~ 1996 年相比,各站汛期水沙量占年的比例减少的较小,水量占年水量比例分别减少 4.4%、5.4%、5.8%、4.5%。沙量分别减少 13.1%、16.8%、14.2%、7.8%,府谷站减少得最多。

在汛期水沙量减少的同时,近期干流各站非汛期水沙量均值与1970～1996年相比均有所减少,水量减少范围在21.4%～24.3%,吴堡站减少最多,头道拐站减少最少。沙量减小范围在27.2%～72.3%,府谷站减少最多,头道拐站减少最少。

而各站非汛期水量占全年的比例均有所增加,各站增加11.8%～15.3%,府谷站非汛期水量增加最多,龙门站增加最少,沙量增加范围为10.1%～24.8%,头道拐站增加最大,龙门站增加最少。

表4-2 中游干流各站年内水沙量变化

站名	时段	水量(亿 m^3)			沙量(亿t)			水量占年比例(%)		沙量占年比例(%)	
		汛期	非汛期	年	汛期	非汛期	年	汛期	非汛期	汛期	非汛期
头道拐	1950～2005年	117.3	101.0	218.3	0.842	0.24	1.082	53.8	46.2	77.8	22.2
	1969年以前	158.7	99.6	258.3	1.357	0.319	1.677	61.4	38.6	81.0	19.0
	1970～1996年	110.8	108.2	219.0	0.691	0.215	0.906	50.6	49.4	76.3	23.7
	1997～2006年	47.1	85.0	132.1	0.166	0.156	0.323	35.7	64.3	51.5	48.5
府谷	1952～2005年	118.5	104.7	223.2	1.811	0.36	2.171	53.1	46.9	83.4	16.6
	1969年以前	165.3	105.0	270.3	3.071	0.494	3.565	61.1	38.9	86.1	13.9
	1970～1996年	112.3	111.7	224.0	1.521	0.358	1.880	50.1	49.9	80.9	19.1
	1997～2006年	45.9	86.1	132.0	0.154	0.099	0.254	34.8	65.2	60.9	39.1
吴堡	1950～2005年	129.7	113.6	243.3	3.872	0.678	4.55	53.3	46.7	85.1	14.9
	1969年以前	178.3	118.4	296.7	6.185	0.826	7.012	60.1	39.9	88.2	11.8
	1970～1996年	120.8	118.8	239.6	3.226	0.671	3.897	50.4	49.6	82.8	17.2
	1997～2006年	50.6	89.9	140.5	0.663	0.358	1.021	36.0	64.0	65.0	35.0
龙门	1950～2005年	144.3	125.5	269.8	6.736	0.955	7.691	53.5	46.5	87.6	12.4
	1969年以前	197.2	131.7	328.9	10.43	1.175	11.610	60.0	40.0	89.9	10.1
	1970～1996年	133.0	130.4	263.4	5.586	0.896	6.480	50.5	49.5	86.2	13.8
	1997～2006年	62.6	99.3	161.9	1.928	0.605	2.534	38.7	61.3	76.1	23.9

4.2.1.4 伏汛期、秋汛期水沙量变化

中游干流伏汛期实测水沙过程各年虽有起伏,但总趋势是减少的(见表4-3),特别是近期水沙量减少更多。近期头道拐、府谷、吴堡、龙门4站年均伏汛期水量分别为21.5亿 m^3、21.4亿 m^3、23.8亿 m^3、30.2亿 m^3,沙量分别为0.086亿t、0.147亿t、0.552亿t、1.660亿t。与1970～1996年相比,伏汛期水量分别减少60%、60.9%、60.9%、55.6%。4站沙量分别减少75.4%、86.5%、77.5%、63.5%。可见,近期伏汛期水量变幅是减少的,沙量年际变幅也减小,并且沙量减少变幅大于水量减少的变幅。

表 4-3　黄河中游干流伏汛期、秋汛期水沙量

站名	时段	伏汛期				秋汛期			
		水量（亿 m^3）	沙量（亿 t）	占年比例（%）		水量（亿 m^3）	沙量（亿 t）	占年比例（%）	
				水量	沙量			水量	沙量
头道拐	1950～2005 年	56.1	0.423	25.7	39.1	61.2	0.419	28.0	38.7
	1969 年以前	75.6	0.678	29.2	40.4	83.1	0.680	32.2	40.5
	1970～1996 年	53.8	0.351	24.6	38.7	57.0	0.340	26.0	37.60
	1997～2006 年	21.5	0.086	16.3	26.7	25.6	0.080	19.4	24.8
府谷	1952～2005 年	57.3	1.245	25.7	57.4	61.1	0.566	27.4	26.0
	1969 年以前	79.9	2.023	29.5	56.7	85.5	1.048	31.6	29.4
	1970～1996 年	54.8	1.091	24.5	58.1	57.5	0.430	25.7	22.9
	1997～2006 年	21.4	0.147	16.2	58.1	24.5	0.007	18.6	2.8
吴堡	1950～2005 年	64.3	2.875	26.4	63.2	65.4	0.998	26.9	21.9
	1969 年以前	87.7	4.485	29.6	64.0	90.6	1.701	30.5	24.3
	1970～1996 年	60.9	2.455	25.4	63.0	59.9	0.771	25.0	19.8
	1997～2006 年	23.8	0.552	16.9	54.0	26.8	0.112	19.1	10.9
龙门	1950～2005 年	73.1	5.415	27.1	70.4	71.2	1.321	26.4	17.2
	1969 年以前	99.8	8.243	30.3	71.0	97.4	2.188	29.6	18.9
	1970～1996 年	68.0	4.546	25.8	70.1	65.0	1.040	24.7	16.0
	1997～2006 年	30.2	1.660	18.6	65.5	32.4	0.268	20.0	10.6

近期伏汛期水沙量占全年水沙量比例（见表 4-3），与 1970～1996 年相比，水量占年水量比例是减少的，减少范围在 7.2%～8.5%，吴堡站水量减少得最多，龙门站水量减少得最少。沙量占年沙量的比例，除府谷站增加 0.1% 外，其他各站均是减少的，头道拐、吴堡、龙门各站分别减少 12%、9.0%、4.6%。

总之，近期伏汛期水沙量占年水沙量的比例都有所下降，并且沙量占年沙量的比例减少值大于水量占年水量的比例减少值。

近期头道拐、府谷、吴堡、龙门 4 站年均秋汛期水量分别为 25.6 亿 m^3、24.5 亿 m^3、26.8 亿 m^3、32.4 亿 m^3，沙量分别为 0.08 亿 t、0.007 亿 t、0.112 亿 t、0.268 亿 t。与 1970～1996年相比，秋汛期水量分别减少 55%、57.3%、55.2%、50.1%。4 站沙量分别减少 76.5%、98.4%、85.5%、74.2%。

近期秋汛期水沙量占全年水沙量比例与 1970～1996 年相比（见表 4-3），水量占年水量比例是减少的，减少范围在 4.6%～7.1%，府谷站水量减少得最多，龙门站水量减少得最少。沙量占年沙量的比例，减少范围在 5.5%～20.1%，府谷站沙量减少得最多，龙门站沙量减少得最少。

4.2.2 水沙过程变化

4.2.2.1 汛期

由表4-4可以看出，对于干流各站，近期主汛期各站主要以小流量(500～1 000 m^3/s)为主，大流量(大于3 000 m^3/s)几乎没有发生过。

与1970～1996年相比，1 000 m^3/s以下小流量历时大大增加，如龙门站，小于1 000 m^3/s流量级历时由年均59.5 d增加到近期的107.6 d，相应的水量也明显增加，由29.22亿m^3增加到近期的45.47亿m^3。相反1 000～2 000 m^3/s流量级的历时却由1970～1996年的42.4 d减少到近期的14.7 d，水量由51.49亿m^3减少到15.61亿m^3，沙量由1.85亿t减少到0.65亿t。2 000～3 000 m^3/s流量级历时减少得更多，由1970～1996年14 d减少到近期的0.6 d，水沙量也相应地有所减少，分别由29.54亿m^3、1.23亿t减少到近期的1.19亿m^3、0.24亿t。大于3 000 m^3/s流量级历时由1970～1996年的7.1 d减少到近期0.1 d，水沙量也锐减，分别由22.78亿m^3、1.69亿t减少到近期的0.28亿m^3、0.08亿t。

总之，干流各站1 000 m^3/s以下小流量历时是明显增加的，各站该流量级的历时占总历时比例由1970～1996年的48.4%～60%增加到近期的87.5%～95.4%，水量由1970～1996年的22%～29.5%增加到近期的72.7%～87.5%，沙量由14.4%～17.6%增加到近期的50%～76.3%，1 000～2 000 m^3/s流量级历时占总历时的比例由26.7%～34.4%减少到现在的4.6%～12%，2 000～3 000 m^3/s流量级占总历时的比例由8.3%～11.4%减少为0～0.5%，近期大于3 000 m^3/s流量级的比例由3.9%～4.8%减少为0。

4.2.2.2 主汛期

由表4-5可以看出，对于干流各站，近期主汛期主要以小流量为主(500～1 000 m^3/s)，中大流量级减少较多(1 000～3 000 m^3/s)，尤其是大流量(大于3 000 m^3/s)几乎没有发生过。1 000 m^3/s以下小流量历时大大增加，小于1 000 m^3/s流量级历时占总历时比例由1970～1996年的44.7%～59.3%增加到近期的86%～95%，水量由1970～1996年的18.9%～29.2%增加到近期的66.9%～85.5%，沙量由13.9%～18.3%增加到近期的48.4%～72.2%。

表4-4 干流各站汛期各流量级历时、水量和沙量变化

站名	项目	时期	流量级(m^3/s)				
			<500	500～1 000	1 000～2 000	2 000～3 000	>3 000
头道拐	历时(d)	1969年以前	12.7	31.4	48.9	24.6	5.4
		1970～1996年	36.6	37.4	32.8	11.4	4.8
		1997～2006年	73.5	43	6.5	0	0
	水量(亿m^3)	1969年以前	3.28	20.65	62.38	50.91	17.81
		1970～1996年	8.63	23.86	38.96	24.05	14.57
		1997～2006年	15.05	25.58	6.5	0	0
	沙量(亿t)	1969年以前	0.006	0.118	0.609	0.521	0.136
		1970～1996年	0.014	0.090	0.262	0.211	0.11
		1997～2006年	0.028	0.099	0.039	0	0

续表 4-4

站名	项目	时期	流量级(m^3/s)				
			<500	500 ~ 1 000	1 000 ~ 2 000	2 000 ~ 3 000	>3 000
府谷	历时(d)	1969 年以前	9.38	26.30	52.44	27.69	7.19
		1970 ~ 1996 年	33.96	37.85	35.44	10.19	5.56
		1997 ~ 2006 年	79.8	37.5	5.6	0.1	0
	水量(亿 m^3)	1969 年以前	2.46	17.44	67.65	57.17	22.78
		1970 ~ 1996 年	8.48	24.26	42.46	21.08	16.78
		1997 ~ 2006 年	17.32	22.87	5.57	0.18	0
	沙量(亿 t)	1969 年以前	0.03	0.26	1.12	1.26	0.56
		1970 ~ 1996 年	0.06	0.21	0.57	0.38	0.3
		1997 ~ 2006 年	0.05	0.05	0.02	0.04	0
吴堡	历时(d)	1969 年以前	8.3	21.7	53.8	30.8	8.4
		1970 ~ 1996 年	31.0	35.5	38.6	11.5	6.4
		1997 ~ 2006 年	71.7	43.4	7.8	0.1	0
	水量(亿 m^3)	1969 年以前	2.32	14.67	67.96	64.23	28.63
		1970 ~ 1996 年	7.95	22.74	46.18	23.8	19.61
		1997 ~ 2006 年	16.14	26.17	8.05	0.25	0
	沙量(亿 t)	1969 年以前	0.05	0.3	1.58	1.83	1.92
		1970 ~ 1996 年	0.12	0.44	1.18	0.63	0.87
		1997 ~ 2006 年	0.14	0.3	0.16	0.06	0
龙门	历时(d)	1969 年以前	5.0	18.0	51.8	35.1	13.1
		1970 ~ 1996 年	25.1	34.4	42.4	14.0	7.1
		1997 ~ 2006 年	58.6	49.0	14.7	0.6	0.1
	水量(亿 m^3)	1969 年以前	1.41	12.13	66.23	73.03	44.68
		1970 ~ 1996 年	7.09	22.13	51.49	29.54	22.78
		1997 ~ 2006 年	14.98	30.49	15.61	1.19	0.28
	沙量(亿 t)	1969 年以前	0.05	0.42	2.09	2.68	4.83
		1970 ~ 1996 年	0.16	0.65	1.85	1.23	1.69
		1997 ~ 2006 年	0.29	0.67	0.65	0.24	0.08

1 000 ~ 2 000 m^3/s 流量级历时占总历时的比例由 29.8% ~38.5% 减少到 4.8% ~ 13.1%，2 000 ~ 3 000 m^3/s 流量级历时占总历时的比例由 7.6% ~10.8% 减少到 0 ~ 0.8%，大于 3 000 m^3/s 流量级历时占总历时的比例由 3.1% ~6% 减少为 0。

表 4-5 干流各站伏汛期各流量级历时、水量和沙量变化

站名	项目	时期	流量级(m^3/s)					
			<500	500 ~ 1 000	1 000 ~ 2 000	2 000 ~ 3 000	>3 000	合计
头道拐	历时(d)	1969 年以前	6.9	15.4	26.6	11.4	1.7	62
		1970 ~ 1996 年	18.9	17.9	18.4	4.9	1.9	62
		1997 ~ 2006 年	40.8	17.3	3.9	0	0	62
	水量(亿 m^3)	1969 年以前	1.9	9.23	34.06	24.76	5.82	75.76
		1970 ~ 1996 年	3.98	11.67	22.12	10.28	5.47	53.52
		1997 ~ 2006 年	7.08	10.5	3.93	0	0	21.51
	沙量(亿 t)	1969 年以前	0	0.06	0.35	0.26	0.04	0.71
		1970 ~ 1996 年	0.01	0.05	0.15	0.09	0.05	0.35
		1997 ~ 2006 年	0.02	0.05	0.02	0	0	0.09
府谷	历时(d)	1969 年以前	5.19	13.31	27.25	13.38	2.88	62
		1970 ~ 1996 年	17.78	17.3	19.78	4.56	2.59	62
		1997 ~ 2006 年	43	15.9	3	0.1	0	62
	水量(亿 m^3)	1969 年以前	1.31	8.91	34.92	27.53	8.66	81.3
		1970 ~ 1996 年	4.07	11.2	23.74	9.44	7.37	55.8
		1997 ~ 2006 年	8.39	9.93	2.92	0.18	0	21.4
	沙量(亿 t)	1969 年以前	0.03	0.18	0.74	0.84	0.36	2.14
		1970 ~ 1996 年	0.05	0.15	0.42	0.26	0.21	1.1
		1997 ~ 2006 年	0.05	0.04	0.02	0.04	0	0.15
吴堡	历时(d)	1969 年以前	5.28	10.28	28.11	14.11	4.22	62
		1970 ~ 1996 年	15.7	16.37	21.74	4.7	3.48	62
		1997 ~ 2006 年	38.1	19.1	4.7	0.1	0	62
	水量(亿 m^3)	1969 年以前	1.26	6.24	31.92	26.53	13.01	79
		1970 ~ 1996 年	3.43	11.05	26.78	9.8	10.19	61.2
		1997 ~ 2006 年	7.07	11.64	4.82	0.25	0	23.8
	沙量(亿 t)	1969 年以前	0.05	0.24	1.26	1.41	1.62	4.58
		1970 ~ 1996 年	0.08	0.32	0.88	0.43	0.75	2.47
		1997 ~ 2006 年	0.11	0.23	0.15	0.06	0	0.55

续表 4-5

站名	项目	时期	流量级(m^3/s)					
			<500	500~1 000	1 000~2 000	2 000~3 000	>3 000	合计
龙门	历时(d)	1969 年以前	3.4	8.8	26.35	15.7	7.75	62
		1970~1996 年	13.04	14.67	23.85	6.7	3.74	62
		1997~2006 年	32.8	20.5	8.1	0.5	0.1	62
	水量(亿 m^3)	1969 年以前	0.85	5.93	33.75	32.44	27	100
		1970~1996 年	3.27	9.57	29.15	14.05	11.95	68
		1997~2006 年	7.36	12.84	8.71	1.02	0.28	30.2
	沙量(亿 t)	1969 年以前	0.05	0.33	1.61	1.97	4.02	7.97
		1970~1996 年	0.13	0.5	1.44	0.98	1.5	4.54
		1997~2006 年	0.25	0.55	0.56	0.22	0.08	1.67

4.2.2.3 秋汛期

由表 4-6 可以看出,对于干流各站,近期秋汛期主要以小流量为主(500~1 000 m^3/s),大流量(大于 3 000 m^3/s)几乎没有发生过。1 000 m^3/s 以下小流量历时大大增加,小于 1 000 m^3/s 流量级历时占总历时的比例由 1970~1996 年的 17.8%~60.2% 增加到近期的 52.2%~95.7%,水量由 1970~1996 年的 25.2%~30.5% 增加到近期的 78.1%~89.9%,沙量由 1970~1996 年的 13.2%~19.5% 增加到近期的 62%~94.1%;1 000~2 000 m^3/s 流量级历时占总历时的比例由 23.5%~30.4% 减少到近期的 4.3%~10.8%;2 000~3 000 m^3/s 流量级占总历时的比例由 9.2%~12% 减少为近期的 0~0.2%,近期大于 3 000 m^3/s 流量级由 4.7%~5.5% 减少为 0。

表 4-6 干流各站秋汛期各流量级历时、水量和沙量变化

站名	项目	时期	流量级(m^3/s)					
			<500	500~1 000	1 000~2 000	2 000~3 000	>3 000	合计
头道拐	历时(d)	1969 年以前	5.79	16	22.29	13.21	3.71	61
		1970~1996 年	17.7	19.52	14.33	6.56	2.89	61
		1997~2006 年	32.7	25.7	2.6	0	0	61
	水量(亿 m^3)	1969 年以前	1.52	10.51	28.21	27.92	12.41	80.57
		1970~1996 年	4.66	12.19	16.84	13.76	9.1	56.55
		1997~2006 年	7.98	15.08	2.57	0	0	25.63
	沙量(亿 t)	1969 年以前	0.003	0.053	0.263	0.265	0.096	0.68
		1970~1996 年	0.006	0.038	0.11	0.12	0.063	0.337
		1997~2006 年	0.012	0.053	0.015	0	0	0.08

续表 4-6

站名	项目	时期	流量级(m^3/s)					
			<500	500 ~ 1 000	1 000 ~ 2 000	2 000 ~ 3 000	>3 000	合计
府谷	历时(d)	1969 年以前	4.19	13	25.19	14.31	4.31	61
		1970 ~ 1996 年	16.19	20.56	15.67	5.63	2.96	61
		1997 ~ 2006 年	36.8	21.6	2.6	0	0	61
	水量(亿 m^3)	1969 年以前	1.15	8.53	32.73	29.64	14.12	86.17
		1970 ~ 1996 年	4.4	13.07	18.71	11.63	9.41	57.22
		1997 ~ 2006 年	8.92	12.95	2.64	0	0	24.51
	沙量(亿 t)	1969 年以前	0.01	0.09	0.38	0.42	0.2	1.10
		1970 ~ 1996 年	0.01	0.06	0.15	0.12	0.09	0.43
		1997 ~ 2006 年	0	0	0	0	0	0.01
吴堡	历时(d)	1969 年以前	3	11.5	25.67	16.67	4.17	61
		1970 ~ 1996 年	15.26	19.07	16.89	6.81	2.96	61
		1997 ~ 2006 年	33.6	24.3	3.1	0	0	61
	水量(亿 m^3)	1969 年以前	0.92	7.74	32.49	34.75	14.18	90.08
		1970 ~ 1996 年	4.32	11.97	19.98	14.02	9.33	59.62
		1997 ~ 2006 年	9.07	14.52	3.23	0	0	26.82
	沙量(亿 t)	1969 年以前	0.01	0.09	0.49	0.62	0.51	1.72
		1970 ~ 1996 年	0.03	0.12	0.3	0.2	0.12	0.77
		1997 ~ 2006 年	0.03	0.06	0.01	0	0	0.11
龙门	历时(d)	1969 年以前	1.6	9.25	25.45	19.35	5.35	61
		1970 ~ 1996 年	12.07	19.74	18.52	7.3	3.37	61
		1997 ~ 2006 年	25.8	28.5	6.6	0.1	0	61
	水量(亿 m^3)	1969 年以前	0.56	6.2	32.48	40.59	17.68	97.51
		1970 ~ 1996 年	3.82	12.56	22.33	15.5	10.83	65.04
		1997 ~ 2006 年	7.62	17.65	6.91	0.17	0	32.35
	沙量(亿 t)	1969 年以前	0.01	0.09	0.47	0.71	0.81	2.09
		1970 ~ 1996 年	0.03	0.14	0.41	0.26	0.19	1.03
		1997 ~ 2006 年	0.04	0.13	0.08	0.02	0	0.27

4.2.3　洪水特性

4.2.3.1　不同时段最大洪峰流量的变化

从图4-6上可以明显看出,近期最大洪峰流量除府谷站有增大外,其他各站是明显减少的。头道拐、府谷、吴堡、龙门各站最大洪峰流量分别为3 350 m^3/s、12 800 m^3/s、9 520 m^3/s、7 340 m^3/s,比1970~1996年最大洪峰流量5 150 m^3/s、11 400 m^3/s、24 000 m^3/s、14 500 m^3/s,头道拐站、吴堡、龙门3站分别减少1 800 m^3/s、14 480 m^3/s、7 160 m^3/s,府谷站最大洪峰流量增加1 400 m^3/s。与比1969年以前最大洪峰流量5 420 m^3/s、7 770 m^3/s、19 500 m^3/s、21 000 m^3/s相比,头道拐、吴堡、龙门各站分别减少2 070 m^3/s、9 980 m^3/s、13 660 m^3/s,而府谷站最大洪峰流量增加5 030 m^3/s。

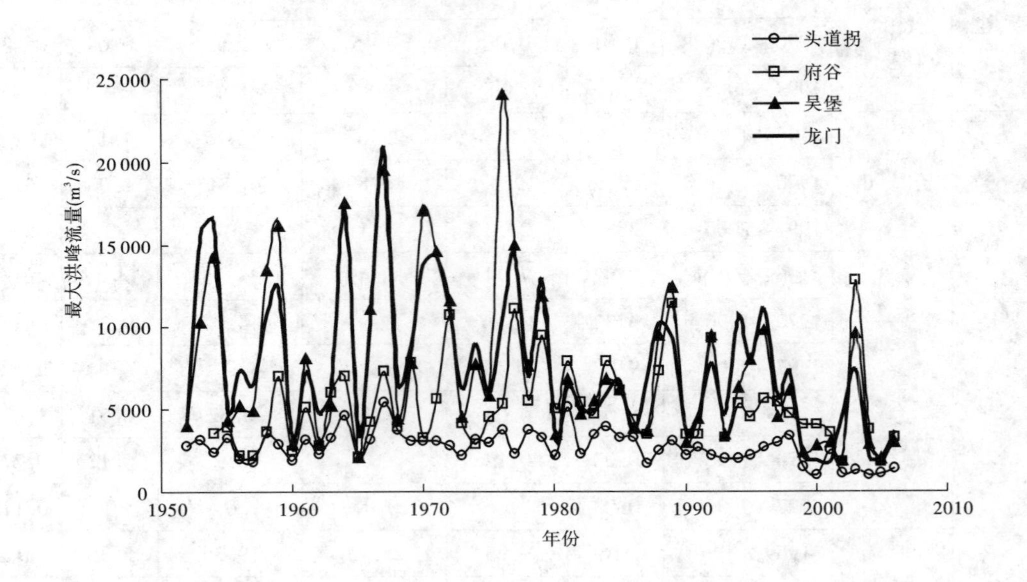

图4-6　中游干流各站历年最大洪峰流量过程

4.2.3.2　不同时段洪水场次的统计及对比

以实测洪水资料为基础,把各站洪峰流量超过1 000 m^3/s的径流过程,作为洪水发生的场次进行统计,表4-7为典型水文站洪峰流量统计情况,可以看出,20世纪70年代以前,洪水发生频次比较频繁,而近期洪水发生概率明显降低,与1970~1996年相比,年均洪峰场次明显减少,尤其是大于2 000 m^3/s的洪水场次。如府谷站,大于1 000 m^3/s的洪水由1970~1996年年均4.9次减少到近期的2.0次,其中大于2 000 m^3/s的洪水年均2.7次减少到近期的0.5次,大于3 000 m^3/s的洪水年均1.8次减少到近期的0.2次。可见洪水场次明显减小,尤其是大于3 000 m^3/s洪水场次的减少。

表 4-7　干流典型站不同洪峰流量级统计

站名	时段	流量级(m^3/s)次数			最大洪峰	
		>1 000	>2 000	>3 000	流量(m^3/s)	出现年份
头道拐	1956～1969年	3.6	1.9	0.6	5 310	1967
	1970～1996年	3.2	1.1	0.4	5 150	1981
	1997～2006年	1.1	0	0	1 460	1999
府谷	1954～1969年	5.8	3.4	1.6	7 770	1969
	1970～1996年	4.9	2.7	1.8	11 500	1989
	1997～2006年	2.0	0.5	0.2	12 800	2003
吴堡	1954～1969年	5.8	4.0	2.6	19 500	1967
	1970～1996年	5.5	3.0	2.1	24 000	1976
	1997～2006年	2.1	0.6	0.3	9 520	2003

4.2.3.3　不同时段平均场次洪水特征的比较

从表4-8可以明显看出，近期洪水期水沙量与1970～1996年相比水量明显减少；由于近期大洪水场次较少，洪峰期平均流量较低，头道拐站、吴堡站近期平均来沙系数明显增大；峰型系数各站基本上都增大。如吴堡站，洪水期平均洪量、平均沙量由1970～1996年的17.9亿m^3、0.53亿t分别减少到近期的9.6亿m^3、0.19亿t。平均来沙系数由0.023 0 kg·s/m^6增加到近期的0.026 0 kg·s/m^6，说明洪水期水沙搭配更不协调，峰型系数由2.81增大到3.40，峰更趋尖瘦。

表 4-8　干流典型站洪水特征值统计

水文站	时段	平均洪量(亿m^3)	平均沙量(亿t)	平均含沙量(kg/m^3)	平均来沙系数($kg·s/m^6$)	峰型系数
头道拐	1956～1969年	39.0	0.36	9.28	0.005 9	1.38
	1970～1996年	29.3	0.20	6.91	0.005 4	1.62
	1997～2006年	13.8	0.08	5.50	0.007 9	1.96
府谷	1954～1969年	27.4	0.54	19.87	0.012 2	1.71
	1970～1996年	19.8	0.30	15.02	0.012 0	2.83
	1997～2006年	11.1	0.06	5.63	0.008 7	4.03
吴堡	1954～1969年	26.3	1.04	39.65	0.023 2	2.41
	1970～1996年	17.9	0.53	29.56	0.023 0	2.81
	1997～2006年	9.6	0.19	19.56	0.026 0	3.40

此外,从表4-9也可以看出,近期洪水场次及水沙量都明显减少,并且主要集中在大于3 000 m^3/s的大洪水量级的减少。如吴堡站,大于3 000 m^3/s洪水的水沙量由1970～1996年的25.7亿m^3、0.98亿t分别减少到近期的6.0亿m^3、0.65亿t。

表4-9　各站不同流量级洪水特征值统计

水文站		洪水场次		平均洪量（亿m^3）		平均沙量（亿t）	
		1970～1996年	1997～2006年	1970～1996年	1997～2006年	1970～1996年	1997～2006年
头道拐	$Q_m>1\ 000\ m^3/s$	3.2	1.1	29.3	13.8	0.20	0.08
	$Q_m>3\ 000\ m^3/s$	0.4	0	79.5		0.61	
府谷	$Q_m>1\ 000\ m^3/s$	4.9	2.0	19.7	11.1	0.29	0.06
	$Q_m>3\ 000\ m^3/s$	1.8	0.2	28.5	8.8	0.55	0.26
吴堡	$Q_m>1\ 000\ m^3/s$	5.5	2.1	17.9	9.6	0.53	0.19
	$Q_m>3\ 000\ m^3/s$	2.1	0.3	25.7	6.0	0.98	0.65
水文站		平均含沙量（kg/m^3）		平均来沙系数（$kg\cdot s/m^6$）		峰型系数	
		1970～1996年	1997～2006年	1970～1996年	1997～2006年	1970～1996年	1997～2006年
头道拐	$Q_m>1\ 000\ m^3/s$	6.9	5.5	0.005 4	0.007 9	1.62	1.96
	$Q_m>3\ 000\ m^3/s$	7.7		0.003 1		1.45	
府谷	$Q_m>1\ 000\ m^3/s$	14.9	5.6	0.012 0	0.008 7	2.81	4.03
	$Q_m>3\ 000\ m^3/s$	19.2	29.5	0.011 6	0.050 4	4.21	12.48
吴堡	$Q_m>1\ 000\ m^3/s$	29.6	19.6	0.023 0	0.026 0	2.81	3.40
	$Q_m>3\ 000\ m^3/s$	38.1	107.6	0.023 7	0.124 8	4.56	8.22

4.2.4　汛期悬沙组成变化

4.2.4.1　不同时期分组沙量的变化

在干流汛期沙量急剧减少的情况下,各分组泥沙也相应变化。由表4-10各时期汛期分组沙可见,头道拐、府谷、吴堡3站的沙量,细泥沙($d<0.025$ mm)、中泥沙(0.025 mm$<d<0.05$ mm)、粗泥沙($d>0.05$ mm)和特粗沙($d>0.1$ mm)基本上都是减少的。1997～2005年头道拐站各分组沙量分别为0.11亿t、0.02亿t、0.018亿t、0.004亿t,减少幅度在74%～87%。府谷站细、中、粗、特粗沙年均沙量分别为0.102亿t、0.026亿t、0.032亿t、0.013亿t，比1970～1996年减少87%～92%；吴堡站各分组沙年均沙量分别为0.359亿t、0.139亿t、0.174亿t、0.059亿t，减幅在76%～81%；从中游各站分组沙的减幅来看，中、粗泥沙都减少得比较多，减幅范围都在81%～92%，府谷站中、粗泥沙减幅最大，达到92%；细泥沙的减幅范围在74%～87%，府谷站细沙减少最多。

表4-10　黄河中游干流各站不同时期汛期各分组沙量

站名	时期	沙量(亿t)					占全沙比例(%)				d_{50} (mm)
		全沙	细泥沙	中泥沙	粗泥沙	特粗沙	细泥沙	中泥沙	粗泥沙	特粗沙	
头道拐	1960～1969年	1.612	0.996	0.384	0.232	0.035	62	24	14	2	0.017
	1970～1996年	0.697	0.423	0.150	0.124	0.028	61	21	18	4	0.016 5
	1997～2005年	0.148	0.110	0.020	0.018	0.004	75	13	12	3	0.008
	1970～1986年	1.179	0.717	0.272	0.190	0.037	61	23	16	3	0.017
	1987～1996年	0.315	0.204	0.054	0.057	0.011	65	17	18	3	0.012
府谷	1966～1969年	4.110	1.925	0.912	1.273	0.409	47	22	31	10	0.028
	1970～1996年	1.521	0.784	0.328	0.410	0.135	51	22	27	9	0.023
	1997～2005年	0.161	0.102	0.026	0.032	0.013	63	16	20	8	0.014
	1966～1986年	2.296	1.121	0.513	0.662	0.218	49	22	29	9	0.026
	1987～1996年	0.930	0.531	0.171	0.227	0.070	57	19	24	8	0.018
吴堡	1960～1969年	6.181	2.845	1.407	1.929	0.751	46	23	31	12	0.029
	1970～1996年	3.226	1.601	0.728	0.897	0.241	50	22	28	7	0.025
	1997～2005年	0.672	0.359	0.139	0.174	0.059	53	21	26	9	0.022
	1960～1986年	4.592	2.175	1.036	1.381	0.473	47	23	30	10	0.027
	1987～1996年	2.492	1.293	0.576	0.623	0.124	52	23	25	5	0.023

从各站分组沙占全沙的比例可以看出，各站泥沙组成发生变化主要是由细泥沙比例增加较多，中泥沙、粗泥沙比例减少较多引起的。如：府谷站，细泥沙占全沙的比例由1970～1996年的52%增加到1997～2005年的63%，增加了11个百分点。中泥沙由22%减少到16%，减少了6个百分点；粗泥沙由27%减少到20%，减少了7个百分点。

4.2.4.2　中数粒径 d_{50} 变化

中数粒径 d_{50} 是大于和小于某粒径的沙重正好相等的粒径，它是在一定程度上反映泥沙粗细的特征值。从表4-10各时期汛期 d_{50} 平均值的变化可以看出，头道拐、府谷、吴堡各站都是明显变小的，头道拐站从1970～1996年的0.016 5减小到1997～2005年的0.008，减少0.008 5 mm。府谷站由1970～1996年的0.023 mm减少到1997～2005年0.014 mm，减少约0.009 mm；吴堡站由1970～1996年的0.025 mm减少到1997～2005年的0.022 mm，减少约0.003 mm。

从图4-7历年7、8月 d_{50} 过程可以看出，近期与1970～1996年相比，头道拐、府谷、吴堡各站 d_{50} 的变化除个别年份增大外，基本上都是呈减小的趋势。

4.2.4.3 相同来沙条件下泥沙组成变化

以上从多年平均的角度对各时期分组沙的变化趋势进行了分析。前人多年的研究成果表明，黄河泥沙组成随来沙量的大小而变化。

点绘府谷、吴堡两站长系列各年分组沙与全沙的关系，见图4-8、图4-9。两个站存在普遍的规律：①各分组沙量与全沙都成正相关关系，全沙量增大则各分组沙量也增大；②各分组沙中，细泥沙、中泥沙与全沙的关系很好，点群分布比较集中，点群带比较窄；而粗泥沙与全沙的关系较散乱，尤其是在沙量较大时，粗泥沙变化幅度很大，这反映了水流挟沙的规律，粗泥沙起动条件、输移条件比较复杂，因而输沙量不稳定。

4.2.5 非汛期悬沙组成变化

4.2.5.1 不同时期分组沙量的变化

在干流汛期沙量急剧减少的情况下，非汛期各分组泥沙也相应变化。由表4-11各时期非汛期分组沙可见，头道拐、府谷、吴堡3站的沙量，细泥沙（$d<0.025$ mm）、中泥沙（0.025 mm $<d<$ 0.05 mm）、粗泥沙（$d>0.05$ mm）和特粗沙（$d>0.1$ mm）基本上都是减少的。

1997～2005年头道拐站各分组沙量分别为0.090亿t、0.025亿t、0.025亿t、0.007亿t，减少幅度在26%～60%。府谷站细、中、粗、特粗沙1997～2005年年均分别为0.057亿t、0.021亿t、0.021亿t、0.005亿t，减少范围在63%～90%。头道拐、府谷两站都是特粗沙减少最多，其次减少较多的是粗泥沙。吴堡站1997～2005年各分组沙分别为0.105亿t、0.057亿t、0.206亿t、0.101亿t，减少幅度在26%～55%，细泥沙减少最多为55%，粗泥沙减少较少为35%，特粗沙减少最少为26%。

从非汛期各分组沙占全沙比例也可以看出，头道拐站、府谷站非汛期中数粒径变细，主要是由于粗泥沙占全沙比例减少，中泥沙变化不大，细泥沙比例增加。吴堡站非汛期粒径变粗，主要是由于粗泥沙比例增加较多，细泥沙比例减少，而中泥沙变化不大。

如：头道拐站1970～1996年，细泥沙、粗泥沙占全沙的比例分别为56%和23%，而1997～2006年，细泥沙占全沙的比例增加到64%，粗泥沙占全沙的比例减少到18%，中泥沙占全沙的比例变化不大，分别为20%和18%。府谷站细泥沙占全沙的比例由1970～1996年的43%增加到近期的57%，中泥沙比例变化不大，粗泥沙的比例由37%减少到近期的22%。

吴堡站非汛期粗泥沙的比例由1970～1996年的47%增加到近期的56%，增加9个百分点。细泥沙比例由35%减少到近期的28%，减少7个百分点。

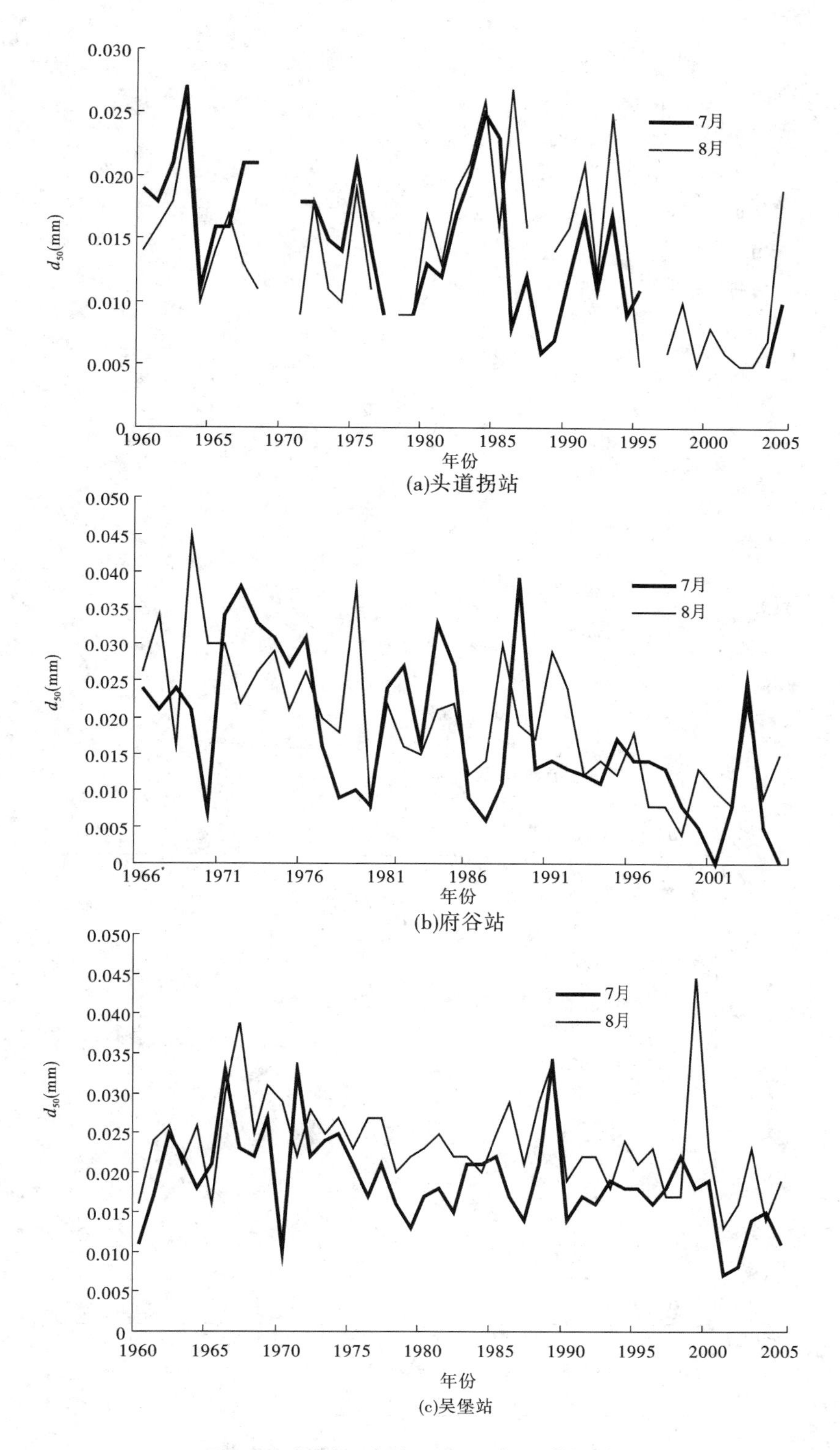

图 4-7 头道拐、府谷、吴堡 3 站 d_{50} 变化过程

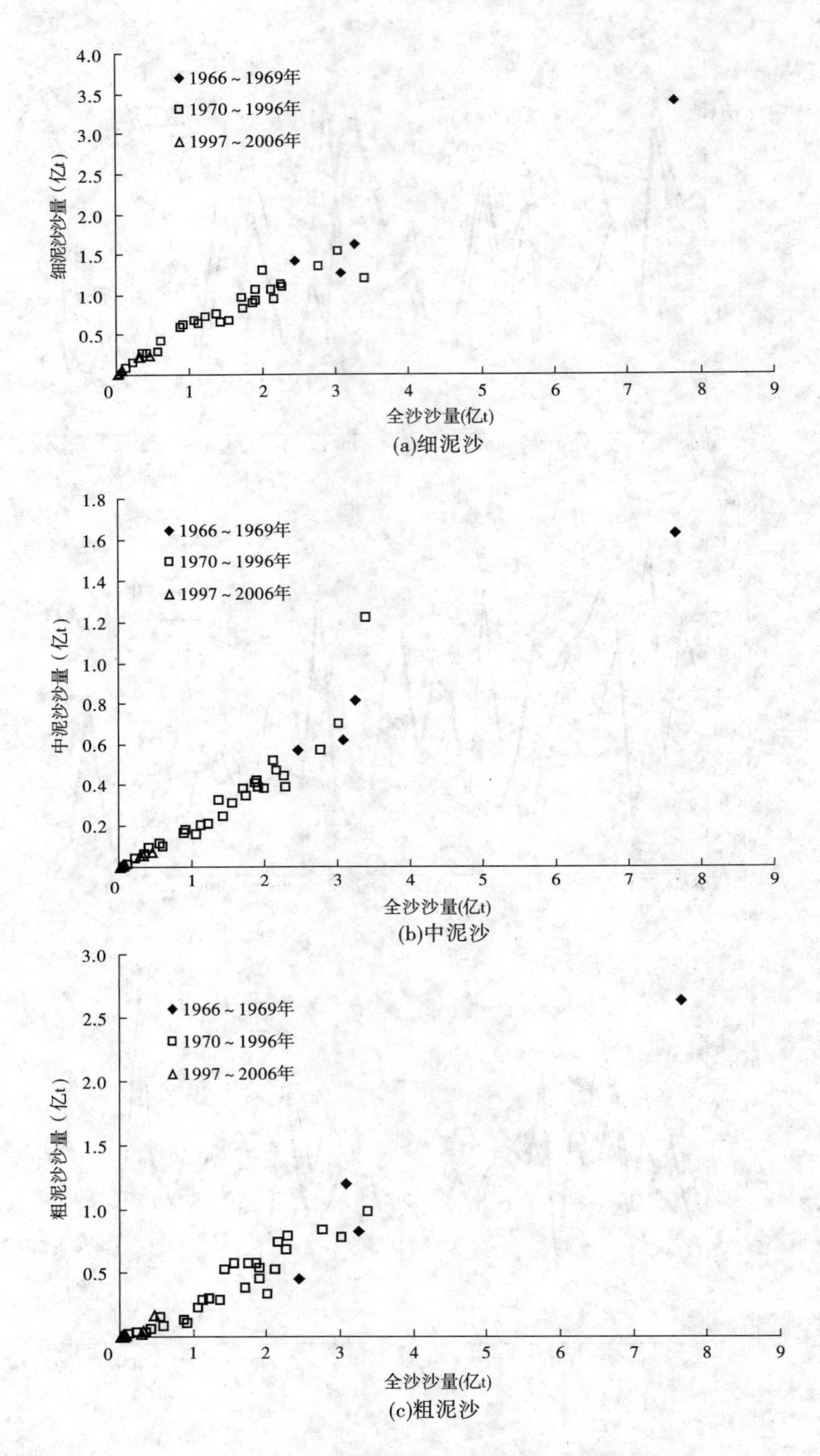

图 4-8　府谷站汛期各粒径泥沙与全沙的关系

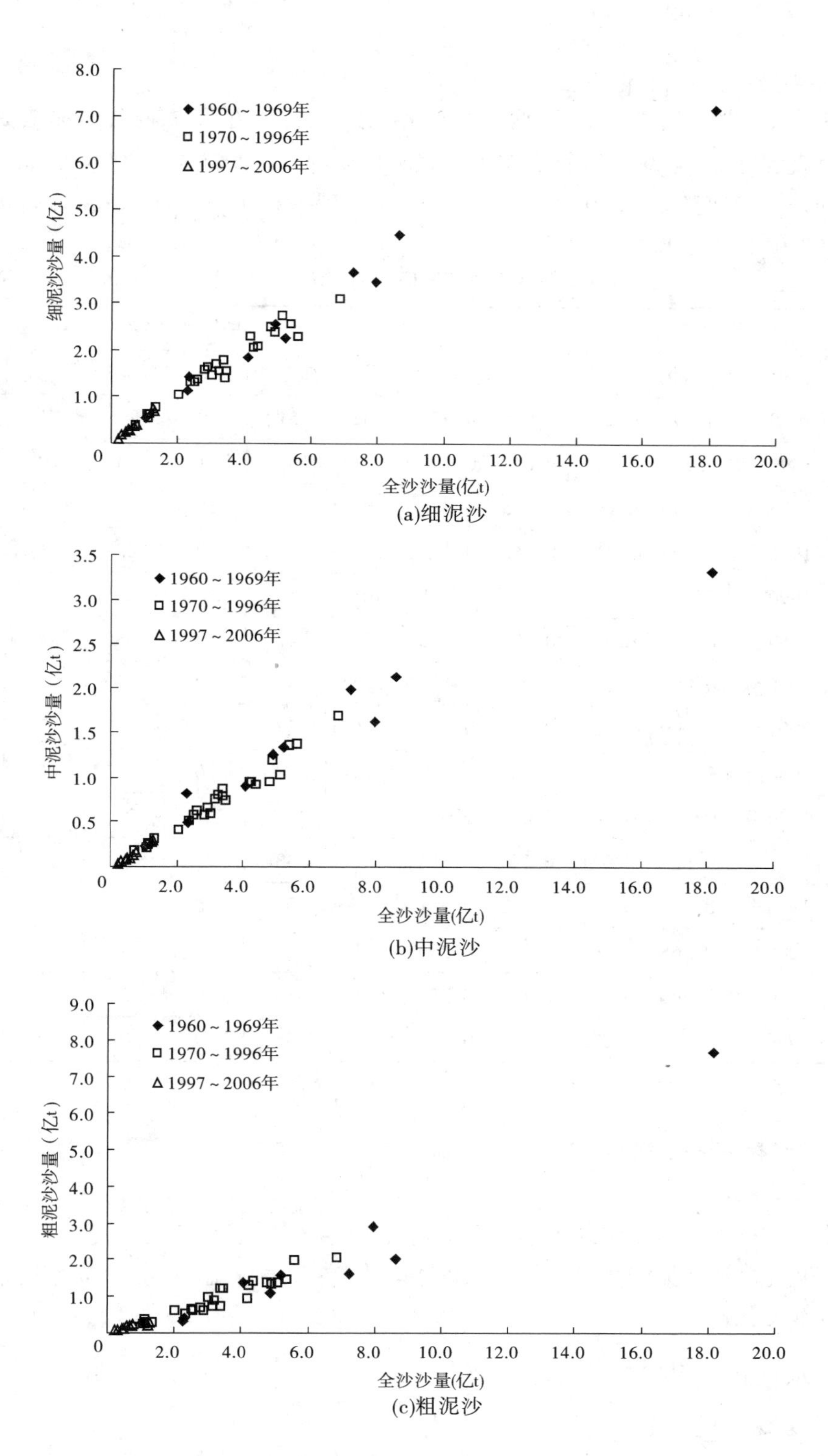

(a)细泥沙

(b)中泥沙

(c)粗泥沙

图 4-9　吴堡站汛期各粒径泥沙与全沙的关系

4.2.5.2 中数粒径 d_{50}变化

从表4-11各时期非汛期 d_{50}平均值的变化可以看出,头道拐站、府谷站都是明显变小的,头道拐站从1970~1996年的0.019 mm减少到1997~2005年的0.015 mm,减少约0.004 mm;府谷站变化最大,中数粒径由0.032 mm减少到0.018 mm,减少约0.014 mm;吴堡站中数粒径约由0.046 mm增大到0.057 mm,增加0.011 mm。

表4-11　黄河中游干流不同时期非汛期各分组沙量

站名	时期	沙量(亿t)					占全沙比例(%)				d_{50} (mm)
		全沙	细泥沙	中泥沙	粗泥沙	特粗沙	细泥沙	中泥沙	粗泥沙	特粗沙	
头道拐	1960~1969年	0.390	0.238	0.075	0.077	0.029	61	19	20	7	0.017
	1970~1996年	0.214	0.121	0.043	0.050	0.017	57	21	23	8	0.019
	1997~2005年	0.140	0.090	0.025	0.025	0.007	64	18	18	5	0.015
	1970~1986年	0.296	0.172	0.060	0.064	0.021	58	20	22	7	0.020
	1987~1996年	0.173	0.101	0.031	0.041	0.017	58	18	24	10	0.017 5
府谷	1966~1969年	0.551	0.261	0.108	0.182	0.079	47	20	33	14	0.028
	1970~1996年	0.359	0.155	0.073	0.131	0.051	43	20	37	14	0.032
	1997~2005年	0.099	0.057	0.021	0.021	0.005	57	21	22	5	0.018
	1966~1986年	0.438	0.182	0.087	0.169	0.076	41	20	39	17	0.035
	1987~1996年	0.268	0.141	0.056	0.071	0.011	52	21	27	4	0.023
吴堡	1960~1969年	0.858	0.371	0.174	0.313	0.168	43	21	36	20	0.032
	1970~1996年	0.672	0.233	0.122	0.317	0.136	35	18	47	20	0.046
	1997~2005年	0.368	0.105	0.057	0.206	0.101	28	16	56	27	0.057
	1960~1986年	0.746	0.283	0.140	0.323	0.161	38	19	43	22	0.040
	1987~1996年	0.656	0.235	0.126	0.295	0.099	36	19	45	15	0.043

4.3　支流水沙量变化

本次研究根据区间支流的大小及资料情况,主要分析了5条较大支流皇甫川、孤山川、窟野河、秃尾河及无定河的入黄控制站皇甫站、高石崖站、温家川站、高家川站和白家川站的水沙变化特点。

4.3.1　水沙量变化

4.3.1.1　年水沙量变化

近期,黄河中游支流主要水文站实测水沙量明显减少(见表4-12)。其中,皇甫川站、高石崖站、温家川站、高家川站、白家川站年均水量分别为0.51亿 m^3、0.22亿 m^3、2.13亿

m^3、2.29 亿 m^3、7.6 亿 m^3，沙量分别为 0.136 亿 t、0.034 亿 t、0.114 亿 t、0.046 亿 t、0.473 亿 t，较 1970 ~ 1996 年均值相比，各站水沙量均减少，水量分别减少 31.2% ~70.2%，高石崖站水量减少最多，高家川站水量减少最少。沙量减少 46.1% ~88.4%，温家川站沙量减少最多，白家川站沙量减少最少。可见，近期实测年均水沙量是减少的，并且沙量减少幅度大于水量减少幅度。

表 4-12　黄河中游支流不同时期水沙量

站名	时段	水量					沙量				
		年均值（亿 m^3）	最大值（亿 m^3）	最小值（亿 m^3）	变幅	C_v	年均值（亿 t）	最大值（亿 t）	最小值（亿 t）	变幅	C_v
皇甫川	1954 ~ 2005 年	1.44	5.08	0.11	46.2	0.774	0.452	1.711	0.014	122.2	0.91
	1969 年以前	2.07	5.08	0.41	12.4	0.661	0.607	1.711	0.052	32.9	0.82
	1970 ~ 1996 年	1.39	4.36	0.25	17.4	0.632	0.468	1.475	0.052	28.4	0.77
	1997 ~ 2006 年	0.51	1.03	0.11	9.4	0.658	0.136	0.291	0.014	20.8	0.72
高石崖	1954 ~ 2005 年	0.79	2.37	0.09	26.3	0.733	0.187	0.838	0.005	167.6	1.01
	1969 年以前	1.20	2.37	0.30	7.9	0.549	0.261	0.674	0.022	30.6	0.83
	1970 ~ 1996 年	0.73	2.04	0.26	7.8	0.586	0.194	0.838	0.026	32.2	0.92
	1997 ~ 2006 年	0.22	0.41	0.09	4.6	0.530	0.034	0.076	0.005	15.2	0.78
温家川	1954 ~ 2005 年	5.83	13.69	1.42	9.6	0.505	0.916	3.034	0.024	126.4	0.92
	1969 年以前	7.68	13.69	2.94	4.7	0.439	1.249	3.034	0.053	57.2	0.86
	1970 ~ 1996 年	5.94	10.35	2.68	3.9	0.319	0.983	2.881	0.132	21.8	0.69
	1997 ~ 2006 年	2.13	3.92	1.36	2.9	0.392	0.114	0.379	0.024	15.8	0.98
高家川	1956 ~ 2005 年	3.41	5.39	1.94	2.8	0.251	0.178	0.721	0.014	51.5	1.06
	1969 年以前	4.30	5.39	3.33	1.6	0.145	0.302	0.721	0.021	34.3	0.77
	1970 ~ 1996 年	3.32	4.85	2.61	1.9	0.166	0.162	0.606	0.033	18.4	0.96
	1997 ~ 2006 年	2.29	2.79	1.94	1.4	0.114	0.046	0.131	0.014	9.4	0.9
白家川	1956 ~ 2005 年	11.59	20.11	6.09	3.3	0.288	0.677	4.406	0.120	36.7	0.9
	1969 年以前	15.38	20.11	11.32	1.8	0.174	2.183	4.406	0.426	10.3	0.57
	1970 ~ 1996 年	10.91	15.76	7.18	2.2	0.175 9	1.001	2.696	0.240	11.2	0.78
	1997 ~ 2006 年	7.60	9.03	6.09	1.5	0.131	0.473	0.958	0.120	8.0	0.6

4.3.1.2　年际间水沙量变化

1）近期年最大水沙量减少，且沙量减幅大于水量减幅

近期中游支流各站最大水沙量与 1970 ~ 1996 年相比（见表 4-12），年最大水沙量均减少，水量减少范围为 42.5% ~83.8%，白家川站减少最多，高家川站减少最少。沙量减少范围在 64.5% ~90.9%，高石崖站减少最多，白家川站减少最少。

2）近期年际水沙量变幅减小

中游支流各站年实测水量过程各年虽有起伏，但总的趋势是减少的。实测水量年际间变化幅度大大降低，近期支流各站的水沙量变幅（时期内最大水量与最小水量比值）较1970～1996年相比，水量变幅是减少的，减少22.5%～80.9%，白家川站减少最多，高家川站减少最少。此外，从图4-10～图4-14上游4站年水沙过程也可以明显看出，近期各站年水沙量是逐渐减小的。

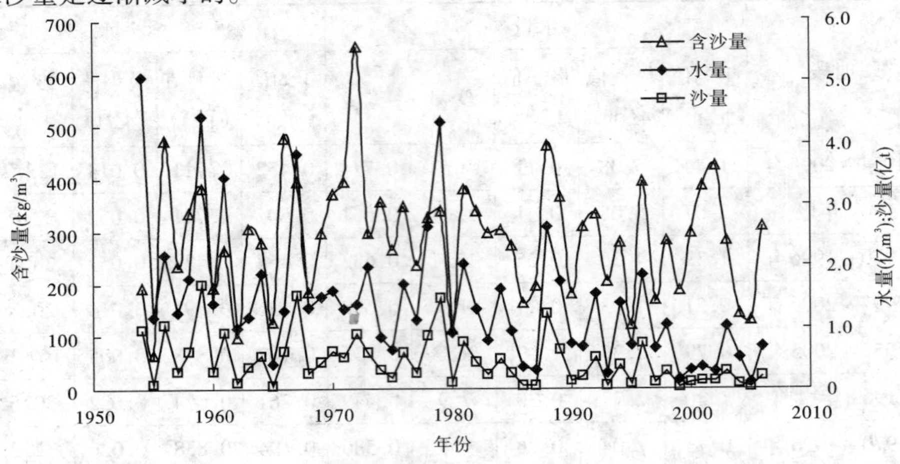

图4-10 皇甫川皇甫站不同年年水沙过程

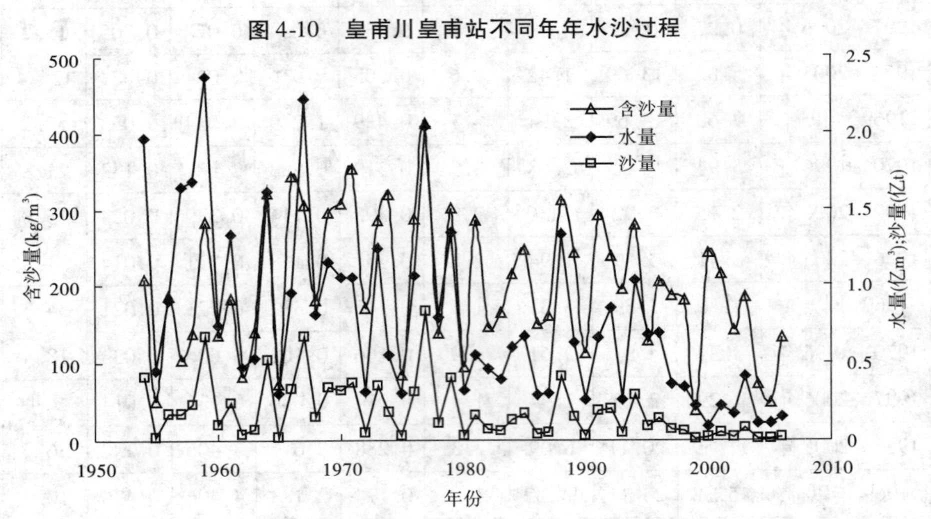

图4-11 孤山川高石崖站年水沙过程

近期皇甫川站最大水沙量分别为1.03亿m^3（1998年）和0.11亿t（2005年），比1970～1996年最大水沙量4.36亿m^3（1979年）和1.475亿t（1976年）分别减少76.4%和92.5%，比1969年以前最大水沙量5.08亿m^3（1954年）和1.711亿t（1959年）分别减少79.7%和93.6%。

近期高石崖站最大水沙量分别为0.413亿m^3（2003年）和0.076亿t（2003年），比1970～1996年最大水沙量2.04亿m^3（1977年）和0.838亿t（1977年）分别减少79.8%和90.9%，比1969年以前最大水沙量2.374亿m^3（1959年）和0.674亿t（1967年）分别

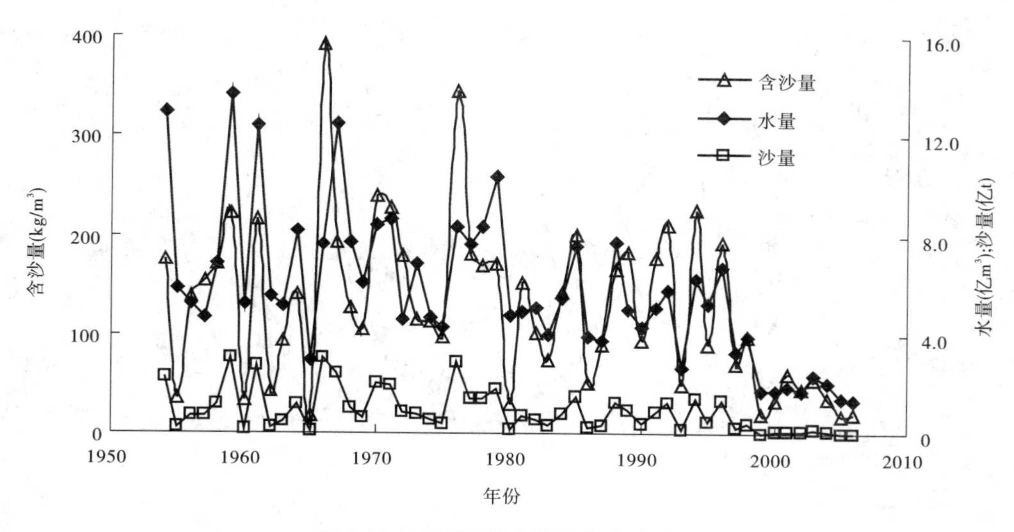

图 4-12　窟野河温家川站年水沙过程

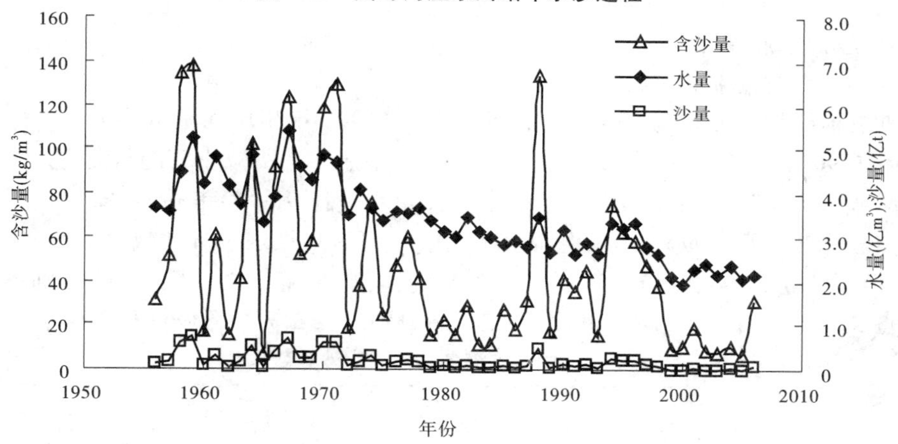

图 4-13　秃尾河高家川站年水沙过程

减少 82.6% 和 88.7%。

近期温家川站最大水沙量分别为 3.923 亿 m^3(1998 年)和 0.379 亿 t(1998 年),比 1970～1996 年最大水沙量 10.346 亿 m^3(1979 年)和 2.881 亿 t(1976 年)分别减少 62% 和 86.8%,比 1969 年以前最大水沙量 13.689 亿 m^3(1959 年)和 3.034 亿 t(1959 年)分别减少 71% 和 87.5%。

近期高家川站最大水沙量分别为 2.79 亿 m^3(1997 年)和 0.131 亿 t(1997),比 1970～1996年最大水沙量 4.85 亿 m^3(1970 年)和 0.606 亿 t(1971 年)分别减少 42.5% 和 78.4%,比 1969 年以前最大水沙量 5.39 亿 m^3(1967 年)和 0.721 亿 t(1959 年)分别减少 48% 和 81.8%。

近期白家川站最大水沙量分别为 9.03 亿 m^3(2002 年)和 0.958 亿 t(2001 年),比 1970～1996 年最大水沙量 15.76 亿 m^3(1970 年)和 2.696 亿 t(1977 年)分别减少 42.7% 和 64.5%,比 1969 年以前最大水沙量 20.11 亿 m^3(1964 年)和 4.406 亿 t(1959 年)分别减少 55.1% 和 78.3%。

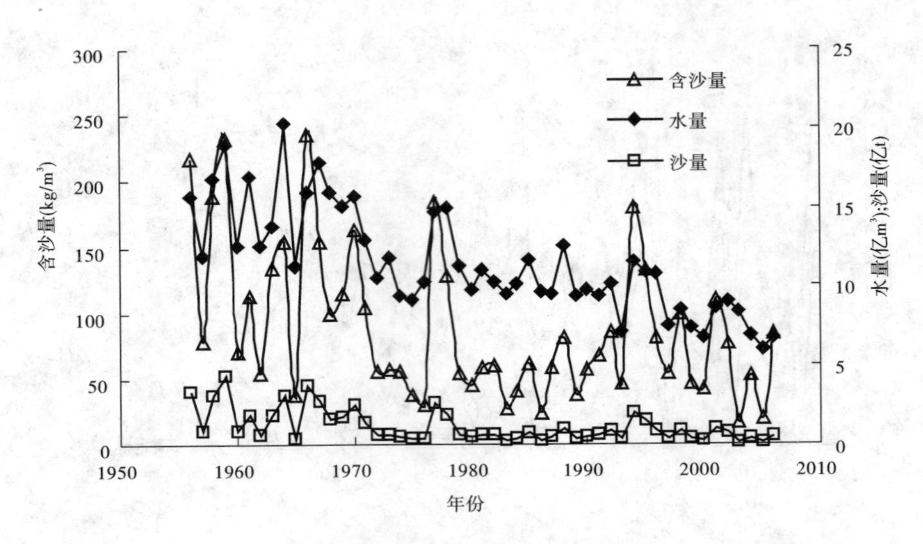

图 4-14　无定河白家川站年水沙过程

4.3.1.3　年内水沙变化

1）汛期水沙变化特点

近期支流汛期水沙量与1969年以前和1970～1996年相比均是减少的（见表4-13），与1970～1996年相比，汛期水沙占全年的比例大部分站有所减小，并且汛期水量占全年比例减少幅度大于沙量减少幅度。汛期水量占年水量比例除皇甫站、白家川站增加8.5个百分点和2.8个百分点外，高石崖站、温家川站、高家川站水量分别减少2.2个百分点、13.3个百分点、4.5个百分点。沙量占年沙量的比例，皇甫川站、高石崖站分别增加4.3个百分点和3.5个百分点，温家川站、高家川站分别减少2.7个百分点和0.5个百分点。

表 4-13　中游支流各站年内水沙量变化

站名	时段	水量(亿 m³)			沙量(亿 t)			水量占年比例(%)		沙量占年比例(%)	
		汛期	非汛期	年	汛期	非汛期	年	汛期	非汛期	汛期	非汛期
皇甫川	1954～2005年	1.16	0.28	1.44	0.419	0.033	0.452	80.4	19.6	92.8	7.2
	1969年以前	1.56	0.51	2.07	0.551	0.055	0.606	75.4	24.6	90.9	9.1
	1970～1996年	1.16	0.23	1.39	0.439	0.029	0.468	83.6	16.4	93.8	6.2
	1997～2006年	0.472	0.04	0.512	0.134	0.003	0.137	92.1	7.9	98.1	1.9
高石崖	1954～2005年	0.57	0.21	0.78	0.178	0.01	0.188	72.9	27.1	94.8	5.2
	1969年以前	0.82	0.38	1.2	0.249	0.012	0.261	68.6	31.4	95.3	4.7
	1970～1996年	0.56	0.17	0.73	0.183	0.011	0.194	76.9	23.1	94.3	5.7
	1997～2006年	0.16	0.06	0.22	0.033	0.001	0.034	74.7	25.3	97.8	2.2

续表 4-13

站名	时段	水量(亿 m³)			沙量(亿 t)			水量占年比例(%)		沙量占年比例(%)	
		汛期	非汛期	年	汛期	非汛期	年	汛期	非汛期	汛期	非汛期
温家川	1954~2005 年	3.56	2.27	5.83	0.872	0.044	0.916	61.0	39.0	95.2	4.8
	1969 年以前	4.8	2.89	7.69	1.182	0.067	1.249	62.4	37.6	94.6	5.4
	1970~1996 年	3.65	2.28	5.93	0.941	0.042	0.983	61.5	38.5	95.7	4.3
	1997~2006 年	1.03	1.1	2.13	0.106	0.008	0.114	48.2	51.8	93.0	7.0
高家川	1956~2005 年	1.4	2.01	3.41	0.162	0.015	0.177	41.0	59	91.4	8.6
	1969 年以前	1.92	2.38	4.3	0.281	0.021	0.302	44.7	55.3	92.9	7.1
	1970~1996 年	1.33	1.99	3.32	0.146	0.016	0.162	40.0	60.0	90.1	9.9
	1997~2006 年	0.81	1.48	2.29	0.041	0.005	0.046	35.5	64.5	89.6	10.4
白家川	1956~2005 年	5.13	6.5	11.63	1.034	0.134	1.168	41.4	56.0	88.5	11.5
	1969 年以前	7.52	7.87	15.39	1.939	0.244	2.183	48.9	51.1	88.8	11.2
	1970~1996 年	4.6	6.3	10.9	0.775	0.102	0.877	42.2	57.8	88.4	11.6
	1997~2006 年	3.03	4.57	7.6	0.418	0.055	0.473	39.9	60.1	88.4	11.6

2)非汛期水沙变化特点

非汛期水沙量占年水沙量的比例,近期与 1970~1996 年相比,除皇甫站水量增加 6.7%外,其他各站水量占年水量的比例均减少,减少范围在 2.1%~15.2%,温家川站减少最多,白家川站减少最少。除皇甫川站、高石崖站的沙量增加 7%和 3.1%外,其他各站水量减少 0.2%~2.3%,高家川站减少最多,白家川站减少最少。

4.3.1.4 伏汛期、秋汛期水沙量变化

近期支流各站伏汛期水沙量及占年水沙量比例变化不同(见表 4-14),与 1970~1996 年相比,皇甫站、高石崖站水量占年水量的比例分别增加 19.5 个百分点和 2.8 个百分点,沙量占年沙量的比例分别增加 7.1 个百分点和 5.3 个百分点;温家川、高家川、白家川 3 站水沙量占年水沙量的比例均是减少的,水量分别减少 11.1 个百分点、5.4 个百分点、0.5 个百分点,沙量占年沙量比例分别减少 2.6 个百分点和 0.4 个百分点。高家川站沙量占年沙量的比例增加 2.4 个百分点。

近期秋汛期水沙量也是减少的(见表 4-14),占年水沙量的比例与 1970~1996 年相比,皇甫、高石崖、高家川 3 站水沙量占年水沙量的比例均减少,水量分别减少 11 个百分点、5 个百分点和 2.2 个百分点。沙量分别减少 2.7 个百分点、1.8 个百分点和 0.1 个百分点。高家川站、白家川站水量占年水量比例分别增加 0.9 个百分点和 3.4 个百分点,沙量占年沙量比例高家川站减少 2.8 个百分点,白家川站增加 0.5 个百分点。

表 4-14　中游支流伏汛期、秋汛期水沙量变化

站名	时段	伏汛期				秋汛期			
		水量（亿 m^3）	沙量（亿 t）	占年比例（%）		水量（亿 m^3）	沙量（亿 t）	占年比例（%）	
				水量	沙量			水量	沙量
皇甫川	1954～2005 年	0.96	0.389	66.3	86.2	0.2	0.03	14.1	6.6
	1969 年以前	1.19	0.477	57.3	78.6	0.37	0.074	18.1	12.3
	1970～1996 年	0.99	0.426	71.4	90.9	0.17	0.013	12.2	2.9
	1997～2006 年	0.466	0.134	90.9	98.0	0.006	0	1.2	0.1
高石崖	1954～2005 年	0.46	0.166	58.7	88.4	0.11	0.012	14.2	6.4
	1969 年以前	0.63	0.225	52.6	86.2	0.19	0.024	16	9.1
	1970～1996 年	0.47	0.174	63.7	89.8	0.1	0.009	13.2	4.5
	1997～2006 年	0.15	0.032	66.5	95.1	0.02	0.001	8.2	2.7
温家川	1954～2005 年	2.58	0.824	44.3	90.0	0.98	0.048	16.8	5.2
	1969 年以前	3.41	1.08	44.4	86.5	1.39	0.102	18	8.1
	1970～1996 年	2.69	0.91	45.4	92.6	0.96	0.031	16.1	3.1
	1997～2006 年	0.73	0.103	34.3	90.0	0.3	0.003	13.9	3
高家川	1956～2005 年	0.8	0.15	23.4	84.5	0.6	0.012	17.7	6.9
	1969 年以前	1.15	0.261	26.9	86.3	0.77	0.02	17.8	6.6
	1970～1996 年	0.75	0.134	22.6	82.7	0.58	0.012	17.4	7.4
	1997～2006 年	0.39	0.039	17.2	85.1	0.42	0.002	18.3	4.5
白家川	1956～2005 年	3.06	0.926	24.7	79.3	2.06	0.108	16.7	9.3
	1969 年以前	4.73	1.718	30.7	78.7	2.79	0.221	18.1	10.1
	1970～1996 年	2.68	0.697	21.6	79.5	1.91	0.078	15.4	8.8
	1997～2006 年	1.6	0.374	21.1	79.1	1.43	0.044	18.8	9.3

4.3.2　汛期水沙过程变化

近期汛期支流水量中大流量的天数越来越少，各站流量大于 500 m^3/s 的天数皇甫川、温家川、白家川 3 站分别为 0.10 d、0.20 d、0.30 d，高石崖站、高家川站流量大于 500 m^3/s 的天数为 0（见表 4-15～表 4-24）。

表 4-15　皇甫川皇甫站汛期各流量级历时、水量和沙量变化

项目	时期	流量级(m^3/s)									
		<1	1~50	50~100	100~150	150~200	200~300	300~400	400~500	>500	合计
历时(d)	1969 年以前	26.88	88.35	3.18	2.06	0.71	0.82	0.53	0.35	0.12	123
	1970~1996 年	54.44	62.89	2.93	1.08	0.37	0.63	0.22	0.11	0.33	123
	1997~2006 年	100.10	20.70	1.00	0.10	0.60	0.30	0.10	0	0.10	123
	1986 年以前	36.09	79.76	3.21	1.73	0.53	0.85	0.38	0.24	0.21	123
	1987~1996 年	70.00	48.80	2.40	0.50	0.40	0.20	0.20	0.10	0.40	123
水量(亿 m^3)	1969 年以前	0.012	0.562	0.186	0.220	0.104	0.178	0.152	0.137	0.082	1.633
	1970~1996 年	0.018	0.371	0.178	0.115	0.052	0.065	0.068	0.045	0.445	1.357
	1997~2006 年	0.008	0.154	0.062	0.010	0.091	0.062	0.029	0	0.058	0.474
	1986 年以前	0.015	0.489	0.192	0.186	0.077	0.180	0.114	0.092	0.302	1.647
	1987~1996 年	0.018	0.295	0.143	0.053	0.055	0.042	0.055	0.041	0.314	1.016
沙量(亿 t)	1969 年以前	0	0.072	0.082	0.100	0.037	0.044	0.064	0.049	0.019	0.467
	1970~1996 年	0.001	0.046	0.054	0.048	0.017	0.058	0.054	0.023	0.138	0.439
	1997~2006 年	0	0.023	0.022	0.001	0.038	0.024	0.006	0	0.020	0.134
	1986 年以前	0	0.062	0.072	0.085	0.024	0.064	0.065	0.038	0.063	0.473
	1987~1996 年	0.001	0.035	0.040	0.011	0.027	0.013	0.034	0.017	0.190	0.368

表 4-16　皇甫川皇甫站汛期各流量级历时、水量和沙量占总量的比例

（%）

项目	时期	各流量级(m^3/s)占总量的比例									
		<1	1~50	50~100	100~150	150~200	200~300	300~400	400~500	>500	合计
历时	1969 年以前	21.9	71.7	2.6	1.7	0.6	0.7	0.4	0.3	0.1	100
	1970~1996 年	44.2	51.1	2.4	0.9	0.3	0.5	0.2	0.1	0.3	100
	1997~2006 年	81.4	16.8	0.8	0.1	0.5	0.2	0.1	0	0.1	100
	1986 年以前	29.4	64.8	2.6	1.4	0.4	0.7	0.3	0.2	0.2	100
	1987~1996 年	56.9	39.7	2.0	0.4	0.3	0.2	0.2	0.1	0.3	100
水量	1969 年以前	0.7	34.4	11.4	13.5	6.4	10.9	9.3	8.4	5.0	100
	1970~1996 年	1.3	27.4	13.2	8.4	3.8	4.8	5.0	3.3	32.8	100
	1997~2006 年	1.6	32.6	13.1	2.1	19.2	13.1	6.0	0	12.3	100
	1986 年以前	0.9	29.7	11.7	11.3	4.7	10.9	6.9	5.6	18.3	100
	1987~1996 年	1.8	29.0	14.0	5.2	5.5	4.1	5.4	4.0	31.0	100
沙量	1969 年以前	0	15.5	17.5	21.4	7.8	9.4	13.7	10.6	4.1	100
	1970~1996 年	0.2	10.4	12.3	11.0	3.8	13.3	12.3	5.2	31.5	100
	1997~2006 年	0.1	17.3	16.1	1.1	28.6	17.7	4.4	0	14.7	100
	1986 年以前	0.1	13.1	15.2	17.9	5.0	13.6	13.7	8.0	13.4	100
	1987~1996 年	0.1	9.5	10.8	3.1	7.3	3.5	9.3	4.6	51.8	100

表 4-17　秃尾河高家川站汛期各流量级历时、水量和沙量变化

项目	时期	流量级(m^3/s)									
		<1	1~50	50~100	100~150	150~200	200~300	300~400	400~500	>500	合计
历时(d)	1969 年以前	4.13	115.00	2.27	0.87	0.33	0.20	0.13	0	0.07	123
	1970~1996 年	0	120.74	1.48	0.23	0.33	0.07	0.15	0	0	123
	1997~2006 年	1.30	120.80	0.70	0.20	0	0	0	0	0	123
	1986 年以前	1.94	118.30	1.66	0.50	0.25	0.13	0.19	0	0.03	123
	1987~1996 年	0	119.90	2.10	0.30	0.60	0.10	0	0	0	123
水量(亿 m^3)	1969 年以前	0	0.706	0.125	0.080	0.043	0.048	0.037	0	0.039	1.078
	1970~1996 年	0	0.537	0.088	0.022	0.042	0.014	0.046	0	0	0.749
	1997~2006 年	0.001	0.333	0.038	0.022	0	0	0	0	0	0.394
	1986 年以前	0	0.638	0.096	0.047	0.033	0.028	0.056	0	0.018	0.916
	1987~1996 年	0	0.468	0.118	0.030	0.074	0.020	0	0	0	0.710
沙量(亿 t)	1969 年以前	0	0.062	0.053	0.041	0.020	0.033	0.020	0	0.026	0.255
	1970~1996 年	0	0.035	0.034	0.009	0.026	0.011	0.033	0	0	0.148
	1997~2006 年	0	0.015	0.015	0.010	0	0	0	0	0	0.040
	1986 年以前	0	0.049	0.040	0.024	0.015	0.020	0.038	0	0.012	0.198
	1987~1996 年	0	0.033	0.044	0.009	0.050	0.016	0	0	0	0.152

表 4-18　秃尾河高家川站汛期各流量级历时、水量和沙量占总量比例

（%）

项目	时期	各流量级(m^3/s)占总量的比例									
		<1	1~50	50~100	100~150	150~200	200~300	300~400	400~500	>500	合计
历时	1969 年以前	3.4	93.4	1.8	0.7	0.3	0.2	0.1	0	0.1	100
	1970~1996 年	0	98.1	1.2	0.2	0.3	0.1	0.1	0	0	100
	1997~2006 年	1.1	98.1	0.6	0.2	0	0	0	0	0	100
	1986 年以前	1.6	96.2	1.3	0.4	0.2	0.1	0.2	0	0	100
	1987~1996 年	0	97.5	1.7	0.2	0.5	0.1	0	0	0	100
水量	1969 年以前	0	65.5	11.6	7.5	4.0	4.4	3.4	0	3.6	100
	1970~1996 年	0	71.6	11.8	3.0	5.7	1.9	6.1	0	0	100
	1997~2006 年	0.2	84.5	9.7	5.6	0	0	0	0	0	100
	1986 年以前	0	69.6	10.5	5.1	3.6	3.1	6.1	0	2.0	100
	1987~1996 年	0	65.8	16.7	4.2	10.4	2.9	0	0	0	100
沙量	1969 年以前	0	24.3	20.7	16.1	7.8	13.1	8.0	0	10.0	100
	1970~1996 年	0	23.8	23.0	6.1	17.1	7.6	22.4	0	0	100
	1997~2006 年	0	37.8	37.4	24.8	0	0	0	0	0	100
	1986 年以前	0	24.6	20.2	12.2	7.7	10.2	19.0	0	6.1	100
	1987~1996 年	0	21.8	29.0	5.6	33.0	10.6	0	0	0	100

表 4-19　孤山川高石崖站汛期各流量级历时、水量和沙量变化

项目	时期	流量级(m^3/s)									
		<1	1~50	50~100	100~150	150~200	200~300	300~400	400~500	>500	合计
历时(d)	1969 年以前	37.06	82.32	2.13	0.56	0.31	0.25	0.31	0.06	0	123
	1970~1996 年	65.93	54.89	1.11	0.52	0.15	0.19	0.04	0.11	0.07	123
	1997~2006 年	108.40	13.90	0.40	0.20	0	0.10	0	0	0	123
	1986 年以前	47.76	72.45	1.61	0.49	0.21	0.21	0.15	0.06	0.06	123
	1987~1996 年	79.70	40.80	1.10	0.70	0.20	0.20	0.10	0.20	0	123
水量(亿 m^3)	1969 年以前	0.006	0.269	0.122	0.049	0.036	0.026	0.095	0.026	0	0.629
	1970~1996 年	0.008	0.180	0.061	0.049	0.022	0.038	0.010	0.042	0.057	0.467
	1997~2006 年	0.006	0.076	0.021	0.019	0	0.023	0	0	0	0.145
	1986 年以前	0.007	0.228	0.091	0.046	0.027	0.032	0.046	0.023	0.047	0.547
	1987~1996 年	0.007	0.165	0.060	0.061	0.030	0.038	0.028	0.077	0	0.466
沙量(亿 t)	1969 年以前	0	0.068	0.053	0.023	0.024	0.026	0.042	0.012	0	0.248
	1970~1996 年	0	0.050	0.025	0.021	0.006	0.019	0.004	0.020	0.035	0.180
	1997~2006 年	0.001	0.013	0.007	0.006	0	0.007	0	0	0	0.034
	1986 年以前	0	0.062	0.040	0.022	0.013	0.024	0.020	0.011	0.028	0.220
	1987~1996 年	0	0.040	0.020	0.023	0.011	0.012	0.010	0.036	0	0.152

表 4-20　孤山川高石崖站汛期各流量级历时、水量和沙量占总量比例

（%）

项目	时期	各流量级(m^3/s)占总量的比例									
		<1	1 ~ 50	50 ~ 100	100 ~ 150	150 ~ 200	200 ~ 300	300 ~ 400	400 ~ 500	>500	合计
历时	1969 年以前	30.1	66.9	1.7	0.4	0.3	0.2	0.3	0.1	0	100
	1970 ~ 1996 年	53.6	44.6	0.9	0.4	0.1	0.2	0	0.1	0.1	100
	1997 ~ 2006 年	88.1	11.3	0.3	0.2	0	0.1	0	0	0	100
	1986 年以前	38.9	58.9	1.3	0.4	0.2	0.2	0.1	0	0	100
	1987 ~ 1996 年	64.8	33.1	0.9	0.5	0.2	0.2	0.1	0.2	0	100
水量	1969 年以前	1.0	42.8	19.4	7.8	5.7	4.1	15.1	4.1	0	100
	1970 ~ 1996 年	1.6	38.5	13.1	10.5	4.7	8.2	2.2	9.0	12.2	100
	1997 ~ 2006 年	4.4	52.2	14.8	13.0	0	15.6	0	0	0	100
	1986 年以前	1.3	41.7	16.6	8.4	4.9	5.9	8.4	4.3	8.5	100
	1987 ~ 1996 年	1.6	35.4	12.9	13.1	6.3	8.2	5.9	16.6	0	100
沙量	1969 年以前	0	27.6	21.4	9.3	9.5	10.5	17.0	4.7	0	100
	1970 ~ 1996 年	0	27.8	13.9	11.7	3.3	10.6	2.2	11.1	19.4	100
	1997 ~ 2006 年	2.9	38.2	20.6	17.6	0	20.6	0	0	0	100
	1986 年以前	0	28.2	18.2	10.0	5.9	10.9	9.1	5.0	12.7	100
	1987 ~ 1996 年	0	26.3	13.2	15.1	7.2	7.9	6.6	23.7	0	100

表 4-21　窟野河温家川站汛期各流量级历时、水量和沙量变化

项目	时期	流量级(m^3/s)									
		<1	1~50	50~100	100~150	150~200	200~300	300~400	400~500	>500	合计
历时(d)	1969 年以前	0.75	102.56	10.94	3.13	1.38	1.75	0.50	0.50	1.50	123
	1970~1996 年	6.41	103.81	6.70	2.00	1.19	0.70	0.56	0.37	1.26	123
	1997~2006 年	27.80	91.90	1.80	0.70	0.30	0	0.20	0.10	0.20	123
	1986 年以前	2.88	103.85	9.12	2.39	1.15	1.30	0.53	0.42	1.36	123
	1987~1996 年	9.00	101.70	5.50	2.50	1.60	0.40	0.60	0.40	1.30	123
水量(亿 m^3)	1969 年以前	0	1.543	0.634	0.322	0.202	0.370	0.147	0.196	1.367	4.781
	1970~1996 年	0.002	1.324	0.410	0.208	0.177	0.148	0.165	0.145	1.073	3.652
	1997~2006 年	0.005	0.616	0.101	0.073	0.040	0	0.057	0.035	0.101	1.028
	1986 年以前	0.001	1.499	0.540	0.248	0.171	0.276	0.153	0.169	1.243	4.300
	1987~1996 年	0.002	1.099	0.340	0.259	0.236	0.081	0.174	0.147	0.984	3.320
沙量(亿 t)	1969 年以前	0	0.050	0.076	0.073	0.057	0.131	0.040	0.058	0.734	1.219
	1970~1996 年	0	0.043	0.055	0.036	0.045	0.047	0.061	0.049	0.605	0.941
	1997~2006 年	0	0.025	0.011	0.010	0.006	0	0.015	0.009	0.030	0.106
	1986 年以前	0	0.047	0.065	0.051	0.052	0.098	0.049	0.055	0.706	1.123
	1987~1996 年	0	0.039	0.055	0.044	0.041	0.015	0.066	0.045	0.479	0.784

表 4-22　温家川站汛期各流量级历时、水量和沙量占总量比例

（%）

项目	时期	各流量级(m^3/s)占总量的比例									
		<1	1 ~ 50	50 ~ 100	100 ~ 150	150 ~ 200	200 ~ 300	300 ~ 400	400 ~ 500	>500	合计
历时	1969 年以前	0.6	83.4	8.9	2.6	1.1	1.4	0.4	0.4	1.2	100
	1970 ~ 1996 年	5.2	84.4	5.4	1.6	1.0	0.6	0.5	0.3	1.0	100
	1997 ~ 2006 年	22.6	74.7	1.4	0.6	0.2	0	0.2	0.1	0.2	100
	1986 年以前	2.4	84.4	7.4	2.0	0.9	1.1	0.4	0.3	1.1	100
	1987 ~ 1996 年	7.3	82.7	4.5	2.0	1.3	0.3	0.5	0.3	1.1	100
水量	1969 年以前	0	32.3	13.3	6.7	4.2	7.7	3.1	4.1	28.6	100
	1970 ~ 1996 年	0.1	36.3	11.2	5.7	4.8	4.0	4.5	4.0	29.4	100
	1997 ~ 2006 年	0.5	59.9	9.8	7.1	3.9	0	5.6	3.4	9.8	100
	1986 年以前	0	34.9	12.6	5.8	4.0	6.4	3.5	3.9	28.9	100
	1987 ~ 1996 年	0.1	33.1	10.2	7.8	7.1	2.5	5.2	4.4	29.6	100
沙量	1969 年以前	0	4.1	6.3	6.0	4.7	10.8	3.3	4.8	60.2	100
	1970 ~ 1996 年	0	4.6	5.9	3.8	4.8	5.0	6.4	5.2	64.3	100
	1997 ~ 2006 年	0	23.6	10.6	9.0	5.9	0	13.8	8.6	28.5	100
	1986 年以前	0	4.2	5.8	4.6	4.6	8.7	4.4	4.9	62.8	100
	1987 ~ 1996 年	0	5.0	7.0	5.6	5.3	1.9	8.4	5.7	61.1	100

表 4-23 无定河白家川站汛期各流量级历时、水量和沙量变化

项目	时期	流量级(m^3/s)									
		<1	1~50	50~100	100~150	150~200	200~300	300~400	400~500	>500	合计
历时(d)	1969 年以前	0	75.36	30.00	7.00	3.71	3.14	1.36	1.00	1.43	123
	1970~1996 年	0.30	99.90	15.20	3.60	1.52	1.26	0.40	0.26	0.56	123
	1997~2006 年	7.20	104.10	8.00	1.90	0.60	0.50	0.30	0.10	0.30	123
	1986 年以前	0	87.35	23.68	5.26	2.45	1.87	0.87	0.58	0.94	123
	1987~1996 年	0.80	104.60	9.60	3.10	1.70	2.00	0.30	0.30	0.60	123
水量(亿 m^3)	1969 年以前	0	2.158	1.721	0.739	0.543	0.661	0.406	0.382	1.029	7.639
	1970~1996 年	0	2.272	0.886	0.367	0.228	0.259	0.118	0.100	0.397	4.628
	1997~2006 年	0.002	1.824	0.476	0.209	0.092	0.115	0.087	0.041	0.184	3.030
	1986 年以前	0	2.260	1.364	0.551	0.359	0.394	0.258	0.221	0.671	6.078
	1987~1996 年	0.001	2.150	0.570	0.319	0.263	0.403	0.089	0.120	0.432	4.347
沙量(亿 t)	1969 年以前	0	0.067	0.204	0.192	0.171	0.292	0.222	0.228	0.561	1.937
	1970~1996 年	0	0.053	0.093	0.083	0.081	0.100	0.071	0.052	0.243	0.776
	1997~2006 年	0	0.048	0.067	0.071	0.026	0.053	0.039	0.019	0.094	0.417
	1986 年以前	0	0.058	0.150	0.130	0.120	0.174	0.147	0.130	0.391	1.300
	1987~1996 年	0	0.055	0.069	0.091	0.085	0.142	0.046	0.057	0.231	0.776

表 4-24　无定河白家川站汛期各流量级历时、水量和沙量占总量比例　（%）

项目	时期	各流量级(m^3/s)占总量的比例									
		<1	1~50	50~100	100~150	150~200	200~300	300~400	400~500	>500	合计
历时	1969 年以前	0	61.3	24.4	5.7	3.0	2.5	1.1	0.8	1.2	100
	1970~1996 年	0.2	81.3	12.4	2.9	1.2	1.0	0.3	0.2	0.5	100
	1997~2006 年	5.9	84.7	6.5	1.5	0.5	0.4	0.2	0.1	0.2	100
	1986 年以前	0	71.0	19.2	4.3	2.0	1.5	0.7	0.5	0.8	100
	1987~1996 年	0.7	85.1	7.8	2.5	1.4	1.6	0.2	0.2	0.5	100
水量	1969 年以前	0	28.2	22.5	9.7	7.1	8.7	5.3	5.0	13.5	100
	1970~1996 年	0	49.1	19.1	7.9	4.9	5.6	2.6	2.2	8.6	100
	1997~2006 年	0.1	60.2	15.7	6.9	3.0	3.8	2.9	1.3	6.1	100
	1986 年以前	0	37.2	22.5	9.1	5.9	6.5	4.2	3.6	11.0	100
	1987~1996 年	0	49.5	13.1	7.3	6.0	9.3	2.1	2.8	9.9	100
沙量	1969 年以前	0	3.4	10.5	9.9	8.8	15.1	11.5	11.8	29.0	100
	1970~1996 年	0	6.8	12.0	10.7	10.5	12.9	9.1	6.7	31.3	100
	1997~2006 年	0	11.5	16.1	16.9	6.3	12.7	9.3	4.6	22.6	100
	1986 年以前	0	4.5	11.6	10.0	9.2	13.4	11.3	10.0	30.0	100
	1987~1996 年	0	7.1	8.9	11.7	11.0	18.3	5.9	7.3	29.8	100

小流量天数所占的比例越来越大,大流量天数所占比例越来越小。如:皇甫站小于 1 m^3/s由 1969 年前的 21.9% 和 1970 ~ 1996 年的 44.3%,增加到近期的 81.4%;而 1 ~ 50 m^3/s 的流量由 1969 年前的 71.8% 和 1970 ~ 1996 年的 51.1% 减少到近期的 16.8%;50 ~ 100 m^3/s的流量由 1969 年前的 2.6% 和 1970 ~ 1996 年的 2.4% 减少到近期的0.8%;100 ~ 200 m^3/s 的流量由 1969 年前的 2.3% 和 1970 ~ 1996 年的 1.2% 减少到近期的 0.6%;200 ~ 300 m^3/s 的流量由 1969 年前的 0.7% 和 1970 ~ 1996 年的 0.5% 减少到近期的 0.2%;300 ~ 400 m^3/s 的流量由 1969 年前的 0.4% 和 1970 ~ 1996 年的 0.2% 减少到近期的 0.1%;400 ~ 500 m^3/s 的流量由 1969 年前的 0.3% 和 1970 ~ 1996 年的 0.1% 减少到近期的 0;大于 500 m^3/s 的流量由 1969 年前的 0.1% 和 1970 ~ 1996 年的 0.3% 减少到近期的 0.1%。

4.3.3 洪水特性

4.3.3.1 支流各年最大洪峰流量的变化

从图 4-15 上可以看出,各站近期最大洪峰流量是减少的。皇甫、高石崖、温家川、高家川、白家川近期最大洪峰流量分别为 6 700 m^3/s、2 910 m^3/s、3 630 m^3/s、1 330 m^3/s、3 060 m^3/s,与 1970 ~ 1996 年各站最大洪峰流量 11 600 m^3/s、10 300 m^3/s、14 000 m^3/s、3 500 m^3/s、3 840 m^3/s 相比,最大洪峰流量分别减少 4 900 m^3/s、7 390 m^3/s、10 370 m^3/s、2 170 m^3/s、780 m^3/s;与 1969 年之前各站最大洪峰流量 2 900 m^3/s、5 670 m^3/s、10 000 m^3/s、2 800 m^3/s、4 980 m^3/s 相比,除皇甫站增加 3 800 m^3/s 外,其他各站均是减少的,分别减少 2 760 m^3/s、6 370 m^3/s、1 470 m^3/s、1 920 m^3/s。

4.3.3.2 不同时段洪水场次的统计及对比

以实测洪水资料为基础,把各站洪峰流量超过 500 m^3/s 的径流过程,作为洪水发生的场次进行统计,表 4-25 为中游典型支流各水文站洪峰流量统计情况,近期与 1970 ~ 1996 年相比,年均洪峰场次明显减少,尤其是大于 2 000 m^3/s 的洪水场次。如皇甫站,大于 2 000 m^3/s 的洪水由 1970 ~ 1996 年的年均 0.7 次减少到近期的 0.3 次,大于 3 000 m^3/s 的洪水由 1970 ~ 1996 年的年均 0.4 次减少到近期的 0.1 次。

4.3.3.3 不同时段平均场次洪水特征的比较

从表 4-26 可以明显看出,近期洪水期水沙量与 1970 ~ 1996 年相比,除高石崖站水沙量略增大外,高家川站基本不变,其他各站水沙量明显减少;峰形系数各站基本上都增大。如皇甫站,洪水期平均洪量、平均沙量由 1970 ~ 1996 年的 0.33 亿 m^3、0.17 亿 t 分别减少到近期的 0.25 亿 m^3、0.09 亿 t。

几个支流洪水期都是高含沙洪水,含沙量较高,来沙系数较大,但是近期由于平均含沙量降低,相应来沙系数也降低,如皇甫站由 1970 ~ 1996 年的 7.3 kg · s/m^6 降低到近期的 5.4 kg · s/m^6,而峰型系数由 29.5 增大到 29.7。

从表 4-27 中也可以看出,近期各量级的洪水场次及水沙量都明显减少,尤其是大于 3 000 m^3/s的大洪水量级的减少,并且平均含沙量及平均来沙系数明显降低,峰型系数增大。

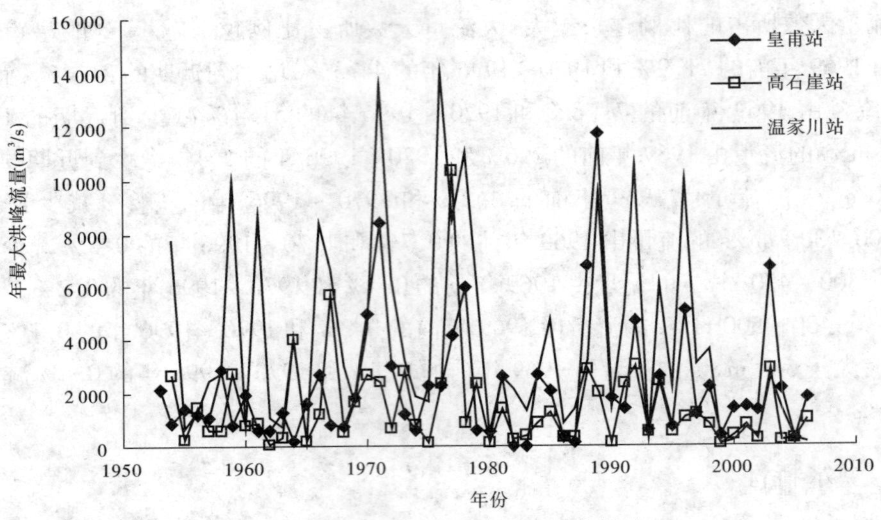

(a)皇甫站、高石崖站、温家川站

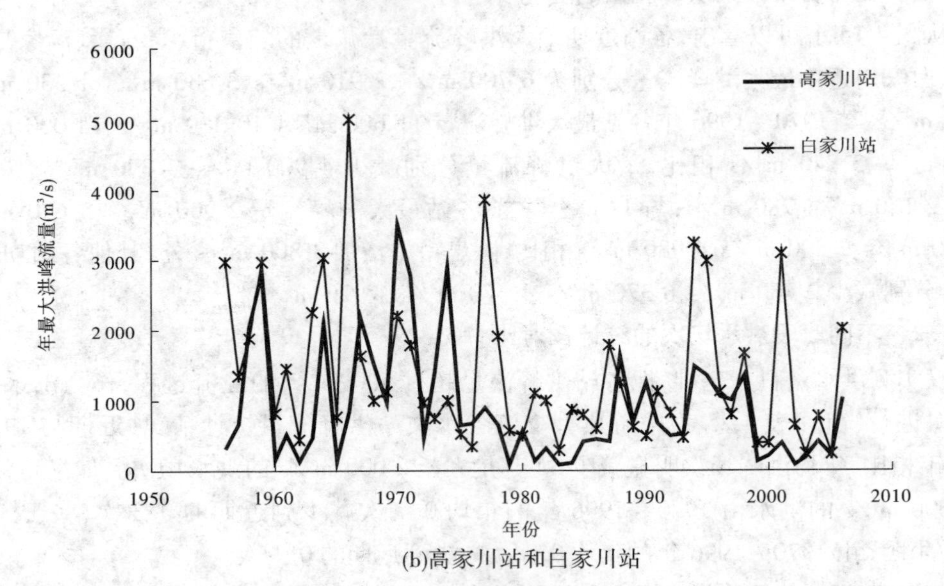

(b)高家川站和白家川站

图 4-15 历年最大洪峰流量过程图

表 4-25 中游典型支流各水文站洪峰流量统计情况

站名	时段	流量级(m^3/s)次数				最大洪峰	
		>500	>1 000	>2 000	>3 000	流量(m^3/s)	出现年份
皇甫	1954~1969 年	2.4	1.4	0.3	0	2 900	1959
	1970~1996 年	2.3	1.1	0.7	0.4	11 600	1989
	1997~2006 年	1.3	1.1	0.3	0.1	6 700	2003

续表 4-25

站名	时段	流量级(m^3/s)次数				最大洪峰	
		>500	>1 000	>2 000	>3 000	流量(m^3/s)	出现年份
高石崖	1954～1969 年	1.6	0.8	0.4	0.1	5 670	1967
	1970～1996 年	1.4	0.6	0.4	0.1	10 300	1977
	1997～2006 年	0.4	0.2	0.1	0	2 910	2003
温家川	1954～1969 年	2.8	2.4	1.4	1.1	14 100	1959
	1970～1996 年	2.9	2.0	1.1	0.8	14 000	1976
	1997～2006 年	0.5	0.4	0.3	0.2	3 630	1998
高家川	1957～1969 年	1.3	0.5	0.3	0	2 720	1959
	1970～1996 年	0.9	0.4	0.2	0	3 500	1970
	1997～2006 年	0.3	0.2	0	0	1 330	1998
白家川	1956～1969 年	3.4	1.5	0.4	0.1	4 980	1966
	1970～1996 年	1.8	0.7	0.2	0.1	3 840	1977
	1997～2006 年	1.0	0.3	0.1	0.1	3 060	2001

表 4-26　典型支流洪水特征值统计

水文站	时段	平均洪量(亿 m^3)	平均沙量(亿 t)	平均含沙量(kg/m^3)	平均来沙系数($kg·s/m^6$)	峰型系数
皇甫	1954～1969 年	0.32	0.15	455.9	6.7	20.8
	1970～1996 年	0.33	0.17	499.8	7.3	29.5
	1997～2006 年	0.25	0.09	347.7	5.4	29.7
高石崖	1954～1969 年	0.22	0.10	440.8	9.6	31.4
	1970～1996 年	0.22	0.10	455.9	8.7	33.4
	1997～2006 年	0.36	0.17	487.4	5.4	39.7
温家川	1954～1969 年	0.91	0.32	357.7	1.9	17.9
	1970～1996 年	0.73	0.30	408.8	2.7	17.1
	1997～2006 年	0.62	0.14	221.9	1.8	19.1
高家川	1957～1969 年	0.29	0.13	436.8	7.1	19.8
	1970～1996 年	0.22	0.10	443.3	9.3	26.4
	1997～2006 年	0.22	0.08	371.8	13.3	41.4
白家川	1956～1969 年	0.98	0.39	403.6	2.5	8.3
	1970～1996 年	0.86	0.33	383.9	2.9	8.9
	1997～2006 年	0.73	0.25	345.6	3.9	13.1

表 4-27　支流不同洪水量级洪水特征值统计

水文站	洪水量级 (m^3/s)	洪水场次		平均洪量 (亿 m^3)		平均沙量 (亿 t)		平均含沙量 (kg/m^3)		平均来沙系数 ($kg \cdot s/m^6$)		峰型系数	
		1970～1996 年	1997～2006 年	1970～1996 年	1997～2006 年	1970～1996 年	1997～2006 年	1970～1996 年	1997～2006 年	1970～1996 年	1997～2006 年	1970～1996 年	1997～2006 年
皇甫	>1 000	1.1	1.1	0.5	0.3	0.28	0.10	536.7	343.6	5.23	4.79	33.5	29.8
	>3 000	0.4	0.1	1.0	0.7	0.54	0.20	561.6	291.5	3.18	1.85	34.5	42.4
高石崖	>1 000	0.6	0.2	0.35	0.2	0.17	0.07	484.8	294.9	5.54	4.92	35.5	35.8
	>3 000	0.1	0	0.67	0	0.38	0	563.0	0	3.00	0	45.0	
温家川	>1 000	2.0	0.4	0.9	0.7	0.40	0.15	436.9	233.4	2.33	1.69	19.0	21.4
	>3 000	0.8	0.2	1.5	0.9	0.70	0.24	484.7	264.9	1.61	1.55	22.1	24.1
高家川	>1 000	0.4	0.2	0.3	0.2	0.16	0.07	534.0	374.2	7.74	14.65	30.5	46.9
	>3 000			0.5		0.30		559.0		6.23		39.0	
白家川	>1 000	0.7	0.3	1.2	1.2	0.55	0.47	444.8	375.5	2.34	3.06	10.4	18.7
	>3 000	0.1	0.1	2.4	1.9	1.29	0.81	538.3	421.84	1.35	2.28	9.0	16.6

4.3.4 悬沙组成变化

4.3.4.1 不同时期分组沙量的变化

由表4-28可见,1997~2005年与1970~1996年相比中游支流各站汛期各分组沙量即细泥沙($d<0.025$ mm)、中泥沙(0.025 mm $<d<0.05$ mm)、粗泥沙($d>0.05$ mm)和特粗沙($d>0.1$ mm)基本上都是减少的。

表4-28 支流汛期各分组沙变化

站名	时期	沙量(亿t)					占全沙比例(%)				d_{50} (mm)
		全沙	细泥沙	中泥沙	粗泥沙	特粗沙	细泥沙	中泥沙	粗泥沙	特粗沙	
皇甫	1966~1969年	0.688	0.227	0.113	0.348	0.252	33	16	51	37	0.050
	1970~1996年	0.439	0.150	0.066	0.223	0.161	34	15	51	37	0.050
	1997~2005年	0.125	0.059	0.011	0.055	0.040	47	9	44	32	0.032
高石崖	1966~1969年	0.367	0.153	0.074	0.140	0.052	42	20	38	14	0.034
	1970~1996年	0.182	0.073	0.039	0.070	0.025	40	22	38	13	0.035
	1997~2005年	0.035	0.019	0.006	0.010	0.004	54	17	29	11	0.021
温家川	1960~1969年	1.148	0.377	0.191	0.580	0.395	33	17	50	34	0.050
	1970~1996年	0.941	0.320	0.136	0.485	0.325	34	14	52	34	0.053
	1997~2005年	0.128	0.058	0.020	0.050	0.024	45	16	39	19	0.031
白家川	1962~1969年	1.696	0.586	0.511	0.599	0.167	35	30	35	10	0.036
	1970~1996年	0.775	0.312	0.232	0.231	0.050	40	30	30	6	0.032
	1997~2005年	0.402	0.175	0.106	0.121	0.038	44	26	30	10	0.029
高家川	1965~1969年	0.293	0.076	0.052	0.165	0.087	26	18	56	30	0.058
	1970~1996年	0.146	0.039	0.029	0.078	0.041	27	20	53	28	0.055
	1997~2004年	0.041	0.013	0.008	0.020	0.011	32	19	49	26	0.046

如:1997~2005年皇甫站各分组细、中、粗、特粗沙沙量分别为0.059亿t、0.011亿t、0.055亿t、0.040亿t,与1970~1996年相比,减少幅度为61%~83%,其中中泥沙减少最多,其次是粗泥沙减少较多,细泥沙减少最少。但是高石崖站、高家川站粗泥沙减少较多,其次是中泥沙减少较多,温家川站是特粗沙减少最多,其次是粗泥沙减少较多。而从各分组沙量占全沙沙量的比例来看,中、粗沙和特粗沙的比例都在减少,细泥沙比例明显增加。

从非汛期各分组沙占全沙的比例也可以看出(见表4-29),非汛期支流各站各分组沙量都在减少,而且各分组沙占全沙的比例变化特点与汛期相同,基本上都是粗泥沙减少最多,其次是中泥沙,而细泥沙增加较多。

表 4-29　支流非汛期各分组沙变化

站名	时期	沙量(亿 t)					占全沙比例(%)				d_{50} (mm)
		全沙	细泥沙	中泥沙	粗泥沙	特粗沙	细泥沙	中泥沙	粗泥沙	特粗沙	
皇甫	1966～1969 年	0.016	0.003	0.001	0.012	0.011	19	6	75	69	0.200
	1970～1996 年	0.029	0.011	0.004	0.014	0.010	38	13	49	36	0.048
	1997～2005 年	0.003	0.002	0.000 5	0.000 5	0.000 2	67	16	17	7	0.015
高石崖	1966～1969 年	0.003 7	0.000 5	0.000 2	0.003	0.003	14	5	81	78	0.250
	1970～1996 年	0.011	0.004	0.002	0.005	0.002	40	18	42	22	0.038
	1997～2005 年	0.001	0.001	0	0	0	72	13	15	3	0.011
温家川	1960～1969 年	0.036	0.015	0.004	0.017	0.012	42	11	47	33	0.042
	1970～1996 年	0.042	0.017	0.007	0.018	0.009	40	17	43	21	0.038
	1997～2005 年	0.008	0.005	0.001	0.002	0.001	58	16	26	7	0.017
白家川	1962～1969 年	0.285 6	0.093 1	0.077 9	0.114 6	0.034 6	33	27	40	12	0.039
	1970～1996 年	0.101 9	0.037 5	0.029	0.035 4	0.008 3	37	28	35	8	0.035
	1997～2005 年	0.060 2	0.026 4	0.015 6	0.018 2	0.005 3	44	26	30	9	0.029
高家川	1965～1969 年	0.014 4	0.002 7	0.001 8	0.009 9	0.006	19	12	69	41	0.075
	1970～1996 年	0.016 1	0.003 9	0.002 8	0.009 4	0.004 7	24	17	59	29	0.060
	1997～2004 年	0.005 3	0.001 3	0.001	0.003	0.001 4	24	18	58	26	0.058

4.3.4.2　中数粒径 d_{50} 变化

从表 4-28 可以看出,支流各站中数粒径都是明显变小的,如:皇甫站从 1970～1996 年的 0.050 mm 减少到 1997～2005 年的 0.032 mm,减少约 0.018 mm,减少了 36%;高石崖站变化最大,中数粒径由 0.035 mm 减少到 0.021 mm,减少约 0.014 mm,减少了 40%;温家川站中数粒径由 0.053 mm 减少到 0.031 mm,减少 0.022 mm,减少了 42%。

非汛期各时期 d_{50} 平均值也都是明显变小的(见表 4-29),如:皇甫站从 1970～1996 年的 0.048 mm 减少到 1997～2005 年的 0.015 mm,减少 0.033 mm,减少了 68.8%;高石崖站变化最大,中数粒径由 0.038 mm 减少到 0.011 mm,减少 0.027 mm,减少了 71%。

4.4　龙刘水库联合调蓄对干流水沙的影响

4.4.1　对水量的影响

刘家峡水库、龙羊峡水库分别于 1968 年 10 月和 1986 年 10 月开始蓄水运用,龙刘水库的调蓄运用,使中游各站进出库径流过程发生很大的改变,头道拐—龙门河段汛期水量明显减少,非汛期水量增加,改变了年内水量分配。由表 4-30 可以看出,头道拐—龙门河段干流各水文站，在天然情况下（1952～1968年），汛期水量占年水量的百分比为61.0%～63.7%，而1969～1986年刘家峡单库运用期间降为53.2%～54.3%，龙羊峡水库运用后（1987～2006年）汛期水量占年水量的比例进一步降低到38.3%～41.3%。

表4-30　干流典型水文站不同时段年内水量分配变化

水文站	时段	水量（亿 m^3）		汛期占年的百分比（%）
		汛期	运用年	
头道拐	1952～1968年	165.4	264.3	62.6
	1969～1986年	129.9	239.2	54.3
	1987～2006年	58.5	153	38.3
府谷	1953～1968年	173.3	272.3	63.7
	1969～1986年	131.7	245.6	53.6
	1987～2006年	60.2	156.2	38.5
吴堡	1952～1968年	184.8	302.1	61.2
	1969～1986年	140.0	261.4	53.5
	1987～2006年	65.7	166.9	39.4
龙门	1952～1968年	204.2	334.6	61.0
	1969～1986年	151.7	285.2	53.2
	1987～2006年	78.6	190.3	41.3

4.4.2　对水流过程的影响

刘家峡和龙羊峡水库相继汛期大量削峰蓄水，使得中游的头道拐、府谷、吴堡和龙门各站汛期小流量级明显增加，大流量级减少，如府谷站在天然情况下，汛期小于2 000 m^3/s流量级仅为85.4 d（见表4-31），刘家峡单库运用期间增加到102 d，龙羊峡和刘家峡两库联合运用期间增加到120.6 d，该流量级占汛期历时的比例由天然情况下的69.4%提高到两库运用期间的98%。相应较大流量出现历时减少，天然情况下大于2 000 m^3/s流量级年均为37.6 d，刘家峡单库运用时减小到20.9 d，龙羊峡和刘家峡两库联合运用期间减小到仅2.5 d，该流量级占汛期历时的比例由天然情况下的30.6%减小到两库运用期间的仅2.1%。

同时，从表4-32可以看出，龙刘水库运用以后，汛期水量明显减少，并且主要集中在大流量级，小流量级水量明显增加。如府谷站，大于2 000 m^3/s的水量由天然情况下年均88亿 m^3 减少到水库联合运用之后的5.2亿 m^3，占汛期水量的比例由50.9%减少到3%。而水量增加较多的主要是1 000 m^3/s以下的小流量级，府谷站由天然情况下的20.5亿 m^3 增加到水库运用后的38.9亿 m^3，占汛期水量的比例由11.8%增加到64.5%。

表 4-31　干流典型站汛期不同流量级历时的变化

水文站	时段	各流量级(m^3/s)历时(d)				各流量级(m^3/s)历时占汛期历时的比例(%)			
		<1 000	1 000~2 000	2 000~3 000	>3 000	<1 000	1 000~2 000	2 000~3 000	>3 000
头道拐	1956~1968 年	38.4	52.3	26.5	5.8	31	42	22	5
	1969~1986 年	62.9	38.3	14.7	7.2	51	31	12	6
	1987~2006 年	107.4	13.4	2.2	0.1	87	11	2	0
府谷	1956~1968 年	34.5	50.9	28.8	8.8	28.0	41.4	23.4	7.2
	1969~1986 年	61.7	40.3	12.7	8.2	50.2	32.8	10.3	6.7
	1987~2006 年	105.8	14.8	2.4	0.1	86.0	12.0	1.9	0.1
吴堡	1956~1968 年	28.5	52.2	31.8	10.5	23.1	42.5	25.8	8.6
	1969~1986 年	55.1	43.9	14.7	9.3	44.8	35.7	12.0	7.5
	1987~2006 年	102.9	17.3	2.5	0.4	83.6	14.1	2.0	0.3
龙门	1956~1968 年	23.2	48.0	35.2	16.7	18.8	39.0	28.6	13.6
	1969~1986 年	49.3	46.8	16.9	9.9	40.1	38.1	13.7	8.1
	1987~2006 年	94.7	23.4	4.1	0.8	77.0	19.0	3.3	0.7

表 4-32　干流典型站汛期不同流量级水量的变化

水文站	时段	各流量级(m^3/s)水量(亿 m^3)				各流量级(m^3/s)水量占汛期水量的比例(%)			
		<1 000	1 000~2 000	2 000~3 000	>3 000	<1 000	1 000~2 000	2 000~3 000	>3 000
头道拐	1956~1968 年	22.7	66.8	54.8	19.2	13.9	40.9	33.6	11.7
	1969~1986 年	29.8	46.4	30.9	21.7	23.1	36	24	16.9
	1987~2006 年	39.3	14.3	4.7	0.1	67.3	24.5	8	0.2
府谷	1956~1968 年	20.5	64.6	60.0	28.0	11.8	37.3	34.7	16.2
	1969~1986 年	30.7	49.2	26.5	24.9	23.4	37.5	20.2	18.9
	1987~2006 年	38.9	16.3	4.9	0.3	64.5	27.0	8.0	0.5
吴堡	1956~1968 年	17.1	65.6	67.1	35.9	9.2	35.3	36.2	19.3
	1969~1986 年	27.8	53.0	30.3	28.2	20.0	38.0	21.8	20.2
	1987~2006 年	39.8	19.5	5.2	1.1	60.8	29.7	7.9	1.6
龙门	1956~1968 年	14.1	59.8	74.0	57.1	6.9	29.2	36.1	27.8
	1969~1986 年	26.7	57.7	35.8	31.6	17.6	38.0	23.6	20.8
	1987~2006 年	40.7	26.6	8.5	2.8	51.8	33.9	10.8	3.5

4.4.3 对洪水过程的影响

从表4-33上可以看出，龙刘水库联合运用以后，削减洪峰，洪水场次减少，尤其是大洪水场次的减少。如府谷站，与天然情况下相比，大于3 000 m^3/s的洪水场次由年均1.6次减少到两库联合运用后的0.8次。随着大洪水场次的减少，洪水期平均水沙量明显减少（见表4-34）。如府谷站在天然情况下洪水期平均水沙量分别为28.2亿m^3和0.539亿t，而两库运用后分别减少到12.1亿m^3和0.162亿t，平均来沙系数由0.011 4 kg·s/m^6增加到0.015 5 kg·s/m^6。

表4-33 水库运用不同时段洪水场次的变化

站名	时段	流量级(m^3/s)次数			最大洪峰	
		>1 000	>2 000	>3 000	流量(m^3/s)	出现年份
头道拐	1956～1968年	3.8	2.0	0.7	5 310	1967
	1969～1986年	3.4	1.6	0.5	5 150	1981
	1987～2006年	1.8	0.2	0.1	3 030	1989
府谷	1954～1968年	5.9	3.5	1.6	7 230	1967
	1969～1986年	4.9	3.1	2.1	11 100	1977
	1987～2006年	3.2	1.3	0.8	12 800	2003
吴堡	1954～1968年	5.9	4.1	2.5	19 500	1967
	1969～1986年	6.1	3.6	2.5	24 000	1976
	1987～2006年	3.3	1.3	0.9	12 400	1989

表4-34 干流典型站洪水特征值

水文站	时段	平均洪量(亿m^3)	平均沙量(亿t)	平均含沙量(kg/m^3)	平均来沙系数(kg·s/m^6)	峰型系数
头道拐	1956～1968年	39.3	0.367	9.34	0.005 9	1.37
	1969～1986年	33.1	0.238	7.19	0.005 2	1.61
	1987～2006年	17.7	0.109 9	5.59	0.005 9	1.75
府谷	1954～1968年	28.2	0.539	19.11	0.011 4	1.58
	1969～1986年	22.8	0.357	15.66	0.011 5	2.61
	1987～2006年	12.1	0.162	13.39	0.015 9	3.64
吴堡	1954～1968年	27.5	1.056	38.40	0.021 8	2.29
	1969～1986年	19.4	0.572	29.48	0.021 6	2.84
	1987～2006年	11.7	0.37	31.62	0.033 2	3.08

4.5 主要认识

(1)近期头道拐—龙门干流各站年均水沙量明显减少,沙量减少幅度大于水量减少幅度。年最大水沙量减少,年际间水沙量变幅减小。汛期水沙量及其占年水沙量的比例下降。主汛期、秋汛期水沙量明显减少,主汛期和秋汛期水量减少基本相当,而河口镇沙量减少在主汛期和秋汛期相差不大,府谷站以下主要发生在主汛期。

(2)近期干流汛期水流过程主要以小流量(500~1 000 m^3/s)为主,大流量(大于3 000 m^3/s)几乎没有发生过。除府谷站小流量级沙量减少外,其他各站小流量级水沙量明显增加,大流量级水沙量明显减少,水沙量的减少主要集中在2 000 m^3/s 以上流量级,秋汛期大流量级减少较多。

(3)近期干流各站最大洪峰流量除府谷站增大外,其他各站都减小了。年均洪峰场次都明显减少,大于2 000 m^3/s 的洪水场次减少,尤其是大于3 000 m^3/s 的洪水场次减少得更多,近期洪水期水沙量明显减少;洪峰期平均流量降低,头道拐站、吴堡站近期平均来沙系数明显增大;峰型系数各站基本上都增大,洪水变尖瘦。

(4)近期干流各站各分组沙量与1970~1996年相比,中、粗泥沙减少较多,细泥沙减少较少。近期中数粒径变小,泥沙变细,但是泥沙组成规律(全沙与细、中、粗泥沙关系)基本上没有发生变化。

(5)近期主要支流各站年均水沙量明显减少,并且沙量减幅大于水量减幅,年最大水沙量减少,年际水沙量变幅减小。汛期水沙量减少,汛期水沙占年水沙量的比例,除皇甫站占年水量的比例增加6.7%外,其他各站水量占年水量比例均减少,除皇甫站、高石崖站的沙量占年沙量的比例分别增加7%和3.1%外,其他各站占年沙量比例均减少。

(6)近期支流各站汛期小流量显著增多,特别是各站小于1 m^3/s 的天数明显增加,大于50 m^3/s 流量级的天数明显减少;近期各流量级水沙量明显减少,并且中大流量级水沙量减少较多,但汛期水沙仍然主要依靠中大流量级输送。

(7)近期支流各站洪水场次减少,洪峰流量降低,洪水期水沙量减少,尤其集中在3 000 m^3/s以上大洪水量级的减少。

(8)近期与1970~1996年相比中游支流各站汛期各分组沙量即细泥沙、中泥沙、粗泥沙和特粗沙基本上都是减少的,窟野河温家川站各分组沙量减少最多。近期中数粒径变小,泥沙变细,泥沙组成规律(全沙与细、中、粗泥沙关系)基本不变。

(9)龙刘水库的联合运用,调节了水流过程,头道拐—龙门干流河段汛期水量明显减少,非汛期水量增加,改变了年内水量分配。汛期水量占年水量的比例由天然情况下约60%减少到两库运用后的40%左右。同时,汛期大量削峰蓄水,改变流量过程,汛期大流量级历时、水沙量减少,小流量级历时、水沙量明显增加。洪水期洪水场次减少,同时洪峰流量明显降低。龙刘水库联合运用后,洪水期平均水沙量明显减少,来沙系数和峰型系数都增大。

第5章　黄河龙门—三门峡近期水沙变化特点

5.1　概　述

人民治黄以来，黄河流域的水沙发生了很大的变化，已不同于自然状态下的来水来沙条件，这是气候因素和黄河治理开发的必然结果。20世纪70年代开始的大范围的水土保持治理，对于改善黄河中下游的水沙情况起到了一定的作用。第二期黄河水沙变化基金项目对黄河龙门到三门峡河段的水沙情况也做了大量的分析工作，主要对1967年以前、1968~1985年和1986~1996年这三个时段进行了分析，从防洪和流域开发的角度，对主汛期、凌汛期、秋汛期和春灌期的水沙变化进行了研究，主要包括水沙量、水流过程、洪水和泥沙级配变化等。

本项目属于"十一五"国家科技支撑计划项目，是课题"黄河流域水沙变化情势评价研究"中专题"黄河近期水沙变化特点分析"的子专题"黄河龙门到三门峡近期水沙变化特点"。

本项目着重在第二期黄河水沙变化基金项目的基础上，开展黄河近十年来水沙变化特点分析。由于水沙二期基金分析到1996年，因此为了延续二期水沙基金，把1997~2006年划分为近期。选择的对比年份是1969年前，是因为20世纪70年代开始了大范围的水土保持治理，1969年前是水土保持未大规模治理的情况。选择1970~1996年，是为了把水土保持治理了一段时间后的水沙情况与近期的进行对比。由于掌握的各站资料年限不一致，因而各站各时段的具体起止时间稍有差异，文中均为日历年。本章仅对黄河龙门至三门峡河段进行研究，主要对近期龙门至三门峡河段的干流龙门站、潼关站和三门峡站，支流的河津站和华县站进行分析，主要研究内容如下：

(1)研究各站近期年均水沙量变化特点、最大水沙量和最小水沙量的变化特点、年均水沙量的变幅(最大水量或沙量比最小水量或沙量)，研究近期年内各站水沙的变化特点，其中包括汛期、非汛期、主汛期和秋汛期，并且把近期的水沙情况与前几个时期进行比较。

(2)分析近期各水文站的各流量级水量、沙量、历时的变化特点，并将近期与前几个时期进行对比，可分为汛期、主汛期和秋汛期。

(3)分析近期各水文站不同场次洪水的特性，其中包括洪峰流量、洪水场次、洪量和沙量、洪水含沙量、洪水来沙系数和洪水峰型系数的变化特点，并将近期与前几个时期分别比较。

(4)分析近期各站泥沙组成特性，主要对各时期粗、中、细沙量的变化，占全沙的比例变化，中数粒径和泥沙组成的变化进行了分析，可分为年均、汛期、主汛期、秋汛期和非汛期，并将近期与前几个时期进行了比较，分析了其变化趋势。

黄河龙门至三门峡河段属于三门峡库区，其中包括黄河龙门、渭河临潼、汾河河津和北洛河洑头4个水文站到大坝区间的干支流。在上述区间内加入的集水面积为29 688 km^2，其中潼关以下6 280 km^2。龙门至三门峡有4条较大支流（泾、洛、渭、汾）入汇，河道冲淤演变复杂。西岸泾、渭、洛地区也是主要的水沙来源区，区间水沙量分别占全河总量的34%和22%。渭河洪水与干流遭遇概率较高，也易形成下游的较大洪水。龙门站和潼关站是粗泥沙的重要控制站。龙门至三门峡按照河道特点可以分为如下4个大区段（见图5-1）：

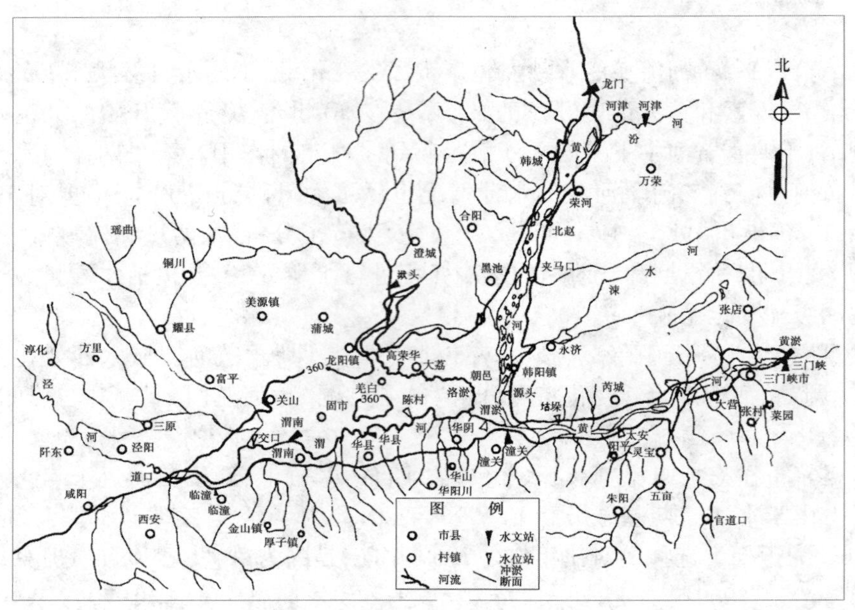

图5-1 三门峡水库库区示意图

（1）龙门至潼关段长134.4 km，宽度为4～19 km，河槽宽1 000 m左右。黄河穿行于陕西、山西两省之间，是两省界河。两岸为黄土台塬，高出河床50～200 m。河道总面积为1 107 km^2，其中滩地面积达696 km^2，占63%。大滩地在山西省境内有连伯滩、永济滩；在陕西省境内有新民滩、朝邑滩。沿河有山西省的河津、万荣、临猗、永济和陕西省的韩城、合阳、大荔、潼关等8县。

（2）潼关至大坝库段长113.2 km，宽度为1～6 km，河槽宽度为500 m左右。潼关附近黄河是陕西、山西、河南三省界河，以下则为河南、山西两省界河。库段为峡谷型，两岸Ⅲ级阶地上部为第四纪黄土类土。岸顶高出河床20～60 m，沿河有山西的芮城、平陆县，陕西省的潼关县，河南的灵宝、陕县。

（3）从渭河临潼至入黄口，库段长约127.7 km，宽度为3～6 km，河槽宽度为400 m左右，两岸是河谷阶地。渭河流经陕西省的临潼、渭南、华县、大荔、华阴和潼关6县，这里属于关中平原，土地肥沃，为陕西省粮仓之一。

（4）北洛河洑头至汇入渭河处，库段长121.9 km，宽度为1～2 km，河槽宽50 m左右，两岸为黄土台塬，高出河床50～100 m，土地肥沃，亦为陕西省粮仓之一。流经陕西省的蒲城、大荔两县。

龙门站多年(1952～2005年)平均水量和沙量分别为266.71亿m^3和7.653亿t,潼关站多年(1952～2005年)平均水量和沙量分别为348.84亿m^3和11.003亿t,龙门站多年平均水沙量分别占潼关站的77%和69%。龙门至潼关区间主要支流控制站包括河津(汾河)、华县(渭河)和洑头(北洛河),其中洑头站的资料不全,所以此次仅分析河津站和华县站。河津站和华县站多年平均水量分别为10.65亿m^3和70.06亿m^3,分别占潼关水量的3%和20%,沙量为0.227亿t和3.416亿t分别占潼关的2%和31%,可见支流的水沙主要来自渭河。干支流汛期水量占全年水量的比例为53%～61%,沙量为83%～91%,即大部分泥沙都在汛期进入河道。

5.2 近期水沙变化特点

龙门至三门峡主要干支流水文站实测水量和沙量见表5-1。从表5-1可看出,干支流汛期水量占全年水量的比例为53%～62%,沙量为83%～92%,即大部分泥沙都在汛期进入河道。水量的变幅(年最大值比年最小值)大于沙量变幅,且支流的水沙变幅大于干流的水沙变幅。干流年水量变幅为4.1～5.0,支流则为11.2～22.3。干流沙量变幅为10.0～25.8,支流则大于21.4,河津站达到17 197。水量的变差系数C_v值为0.3～0.7,沙量的变差系数C_v值为0.6～1.5,同样是支流大于干流,偏态系数C_s也同样。

表5-1 龙门至三门峡主要干支流水文站实测水量和沙量变化

站名		龙门	潼关	三门峡	河津	华县
时段		1950～2006年	1950～2006年	1950～2006年	1950～2006年	1950～2006年
水量	汛期(亿m^3)	143.2	192.7	189.8	6.5	42.1
	主汛期(亿m^3)	72.5	94.6	93.3	3.5	19.3
	年(亿m^3)	268.5	351.2	348.5	10.5	69.5
	汛期占年的百分比(%)	53.3	54.9	54	62	61
	主汛期占年的百分比(%)	27.0	26.9	27	33	28
	年最大/年最小	4.1	4.7	5.0	22.3	11.2
	年C_v	0.3	0.3	0.4	0.7	0.5
	年C_s	0.6	0.5	0.5	1.1	0.9
沙量	汛期(亿t)	6.64	9.09	9.57	0.22	3.01
	主汛期(亿t)	5.34	6.54	6.81	0.15	2.38
	年(亿t)	7.58	10.98	10.90	0.24	3.36
	汛期占年的百分比(%)	87.6	83	88	92	90
	主汛期占年的百分比(%)	70.4	60	62	64	71
	年最大/年最小	20.3	10	25.8	17 197	21.4
	年C_v	0.7	0.6	0.6	1.5	1.5
	年C_s	1.3	1.1	1.0	2.2	2.2

5.2.1 近期年均水沙量减少，且沙量减幅大于水量减幅

近期黄河干流龙门站、潼关站和三门峡站的年均水量分别为161.9亿m^3、201.1亿m^3和178.9亿m^3(见表5-2)，较1970～1996年分别减少38.5%、41%和47%。年平均沙量分别为2.53亿t、4.33亿t和4.28亿t，较1970～1996年分别减少61%、57%和60%。龙门、潼关和三门峡站近期的年均水量较1950～1969年(1968年10月刘家峡水库开始运用)分别减少51%、54%和60%，年均沙量分别减少78%、72%和71%。

主要支流站河津和华县近期的年均水量分别为3.17亿m^3和41.9亿m^3，较1970～1996年分别减少60%和35%；年平均沙量分别为0.003亿t和1.746亿t，较1970～1996年分别减少97%和46%。年均水量较1950～1969年分别减少82%和54%，沙量分别减少99%和60%。

近期龙门站年均水量占潼关站的比例有所增加，由1970～1996年的77.5%增加为近期的80.2%，而沙量的比例则有所减小，由1970～1996年的64.4%减小为近期的58.2%。华县站年均水量和沙量占潼关站的比例均有所增加，由1970～1996年的18.8%和32.3%，增加为近期的20.8%和40.3%，其中近期华县站沙量所占比例增加较多，主要是受2003年和2005年大洪水的影响。但由于近期龙门站和华县站的水沙量均有所减小，因此潼关站近期的水沙量也是减少的。

可以看出，近期水沙量同1970～1996年和1950～1969年比较，干支流的沙量减少幅度远大于水量的减少幅度，且支流减少幅度大于干流的减少幅度，其中河津站年均沙量比1970～1996年减少可达97%，比1950～1969年减少可达99%。

近期同1987～1996年相比，龙门站、潼关站和三门峡站的年均水量分别减少26%、29%和37%，年均沙量分别减少57%、51%和52%。近期同1950～1986年比较，龙门站、潼关站和三门峡站的年均水量分别减少48%、51%和57%，年均沙量分别减少73%、68%和68%。

支流的河津站和华县站年均水量较1987～1996年的分别减少51%和23%，沙量分别减少94%和43%。支流的河津站和华县站年均水量较1950～1986年相比分别减少77%和48%，年均沙量分别减少99%和55%。

由此可见，近期的水沙量是有实测资料以来最枯的时期，且沙量的减少幅度远大于水量的减少幅度，支流的水沙减少幅度大于干流的减少幅度。从各时期来看，水沙量的减少是一个逐渐的过程，其中在1990年前后表现较为突出。

5.2.2 近期年际间水沙变化特点

5.2.2.1 近期年最大水沙量减小，且沙量减幅大于水量减幅

从表5-2可以看出，龙门站、潼关站和三门峡站1950～1969年最大水量分别是539.4亿m^3、699.2亿m^3和685.3亿m^3，近期只有199.6亿m^3、261.1亿m^3和222.1亿m^3，较1950～1969年分别减少63%、63%和68%，较1970～1996年，分别减少50%、50%和58%。1950～1969年龙门、潼关和三门峡站年最大沙量分别为24.61亿t、29.96亿t和

30.31 亿 t,近期只有 4.49 亿 t、6.61 亿 t 和 7.56 亿 t,较 1952 ~ 1969 年分别减少 82%、78% 和 75%,较 1970 ~ 1996 年分别减少 73%、70% 和 64%。

表 5-2 龙门至三门峡不同时期主要干支流水沙量变化

站名	时期	水量(亿 m^3)			沙量(亿 t)			年水量		年沙量		水量变幅	沙量变幅
		年均	最大	最小	年均	最大	最小	C_v	C_s	C_v	C_s		
龙门	1950 ~ 1969 年	328.9	539.4	191.8	11.61	24.61	2.79	0.3	0.5	0.6	0.6	2.8	8.8
	1970 ~ 1996 年	263.4	399.7	147.3	6.48	16.66	2.34	0.2	0.5	0.6	1.1	2.7	7.1
	1997 ~ 2006 年	161.9	199.6	132.7	2.53	4.49	1.21	0.1	0.7	0.4	0	1.5	3.7
	1950 ~ 1986 年	310.9	539.4	191.8	9.40	24.61	2.34	0.2	0.7	0.7	1.0	2.8	10.5
	1987 ~ 1996 年	218.9	333.8	147.3	5.92	9.10	2.62	0.2	1.3	0.5	0.1	2.3	3.5
潼关	1950 ~ 1969 年	441.4	699.2	268.7	15.53	30.31	4.54	0.2	0.6	0.5	0.7	2.6	6.6
	1970 ~ 1996 年	340.0	525.7	200.2	10.06	22.39	3.34	0.3	0.7	0.4	1.0	2.6	6.7
	1997 ~ 2006 年	201.1	261.1	149.5	4.33	6.61	2.47	0.2	0.2	0.3	0.4	1.7	2.7
	1950 ~ 1986 年	410.2	699.2	268.7	13.37	29.96	3.96	0.3	0.7	0.5	0.9	2.6	7.6
	1987 ~ 1996 年	282.8	401.7	200.2	8.77	13.64	3.34	0.2	0.8	0.4	-0.1	2.0	4.1
三门峡	1950 ~ 1969 年	443.9	685.3	239.3	14.52	30.31	1.16	0.3	0.3	0.6	0.4	2.9	25.8
	1970 ~ 1996 年	340.1	531.5	212.4	10.66	21.08	2.87	0.3	0.7	0.5	0.6	2.5	7.3
	1997 ~ 2006 年	178.9	222.1	137.9	4.28	7.56	2.32	0.2	0	0.4	0.9	1.6	3.3
	1950 ~ 1986 年	411.8	685.3	239.3	13.24	29.96	1.16	0.3	0.6	0.5	0.7	2.9	25.8
	1987 ~ 1996 年	282.5	398.9	212.4	8.84	15.53	2.87	0.2	0.9	0.4	0.2	1.9	5.4
河津	1950 ~ 1969 年	17.72	33.56	6.82	0.560	1.759	0.084	0.4	0.6	0.8	1.1	4.9	21.0
	1970 ~ 1996 年	7.90	16.15	2.42	0.099	0.517	0.002	0.5	0.7	1.3	2.4	6.7	291.5
	1997 ~ 2006 年	3.17	6.18	1.51	0.003	0.013	0	0.4	1.1	1.3	2.3	4.1	122.3
	1950 ~ 1986 年	13.60	33.56	3.35	0.362	1.759	0.002	0.5	0.9	1.1	1.7	10.0	992.8
	1987 ~ 1996 年	6.45	15.09	2.42	0.047	0.162	0.002	0.7	1.5	1.2	1.4	6.2	73.2
华县	1950 ~ 1969 年	90.8	187.6	52.9	4.327	10.633	1.384	0.3	1.5	0.6	1.1	3.5	7.7
	1970 ~ 1996 年	64.0	131.5	17.5	3.252	8.337	0.498	0.5	0.8	0.7	1.1	7.5	16.8
	1997 ~ 2006 年	41.9	93.4	16.8	1.746	2.996	0.894	0.5	1.7	0.4	0	5.6	3.3
	1950 ~ 1986 年	81.0	187.6	31.0	3.890	10.633	0.498	0.4	0.8	0.6	1.2	6.1	21.4
	1987 ~ 1996 年	54.7	86.2	17.5	3.041	5.560	1.188	0.4	-0.2	0.6	0.2	4.9	4.7

支流河津站和华县站 1950 ~ 1969 年最大水量分别为 33.56 亿 m^3 和 187.6 亿 m^3,近期只有 6.18 亿 m^3 和 93.4 亿 m^3,较 1969 年前分别减少 82% 和 50%,较 1970 ~ 1996 年减少 62% 和 29%。河津站和华县站 1950 ~ 1969 年最大沙量分别为 1.759 亿 t 和 10.633 亿

t,近期只有0.013亿t和2.996亿t,较1950~1969年分别减少了99%和72%,较1970~1996年分别减少了98%和64%。

可见,近期年最大水沙量较1950~1969年和1970~1996年均减小,且沙量减小值大于水量减小值,支流减小值大于干流减小值。

近期同1987~1996年相比,龙门站、潼关站和三门峡站年最大水量分别减少40%、35%和44%,年最大沙量分别减少52%、51%和52%。龙门站、潼关站和三门峡站近期年最大水量,较1986年前分别减少了63%、63%和68%,年最大沙量分别减少了82%、78%和75%。

支流河津站年最大水量较1987~1996年减少59%。华县站在2003年发生了3场洪水,2场洪峰流量都大于3 000 m^3/s,因此年最大水量与1987~1996年的相比,没有减少反而增加了8%。河津站和华县站年最大沙量较1987~1996年分别减少了92%和46%。河津站和华县站年最大水量较1986年前分别减少了82%和50%,年最大沙量分别减少了99%和72%。

总体看来,除华县站最大水量有稍微增加外,近期年最大水沙量较1987~1996年和1986年以后基本上都有所减少,且沙量减小值大于水量减小值,支流减小值大于干流减小值。

5.2.2.2 近期年均水沙量变幅减小

近期龙门站、潼关站和三门峡站的水量变幅(各时期内最大水量与最小水量比值)分别为1.5、1.7和1.6(见表5-2),较1970~1996年分别减少45%、33%和36%,较1950~1969年分别减少46%、33%和44%。沙量变幅分别为3.7、2.7和3.3,较1970~1996年分别减少了48%、60%和56%,较1950~1969年分别减少了58%、59%和87%。

近期支流河津站的水量变幅为4.1,较1950~1969年减少16%,华县站水量变幅受2003年大洪水的影响,增大了56%,由1950~1969年的3.5增加到近期的5.6。河津站的最大沙量由1950~1969年的1.759亿t减少为最近的0.013亿t,华县站沙量的变幅较1950~1969年增加了44%。河津站和华县站的水量变幅,较1970~1996年分别减少39%和26%,沙量分别减少58%和80%。

近期龙门站、潼关站和三门峡站近期水量变幅,较1986年前分别减少46%、33%和44%,沙量变幅分别减少65%、65%和87%。同1987~1996年相比,龙门站、潼关站和三门峡站年水量变幅分别减少34%、13%和14%,龙门站沙量变幅增加了7%,潼关站和三门峡站分别减少了34%和40%。

支流河津站和华县站水量变幅较1986年前相比分别减少59%和8%,沙量变幅分别减少88%和84%。支流河津站水量变幅与1987~1996年相比减少34%,华县站增加了13%,支流华县站沙量变幅减小了22%,河津站沙量变幅由1987~1996年的73.2增加到122.3。

总体看来,水沙量的变幅基本上都是减小的,且沙量变幅减小值大于水量变幅减小值。且水沙变幅从20世纪50年代开始是依次减小的,近期与1986年前和1987~1996年相比,前者减少得多。

5.2.2.3 近期年 C_v 值减小

水文计算中用均方差与均值之比作为衡量系列的相对离散程度的一个参数,称为变差系数,或称离差系数、离势系数,用 C_v 表示。该值可以很好地反映不同均值系列的离散程度，C_v 值越大，则说明此系列离散程度越大。C_v 值变化也显示出年际间水沙变幅的减小。

近期年水量的 C_v 值，龙门站、潼关站和三门峡站分别为 0.1、0.2 和 0.2（见表 5-2），与 1970～1996 年的 0.2、0.3 和 0.3 相比，均减小了 0.1 左右，较 1950～1969 年的 0.3、0.3 和 0.3 相比，龙门站、潼关站和三门峡站均发生减小，其中龙门站减少最多，减少了 0.2。龙门、潼关和三门峡站近期年沙量的 C_v 值分别为 0.4、0.3 和 0.4，较 1970～1996 年的 0.5、0.4 和 0.5，略有减少，均减少了 0.1，较 1950～1969 年的 0.5、0.5 和 0.6，均发生了减小。

支流河津站和华县站的年水量 C_v 值分别为 0.45 和 0.53，较 1970～1996 年的 0.53 和 0.46，河津站增加了，华县站减少了，较 1950～1969 年 0.4 和 0.3 均略有增加。河津站和华县站的年沙量 C_v 值分别为 1.3 和 0.4，较 1970～1996 年的 1.3 和 0.4 变化不大。河津站和华县站年沙量较 1950～1969 年的 0.8 和 0.6 相比，其中河津站增大了 0.5，华县站减少了 0.2。

总之，大部分站近期年水沙量的 C_v 值均发生减少，即水沙变幅变小了。

5.2.3 各时期年内水沙量变化特点

5.2.3.1 汛期水沙变化特点

1）汛期水沙量变化

干流龙门站、潼关站和三门峡站近期汛期水量明显减少（见表 5-3），较 1970～1996 年分别减少 53%、52% 和 56%，较 1950～1969 年分别减少 64%、67% 和 69%。近期龙门站、潼关站和三门峡站汛期沙量分别为 1.928 亿 t、3.12 亿 t 和 4.05 亿 t，较 1970～1996 年分别减少 65%、62% 和 59%，较 1950～1969 年分别减少 82%、77% 和 66%。近期各干流汛期水沙量比 1970～1996 年和 1950～1969 年均减少，且较 1950～1969 年减少最多，其中沙量减幅较水量减幅大。

近期支流河津站和华县站汛期水量分别为 1.8 亿 m^3 和 26.8 亿 m^3，较 1970～1996 年分别减少 65% 和 33%，较 1950～1969 年分别减少 84% 和 51%。近期河津站和华县站汛期沙量分别为 0.003 亿 t 和 1.52 亿 t，较 1970～1996 年分别减少 97% 和 38%，较 1950～1969年分别减少 99% 和 62%。

近期龙门汛期水沙量占潼关站的比例有所减小，由 1970～1996 年的 73.4% 和 68.3% 减小为近期的 71.7% 和 61.7%，相反华县站水沙量占潼关站的水沙量则有所增加，由 1970～1996 年的 22.0% 和 35.8% 增加为近期的 30.7% 和 48.4%。但由于近期龙门站和华县站汛期的水沙量均有所减小，因此潼关近期的水沙量也是减少的。

从表 5-3 还可以看出，近期水沙大幅减少，其中年均减少的水沙量主要集中在汛期，且汛期沙量减少量占年沙量减少量的比例大于汛期水量减少量占年沙量减少量的比例。如龙门站、潼关站和三门峡站年均水量比 1970～1996 年分别减少了 101.5 亿 m^3、138.9 亿 m^3 和 161.2 亿 m^3，而其中 69%、68% 和 62% 都是在汛期减少的。龙门站、潼关站和三门峡站年均沙量比 1970～1996 年分别减少了 3.946 亿 t、5.730 亿 t 和 6.380 亿 t，而其中 93%、88% 和 92% 都是在汛期减少的。

支流的河津站和华县站也存在同样的规律，近期河津站和华县站年均水量比 1970～1996 年分别减少 4.7 亿 m^3 和 22.1 亿 m^3，而其中 60% 和 59% 都减少在汛期，近期河津站和华县站年均沙量比1970～1996年分别减少0.096亿t和1.500亿t,而其中92%和88%都减少在汛期。

表5-3　龙门到三门峡主要干支流汛期、非汛期水沙

站名	时期	水量(亿 m^3)			沙量(亿t)			水量占年的比例(%)			沙量占年的比例(%)		
		汛期	非汛期	年	汛期	非汛期	年	汛期	非汛期	年	汛期	非汛期	年
龙门	1950～1969年	197.2	131.7	328.9	10.43	1.175	11.610	60	40	100	90	10	100
	1970～1996年	133.0	130.4	263.4	5.586	0.896	6.480	50	50	100	86	14	100
	1997～2006年	62.6	99.3	161.9	1.928	0.605	2.534	39	61	100	76	24	100
	1950～1986年	178.1	132.8	310.9	8.37	1.03	9.40	57	43	100	89	11	100
	1987～1996年	94.6	124.3	218.9	4.97	0.95	5.92	43	57	100	84	16	100
潼关	1950～1969年	261.2	180.2	441.4	13.30	2.23	15.53	59	41	100	86	14	100
	1970～1996年	181.2	158.8	340.0	8.18	1.88	10.06	53	47	100	81	19	100
	1997～2006年	87.2	113.9	201.1	3.12	1.21	4.33	43	57	100	72	28	100
	1950～1986年	237.8	172.4	410.2	11.33	2.04	13.37	58	42	100	85	15	100
	1987～1996年	131.3	151.5	282.8	6.75	2.02	8.77	46	54	100	77	23	100
三门峡	1950～1969年	257.5	186.4	443.9	11.78	2.74	14.52	58	42	100	81	19	100
	1970～1996年	180.3	159.8	340.1	9.97	0.69	10.66	53	47	100	94	6	100
	1997～2006年	79.8	99.1	178.9	4.05	0.23	4.28	45	55	100	95	5	100
	1950～1986年	235.6	176.2	411.8	11.39	1.85	13.24	57	43	100	86	14	100
	1987～1996年	130.3	152.2	282.5	8.34	0.50	8.84	46	54	100	94	6	100
河津	1950～1969年	10.9	6.8	17.7	0.512	0.048	0.560	61	39	100	91	9	100
	1970～1996年	5.0	2.9	7.9	0.091	0.008	0.099	64	36	100	92	8	100
	1997～2006年	1.8	1.4	3.2	0.003	0	0.003	55	45	100	89	11	100
	1950～1986年	8.4	5.2	13.6	0.331	0.031	0.362	61	39	100	91	9	100
	1987～1996年	4.5	2.0	6.5	0.044	0.003	0.047	69	31	100	94	6	100
华县	1950～1969年	52.8	38.0	90.8	3.87	0.46	4.33	58	42	100	89	11	100
	1970～1996年	39.9	24.1	64.0	2.93	0.32	3.25	62	38	100	90	10	100
	1997～2006年	26.8	15.1	41.9	1.52	0.23	1.75	64	36	100	87	13	100
	1950～1986年	49.5	31.5	81.0	3.51	0.38	3.89	61	39	100	90	10	100
	1987～1996年	30.4	24.3	54.7	2.68	0.36	3.04	56	44	100	88	12	100

2)汛期水沙量占年比例变化

干流龙门站、潼关站和三门峡站近期汛期水量占全年的比例分别为39%、43%和

45%,较 1970 ~ 1996 年分别减少了 11 个、10 个和 8 个百分点,较 1950 ~ 1969 年分别减少了 21 个、16 个和 13 个百分点。近期龙门站、潼关站和三门峡站汛期沙量占全年的比例为 76%、72% 和 94%,其中龙门站和潼关站较 1970 ~ 1996 年分别减少了 10 个和 9 个百分点,三门峡站变化不大,龙门站和潼关站较 1950 ~ 1969 年均增加了 14 个百分点,三门峡站则减小了 14 个百分点,且汛期水量占全年比例的减少幅度大于沙量减少幅度。

近期河津站汛期水量占全年水量的比例与 1970 ~ 1996 年和 1950 ~ 1969 年相比分别减少了 9 个和 6 个百分点,汛期沙量也相应的增加了 3 个和 2 个百分点。河津站汛期水沙量的变幅也有所减小,且水量减小幅度大于沙量。其中,华县站汛期水量所占比例由于 2003 年大洪水的影响,由 1950 ~ 1969 年和 1970 ~ 1996 年的 58% 和 62%,增大到近期的 64%。沙量的比例则有所减小,由 1950 ~ 1969 年和 1970 ~ 1996 年的 89% 和 90%,减少到近期的 87%。

3)汛期平均含沙量变化

干支流汛期平均含沙量的变化如图 5-2 所示。可以看出,近期龙门站和潼关站汛期含沙量均明显减小,由 1950 ~ 1969 年的 54 kg/m^3 和 52 kg/m^3,减少为近期的 31 kg/m^3 和 36 kg/m^3,而三门峡站含沙量则有所增加,由 1950 ~ 1969 年的 46 kg/m^3 增加到近期的 51 kg/m^3。近期支流华县的汛期含沙量则有所减小,由 1950 ~ 1969 年的 73 kg/m^3 减小到近期的 57 kg/m^3,河津则由于近期上游修建水库,沙量均被蓄在水库里,进入河津的沙量几乎为 0。

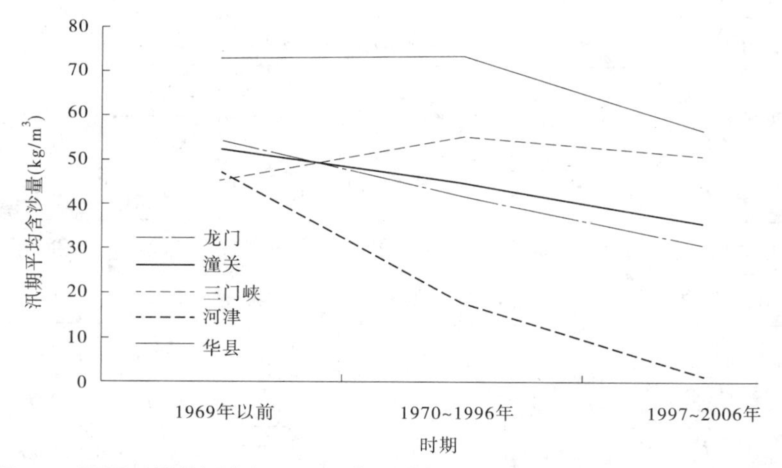

图 5-2 不同时期黄河龙门—三门峡区间主要干支流控制站汛期平均含沙量

4)汛期水沙量变幅变化

干支流汛期最大水沙量的变化如表 5-4 和表 5-5 所示。干流站龙门、潼关和三门峡近期最大水量分别为 79.4 亿 m^3、156.5 亿 m^3 和 146.9 亿 m^3,较 1970 ~ 1996 年分别减少 69%、54% 和 55%,较 1950 ~ 1969 年分别减少 79%、64% 和 65%。近期最大沙量分别为 3.52 亿 t、5.32 亿 t 和 7.76 亿 t,较 1970 ~ 1996 年分别减少 77%、75% 和 63%,较 1950 ~ 1969 年分别减少 85%、80% 和 72%。

表 5-4　龙门到三门峡主要干支流汛期水量变幅特点

站名	项目	各时期汛期量值(7～10月)					
		1950～2006年	1950～1969年	1970～1996年	1997～2006年	1950～1986年	1987～1996年
龙门	最大值(亿 m^3)	367.9	367.9	250.6	79.4	367.9	173.5
	最小值(亿 m^3)	44.5	84.6	44.5	48.5	84.6	44.5
	变幅	8.3	4.3	5.6	1.6	4.3	3.9
	C_v	0.51	0.35	0.42	0.20	0.36	0.38
	C_s	0.74	0.56	0.63	0	0.68	0.91
潼关	最大值(亿 m^3)	437.2	437.2	338.8	156.5	437.2	205.0
	最小值(亿 m^3)	55.7	115.8	61.1	55.7	115.8	61.1
	变幅	7.9	3.8	5.5	2.8	3.8	3.4
	C_v	0.49	0.32	0.42	0.35	0.35	0.33
	C_s	0.56	0.36	0.71	0	0.41	0.08
三门峡	最大值(亿 m^3)	417.5	417.5	330.5	146.9	417.5	201.6
	最小值(亿 m^3)	50.4	115.3	59.9	50.4	115.3	59.9
	变幅	8.3	3.6	5.5	2.9	3.6	3.4
	C_v	0.50	0.33	0.42	0.37	0.35	0.33
	C_s	0.55	0.31	0.70	0	0.42	0.14
河津	最大值(亿 m^3)	25.70	25.70	13.12	4.29	25.70	13.12
	最小值(亿 m^3)	0.74	2.59	0.74	0.74	1.01	0.74
	变幅	34.7	9.9	17.7	5.8	25.4	17.7
	C_v	0.88	0.59	0.75	0.61	0.70	1.03
	C_s	1.28	0.62	0.77	0	1.08	1.46
华县	最大值(亿 m^3)	110.9	110.9	87.5	75.0	110.9	62.0
	最小值(亿 m^3)	6.1	19.0	11.4	6.1	13.3	11.4
	变幅	18.3	5.8	7.7	12.4	8.3	5.4
	C_v	0.57	0.41	0.59	0.77	0.47	0.54
	C_s	0.70	0.89	0.87	0	0.58	0.70

表 5-5　龙门到三门峡主要干支流汛期沙量变幅特点

站名	项目	各时期汛期量值(7~10月)					
		1950~2006年	1950~1969年	1970~1996年	1997~2006年	1950~1986年	1987~1996年
龙门	最大值(亿t)	23.02	23.02	15.53	3.52	23.02	8.43
	最小值(亿t)	0.87	2.12	1.54	0.87	1.54	2.09
	变幅	26.4	10.8	10.1	4.0	15.0	4.0
	C_v	0.78	0.58	0.58	0.36	0.66	0.46
	C_s	1.37	0.62	1.10	0	1.03	0.09
潼关	最大值(亿t)	27.10	27.10	20.92	5.32	27.10	12.46
	最小值(亿t)	1.70	3.03	1.99	1.70	2.11	1.99
	变幅	16.0	9.0	10.5	3.1	12.8	6.3
	C_v	0.69	0.52	0.55	0.37	0.56	0.51
	C_s	1.16	0.70	1.03	0	0.94	0.09
三门峡	最大值(亿t)	27.10	27.10	20.61	7.76	27.10	15.45
	最小值(亿t)	1.15	1.15	2.57	2.08	1.15	2.57
	变幅	23.5	23.5	8.0	3.7	23.5	6.0
	C_v	0.64	0.64	0.46	0.41	0.56	0.50
	C_s	0.99	0.69	1.81	0	0.75	0.13
河津	最大值(亿t)	1.704	1.704	0.499	0.011	1.704	0.156
	最小值(亿t)	0	0.015	0.001	0	0.001	0.002
	变幅	26 499.9	116.9	993.4	177.7	3 389.5	81.0
	C_v	1.59	0.89	1.38	1.35	1.15	1.33
	C_s	2.38	1.22	0.38	0	1.93	1.42
华县	最大值(亿t)	9.64	9.64	7.69	2.94	9.64	5.27
	最小值(亿t)	0.38	1.27	0.38	0.87	0.38	0.65
	变幅	25.0	7.6	20.0	3.4	25.0	8.1
	C_v	0.70	0.63	0.65	0.42	0.64	0.60
	C_s	1.32	1.14	1.11	0.00	1.17	0.24

近期支流站河津和华县汛期最大水量分别为4.29亿m^3和75.0亿m^3，较1970~

1996 年分别减少 67% 和 14%，较 1950 ~ 1969 年分别减少 83% 和 32%。近期汛期最大沙量分别为 0.011 亿 t 和 2.94 亿 t，较 1970 ~ 1996 年分别减少 98% 和 62%，较 1950 ~ 1969 年分别减少 99% 和 70%。

可见，近期干流各站年最大水沙量较 1950 ~ 1969 年和 1970 ~ 1996 年相比均减小，且沙量减小值大于水量减小值，支流减幅大于干流减幅。

由表 5-4 和表 5-5 还可以看出，近期龙门站、潼关站和三门峡站的水量变幅（各时期内最大水量与最小水量比值）分别为 1.6、2.8 和 2.9，较 1970 ~ 1996 年分别减少 72%、49% 和 47%，较 1950 ~ 1969 年分别减少 63%、26% 和 19%。沙量变幅分别为 4.0、3.1 和 3.7，较 1970 ~ 1996 年分别减少 60%、70% 和 54%，较 1950 ~ 1969 年分别减少 63%、66% 和 84%。

支流河津站近期水量变幅为 5.8，较 1970 ~ 1996 年和 1950 ~ 1969 年分别减少 67% 和 41%；沙量变幅为 177.7，较 1970 ~ 1996 年分别减少 82%，较 1950 ~ 1969 年增加 52%。华县站近期水量变幅为 12.4，较 1970 ~ 1996 年和 1950 ~ 1969 年分别增加 61% 和 114%；沙量变幅为 3.4，较 1970 ~ 1996 年和 1950 ~ 1969 年分别减少 83% 和 55%。

可以看出，近期干流的水量和沙量的变幅都是减小的，且沙量变幅减小略大于水量变幅。支流华县则是水量变幅增加，沙量变幅减小。

5.2.3.2 主汛期（7 ~ 8 月）水沙变化特点

1）主汛期水沙量变化

近期干支流主汛期水量和沙量均发生减小，具体见表 5-6。如近期龙门、潼关和三门峡 3 站主汛期水量分别为 30.2 亿 m^3、38.5 亿 m^3 和 35.4 亿 m^3，比 1970 ~ 1996 年分别减少 56%、57% 和 60%，比 1950 ~ 1969 年分别减少 70%、70% 和 72%。近期龙门、潼关和三门峡 3 站主汛期沙量分别为 1.66 亿 t、2.32 亿 t 和 3.10 亿 t，比 1970 ~ 1996 年分别减少 64%、61% 和 57%，比 1950 ~ 1969 年分别减少 80%、76% 和 62%。

近期支流河津站和华县站主汛期水量分别为 0.7 亿 m^3 和 10.5 亿 m^3，比 1970 ~ 1996 年分别减少 75% 和 43%，比 1969 年分别减少 88% 和 58%。近期华县站主汛期沙量为 1.23 亿 t，比 1970 ~ 1996 年和 1950 ~ 1969 年分别减少 47% 和 61%。

从表 5-6 还可以看出，近期水沙大幅减少，其中汛期减少的水沙量主要集中在主汛期，且主汛期沙量减少量占年减少量的比例大于主汛期水量减少量占年减少量的比例。如龙门、潼关和三门峡 3 站汛期平均水量比 1970 ~ 1996 年分别减少了 70.5 亿 m^3、94.0 亿 m^3 和 100.5 亿 m^3，而其中 53%、53% 和 52% 均是减少在主汛期，近期汛期平均沙量比 1970 ~ 1996 年分别减少了 3.66 亿 t、5.06 亿 t 和 5.92 亿 t，而其中 76%、71% 和 69% 均减少在主汛期。

近期支流的河津站和华县站汛期平均水量比 1970 ~ 1996 年分别减少了 3.3 亿 m^3 和 13.1 亿 m^3，其中 67% 和 54% 是减少在主汛期，近期汛期沙量比 1970 ~ 1996 年分别减少了 0.09 亿 t 和 1.42 亿 t，其中 68% 和 77% 也是减少在主汛期。

2）主汛期水沙量占年水沙量的比例变化

近期干流龙门、潼关和三门峡 3 站主汛期水量占全年的比例分别为 19%、19% 和 20%，比 1970 ~ 1996 年分别减少 7 个百分点、7 个百分点和 6 个百分点，比 1950 ~ 1969 年

表 5-6　龙门到三门峡主要干支流汛期内水沙量特点

站名	时期	水量(亿 m^3)			沙量(亿 t)			水量占年的比例(%)			沙量占年的比例(%)		
		主汛期	秋汛期	年	主汛期	秋汛期	年	主汛期	秋汛期	年	主汛期	秋汛期	年
龙门	1950～1969 年	99.8	97.4	328.9	8.243	2.188	11.61	30	30	100	71	19	100
	1970～1996 年	68	65	263.4	4.546	1.04	6.48	26	24	100	70	16	100
	1997～2006 年	30.2	32.4	161.9	1.660	0.268	2.52	19	20	100	66	10	100
	1950～1986 年	89	89.1	310.9	6.64	1.73	9.4	29	28	100	71	18	100
	1987～1996 年	54	40.6	218.9	4.2	0.76	5.92	25	18	100	71	13	100
潼关	1950～1969 年	130	131.1	441.4	9.52	3.78	15.53	29	30	100	61	25	100
	1970～1996 年	89.1	92.1	340	5.91	2.27	10.06	26	27	100	59	22	100
	1997～2006 年	38.5	48.7	201.1	2.32	0.81	4.33	19	24	100	53	19	100
	1950～1986 年	115.2	122.7	410.2	8	3.33	13.37	28	30	100	60	25	100
	1987～1996 年	74.5	56.8	282.8	5.36	1.39	8.77	26	20	100	61	16	100
三门峡	1950～1969 年	128.7	128.8	443.9	8.11	3.67	14.52	29	29	100	56	25	100
	1970～1996 年	88.5	91.8	340.1	7.21	2.76	10.66	26	27	100	68	26	100
	1997～2006 年	35.4	44.4	178.9	3.10	0.95	4.28	20	25	100	73	22	100
	1950～1986 年	114	121.6	411.8	7.78	3.61	13.24	28	29	100	59	27	100
	1987～1996 年	74.4	55.9	282.5	6.91	1.43	8.84	26	20	100	78	16	100
河津	1950～1969 年	5.9	5	17.7	0.354	0.159	0.56	33	28	100	63	28	100
	1970～1996 年	2.8	2.2	7.9	0.064	0.027	0.099	35	29	100	65	27	100
	1997～2006 年	0.7	1	3.2	0.001	0.001	0.003	22	33	100	48	41	100
	1950～1986 年	4.5	3.9	13.6	0.23	0.1	0.36	32	29	100	63	28	100
	1987～1996 年	2.8	1.6	6.5	0.03	0.01	0.05	44	25	100	69	25	100
华县	1950～1969 年	25.1	27.8	90.8	3.03	0.84	4.33	28	30	100	70	19	100
	1970～1996 年	18.4	21.5	64	2.32	0.61	3.25	28	34	100	71	19	100
	1997～2006 年	10.5	16.3	41.9	1.23	0.28	1.75	25	39	100	71	16	100
	1950～1986 年	22.1	27.4	81	2.7	0.81	3.89	27	34	100	69	21	100
	1987～1996 年	18	12.4	54.7	2.35	0.33	3.04	33	23	100	77	11	100

分别减少 11 个百分点、10 个百分点和 9 个百分点。近期龙门站和潼关站主汛期沙

量占全年沙量的比例分别为66%和53%，比1970～1996年分别减少4个百分点和6个百分点，比1950～1969年分别减少5个百分点和8个百分点，近期三门峡站主汛期沙量占全年沙量的比例为73%，反而比1970～1996年和1950～1969年增加5个百分点和17个百分点。

近期支流河津站和华县站主汛期水量占全年的比例分别为22%和25%，比1970～1996年分别减少13个百分点和4个百分点，比1950～1969年分别减少了11个百分点和3个百分点。近期河津站主汛期的沙量占全年沙量的比例为48%，比1970～1996年和1950～1969年分别减少了15个百分点和17个百分点，华县站主汛期的沙量占全年沙量的比例为71%，与1970～1996年和1950～1969年相比变化较小。

3）主汛期平均含沙量变化

主汛期平均含沙量的变化如图5-3所示，近期龙门站和潼关站主汛期平均含沙量逐渐减小，由1950～1969年的85 kg/m^{3}和75 kg/m^{3}减小为近期的55 kg/m^{3}和60 kg/m^3，三门峡站近期的含沙量则比以前有所增加，由1950～1969年的63 kg/m^{3}增加为近期的87 kg/m^3。近期渭河华县站的主汛期平均含沙量则变化不大，1950～1969年为118 kg/m^3，近期则为117 kg/m^3，仅1970～1996年稍微增大为127 kg/m^3。河津站则由于近期上游修建水库，沙量均被蓄在水库里，进入河津站的沙量几乎为0。

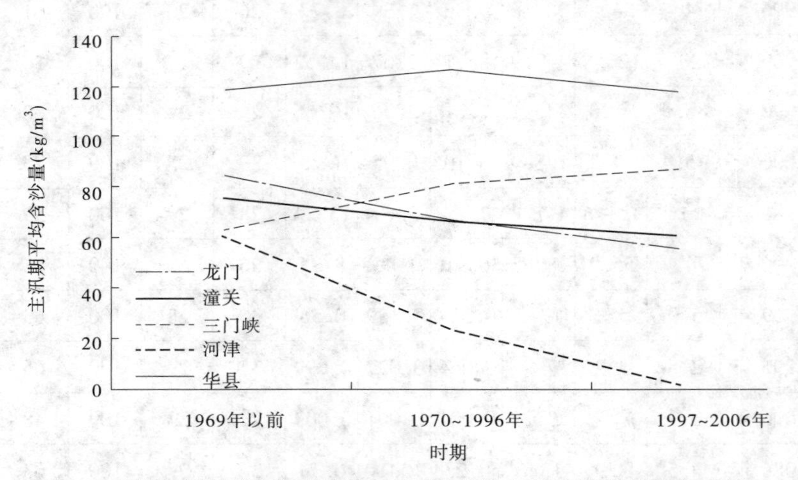

图5-3 不同时期黄河龙三区间主要干支流控制站主汛期平均含沙量

4）主汛期水沙变幅变化

干支流主汛期最大水沙量的变化如表5-7和表5-8所示。干流龙门站、潼关站和三门峡站近期主汛期最大水量分别为41.9亿m^3、61.6亿m^{3}和58.1亿m^3，较1970～1996年分别减少66%、65%和66%，较1950～1969年分别减少76%、72%和74%；最大沙量分别为3.42亿t、3.98亿t和5.44亿t，较1970～1996年分别减少77%、80%和72%，较1950～1969年分别减少81%、82%和76%。

近期支流河津站和华县站主汛期最大水量分别为1.6亿m^{3}和20.5亿m^3，较1970～1996年分别减少86%和51%，较1950～1969年分别减少89%和66%；最大沙量分别为0.005亿t和2.06亿t，其中河津站的减幅达99%，华县站较1970～1996年和1950～

1969 年分别减少 64% 和 73% 。

表 5-7　龙门到三门峡主要干支流控制站主汛期内水量特点

站名	项目	各时期汛期量值(7～8 月)				
		1950～1969 年	1970～1996 年	1997～2006 年	1950～1986 年	1987～1996 年
龙门	最大值(亿 m^3)	175.9	124.8	41.9	175.9	76.7
	最小值(亿 t)	54.3	25.9	16.9	33.2	25.9
	变幅	3.2	4.8	2.5	5.3	3.0
潼关	最大值(亿 t)	217.8	174.4	61.6	217.8	124.8
	最小值(亿 t)	67.0	31.4	19.0	50.6	31.4
	变幅	3.3	5.5	3.2	4.3	4.0
三门峡	最大值(亿 t)	227.2	171.9	58.1	227.2	126.7
	最小值(亿 t)	65.9	31.6	16.7	50.5	31.6
	变幅	3.4	5.4	3.5	4.5	4.0
河津	最大值(亿 t)	14.6	11.0	1.6	14.6	11.0
	最小值(亿 t)	1.7	0.1	0.3	0.5	0.1
	变幅	8.6	100.2	5.1	30.4	100.2
华县	最大值(亿 t)	59.9	42.2	20.5	59.9	41.1
	最小值(亿 t)	6.5	4.8	3.6	4.8	5.3
	变幅	9.2	8.7	5.7	12.4	7.7

可以看出,无论是干流还是支流主汛期最大沙量的减少幅度均大于水量的减少幅度。

近期主汛期水沙量变幅均有所减小,其中水量的变幅为 2.5～3.5(见表 5-7),比 1970～1996 年和 1950～1969 年略有减小;沙量变幅为 4.6～6.0,而 1950～1969 年为 9.5～20.4,可见干流沙量变幅的减少幅度大于水量变幅减少幅度。

而近期支流华县站水量的变幅为 5.7,沙量的变幅为 3.23,与 1970～1996 年和 1950～1969年相比,水沙量变幅都有所减小,但仍是沙量变幅减小幅度略大于水量变幅减少幅度。

5.2.3.3　秋汛期(9～10 月)水沙变化特点

1)秋汛期水沙量变化

近期干支流秋汛期水沙量均发生了减小,具体见表 5-6。如龙门、潼关和三门峡 3 站近期秋汛期水量分别为 32.4 亿 m^3、48.7 亿 m^3 和 44.4 亿 m^3,比 1970～1996 年分别减少 50%、47% 和 52%,比 1950～1969 年分别减少 67%、63% 和 66%。近期龙门、潼关和三门峡秋汛期 3 站沙量分别为 0.27 亿 t、0.81 亿 t 和 0.95 亿 t,比 1970～1996 年分别减少 74%、64% 和 65%,比 1950～1969 年分别减少 88%、79% 和 74%。

表 5-8 龙门到三门峡主要干支流控制站主汛期内沙量特点

站名	项目	各时期汛期量值(7～8 月)				
		1950～1969 年	1970～1996 年	1997～2006 年	1950～1986 年	1987～1996 年
龙门	最大值(亿 t)	17.77	14.81	3.42	17.77	7.90
	最小值(亿 t)	1.69	1.29	0.74	1.29	1.69
	变幅	10.49	11.53	4.61	13.83	4.67
潼关	最大值(亿 t)	22.60	19.84	3.98	22.60	11.55
	最小值(亿 t)	2.37	1.42	0.88	1.83	1.42
	变幅	9.54	13.95	4.52	12.36	8.12
三门峡	最大值(亿 t)	22.60	19.62	5.44	22.60	14.49
	最小值(亿 t)	1.11	1.81	0.91	1.11	1.81
	变幅	20.43	10.82	5.95	20.43	7.99
河津	最大值(亿 t)	1.248	0.477	0.005	1.248	0.135
	最小值(亿 t)	0.014	0	0	0	0
	变幅	89.93				
华县	最大值(亿 t)	7.51	5.66	2.06	7.51	5.02
	最小值(亿 t)	0.55	0.22	0.64	0.22	0.43
	变幅	13.78	25.47	3.23	33.77	11.78

近期支流河津和华县秋汛期水量分别为 1.0 亿 m^3 和 16.3 亿 m^3，比 1970～1996 年分别减少 54% 和 25%，比 1950～1969 年分别减少 79% 和 42%。近期河津和华县秋汛期沙量分别为 0.001 亿 t 和 0.277 亿 t，比 1970～1996 年分别减少 96% 和 54%，比 1950～1969 年分别减少 99% 和 67%。

可以看出，干流秋汛期沙量的减幅仍然大于水量的减幅，与 1970～1996 年相比，其中干流各站水量的减幅在 47%～52%，而水量减幅在 64%～74%。支流河津由于近期修建水库，水量和沙量都大幅减少，沙量更是接近于 0。

2）秋汛期水沙量占年水沙量的比例变化

近期干流龙门、潼关和三门峡 3 站秋汛期水沙量占全年的比例如表 5-6 所示。其中，水量占全年的比例分别为 20%、24% 和 25%，比 1970～1996 年分别减少 4 个百分点、3 个百分点和 2 个百分点，比 1969 年分别减少 10 个百分点、6 个百分点和 4 个百分点，沙量占全年的比例分别为 10%、19% 和 22%，比 1970～1996 年分别减少 6 个、3 个和 4 个百分点，比 1950～1969 年分别减少 9 个百分点、6 个百分点和 3 个百分点。

近期支流河津站和华县站秋汛期水量占全年的比例分别为 33% 和 39%，比 1970～1996 年分别增加 4 个百分点和 5 个百分点，比 1950～1969 年分别增加 5 个百分点和 9 个百分点;沙量占全年的比例分别为41%和16%,其中河津站比1970~1996年和1950~1969年分别增加14个百分点和13个百分点,而华县站则变化不大。

3)秋汛期平均含沙量变化

秋汛期平均含沙量的变化如图5-4所示,近期龙门、潼关和三门峡站秋汛期平均含沙量逐渐减小,分别由1950~1969年的23 kg/m³、29 kg/m³和28 kg/m³减小为近期的8 kg/m³、17 kg/m³和22 kg/m³。支流河津站和华县站的秋汛期平均含沙量也明显减小,分别由1950~1969年的32 kg/m³和30 kg/m³减小为近期的1 kg/m³和17 kg/m³。

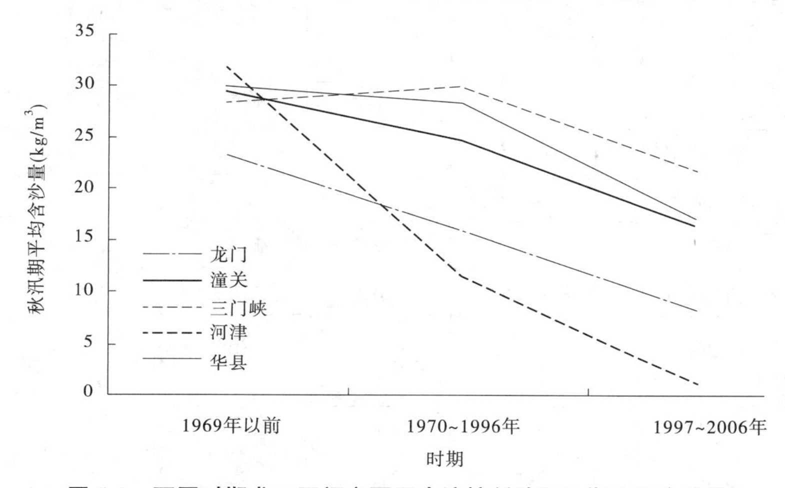

图5-4 不同时期龙三区间主要干支流控制站秋汛期平均含沙量

4)秋汛期水沙变幅变化

干支流秋汛期最大水沙量的变化如表5-9和表5-10所示。干流龙门、潼关和三门峡3站近期秋汛期最大水量分别为51.5亿m³、119.0亿m³和113.1亿m³,比1970~1996年分别减少68%、44%和46%,比1950~1969年分别减少73%、49%和51%;最大沙量分别为0.53亿t、2.88亿t和3.91亿t,比1970~1996年分别减少80%、46%和37%,比1950~1969年分别减少94%、78%和70%。

近期支流河津站和华县站秋汛期最大水量分别为3.3亿m³和59.8亿m³,比1970~1996年分别减少55%和6%,比1950~1969年分别减少80%和23%;最大沙量分别为0.009亿t和1.14亿t,比1970~1996年分别减少94%和44%,较1950~1969年分别减少99%和47%。

可以看出,无论是干流还是支流秋汛期最大沙量的减少幅度均大于水量的减少幅度。

近期秋汛期龙门站水量变幅由1950~1969年的6.3减小为近期的2.9,近期潼关站和三门峡站的水量变幅分别为5.6和5.5,比1950~1969年的4.8和4.6有所增加,近期沙量的变幅比以前减少较多,其中龙门站和潼关站由1950~1969年的20.3和20.3减小为近期的5.3和12.1,三门峡站从1950~1969年的267.8减小到近期的70.7。

渭河华县站的水量变幅有所增加,由1950~1969年的19.1增加为近期的23.9,汾河河津站水量变幅由1950~1969年的18.5减少为近期的9.4。华县站的沙量变幅由1950~1969年的115.7减小为近期的54.6。

可以看出,各站秋汛期沙量的变幅均是减小的,而水量的变幅则有增加有减小。

表 5-9　龙门到三门峡主要干支流控制站秋汛期水量特点

站名	项目	各时期秋汛期(9~10月)量值				
		1950~1969年	1970~1996年	1997~2006年	1950~1986年	1987~1996年
龙门	最大值(亿 m^3)	192.1	160.8	51.5	192.1	98.7
	最小值(亿 m^3)	30.3	17.7	17.5	30.3	17.7
	变幅	6.3	9.1	2.9	6.3	5.6
潼关	最大值(亿 m^3)	232.5	211.7	119.0	232.5	115.2
	最小值(亿 m^3)	48.8	29.7	21.2	43.5	29.7
	变幅	4.8	7.1	5.6	5.3	3.9
三门峡	最大值(亿 m^3)	227.6	209.1	113.1	227.6	112.7
	最小值(亿 m^3)	49.5	28.3	20.2	40.7	28.3
	变幅	4.6	7.4	5.5	5.6	4.0
河津	最大值(亿 m^3)	16.8	7.4	3.3	16.8	4.1
	最小值(亿 m^3)	0.9	0.3	0.4	0.5	0.3
	变幅	18.5	21.6	9.4	34.3	12.2
华县	最大值(亿 m^3)	78.2	63.3	59.8	78.2	26.1
	最小值(亿 m^3)	4.1	3.5	2.5	3.5	4.4
	变幅	19.1	18.0	23.9	22.2	5.9

表 5-10　龙门到三门峡主要干支流控制站秋汛期沙量特点

站名	项目	各时期秋汛期(9~10月)量值				
		1950~1969年	1970~1996年	1997~2006年	1950~1986年	1987~1996年
龙门	最大值(亿 t)	8.71	2.65	0.53	8.71	2.33
	最小值(亿 t)	0.43	0.15	0.10	0.15	0.16
	变幅	20.3	17.5	5.3	57.5	14.4
潼关	最大值(亿 t)	13.35	5.35	2.88	13.35	2.59
	最小值(亿 t)	0.66	0.29	0.24	0.29	0.34
	变幅	20.3	18.7	12.1	46.7	7.6

续表 5-10

站名	项目	各时期汛期量值(9~10 月)				
		1950~1969 年	1970~1996 年	1997~2006 年	1950~1986 年	1987~1996 年
三门峡	最大值(亿 t)	12.96	6.25	3.91	12.96	2.71
	最小值(亿 t)	0.05	0.42	0.06	0.05	0.42
	变幅	267.8	14.9	70.7	267.8	6.5
河津	最大值(亿 t)	1.078	0.148	0.009	1.078	0.055
	最小值(亿 t)	0.001	0	0	0	0
	变幅					116.0
华县	最大值(亿 t)	2.13	2.03	1.14	2.13	1.03
	最小值(亿 t)	0.02	0.03	0.02	0.02	0.06
	变幅	115.7	63.1	54.6	115.7	18.6

5.2.3.4 非汛期水沙变化特点

1)非汛期水沙量变化

近期干支流非汛期水沙量均发生减小,具体见表 5-3。如近期龙门、潼关和三门峡 3 站非汛期水量分别为 99.3 亿 m^3、113.9 亿 m^3 和 99.1 亿 m^3,较 1970~1996 年减少 24%、28% 和 38%,较 1950~1969 年分别减少 23%、36% 和 47%;沙量分别为 0.60 亿 t、1.21 亿 t 和 0.23 亿 t,较 1970~1996 年分别减少 33%、36% 和 67%,较 1950~1969 年分别减少 49%、47% 和 92%。

近期支流河津站和华县站非汛期水量分别为 1.4 亿 m^3 和 15.1 亿 m^3,较 1970~1996 年分别减少 50% 和 37%,较 1950~1969 年分别减少 79% 和 61%。近期河津站非汛期沙量几乎为零,华县站非汛期沙量为 0.23 亿 t,较 1970~1996 年和 1950~1969 年分别减少 27% 和 52%。

可以看出,近期非汛期水沙量均发生减少,且沙量的减少幅度大于水量的减少幅度,其中干流各站水量的减少幅度在 23%~47%,而沙量减幅则在 33%~92%。非汛期河津站沙量几乎为零。

2)非汛期水沙量占年水沙量的比例变化

近期干支流非汛期水沙量占全年的比例如表 5-3 所示。其中,龙门、潼关和三门峡 3 站非汛期水量占年水量的比例分别为 61%、57% 和 55%,非汛期水量均大于 50%,较 1970~1996 年分别增加了 11 个百分点、10 个百分点和 8 个百分点,较 1950~1969 年分别增加了 21 个百分点、16 个百分点和 13 个百分点;沙量占年沙量的比例分别为 24%、28% 和 5%,其中除三门峡站非汛期沙量所占比例比以前有所减少外,龙门站和潼关站较 1970~1996 年分别增加了 10 个百分点和 9 个百分点,较 1950~1969 年均增加了 14 个百分点。

近期汾河河津站非汛期水沙量占全年水沙量的比例均有所增加，其中水量占全年水量的比例比1970～1996年和1950～1969年分别增加了9个百分点和6个百分点；沙量占全年的比例比1970～1996年和1950～1969年分别增加了3个百分点和2个百分点。

近期华县站非汛期水量占全年的比例为36%，比1970～1996年和1950～1969年分别减少2个百分点和6个百分点；沙量占全年的比例为13%，比1970～1996年和1950～1969年分别增加3个百分点和2个百分点。

可以看出，除华县站非汛期的水量外，近期干支流非汛期水量占全年的比例均有所增加，除三门峡非汛期的沙量外，近期干支流非汛期沙量占全年的比例均有所增加。

3）非汛期平均含沙量变化

非汛期平均含沙量的变化如图5-5所示，近期龙门、潼关和三门峡3站非汛期平均含沙量逐渐减小，分别由1950～1969年的9 kg/m³、13 kg/m³和15 kg/m³减小为近期的6 kg/m³、11 kg/m³和2 kg/m³，其中三门峡站非汛期平均含沙量减少最多。支流河津站的含沙量由1950～1969年的7 kg/m³减小为近期的零，华县站的含沙量不但没有减小，反而略微增加，由1950～1969年的13 kg/m³增加为近期15 kg/m³。

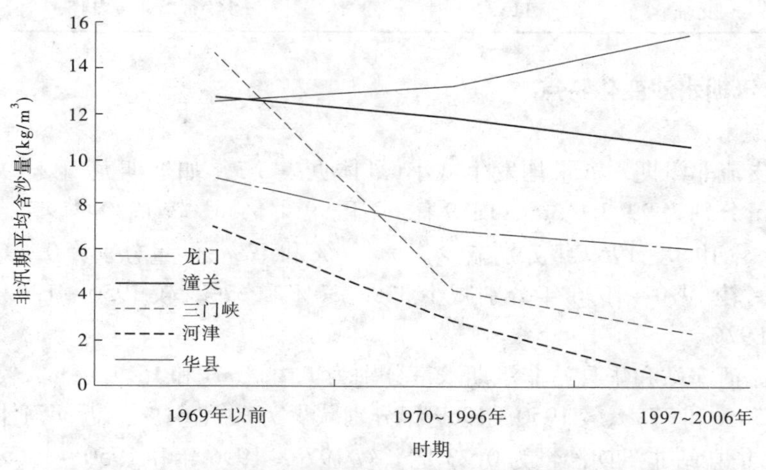

图5-5　不同时期龙三区间主要干支流控制站非汛期平均含沙量

5.2.4　小结

从以上分析可以看出，近期年均水沙量不断减少，且沙量的减幅大于水量的减幅。与1970～1996年相比，其中干流水量的减幅在39%～47%，而沙量的减幅在57%～61%。与1970～1996年相比，支流水量的减幅在35%～60%，而沙量的减幅在46%～97%，所以支流水沙减幅大于干流水沙减幅。近期各站汛期、主汛期和秋汛期的水沙量占年水沙量的比例均有所减少，而非汛期则有所增加。另外，年均水沙减少量主要集中在汛期，而汛期水沙减少量主要集中在主汛期，且沙量减少幅度比水量减少幅度大。近期华县站年均水沙量占潼关年均水沙量的比例均有所增加，且沙量所占比例增加的百分点大于水量所占比例，汛期也存在和年均同样的现象。近期龙门、潼关、华县和河津4站的汛期平均含沙量均比以前减小，三门峡站由于受三门峡水库运用的影响，近期汛期平均含沙量反而有所增加。

5.3 主要干支流汛期各流量级水沙特点

本节采用日历年的日均水沙量资料，统计了龙门到三门峡区间各干支流的各流量级水沙特点，其中龙门站为 1951 ~ 2006 年，潼关站为 1960 ~ 2006 年，三门峡站为 1950 ~ 2006 年，河津站为 1960 ~ 2006 年，华县站为 1960 ~ 2006 年。各时期各流量级水沙的变化有各自的特点，具体如下。

5.3.1 汛期各流量级水沙变化特点

5.3.1.1 各流量级历时变化特点

不同时期干流汛期各流量级历时及水沙变化情况见表 5-11。可以看出，近期小流量的天数不断增加，如干流的龙门、潼关和三门峡 3 站小于 1 000 m^3/s 流量近期天数分别为 107.6 d、88.9 d 和 94.0 d，1970 ~ 1996 年分别为 59.5 d、38.6 d 和 40.4 d，近期分别比 1970 ~ 1996 年增加了 81%、130% 和 133%，而 1969 年前分别为 28.4 d、16.9 d 和 13.7 d，近期比 1969 年前小流量历时分别增加了 279%、426% 和 588%。大于 1 000 m^3/s 的流量龙门、潼关和三门峡 3 站近期分别为 15.4 d、34.1 d 和 29.0 d，1970 ~ 1996 年分别为 63.6 d、84.3 d 和 82.6 d，近期比 1970 ~ 1996 年分别减少了 76%、60% 和 65%，而 1969 年前分别为 94.6 d、106.1 d 和 109.3 d，近期比 1969 年前分别减少了 94%、68% 和 73%。近期汛期大流量级的天数越来越少，如大于 5 000 m^3/s 流量的历时，近期龙门、潼关和三门峡 3 站没有出现，而 1970 ~ 1996 年分别为 0.6 d、1.9 d、1.6 d，1969 年前分别为 2.6 d、6.6 d 和4.4 d。

干流小流量天数占汛期的比例越来越大，大流量天数占汛期比例越来越小，如图 5-6 ~ 图 5-8 所示。龙门、潼关和三门峡 3 站小于 1 000 m^3/s 的流量占汛期流量的比例 1969 年前年分别为 23%、14% 和 11%，1970 ~ 1996 年分别为 48%、31% 和 33%，而近期增加为 87%、72% 和 76%。近期大于 1 000 m^3/s 流量的历时不断减少，如龙门、潼关和三门峡 3 站 1969 年占汛期的比例分别为 77%、86% 和 89%，而 1970 ~ 1996 年分别为 52%、69% 和 67%，到了近期大于 1 000 m^3/s 流量的历时分别减少为 13%、28% 和 24%。

由图 5-6 ~ 图 5-8 可以看出，近期各流量级历时占汛期历时比例最多的是小于 1 000 m^3/s，而 1996 年前则是 1 000 ~ 3 000 m^3/s。

龙门、潼关和三门峡 3 站小于 50 m^3/s 的流量在 1996 年前几乎没有出现（除了三门峡 1969 年前出现了 0.1 d），但在近期却分别出现了 1.5 d、2.1 d 和 3.0 d。

不同时期支流汛期各流量级历时情况见表 5-12。可以看出，近期小流量的天数不断增加，大流量的天数不断减少。如近期河津小于 50 m^3/s 的天数为 115.7 d，而 1970 ~ 1996 年和 1969 年前分别为 91.1 d 和 48.8 d。近期河津 50 ~ 500 m^3/s 的流量仅 7.3 d，而 1970 ~ 1996 年和 1969 年前分别为 31.3 d 和 71.1 d。大于 500 m^3/s 的流量近期没有出现，1970 ~ 1996 年和 1969 年分别出现了 0.6 d 和 3.1 d。

表 5-11　黄河龙三区间主要干流汛期各流量级历时及水沙变化

站名	项目	时期	流量级(m^3/s)					
			<50	50～1 000	1 000～3 000	3 000～5 000	>5 000	合计
龙门	历时(d)	1969 年前	0	28.4	78.4	13.6	2.6	123.0
		1970～1996 年	0	59.4	56.4	6.6	0.6	123.0
		1997～2006 年	1.5	106.1	15.3	0.1	0	123.0
	水量(亿 m^3)	1969 年前	0	14.1	138.3	36.6	10.3	199.3
		1970～1996 年	0	29.2	81.0	20.0	2.8	133.0
		1997～2006 年	0	45.7	16.8	0.3	0	62.8
	沙量(亿 t)	1969 年前	0	0.50	5.01	3.04	2.05	10.60
		1970～1996 年	0	1.08	3.16	0.99	0.67	5.90
		1997～2006 年	0	0.97	0.88	0.08	0	1.93
潼关	历时(d)	1969 年前	0	16.9	65.0	34.5	6.6	123.0
		1970～1996 年	0	38.6	67.2	15.3	1.9	123.0
		1997～2006 年	2.1	86.8	32.2	1.9	0	123.0
	水量(亿 m^3)	1969 年前	0	10.0	110.3	111.2	32.6	264.1
		1970～1996 年	0	21.1	101.7	48.9	9.5	181.2
		1997～2006 年	0	40.3	41.1	5.8	0	87.2
	沙量(亿 t)	1969 年前	0	0.30	4.61	5.17	1.95	12.03
		1970～1996 年	0	0.49	4.34	2.49	0.87	8.19
		1997～2006 年	0	0.96	1.82	0.35	0	3.13
三门峡	历时(d)	1969 年前	0.1	13.6	73.6	31.3	4.4	123.0
		1970～1996 年	0	40.4	65.4	15.6	1.6	123.0
		1997～2006 年	3.0	91.0	27.3	1.7	0	123.0
	水量(亿 m^3)	1969 年前	0	8.4	124.4	104.8	23.8	261.4
		1970～1996 年	0	21.6	98.6	50.1	8.2	178.5
		1997～2006 年	0.1	38.8	35.9	5.2	0	80.0
	沙量(亿 t)	1969 年前	0	0.28	4.46	4.74	2.30	11.78
		1970～1996 年	0	0.62	5.42	3.18	0.67	9.89
		1997～2006 年	0	0.83	2.72	0.51	0	4.06

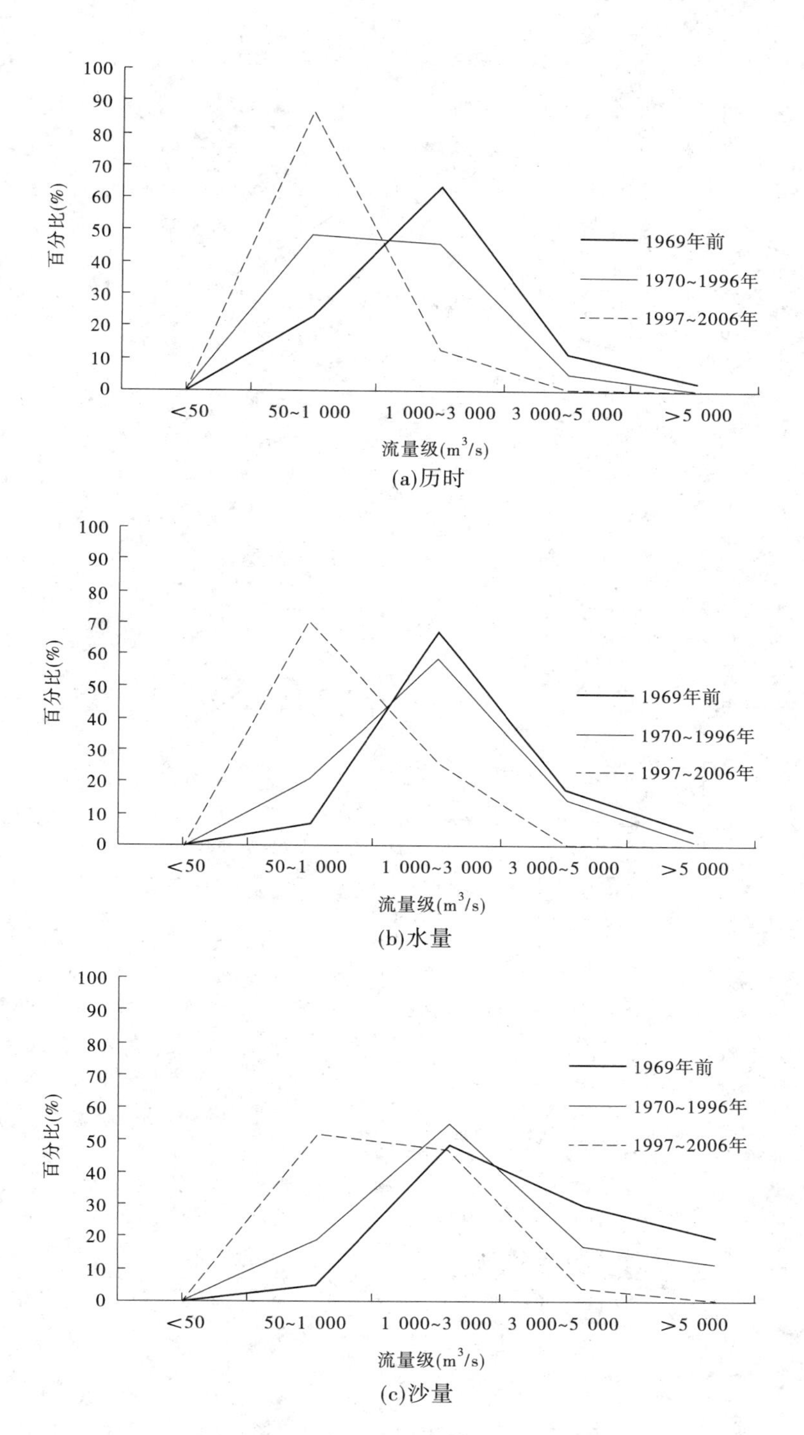

图 5-6　龙门站汛期各流量级历时、水量、沙量占总量的百分比

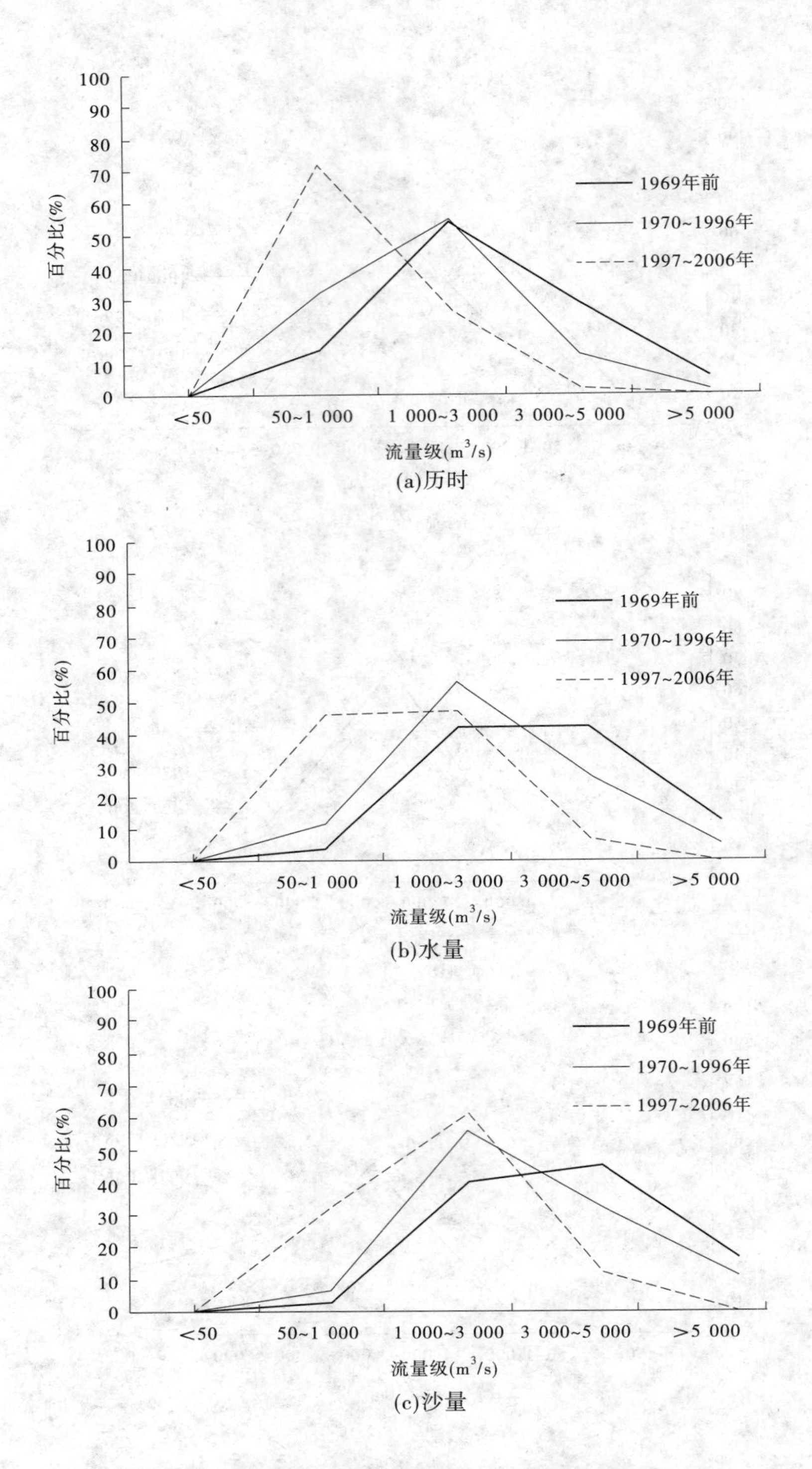

图 5-7　潼关站汛期各流量级历时、水量、沙量占总量的百分比

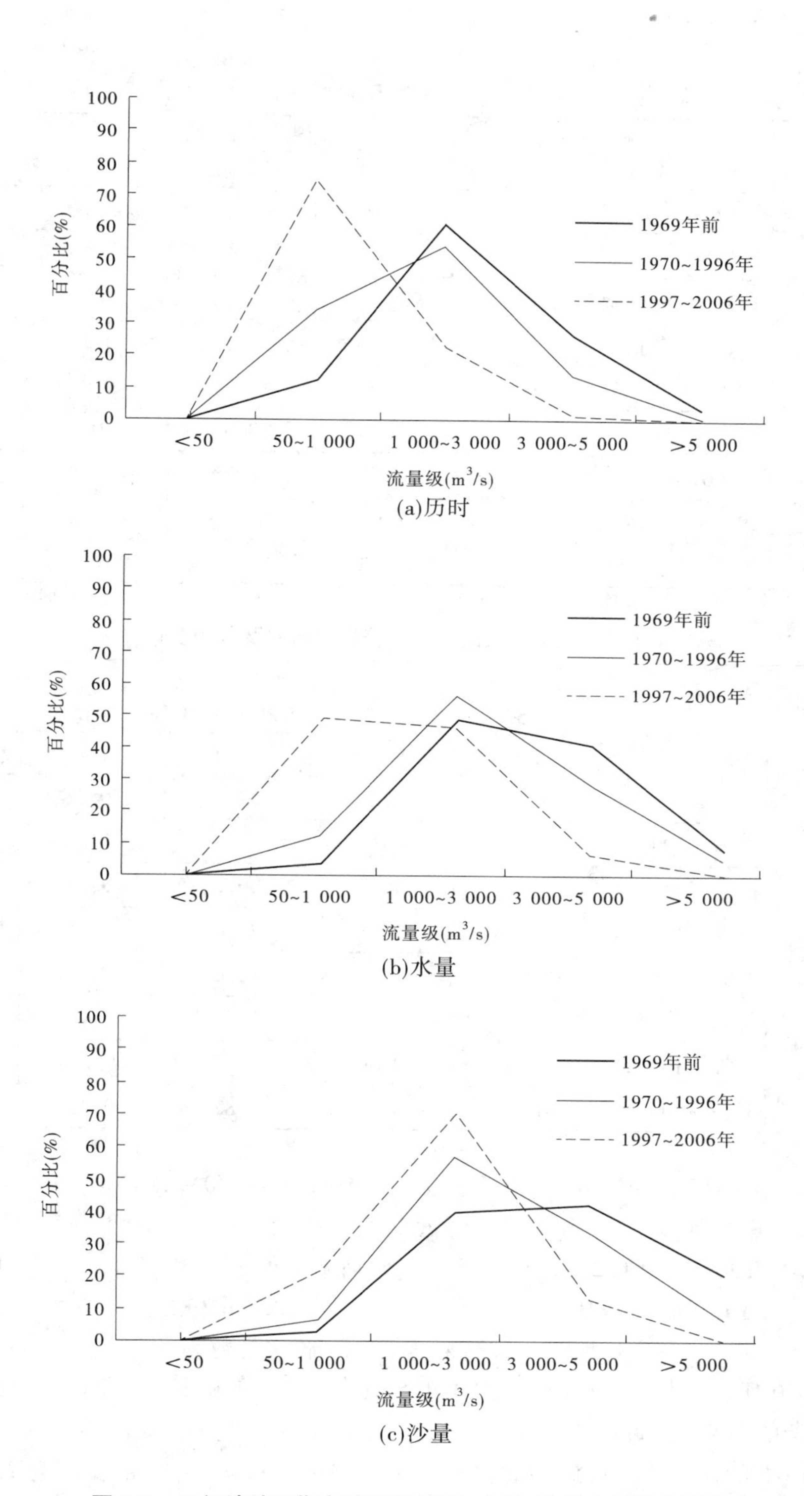

图 5-8　三门峡站汛期各流量级历时、水量、沙量占总量的百分比

表 5-12(a) 汾河河津站汛期各流量级历时及水沙变化

站名	项目	时期	流量级(m^3/s)				
			<1	1~50	50~500	>500	合计
河津	历时(d)	1969 年前	0.1	48.7	71.1	3.1	123.0
		1970~1996 年	14.9	76.2	31.3	0.6	123.0
		1997~2006 年	16.4	99.3	7.3	0	123.0
	水量(亿 m^3)	1969 年前	0	0.4	8.4	2.1	10.9
		1970~1996 年	0	0.9	3.2	0.4	4.5
		1997~2006 年	0	0.6	0.6	0	1.2
	沙量(亿 t)	1969 年前	0	0.005	0.228	0.058	0.291
		1970~1996 年	0	0.005	0.061	0.004	0.070
		1997~2006 年	0	0.001	0.001	0	0.002

表 5-12(b) 渭河华县站汛期各流量级历时及水沙变化

站名	项目	时期	流量级(m^3/s)				
			<50	50~500	500~3 000	>3 000	合计
华县	历时(d)	1969 年前	4.8	80.9	35.9	1.4	123.0
		1970~1996 年	17.3	77.7	27.2	0.8	123.0
		1997~2006 年	23.9	84.5	14.3	0.3	123.0
	水量(亿 m^3)	1969 年前	0.1	16.9	29.7	3.5	50.2
		1970~1996 年	0.3	14.3	22.8	2.5	39.9
		1997~2006 年	0.5	12.7	12.6	1.0	26.8
	沙量(亿 t)	1969 年前	0.01	1.01	2.46	0.41	3.89
		1970~1996 年	0.10	0.69	1.97	0.23	2.99
		1997~2006 年	0.01	0.58	0.82	0.02	1.43

近期华县站小于 500 m^3/s 的流量历时为 108.4 d,比 1970~1996 年和 1969 年前的 95.0 d 和 85.7 d 增加了 14% 和 27%,而近期 500~3 000 m^3/s 的天数为 14.3 d,比 1970~1996年和 1969 年前的 27.2 d 和 35.9 d 分别减小了 47% 和 60%,大于 3 000 m^3/s 的流量近期仅 0.3 d,1970~1996 年和 1969 年前分别为 0.8 d 和 1.4 d。

支流的小流量天数占汛期的比例越来越大,大流量天数占汛期比例越来越小,如图 5-9和图 5-10 所示。如 1969 年前河津小于 50 m^3/s 的流量历时占汛期的 40%,1970~1996 年占汛期的 74%,而近期则增加到 94%,大部分流量都小于 50 m^3/s。河津 1969 年前 50~500 m^3/s 的流量历时占汛期的比例为 58%,1970~1996 年占的比例为 25%,而到了近期则减小为 6%。近期华县站小于 500 m^3/s 的流量历时占汛期的比例为 88%,而 1970~1996 年和 1969 年前分别为 77% 和 70%;1969 年前和 1970~1996 年大于 500 m^3/s 的流量历时占汛期的比例分别为 30% 和 23%,到近期则减小为 12%。

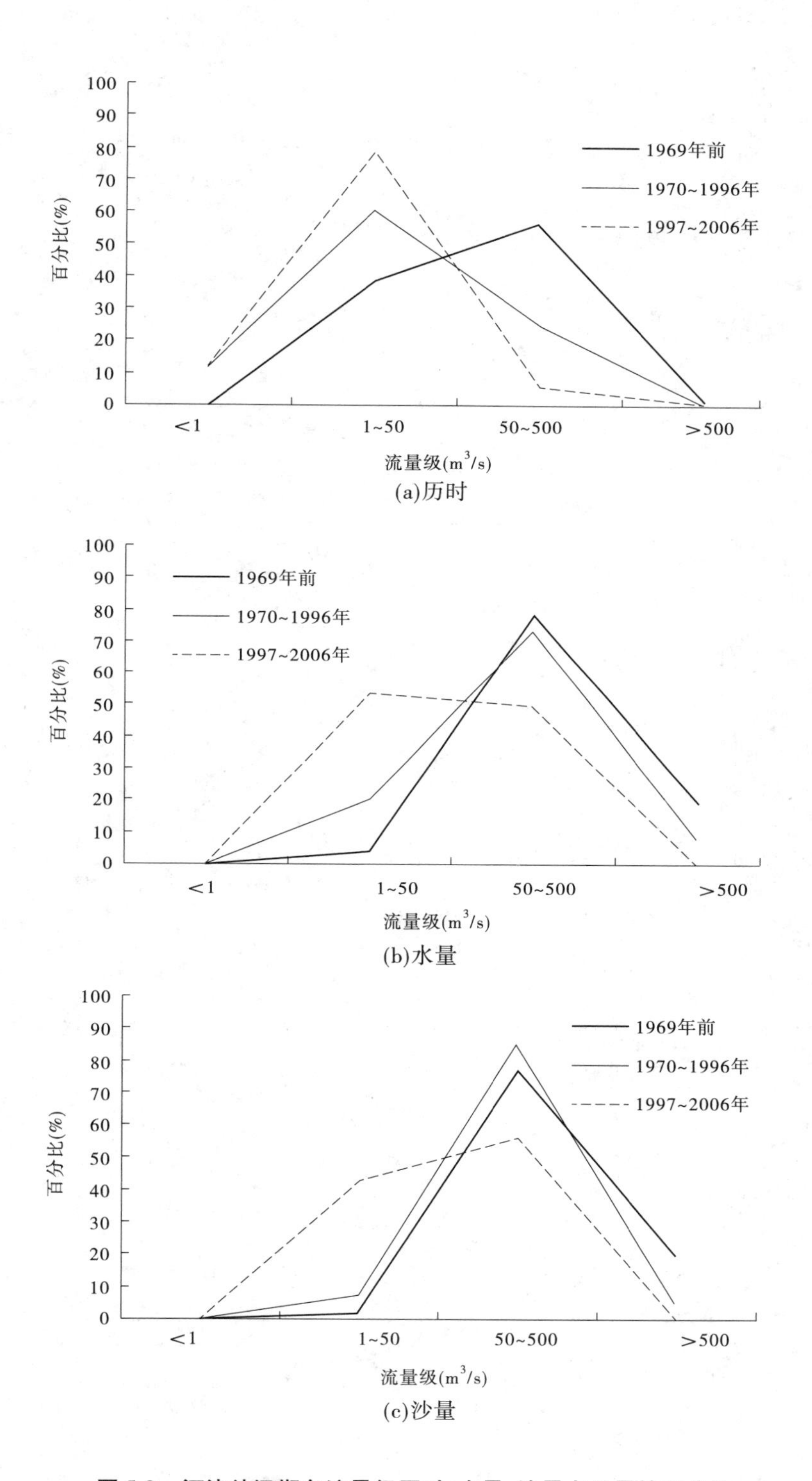

图 5-9　河津站汛期各流量级历时、水量、沙量占总量的百分比

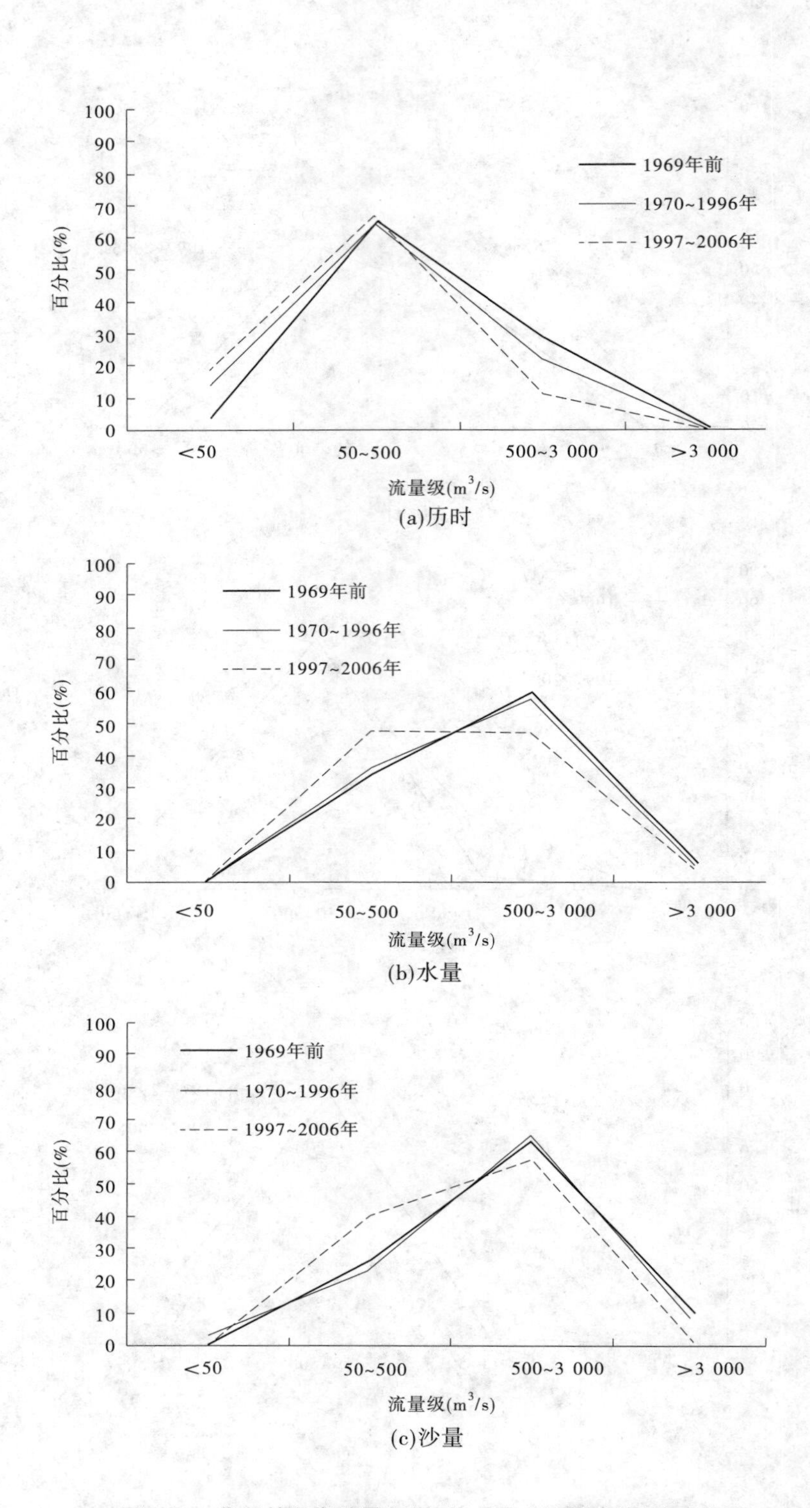

图 5-10　华县站汛期流量级历时、水量、沙量占总量的百分比

由图 5-9 和图 5-10 可以看出，河津站 1969 年前占汛期历时比例最多的是 50 ~ 500 m^3/s 的流量级，后在 1970 ~ 1996 年变为小于 50 m^3/s 的流量级，近期小于 50 m^3/s 的流量级所占比例仍为最多，且不断增加。华县站占汛期历时比例最多的流量级变化不大，一直保持在 50 ~ 500 m^3/s。

河津站小于 1 m^3/s 的小流量在 1969 年年为 0.1，而 1970 ~ 1996 年和近期则分别增加到 14.9 d 和 16.4 d。华县站小于 50 m^3/s 的流量级也不断增加，1969 年前为 4.8 d，1970 ~ 1996 年为 17.3 d，而到了近期则增加为 23.9 d。

5.3.1.2 **各流量级水量变化特点**

与各流量级出现天数相对应，干流各站也是小流量级的水量相应增加，大流量的水量减少。如表 5-11 所示，近期龙门、潼关和三门峡 3 站小于 1 000 m^3/s 的水量分别为 45.7 亿 m^3、40.3 亿 m^3 和 38.8 亿 m^3，而 1970 ~ 1996 年分别为 29.2 亿 m^3、21.1 亿 m^3 和 21.6 亿 m^3，分别比 1970 ~ 1996 年增加了 57%、92% 和 80%，而 1969 年前分别为 14.1 亿 m^3、10.0 亿 m^3 和 8.4 亿 m^3，近期比 1969 年前分别增加了 225%、304%、和 363%；大于 1 000 m^3/s的流量，近期分别为 17.1 亿 m^3、46.9 亿 m^3 和 41.1 亿 m^3，而 1970 ~ 1996 年分别为 103.8 亿 m^3、160.1 亿 m^3 和 156.9 亿 m^3，近期比 1970 ~ 1996 年分别减少了 84%、71% 和 74%，而 1969 年前分别为 185.2 亿 m^3、254.1 亿 m^3 和 253.0 亿 m^3，近期与 1969 年前相比分别减少了 91%、82% 和 84%。近期大流量级几乎没有发生过，如大于 5 000 m^3/s 水量龙门、潼关和三门峡 3 站均为零，而 1969 年前分别为 10.3 亿 m^3、32.6 亿 m^3 和 23.8 亿 m^3。

干流各流量级水量占汛期的比例也发生了变化，小流量比例大大增加，而大流量的比例则相应减小。近期龙门、潼关和三门峡 3 站小于 1 000 m^3/s 流量的水量分别占汛期的 73%、46% 和 49%，与 1970 ~ 1996 年的 22%、12% 和 12% 相比均明显增加，与 1969 年前的 7%、4% 和 3% 相比增加更多。近期大于 1 000 m^3/s 的流量分别占汛期的 27%、54% 和 51%，与 1970 ~ 1996 年的 78%、88% 和 88% 相比均减小，与 1969 年前的 93%、96% 和 97% 相比减小更多。

由图 5-6 ~ 图 5-8 可以看出，近期龙门站小于 1 000 m^3/s 的流量占汛期水量最多，而 1970 ~ 1996 年和 1969 年前均是以 1 000 ~ 3 000 m^3/s 的流量为主。近期潼关站和三门峡站是 50 ~ 1 000 m^3/s 和 1 000 ~ 3 000 m^3/s 的水量最多，而 1970 ~ 1996 年和 1969 年前则是以 1 000 ~ 3 000 m^3/s 和 3 000 ~ 5 000 m^3/s 流量为主。

不同时期支流的各流量级水量如表 5-12 所示。如近期华县站小于 500 m^3/s 的水量为 13.2 亿 m^3，比 1970 ~ 1996 年和 1969 年前的 14.6 亿 m^3 和 17.0 亿 m^3 分别减少了 9% 和 22%。近期华县站 500 ~ 3 000 m^3/s 的流量为 12.6 亿 m^3，比 1970 ~ 1996 年和 1969 年前的 22.8 亿 m^3 和 29.7 亿 m^3 分别减小了 45% 和 58%。而大于 3 000 m^3/s 的水量近期仅 1.0 亿 m^3，比 1970 ~ 1996 年和 1969 年前的 2.5 亿 m^3 和 3.5 亿 m^3 也减少了。可以看出，华县站各流量级水量均发生了减小，但大流量级水量减少幅度大于小流量级减少的幅度。河津站由于上游修建水库的影响，各流量级的水量均减小了很多，基本上都被蓄在水里。

近期华县站小于 50 m^3/s 水量为 0.5 亿 m^3，比 1970 ~ 1996 年和 1969 年前的 0.3 亿

m^3 和 0.1 亿 m^3 也有所增加。

但从各流量级所占的比例来看，华县站是小流量所占比例有所增加，而大流量所占比例则有所减少。如小于 500 m^3/s 的水量近期所占汛期的比例为 49%，比 1970～1996 年和 1969 年前的 37% 和 34% 有所增加。而近期 500～3 000 m^3/s 的水量占汛期的比例为 47%，比 1970～1996 年和 1969 年前的 57% 和 59% 有所减小。但比起黄河干流各站，华县站小流量增加和大流量减小的幅度偏小。

从图 5-10 可以看出，近期华县站的水量主要集中在小于 500 m^3/s 和 500～3 000 m^3/s的流量，分别占总汛期的 48% 和 47%，而 1970～1996 年和 1969 年前则主要是 500～3 000 m^3/s的流量，占总量的 57% 和 59%，而小于 500 m^3/s 的流量 1970～1996 年和 1969 年前分别占 34% 和 36%。

5.3.1.3 各流量级沙量变化特点

在近期水量不断减少的大趋势下，干流相应的沙量也迅速的减小，当然各流量级的沙量的变化又有不同的特点，具体见表 5-11。可以看出，近期小流量所挟带的沙量大大增加，而大流量级挟带的沙量则越来越少。如龙门、潼关和三门峡 3 站近期小于 1 000 m^3/s 的沙量分别为 0.97 亿 t、0.96 亿 t 和 0.83 亿 t，与 1970～1996 年的 1.08 亿 t、0.49 亿 t 和 0.62 亿 t 相比，除龙门站外，潼关站和三门峡站分别增加了 96% 和 34%，与 1969 年前的 0.50 亿 t、0.30 亿 t 和 0.28 亿 t 相比，近期龙门、潼关和三门峡 3 站分别增加了 94%、215% 和 193%。大于 1 000 m^3/s 流量所对应的沙量，龙门、潼关和三门峡 3 站近期分别为 0.96 亿 t、2.17 亿 t 和 3.23 亿 t，与 1970～1996 年的 4.82 亿 t、7.70 亿 t 和 9.27 亿 t 相比分别减少了 80%、72% 和 65%，与 1969 年前的 10.10 亿 t、11.73 亿 t 和 11.50 亿 t 相比分别减少了 91%、82% 和 72%。其中大于 1 000 m^3/s 的沙量中，近期主要通过 1 000～3 000 m^3/s流量来输送，大于 3 000 m^3/s 的流量所对应的沙量几乎很少，如近期龙门、潼关和三门峡 3 站仅分别为 0.08 亿 t、0.35 亿 t 和 0.51 亿 t。而大于 5 000 m^3/s 的沙量几乎没有，如近期龙门、潼关和三门峡 3 站均为 0，而 1970～1969 年分别为 0.67 亿 t、0.87 亿 t 和 0.67 亿 t，而 1969 年前分别为 2.05 亿 t、1.95 亿 t 和 2.30 亿 t。

干流各站各流量级沙量占汛期的比例也发生了变化，如图 5-6～图 5-8 所示。近期小流量所对应的沙量比例增加，而大流量对应的沙量比例减小。如近期龙门、潼关和三门峡 3 站小于 1 000 m^3/s 的沙量占汛期的比例分别为 50%、31% 和 20%，与 1970～1996 年的 18%、6% 和 6% 相比明显增加，与 1969 年前的 5%、3% 和 2% 相比增加更多。而近期龙门、潼关和三门峡 3 站大于 1 000 m^3/s 的沙量占汛期的比例分别为 50%、69% 和 80%，与 1970～1996 年的 82%、94% 和 94% 相比有所减小，与 1969 年前的 95%、97% 和 98% 相比明显减少。

从图 5-6～图 5-8 还可以看出，近期龙门站的沙量主要通过小于 1 000 m^3/s 和 1 000～3 000 m^3/s的流量来输送，占汛期总量的 96%，而 1970～1996 年则主要通过 1 000～3 000 m^3/s 的流量来输送，占汛期总量的 54%，而 1969 年前则主要通过 1 000～3 000 m^3/s 和 3 000～5 000 的流量来输送，共占汛期总量的 76%。近期潼关站和三门峡站沙量主要通过 1 000～3 000 m^3/s的流量来输送，分别占汛期的 58% 和 67%，而 1970～1996 年也主要通过 1 000～3 000 m^3/s的流量来输送，分别占汛期的 53% 和 55%，而 1969 年前则主要通过

1 000 ~ 3 000 m^3/s和 3 000 ~ 5 000 m^3/s 的流量来输送，其中潼关站分别占汛期的 38% 和 43%，三门峡站分别占汛期的 38% 和 40%。

不同时期支流各流量级的沙量如表 5-12 所示，近期河津站受上游水库蓄水拦沙的影响，水沙量几乎为零。近期华县站小于 500 m^3/s 的沙量为 0.59 亿 t，比 1970 ~ 1996 年和 1969 年前的 0.79 亿 t 和 1.02 亿 t 分别减少了 26% 和 42%，而 500 ~ 3 000 m^3/s 的沙量近期为 0.82 亿 t，比 1970 ~ 1996 年和 1969 年前的 1.97 亿 t 和 2.46 亿 t 分别减少了 58% 和 67%，可以看出华县站大小流量所对应沙量均减小了，大流量所对应沙量减小的幅度远大于小流量。大于 3 000 m^3/s 的沙量，近期华县站几乎没有，仅 0.02 亿 t，而 1970 ~ 1996 年和 1969 年前则分别为 0.23 亿 t 和 0.41 亿 t。

支流各流量级沙量占汛期的比例也发生了变化，如图 5-9、图 5-10 所示。近期华县站小于 500 m^3/s 的沙量占汛期的比例为 41%，比 1970 ~ 1996 年和 1969 年前的 27% 和 26% 明显增加。而近期大于 500 m^3/s 的沙量占汛期的比例为 58%，比 1970 ~ 1996 年和 1969 年前的 66% 和 63% 略有减小。可以看出，华县站也出现了小流量所占比例增加而大流量所占比例减小的特点，但其增加和减小的幅度较小。

从图 5-9、图 5-10 还可以看出，近期华县站泥沙的输送主要集中在小于 500 m^3/s 和 500 ~ 3 000 m^3/s的流量，分别各占 41% 和 58%，而 1970 ~ 1996 年和 1969 年前则主要通过 500 ~ 3 000 m^3/s的流量输送，分别占 66% 和 63%，而小于 500 m^3/s 的沙量仅占 23% 和 26%。

5.3.2 主汛期流量级水沙变化特点

5.3.2.1 各流量级历时变化特点

不同时期干流主汛期的各流量级历时变化特点如表 5-13 所示。可以看出，主汛期的历时变化特点与汛期相同，即小流量的历时不断增加，而大流量的历时则不断减小。如干流的龙门、潼关和三门峡 3 站，近期小于 1 000 m^3/s 的流量分别为 53.3 d、46.9 d 和 49.6 d，比 1970 ~ 1996 年的 27.7 d、19.8 d 和 20.4 d 分别增加 92%、137% 和 142%，比 1969 年前的 16.8 d、11.1 d 和 7.6 d 分别增加 217%、323% 和 515%。近期大于 1 000 m^3/s 的流量分别为 8.7 d、15.1 d 和 12.4 d，比 1970 ~ 1996 年的 34.37 d、42.18 d 和 41.3 d 分别减少了 75%、64% 和 70%，比 1969 年前的 45.2 d、50.9 d 和 54.4 d 分别减少了 81%、70% 和 77%。近期大于 5 000 m^3/s 的流量级基本没有出现，而 1970 ~ 1996 年出现了 0.37 d、0.78 d和 0.7 d，而 1969 年前出现了 1.6 d、1.8 d 和 2.10 d。

龙门、潼关和三门峡 3 站小于 50 m^3/s 的流量在 1996 年前几乎没有出现过，但在近期分别出现了 1.5 d、2.1 d 和 3.0 d。

干流小流量历时占主汛期的比例越来越大，而大流量历时占主汛期的比例则越来越小，如图 5-11 ~ 图 5-13 所示。如 1969 年前龙门、潼关和三门峡 3 站小于 1 000 m^3/s 的天数占秋汛期的比例分别为 27%、18% 和 12%，1970 ~ 1996 年分别为 45%、32% 和 33%，而近期则增加为 86%、70% 和 76%。大于 1 000 m^3/s 的天数占主汛期的比例则不断减小，如 1969 年前龙门、潼关和三门峡 3 站大于 1 000 m^3/s 的天数占主汛期的比例分别为 73%、82% 和 88%，1970 ~ 1996 年分别为 55%、68% 和 67%，而近期仅占到 14%、24% 和 20%。

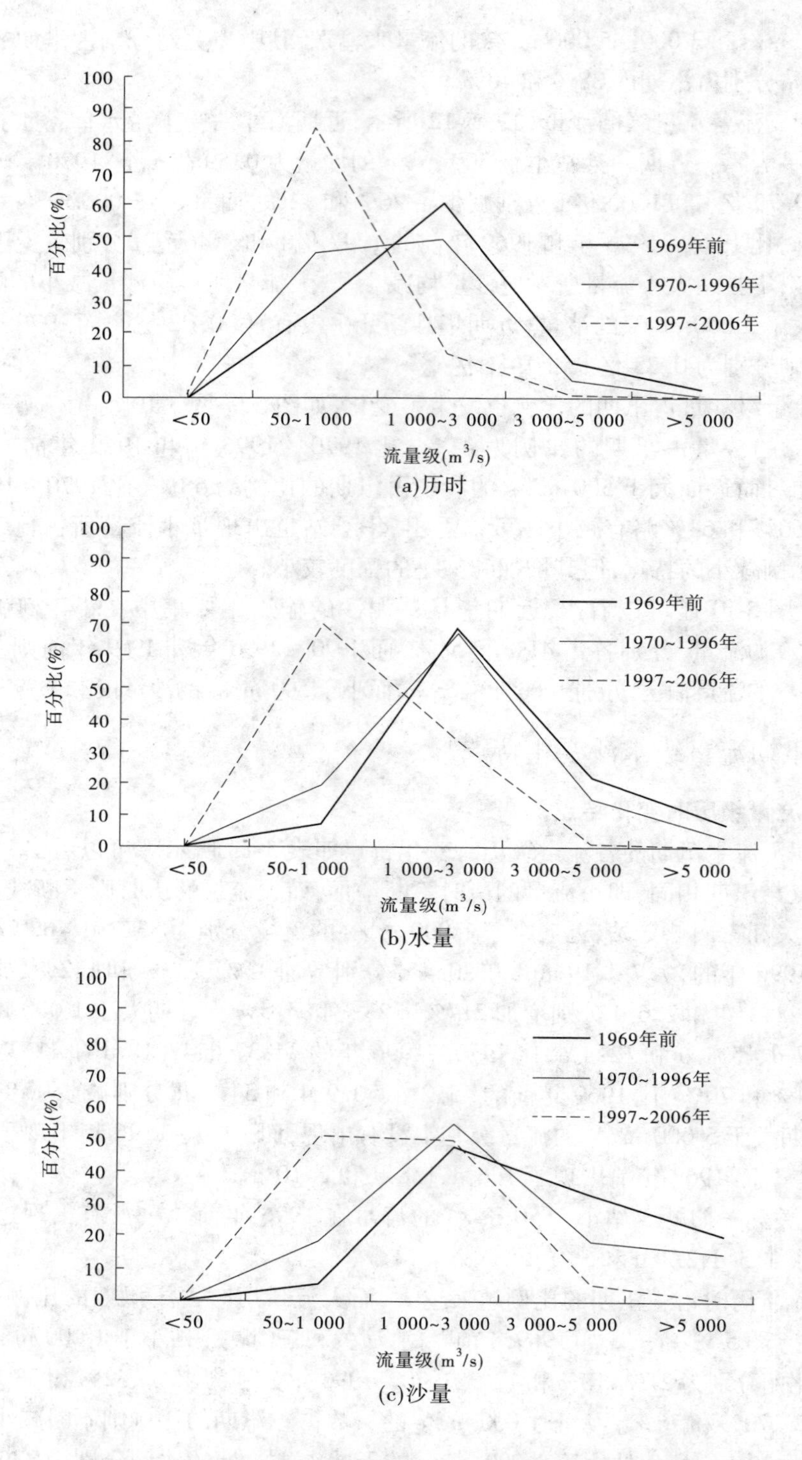

(a)历时

(b)水量

(c)沙量

图 5-11 龙门站主汛期各流量级历时、水量、沙量占总量的百分比

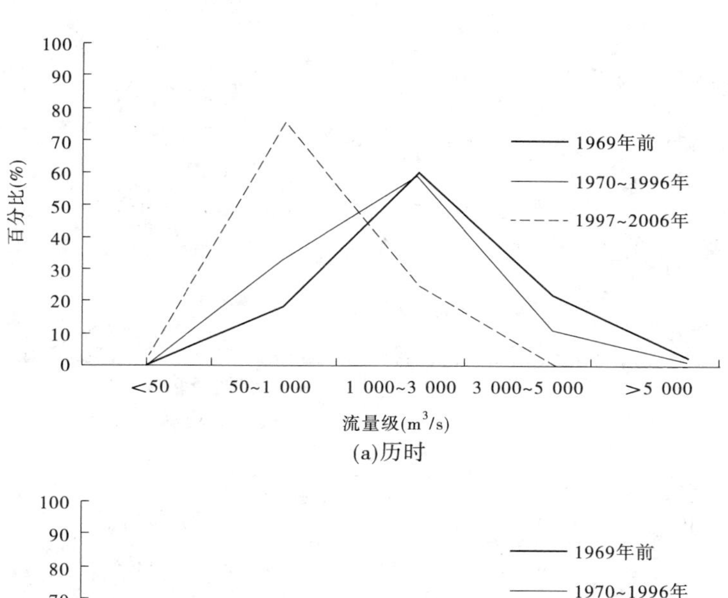

(a)历时

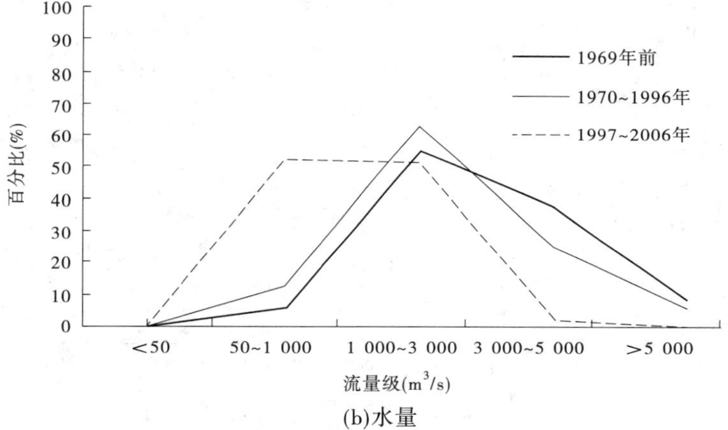

(b)水量

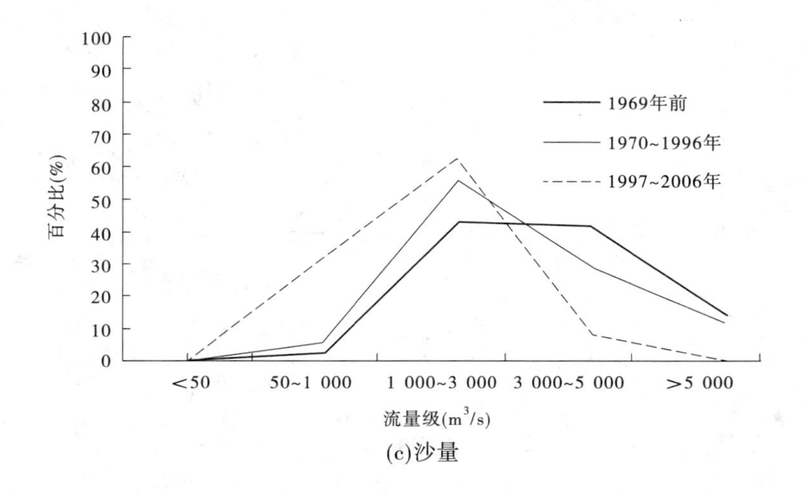

(c)沙量

图 5-12　潼关站主汛期各流量级历时、水量、沙量占总量的百分比

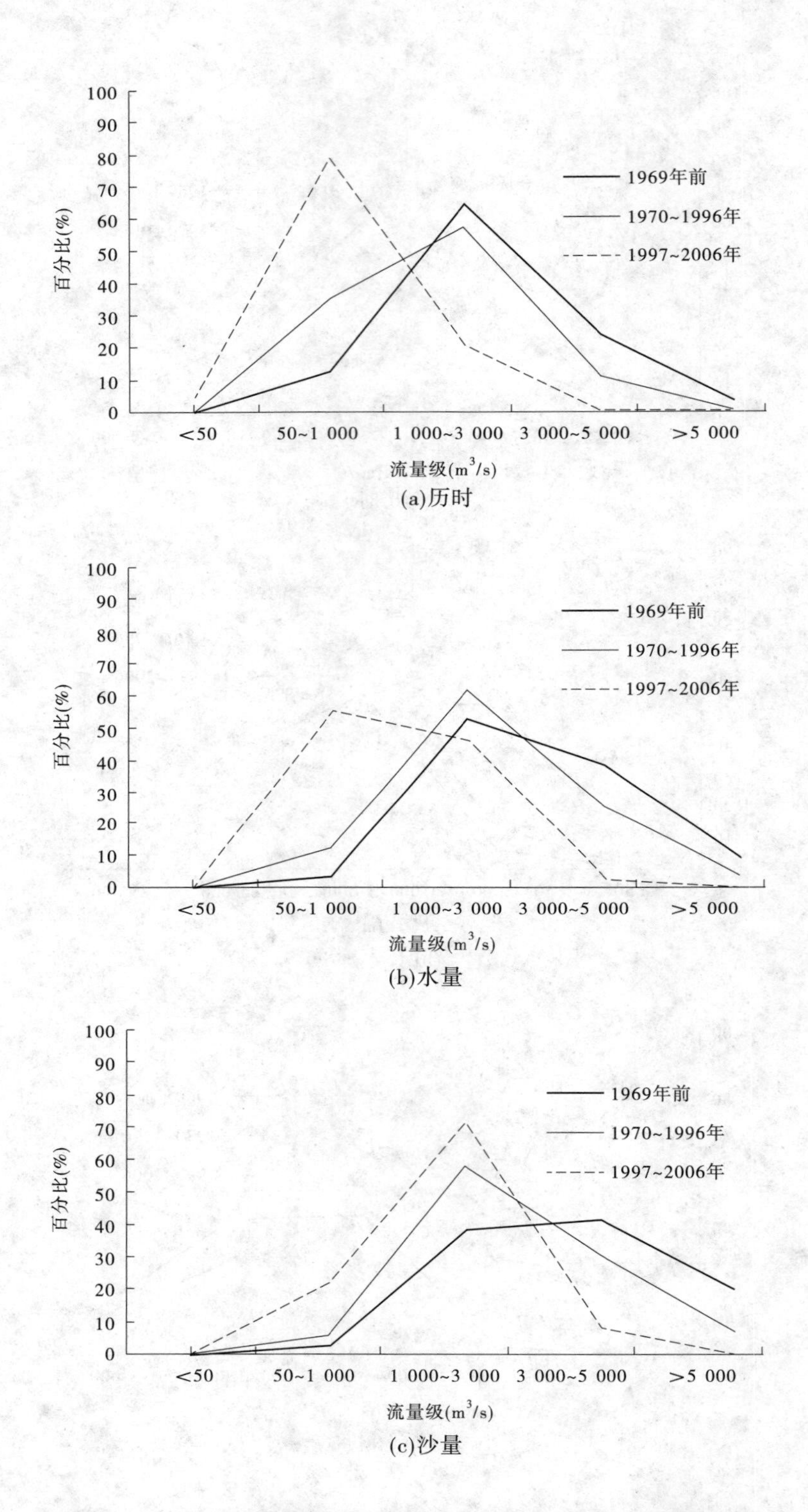

图 5-13　三门峡站主汛期各流量级历时、水量、沙量占总量的百分比

从图 5-11 ~ 图 5-13 还可以看出，干流近期各流量级占主汛期比例最多的是小于 1 000 m^3/s的流量，而 1996 年前则是 1 000 ~ 3 000 m^3/s。

支流不同时期主汛期各流量级历时变化特点如表 5-14 所示。与干流的变化特点相同，支流也是小流量的天数不断增加，而大流量的天数则不断减小。如河津站近期小于 50 m^3/s 历时为 58 d，比 1970 ~ 1996 年和 1969 年前的 45 d 和 28 d，分别增加了 22% 和 52%，而近期 50 ~ 500 m^3/s 的流量历时仅 4 d，比 1970 ~ 1996 年和 1969 年前的 16 d 和 32 d 明显减少，大于 500 m^3/s 的流量近期为 0，而 1970 ~ 1996 年和 1969 年前分别为 1 d 和 2 d。如华县站近期小于 500 m^3/s 的历时为 55 d，比 1970 ~ 1996 年和 1969 年前的 49.7 d 和 50 d，分别增加了 11% 和 10%，而近期 500 ~ 3 000 m^3/s 的流量历时为 7 d，比起 1970 ~ 1996年和 1969 年前的 12 d，均减小了 45%。而大于 3 000 m^3/s 的流量近期没有出现，1970 ~ 1996 年和 1969 年前则分别为 0.3 d 和 0.1 d。

河津站小于 1 m^3/s 的历时从 1969 年前的 0，增加到 1970 ~ 1996 年的 12 d，直到近期增加为 15 d，河道出现频繁断流。华县站小于 50 m^3/s 的天数也不断增加，由 1969 年前和 1970 ~ 1996 年的 5 d 和 14 d，增加到近期的 18 d。

支流小流量历时占主汛期的比例越来越大，大流量历时占主汛期的比例越来越小，如图 5-14 和图 5-15 所示。近期河津站小于 50 m^3/s 的历时占主汛期比例为 94%，比 1969 年前和 1970 ~ 1996 年的 45% 和 73% 明显增加，而大于 50 m^3/s 的历时占主汛期比例为 6%，比 1969 年前和 1970 ~ 1996 年的 55% 和 27% 大大减小。华县站小于 500 m^3/s 的流量历时占主汛期比例为 89%，比 1969 年前和 1970 ~ 1996 年的 80% 和 80% 略有增加，而大于 500 m^3/s 近期所占比例为 11%，比 1969 年前和 1970 ~ 1996 年的 20% 和 20% 也略有减小，但小流量减小和大流量增加的幅度均较小。

从图 5-14 和图 5-15 还可以看出，河津站 1969 年前各流量级占汛期历时比例最多的是 50 ~ 500 m^3/s，后在 1970 ~ 1996 年变为小于 50 m^3/s，近期小于 50 m^3/s 的流量级所占比例仍为最多，且不断增加。华县站占汛期历时比例最多的流量级变化不大，一直保持在 50 ~ 500 m^3/s。

5.3.2.2 各流量级水量变化特点

与各流量级出现天数相对应，主汛期干流各站也是小流量级的水量相应增加，大流量的水量减少。如表 5-13 所示，近期龙门、潼关和三门峡 3 站小于 1 000 m^3/s 的水量分别为 20.3 亿 m^3、19.0 亿 m^3 和 18.8 亿 m^3，比 1970 ~ 1996 年的 12.8 亿 m^3、10.2 亿 m^3 和 10.6 亿 m^3 分别增加了 57%、86% 和 76%，比 1969 年前的 6.9 亿 m^3、6.3 亿 m^3 和 4.6 亿 m^3 分别增加了 191%、202% 和 304%；大于 1 000 m^3/s 的水量分别为 10.0 亿 m^3、19.4 亿 m^3 和 16.5 亿 m^3，比 1970 ~ 1996 年的 55.1 亿 m^3、78.8 亿 m^3 和 76.9 亿 m^3 分别减少了 82%、75% 和 79%，比 1969 年前的 94.0 亿 m^3、114.2 亿 m^3 和 125.3 亿 m^3 分别减少了 89%、83% 和 87%。近期大流量级的水量几乎没有发生，如大于 5 000 m^3/s 龙门、潼关和三门峡 3 站均为 0，而 1970 ~ 1996 年分别为 1.9 亿 m^3、4.4 亿 m^3 和 3.8 亿 m^3，1969 年前分别为 6.9 亿 m^3、9.2 亿 m^3 和 11.9 亿 m^3。

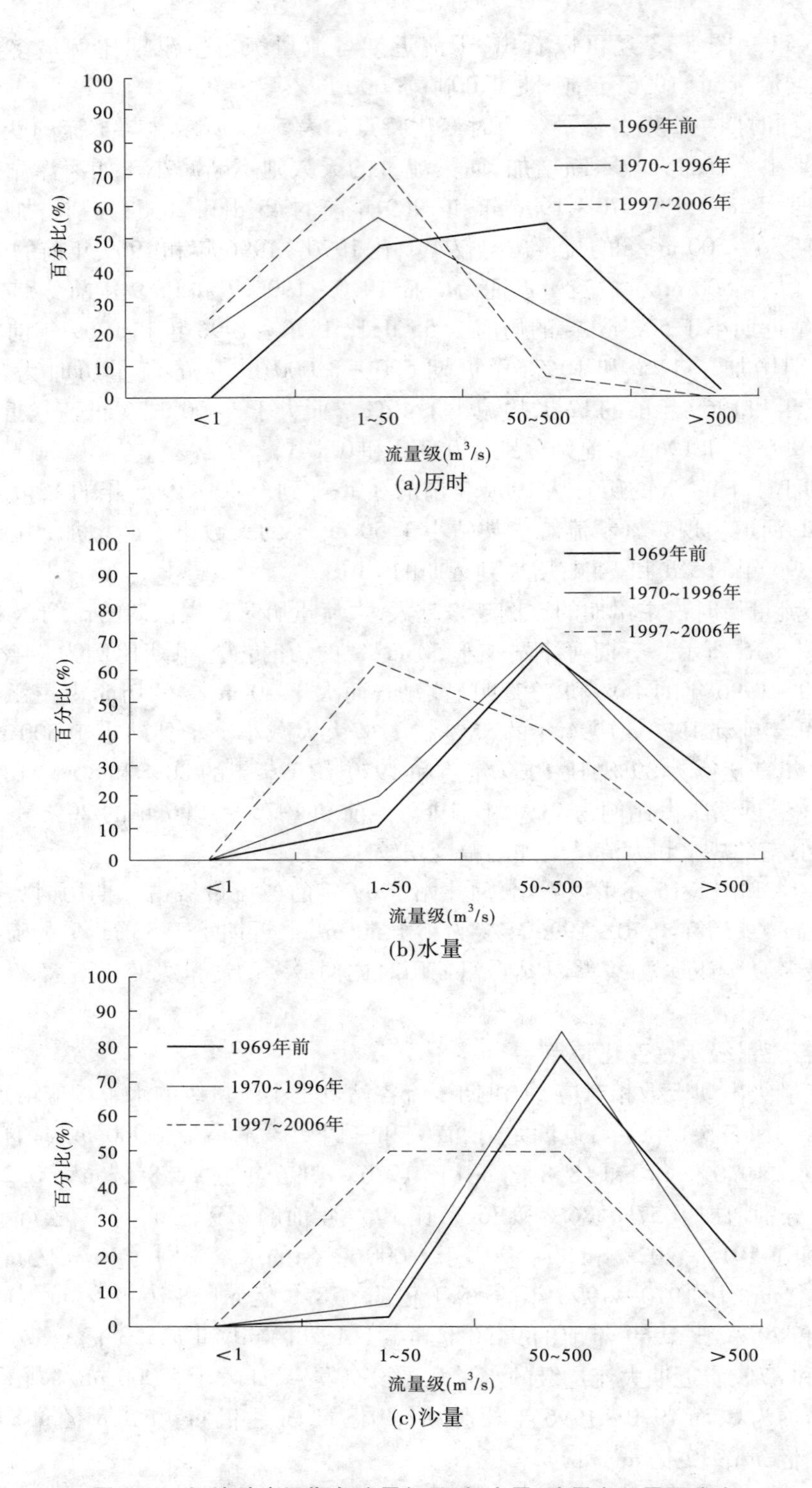

图5-14　河津站主汛期各流量级历时、水量、沙量占总量百分比

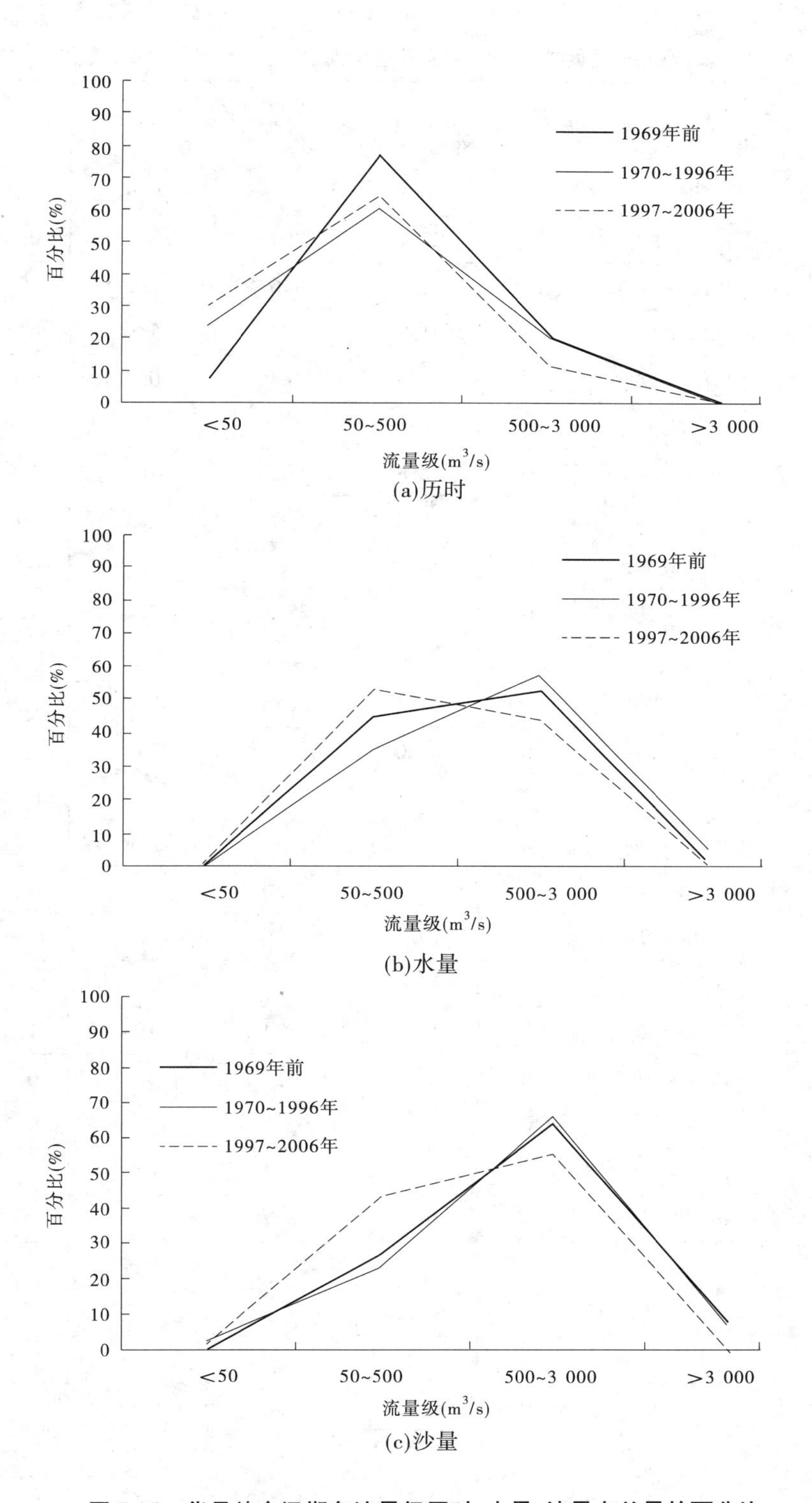

图 5-15　华县站主汛期各流量级历时、水量、沙量占总量的百分比

表 5-13　黄河龙三区间主要干流控制站主汛期各流量级历时及水沙变化

站名	项目	时期	流量级(m^3/s)					
			<50	50 ~ 1 000	1 000 ~ 3 000	3 000 ~ 5 000	>5 000	合计
龙门	历时(d)	1969 年前	0	16.8	37.0	6.6	1.6	62.0
		1970 ~ 1996 年	0	27.7	30.6	3.4	0.3	62.0
		1997 ~ 2006 年	1.5	51.8	8.6	0.1	0	62.0
		1986 年前	0	21.3	34.3	5.6	0.8	62.0
		1987 ~ 1996 年	0	34.0	26.9	0.7	0.4	62.0
	水量(亿 m^3)	1969 年前	0	6.9	65.7	21.4	6.9	100.9
		1970 ~ 1996 年	0	12.8	43.2	10.0	1.9	67.9
		1997 ~ 2006 年	0.1	20.2	9.7	0.3	0	30.3
		1986 年前	0	9.3	57.2	18.2	4.6	89.3
		1987 ~ 1996 年	0	14.4	35.5	2.2	1.9	54.0
	沙量(亿 t)	1969 年前	0	0.40	3.77	2.61	1.62	8.40
		1970 ~ 1996 年	0	0.82	2.45	0.82	0.66	4.75
		1997 ~ 2006 年	0	0.80	0.78	0.08	0	1.66
		1986 年前	0	0.61	3.13	1.89	1.19	6.82
		1987 ~ 1996 年	0	0.75	2.51	0.36	0.59	4.21
潼关	历时(d)	1969 年前	0	11.1	36.0	13.1	1.80	62.0
		1970 ~ 1996 年	0	19.8	34.8	6.6	0.80	62.0
		1997 ~ 2006 年	2.1	44.8	14.9	0.2	0	62.0
		1986 年前	0	14.9	35.4	10.4	1.3	62.0
		1987 ~ 1996 年	0	24.4	34.1	3.0	0.5	62.0
	水量(亿 m^3)	1969 年前	0	6.3	62.5	42.5	9.2	120.5
		1970 ~ 1996 年	0	10.2	53.4	21.0	4.4	89.0
		1997 ~ 2006 年	0	19.0	18.7	0.7	0	38.4
		1986 年前	0	8.5	57.5	33.2	6.9	106.1
		1987 ~ 1996 年	0	11.0	51.6	9.5	2.4	74.5
	沙量(亿 t)	1969 年前	0	0.24	3.54	3.42	1.22	8.42
		1970 ~ 1996 年	0	0.35	3.16	1.68	0.72	5.91
		1997 ~ 2006 年	0	0.72	1.40	0.19	0	2.31
		1986 年前	0	0.31	3.21	2.50	1.04	7.06
		1987 ~ 1996 年	0	0.34	3.43	1.21	0.37	5.35

续表 5-13

站名	项目	时期	流量级(m^3/s)					
			<50	50 ~ 1 000	1 000 ~ 3 000	3 000 ~ 5 000	>5 000	合计
三门峡	历时(d)	1969 年前	0	7.6	38.0	14.3	2.10	62.0
		1970 ~ 1996 年	0	20.4	33.7	6.9	0.70	62.0
		1997 ~ 2006 年	3.0	46.6	12.1	0.3	0	62.0
		1986 年前	0	14.9	35.8	10.6	0.7	62.0
		1987 ~ 1996 年	0.1	26.3	31.2	4.1	0.3	62.0
	水量(亿 m^3)	1969 年前	0	4.6	65.6	47.8	11.9	129.9
		1970 ~ 1996 年	0	10.6	51.6	21.5	3.8	87.5
		1997 ~ 2006 年	0.1	18.7	15.6	0.9	0	35.3
		1986 年前	0	8.5	57.5	33.7	3.6	103.3
		1987 ~ 1996 年	0	12.1	47.0	12.9	1.3	73.3
	沙量(亿 t)	1969 年前	0	0.19	2.97	3.17	1.61	7.94
		1970 ~ 1996 年	0	0.48	4.00	2.14	0.53	7.15
		1997 ~ 2006 年	0	0.68	2.14	0.28	0	3.10
		1986 年前	0	0.42	3.58	2.21	0.49	6.70
		1987 ~ 1996 年	0	0.46	4.03	2.13	0.20	6.82

干流各流量级水量占主汛期的比例也发生了变化,小流量比例大大增加,而大流量的比例则相应减小,如图 5-11 ~ 图 5-13 所示。龙门、潼关和三门峡 3 站近期小于1 000 m^3/s 的水量占主汛期的比例分别为 67%、49% 和 53%,比 1970 ~ 1996 年的 16%、11% 和 12% 明显增加,比 1969 年前的 7%、5% 和 4% 增加更多;大于 1 000 m^3/s 的水量占主汛期比例分别为 33%、51% 和 57%,比 1970 ~ 1996 年 81%、89% 和 88% 明显减少,比 1969 年前的 93%、95% 和 96% 减少更多。

近期龙门站以小于 1 000 m^3/s 的流量占主汛期水量为最多,而 1970 ~ 1996 年和 1969 年前则是以 1 000 ~ 3 000 m^3/s 的水量为主。潼关站和三门峡站近期是 50 ~ 1 000 m^3/s 和 1 000 ~ 3 000 m^3/s 的水量最多,而 1970 ~ 1996 年和 1969 年前则是以 1 000 ~ 3 000 m^3/s 和 3 000 ~ 5 000 m^3/s 流量为主。

不同时期支流主汛期的各流量级水量如表 5-14 所示。河津站由于上游修建水库,大部分水量被蓄在库里,因此水量减小很多。华县站近期小于 500 m^3/s 的水量为 5.9 亿 m^3,比 1970 ~ 1996 年和 1969 年前的 6.7 亿 m^3 和 8.5 亿 m^3 增加了 12% 和 43%。近期华县站 500 ~ 3 000 m^3/s 的流量为 4.6 亿 m^3,比 1970 ~ 1996 年和 1969 年前的 10.6 亿 m^3 和 9.9 亿 m^3 分别减少了 57% 和 53%。大于 3 000 m^3/s 的水量近期为 0,而 1970 ~ 1996 年和 1969 年前分别为 1.1 亿 m^3 和 0.4 亿 m^3。

近期华县站小于 50 m^3/s 水量为 0.30 亿 m^3，而 1970～1996 年和 1969 年前分别为 0.2 亿 m^3 和 0.1 亿 m^3。

但从各流量级的比例来看，华县站是小流量有所减小，而大流量则有所增加。如图 5-14、图 5-15 所示。小于 500 m^3/s 的水量占主汛期的比例为 56%，比 1970～1996 年和 1969 年前的 36% 和 45% 略有增加，大于 500 m^3/s 的水量占主汛期的比例为 44%，比 1970～1996 年和 1969 年前的 64% 和 55%，略有减小。

从图 5-14、图 5-15 还可以看出，近期华县站的水量主要集中在小于 500 m^3/s 和 500～3 000 m^3/s的流量，分别占总汛期的 56% 和 44%，而 1970～1996 年和 1969 年前则主要是 500～3 000 m^3/s 的流量，分别占总量的 58% 和 53%，而 1970～1996 年和 1969 年前小于 500 m^3/s 的流量分别占总量的 36% 和 45%。

5.3.2.3 各流量级沙量变化特点

干流主汛期各流量级沙量的变化与水量相同，即小流量所挟带的沙量不断增加，而大流量所挟带的沙量则不断减小，具体见表 5-13。龙门、潼关和三门峡 3 站近期小于 1 000 m^3/s的沙量分别为 0.80 亿 t、0.72 亿 t 和 0.68 亿 t，与 1970～1996 年的 0.82 亿 t、0.35亿 t 和 0.48 亿 t 相比，除龙门站外，潼关站和三门峡站分别增加了 106% 和 76%，比 1969 年前的 0.40 亿 t、0.24 亿 t 和 0.19 亿 t 分别增加了 99%、208% 和 253%；大于 1 000 m^3/s 的分别为 0.86 亿 t、1.59 亿 t 和 2.42 亿 t，比 1970～1996 年的 3.93 亿 t、5.56 亿 t 和 6.67 亿 t 分别减少了 78%、71% 和 64%，比 1969 年前的 8.00 亿 t、8.18 亿 t 和 7.75 亿 t 分别减少了 89%、81% 和 69%；大于 5 000 m^3/s 的沙量为 0，而 1970～1996 年分别为 0.66 亿 t、0.72亿 t 和 0.53 亿 t，1969 年前分别为 1.62 亿 t、1.22 亿 t 和 1.61 亿 t。

干流各流量级沙量占主汛期的比例也发生了变化，如图 5-11～图 5-13 所示。近期小流量所对应的沙量比例增加，而大流量对应的沙量比例减小。近期龙门、潼关和三门峡 3 站小于 1 000 m^3/s 的沙量占主汛期的比例分别为 48%、31% 和 22%，比 1970～1996 年的 17%、6% 和 7% 明显增加，比 1969 年前的 5%、3% 和 2% 增加更多；大于 1 000 m^3/s 的沙量占汛期的比例分别为 52%、69% 和 78%，比 1970～1996 年的 83%、94% 和 93% 明显减少，比 1969 年前的 95%、97% 和 98% 减少更多。

从图 5-11～图 5-13 还可以看出，近期龙门站的沙量主要通过小于 1 000 m^3/s 和 1 000～3 000 m^3/s的流量来输送，分别占主汛期总沙量的 48% 和 47%；而 1970～1996 年则主要通过 1 000～3 000 m^3/s 的流量来输送，占主汛期的 52%，1969 年前则主要通过 1 000～3 000 m^3/s和 3 000～5 000 m^3/s，分别占主汛期的 45% 和 31%。潼关站和三门峡站近期主要通过 1 000～3 000 m^3/s 的流量来输送，分别占主汛期的 60% 和 69%；而 1970～1996 年也主要通过 1 000～3 000 m^3/s 的流量来输送，分别占主汛期的 53% 和 56%；1969 年前则主要通过 1 000～3 000 m^3/s 和 3 000～5 000 m^3/s 来输送，其中潼关站分别占主汛期的 42% 和 41%，三门峡站分别占主汛期的 37% 和 40%。

不同时期主汛期支流各流量级的沙量见表 5-14。近期河津站受上游水库调节的影响，水沙均被蓄起来，几乎为 0。近期华县站小于 500 m^3/s 的沙量为 0.54 亿 t，比 1970～1996 年的 0.64 亿 t 和 1969 年前的 0.77 亿 t 分别减少了 16% 和 30%，近期 500～3 000 m^3/s的沙量为 0.66 亿 t，比 1970～1996 年的 1.60 亿 t 和 1969 年前的 1.8 亿 t

分别减少了60%和63%，而近期大于3000 m³/s 的沙量则为0，1970～1996年和1969年前分别为0.16亿t和0.23亿t。可以看出，华县站小流量和大流量对应的沙量均减小了，但大流量对应沙量减小的幅度大于小流量减小的幅度。

表5-14(a) 黄河龙三区间主要支流主汛期各流量级历时及水沙变化

站名	项目	时期	流量级(m³/s)				
			<1	1～50	50～500	>500	合计
河津	历时(d)	1969年前	0	28	32	2	62.0
		1970～1996年	12	33	16	1	62.0
		1997～2006年	15	43	4	0	62.0
		1986年前	8	31	22	1	62.0
		1987～1996年	12	35	14	1	62.0
	水量(亿m³)	1969年前	0	0.6	4.2	1.7	6.5
		1970～1996年	0	0.5	1.9	0.4	2.8
		1997～2006年	0	0.5	0.3	0	0.8
		1986年前	0.001	0.612	2.565	0.294	3.472
		1987～1996年	0.001	0.537	1.683	0.769	2.99
	沙量(亿t)	1969年前	0	0.004	0.132	0.034	0.17
		1970～1996年	0	0.003	0.039	0.004	0.046
		1997～2006年	0	0.001	0.001	0	0.002
		1986年前	0	0.003	0.079	0.015	0.097
		1987～1996年	0	0.004	0.024	0.006	0.034

表5-14(b) 黄河龙三区间主要支流主汛期各流量级历时及水沙变化

站名	项目	时期	流量级(m³/s)				
			<50	50～500	500～3 000	>3 000	合计
华县	历时(d)	1969年前	5	45.0	12	0	62.0
		1970～1996年	14	35.7	12	0.3	62.0
		1997～2006年	18	37.0	7	0	62.0
		1986年前	11	39.0	12	0	62.0
		1987～1996年	11	38.0	13	0	62.0
	水量(亿m³)	1969年前	0.1	8.4	9.9	0.4	18.8
		1970～1996年	0.2	6.5	10.6	1.1	18.4
		1997～2006年	0.3	5.6	4.6	0	10.5
		1986年前	0.2	6.8	10.4	1.2	18.6
		1987～1996年	0.2	7.3	10.5	0	18.0
	沙量(亿t)	1969年前	0.01	0.76	1.80	0.23	2.8
		1970～1996年	0.07	0.57	1.60	0.16	2.4
		1997～2006年	0.01	0.53	0.66	0	1.2
		1986年前	0.07	0.60	1.60	0.23	2.5
		1987～1996年	0.02	0.65	1.73	0	2.4

支流各流量级沙量占主汛期的比例也发生了变化，如图 5-14、图 5-15 所示。近期华县站小于 500 m³/s 的沙量占主汛期的比例为 45%，分别比 1970～1996 年和 1969 年前的 27% 和 27% 明显增加，近期大于 500 m³/s 的比例为 55%，比 1970～1996 年和 1969 年前的 73% 和 73% 明显减小。可见华县站近期主汛期的沙量也是小流量所对应的沙量比例增多，而大流量所对应的沙量比例减小。

从图 5-14、图 5-15 还可以看出，近期华县站泥沙的输送主要集中在小于 500 m³/s 和 500～3 000 m³/s 的流量，其中各占 45% 和 56%，而 1970～1996 年和 1969 年前则主要通过 500～3 000 m³/s 的流量来输送，分别占主汛期的 67% 和 64%，而小于 500 m³/s 输送的沙量仅占 27% 和 28%。

5.3.3 秋汛期流量级水沙变化特点

5.3.3.1 **各流量级历时变化特点**

不同时期干流秋汛期的各流量级历时变化特点如表 5-15 所示。可以看出，秋汛期的历时变化特点与汛期和主汛期相同，即小流量的历时不断增加，而大流量的历时则不断减小。龙门、潼关和三门峡 3 站近期小于 1 000 m³/s 的历时分别为 54.3 d、42.0 d 和 44.4 d，比 1970～1996 年的 31.8 d、18.9 d 和 19.9 d 分别增大 71%、122% 和 123%，比 1969 年前的 11.6 d、5.8 d 和 6.1 d 分别增大 368%、624% 和 628%；大于 1 000 m³/s 的历时分别为 6.7 d、19.0 d 和 16.6 d，比 1970～1996 年的 29.4 d、42.1 d 和 41.1 d 分别减少了 77%、55% 和 60%，比 1969 年前的 49.4 d、55.2 d 和 54.9 d 分别减少了 86%、66% 和 70%；大于 5 000 m³/s 的历时平均为 0，而 1970～1996 年分别为 0.2 d、1.1 d 和 1.0 d，而 1969 年前则为 1.0 d、4.8 d 和 2.20 d。

龙门、潼关和三门峡 3 站秋汛期小于 50 m³/s 的流量在近期和 1996 年前出现的历时几乎均为 0，除了三门峡站 1969 年前出现了 0.1 d。

干流小流量天数占秋汛期的比例越来越大，而大流量天数占秋汛期的比例则越来越小，如图 5-16～图 5-18 所示。1969 年以前龙门、潼关和三门峡 3 站小于 1 000 m³/s 的天数占秋汛期的比例分别为 19%、10% 和 10%，1970～1996 年分别为 52%、31% 和 33%，到了近期则增加到 89%、69% 和 73%。而 1969 年前龙门、潼关和三门峡 3 站大于 1 000 m³/s天数占秋汛期的比例分别为 81%、90% 和 90%，1970～1996 年分别为 48%、69% 和 67%，到了近期则减少为 11%、31% 和 27%。

从图 5-16～图 5-18 还可以看出，近期龙门、潼关和三门峡 3 站占秋汛期比例最多的是小于1 000 m³/s的流量，除三门峡站 1970～1996 年是以小于 1 000 m³/s 所占比例最多外，1996 年前则均是以 1 000～3 000 m³/s 所占的比例最多。

支流不同时期秋汛期各流量级历时变化特点如表 5-16 所示。与干流的变化特点相同，支流也是小流量的天数不断增加，而大流量的天数则不断减小。近期河津站小于 50 m³/s 的天数为 57.7 d，比 1970～1996 年和 1969 年前的 45.8 d 和 20.7 d 分别增加 21% 和 64%，而近期 50～500 m³/s 的流量历时仅 3.3 d，比 1970～1996 年和 1969 年前的 15.2 d 和 39.3 d 分别增加 78% 和 92%，大于 500 m³/s 流量的历时在近期为 0，1969 年前也仅为 1.0 d。华县站近期小于 500 m³/s 的天数为 53.0 d，比 1970～1996 年和 1969 年前的

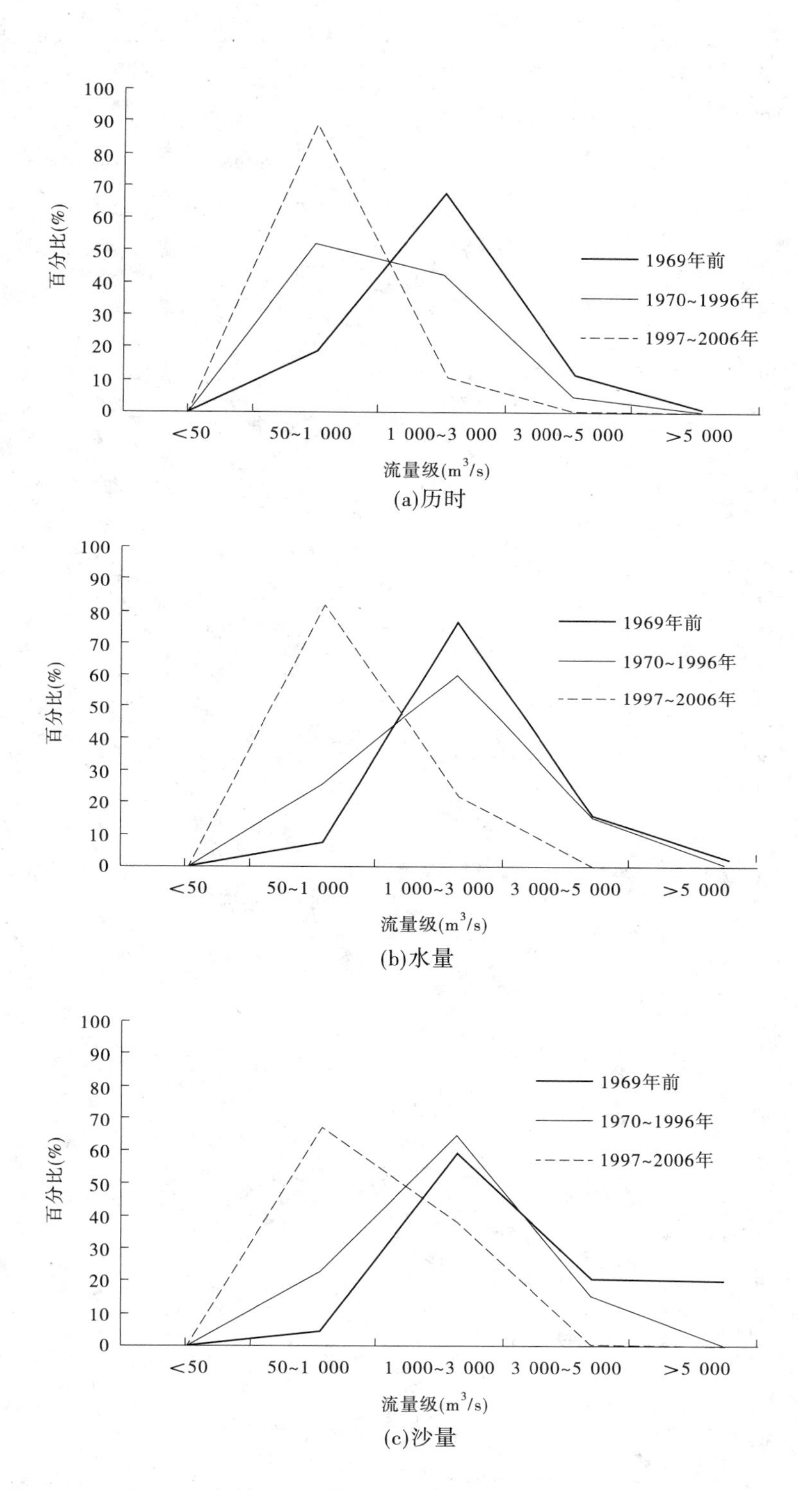

图 5-16　龙门站秋汛期各流量级历时、水量、沙量占总量的百分比

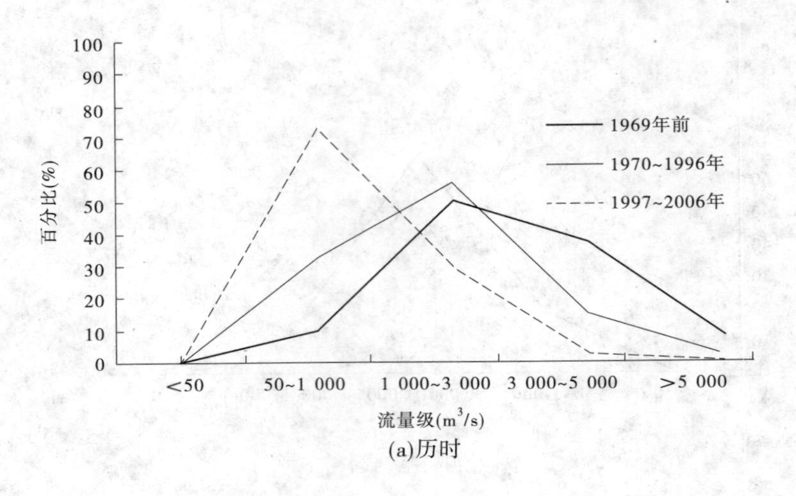

(a)历时

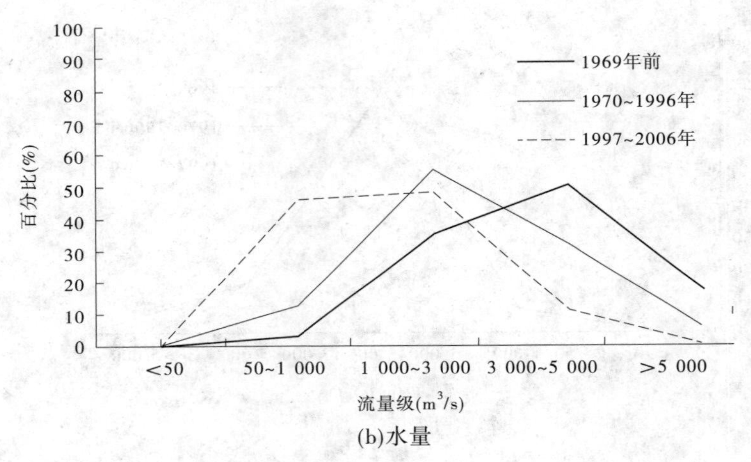

(b)水量

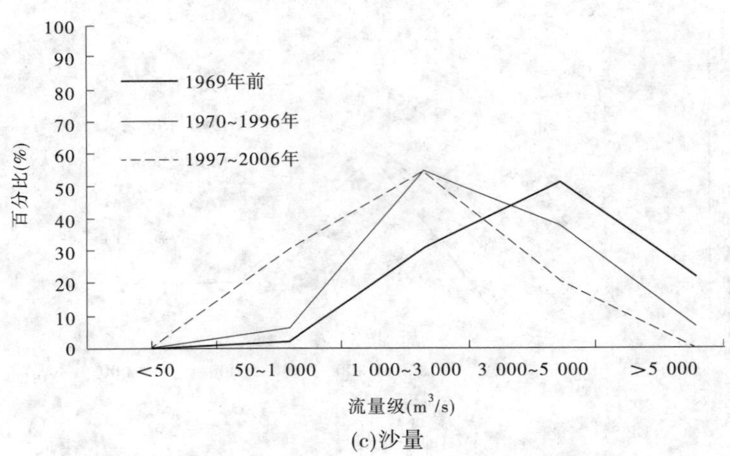

(c)沙量

图 5-17　潼关站秋汛期各流量级历时、水量、沙量占总量的百分比

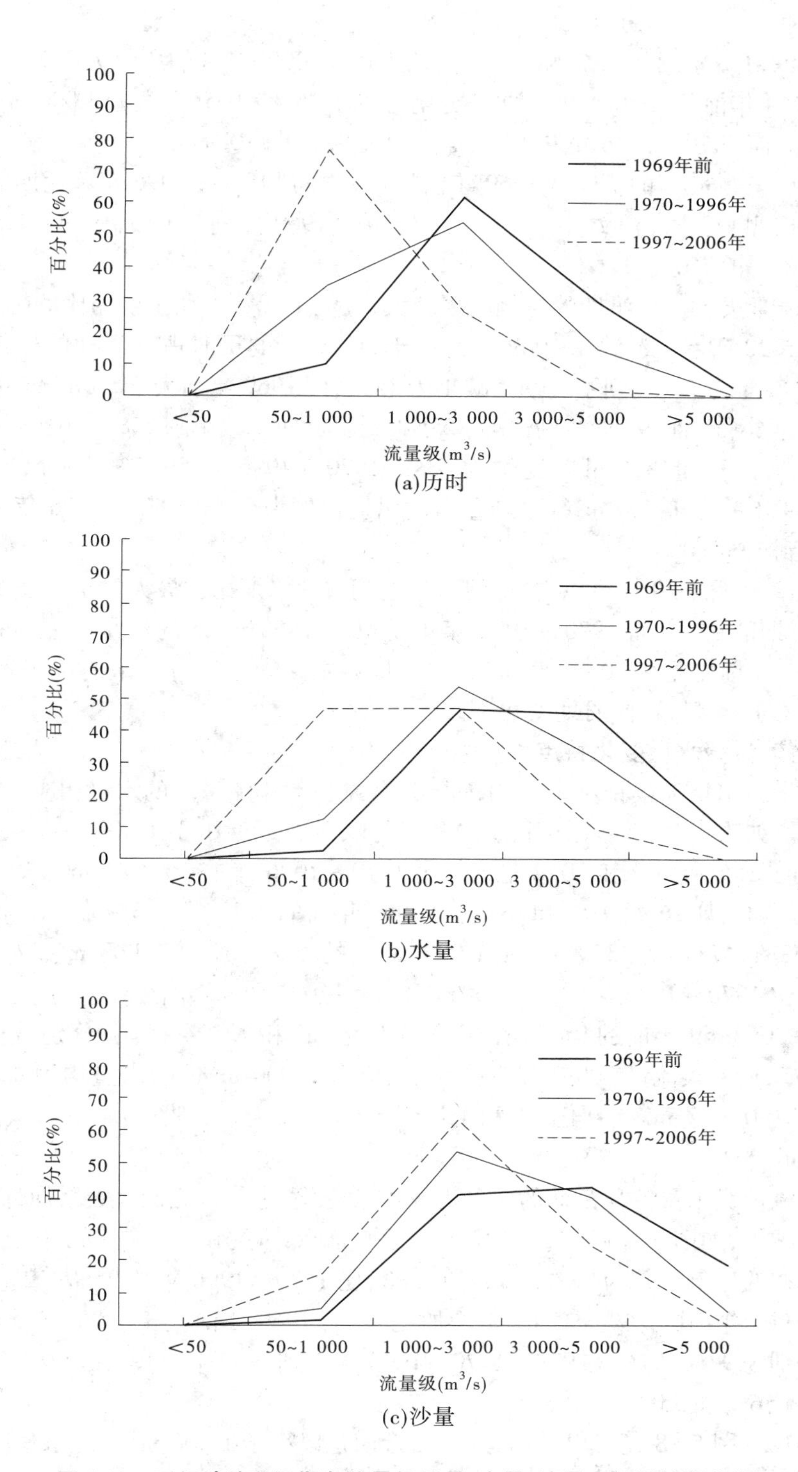

图 5-18　三门峡站秋汛期各流量级历时、水量、沙量占总量的百分比

45.6 d 和 38.3 d 分别增加 16% 和 38%；近期 500 ~ 3 000 m^3/s 的历时为 7.7 d，比 1970 ~ 1996 年和 1969 年前的 15.0 d 和 21.8 d 分别减少了 49% 和 65%；大于 3 000 m^3/s 的历时近期为 0.3 d，而 1970 ~ 1996 年和 1969 年前则为 0.4 d 和 0.9 d。

河津站小于 1 m^3/s 的历时从 1969 年前的 0，增加到 1970 ~ 1996 年和近期的 2.6 d 和 1.7 d，河道出现断流。华县站小于 50 m^3/s 的历时 1969 年前为 0.3，1970 ~ 1996 年和近期则增加为 3.5 d 和 6.2 d。

支流小流量天数占秋汛期的比例越来越大，大流量天数占秋汛期的比例越来越小，如图 5-19 和图 5-20 所示。河津站 1969 年前小于 50 m^3/s 的历时占秋汛期的比例为 95%，而 1970 ~ 1996 年为 75%，到了近期则减小为 34%，而 1969 年前大于 50 m^3/s 的历时占秋汛期的比例为 66%，而 1970 ~ 1996 年为 25%，到了近期仅减小到 5%。华县站 1969 年前小于 500 m^3/s 的流量占主汛期比例为 63%，1970 ~ 1996 年为 75%，到了近期增加为 87%，而 1969 年前大于 500 m^3/s 的流量占主汛期比例为 37%，1970 ~ 1996 年为 25%，到了近期仅占到 13%。

从图 5-19 和图 5-20 还可以看出，河津站近期占秋汛期比例最大的是小于 50 m^3/s 的流量，占秋汛期的 95%，而 1970 ~ 1996 年也是以小于 50 m^3/s 的流量为主，占秋汛期的 75%，而 1969 年前则是以 50 ~ 500 m^3/s 的流量为主。华县站占秋汛期比例最大的均是小于 500 m^3/s 的流量，不同时期变化不大。

5.3.3.2 各流量级水量变化特点

与各流量级出现天数相对应，秋汛期干流各站也是小流量级的水量相应增加，大流量的水量减少。如表 5-15 所示，龙门、潼关和三门峡 3 站近期小于 1 000 m^3/s 的水量分别为 25.5 亿 m^3、21.3 亿 m^3 和 20.2 亿 m^3，比 1970 ~ 1996 年的 16.4 亿 m^3、10.8 亿 m^3 和 11.0 亿 m^3 分别增加 56%、97% 和 83%，比 1969 年前的 7.1 亿 m^3、3.7 亿 m^3 和 3.8 亿 m^3 分别增加 258%、478% 和 435%；大于 1 000 m^3/s 的流量分别为 7.1 亿 m^3、27.5 亿 m^3 和 24.6 亿 m^3，比 1970 ~ 1996 年的 48.6 亿 m^3、81.2 亿 m^3 和 80.0 亿 m^3 分别减少了 85%、66% 和 69%，比 1969 年前的 91.2 亿 m^3、140.0 亿 m^3 和 127.4 亿 m^3 分别减少了 86%、66% 和 81%。近期大流量级几乎没有发生过；大于 5 000 m^3/s 的水量均为 0，而 1970 ~ 1996 年分别为 0.8 亿 m^3、5.0 亿 m^3 和 4.4 亿 m^3，1969 年前分别为 3.4 亿 m^3、23.5 亿 m^3 和 11.8 亿 m^3。

干流各流量级水量占秋汛期的比例也发生了变化，小流量比例大大增加，而大流量的比例则相应减小，如图 5-16 ~ 图 5-18 所示。近期龙门、潼关和三门峡 3 站小于1 000 m^3/s 水量占秋汛期的比例分别为 78%、44% 和 45%，比 1970 ~ 1996 年的 25%、12% 和 12% 明显增加，比 1969 年前的 7%、3% 和 3% 增加更多；而 1969 年前大于 1 000 m^3/s 水量占秋汛期比例分别为 93%、97% 和 97%，1970 ~ 1996 年分别为 75%、88% 和 88%，到了近期则减少为 22%、56% 和 55%。

从图 5-16 ~ 图 5-18 还可以看出，龙门站近期是以小于 1 000 m^3/s 的水量所占比例最多，占秋汛期的 78%，而 1970 ~ 1996 年和 1969 年前则是 1 000 ~ 3 000 m^3/s 所占的比例最多，分别为 58% 和 74%。近期潼关站和三门峡站是以小于 1 000 m^3/s 和 1 000 ~ 3 000 m^3/s所占的比例为主，其中潼关站该两流量级水量分别占秋汛期的44% 和46%，三门峡

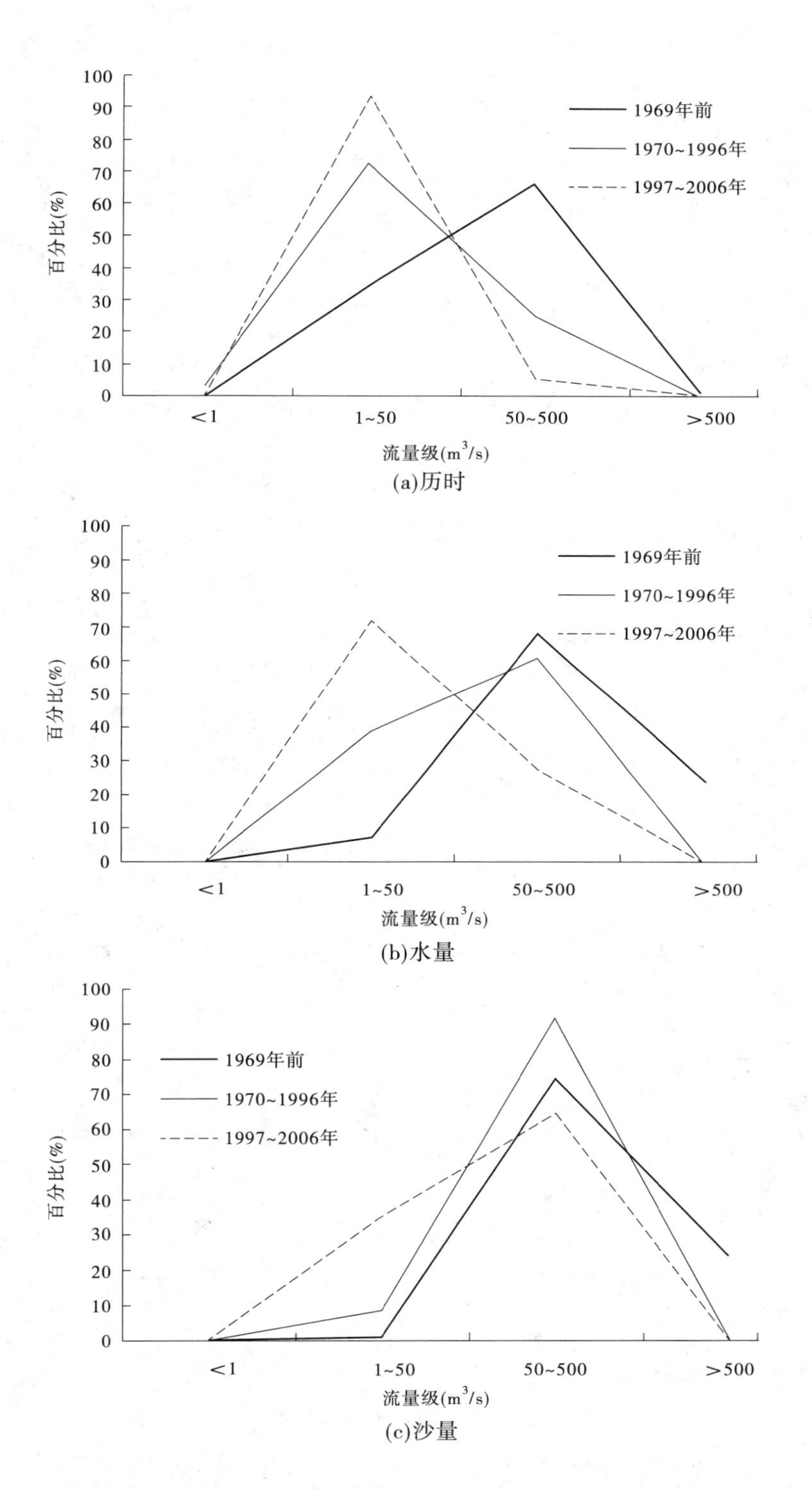

图 5-19　河津站秋汛期各流量级历时、水量、沙量占总量的百分比

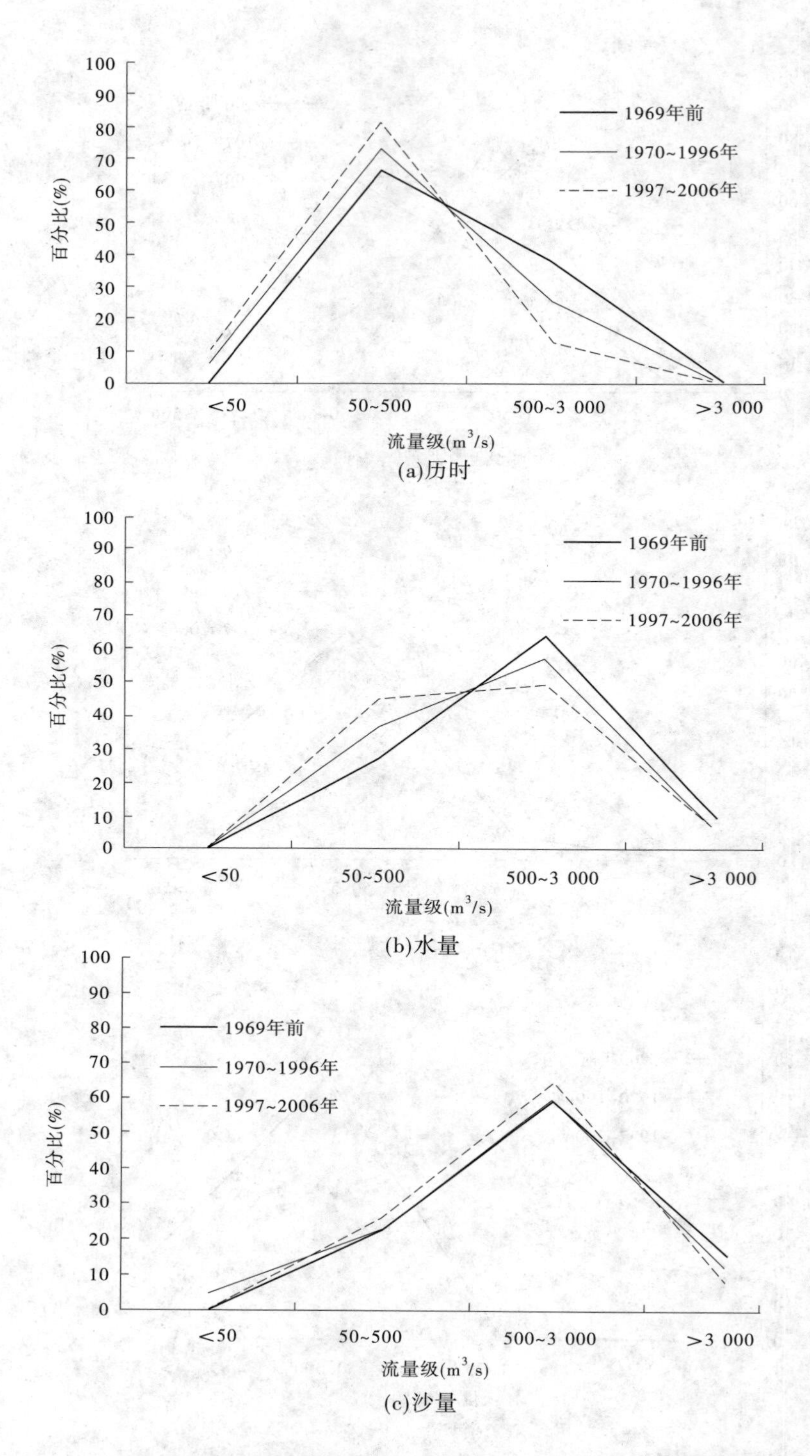

图 5-20 华县站秋汛期各流量级历时、水量、沙量占总量的百分比

表 5-15 黄河龙三区间主要干流秋汛期各流量级历时及水沙变化

站名	项目	时期	流量级(m^3/s)					
			<50	50 ~ 1 000	1 000 ~ 3 000	3 000 ~ 5 000	>5 000	合计
龙门	历时(d)	1969 年前	0	11.6	41.4	7.0	1.0	61.0
		1970 ~ 1996 年	0	31.8	26.0	3.2	0.20	61.0
		1997 ~ 2006 年	0	54.3	6.7	0	0	61.0
		1986 年前	0	18.4	36.4	5.6	0.6	61.0
		1987 ~ 1996 年	0	47.8	12.8	0.4	0	61.0
	水量(亿 m^3)	1969 年前	0	7.1	72.6	15.2	3.4	98.3
		1970 ~ 1996 年	0	16.4	37.8	10.0	0.8	65.0
		1997 ~ 2006 年	0	25.5	7.1	0	0	32.6
		1986 年前	0	10.1	61.7	15.2	2.4	89.4
		1987 ~ 1996 年	0	21.6	17.9	1.1	0	40.6
	沙量(亿 t)	1969 年前	0	0.10	1.24	0.43	0.43	2.20
		1970 ~ 1996 年	0	0.26	0.71	0.17	0.01	1.15
		1997 ~ 2006 年	0	0.18	0.10	0	0	0.28
		1986 年前	0	0.18	1.07	0.34	0.23	1.82
		1987 ~ 1996 年	0	0.25	0.46	0.05	0	0.76
潼关	历时(d)	1969 年前	0	5.8	29.0	21.4	4.80	61.0
		1970 ~ 1996 年	0	18.9	32.4	8.6	1.10	61.0
		1997 ~ 2006 年	0	42.0	17.3	1.7	0	61.0
		1986 年前	0	8.6	33.7	15.8	2.9	61.0
		1987 ~ 1996 年	0	33.5	25.5	2.0	0	61.0
	水量(亿 m^3)	1969 年前	0	3.7	47.8	68.7	23.5	143.7
		1970 ~ 1996 年	0	10.8	48.2	28.0	5.0	92.0
		1997 ~ 2006 年	0	21.3	22.4	5.1	0	48.8
		1986 年前	0	5.3	53.9	51.3	13.7	124.2
		1987 ~ 1996 年	0	18.7	32.4	5.7	0	56.8
	沙量(亿 t)	1969 年前	0	0.07	1.06	1.75	0.73	3.61
		1970 ~ 1996 年	0	0.14	1.18	0.81	0.15	2.28
		1997 ~ 2006 年	0	0.23	0.41	0.16	0	0.80
		1986 年前	0	0.08	1.23	1.37	0.42	3.10
		1987 ~ 1996 年	0	0.23	0.93	0.24	0	1.40

续表 5-15

站名	项目	时期	流量级(m^3/s)					
			<50	50 ~ 1 000	1 000 ~ 3 000	3 000 ~ 5 000	>5 000	合计
三门峡	历时(d)	1969 年前	0.1	6.0	35.7	17.0	2.20	61.0
		1970 ~ 1996 年	0	19.9	31.4	8.7	1.00	61.0
		1997 ~ 2006 年	0	44.4	15.2	1.4	0	61.0
		1986 年前	0.1	10.3	32.8	15.8	2.0	61.0
		1987 ~ 1996 年	0	35.3	24.3	1.4	0	61.0
	水量(亿 m^3)	1969 年前	0	3.8	58.7	56.9	11.8	131.2
		1970 ~ 1996 年	0	11.0	47.0	28.6	4.4	91.0
		1997 ~ 2006 年	0	20.2	20.3	4.3	0	44.8
		1986 年前	0	5.8	52.4	52.9	9.9	121.0
		1987 ~ 1996 年	0	19.2	31.8	4.0	0	55.0
	沙量(亿 t)	1969 年前	0	0.09	1.49	1.57	0.68	3.83
		1970 ~ 1996 年	0	0.14	1.42	1.05	0.14	2.75
		1997 ~ 2006 年	0	0.15	0.58	0.23	0	0.96
		1986 年前	0	0.12	1.42	1.52	0.24	3.30
		1987 ~ 1996 年	0	0.17	1.03	0.20	0	1.40

站该两流量级水量分别占秋汛期 45% 和 45%，而 1970 ~ 1996 年则是以 1 000 ~ 3 000 m^3/s和 3 000 ~ 5 000 m^3/s 的流量为主，其中潼关站分别占秋汛期的 52% 和 30%，三门峡站分别占秋汛期的 52% 和 31%，1969 年前潼关站和三门峡站也是以 1 000 ~ 3 000 m^3/s 和 3 000 ~ 5 000 m^3/s 的流量为主，其中潼关站分别占秋汛期的 33% 和 48%，三门峡站分别为 45% 和 43%。

不同时期支流秋汛期的各流量级水量如表 5-16 所示。河津站由于上游修建水库，大部分水量被蓄在库里，因此水量减小很多。华县站近期小于 500 m^3/s 的水量为 7.3 亿 m^3，比 1970 ~ 1996 年和 1969 年前的 7.9 亿 m^3 和 8.5 亿 m^3 分别减少了 8% 和 14%，而华县站近期 500 ~ 3 000 m^3/s 为 8.0 亿 m^3，比 1970 ~ 1996 年和 1969 年前的 12.2 亿 m^3 和 19.8 亿 m^3 分别减少了 35% 和 65%。大于 3 000 m^3/s 的水量近期为 1.0 亿 m^3，比 1970 ~ 1996 年和 1969 年前的 1.4 亿 m^3 和 3.1 亿 m^3 分别减少了 31% 和 68%。可以看出，华县站无论大小流量级，其水量均减小了，只是大流量减小的幅度大于小流量减小的幅度。

近期华县站小于 50 m^3/s 水量为 0.2 亿 m^3，1970 ~ 1996 年和 1969 年前分别为 0.1 亿 m^3 和 0。

但从各流量级的比例来看，华县站是小流量有所减小，而大流量则有所增加，如图 5-19、图 5-20 所示。如华县站小于 500 m^3/s 的水量占主汛期比例为 45%，比 1970 ~ 1996 年和 1969 年前的 37% 和 27% 均有所增加，而大于 500 m^3/s 的水量占主汛期的比例为 55%，比 1970 ~ 1996 年和 1969 年前的 63% 和 73% 均有所减小。

从图 5-19、图 5-20 还可以看出，近期华县站的水量主要集中在小于 500 m^3/s 和 500 ~ 3 000 m^3/s的流量，分别占汛期总流量的 45% 和 49%，而 1970 ~ 1996 年和 1969 年前则是以 500 ~ 3 000 m^3/s 的流量为主，分别占秋汛期的 57% 和 63%，而 1970 ~ 1996 年

表 5-16(a)　黄河龙三区间主要支流秋汛期各流量级历时及水沙变化

站名	项目	时期	流量级(m^3/s)				
			<1	1~50	50~500	>500	合计
河津	历时(d)	1969 年前	0	20.7	39.3	1.0	61.0
		1970~1996 年	2.6	43.2	15.2	0	61.0
		1997~2006 年	1.7	56.0	3.3	0	61.0
		1986 年前	0.5	34.9	25.3	0.3	61.0
		1987~1996 年	5.5	45.3	10.2	0	61.0
	水量(亿 m^3)	1969 年前	0	0.44	4.19	1.49	6.12
		1970~1996 年	0	0.89	1.38	0	2.27
		1997~2006 年	0	0.64	0.25	0	0.89
		1986 年前	0	0.74	2.65	0.25	3.64
		1987~1996 年	0	0.823	0.774	0	1.597
	沙量(亿 t)	1969 年前	0	0.001	0.095	0.031	0.127
		1970~1996 年	0	0.002	0.022	0	0.044
		1997~2006 年	0	0	0.001	0	0.001
		1986 年前	0	0.002	0.054	0.011	0.067
		1987~1996 年	0	0.002	0.010	0	0.012

表 5-16(b)　黄河龙三区间主要支流秋汛期各流量级历时及水沙变化

站名	项目	时期	流量级(m^3/s)				
			<50	50~500	500~3 000	>3 000	合计
华县	历时(d)	1969 年前	0.3	38.0	21.8	0.9	61.0
		1970~1996 年	3.5	42.1	15.0	0.4	61.0
		1997~2006 年	6.2	46.8	7.7	0.3	61.0
		1986 年前	2	37	21	1	61.0
		1987~1996 年	4	50	7	0	61.0
	水量(亿 m^3)	1969 年前	0	8.5	19.8	3.1	31.4
		1970~1996 年	0.1	7.8	12.2	1.4	21.5
		1997~2006 年	0.2	7.1	8.0	1.0	16.3
		1986 年前	0.1	7.8	18.1	2.6	28.6
		1987~1996 年	0.1	8.6	3.8	0	12.5
	沙量(亿 t)	1969 年前	0	0.25	0.65	0.17	1.07
		1970~1996 年	0.03	0.14	0.39	0.07	0.63
		1997~2006 年	0	0.07	0.18	0.02	0.27
		1986 年前	0.03	0.16	0.58	0.14	0.91
		1987~1996 年	0	0.20	0.12	0	0.32

和 1969 年前小于 500 m^3/s 的流量分别占秋汛期的 36% 和 27%。

5.3.3.3 各流量级沙量变化特点

干流秋汛期各流量级沙量的变化与水量相同,即小流量所挟带的沙量不断增加,而大流量所挟带的沙量则不断减小,具体见表 5-15。龙门、潼关和三门峡 3 站近期小于 1 000 m^3/s 的沙量分别为 0.18 亿 t、0.23 亿 t 和 0.15 亿 t,与 1970~1996 年的 0.26 亿 t、0.14 亿 t 和 0.14 亿 t 相比,除龙门站外,潼关站和三门峡站分别增加了 68% 和 7%,分别比 1969 年前的 0.10 亿 t、0.07 亿 t 和 0.09 亿 t 增加 74%、237% 和 65%;近期大于 1 000 m^3/s 的沙量分别为 0.10 亿 t、0.57 亿 t 和 0.81 亿 t,比 1970~1996 年的 0.89 亿 t、2.14 亿 t 和 2.61 亿 t 分别减少了 89%、73% 和 69%,比 1969 年前的 2.1 亿 t、3.54 亿 t 和 3.74 亿 t 分别减少了 95%、84% 和 78%;近期大于 5 000 m^3/s 的沙量为 0,而 1970~1996 年分别为 0.01 亿 t、0.15 亿 t 和 0.14 亿 t,1969 年前分别为 0.43 亿 t、0.73 亿 t 和 0.68 亿 t。

干流各流量级沙量占秋汛期的比例也发生了变化,如图 5-16~图 5-18 所示。近期小流量所对应的沙量比例增加,而大流量对应的沙量比例减小。近期龙门、潼关和三门峡 3 站小于 1 000 m^3/s 的沙量占主汛期的比例分别为 64%、29% 和 15%,比 1970~1996 年的 23%、6% 和 5% 明显增加了,比 1969 年前的 5%、2% 和 2% 增加更多;近期大于 1 000 m^3/s 的沙量占汛期的比例分别为 36%、71% 和 85%,比 1970~1996 年的 77%、94% 和 95% 明显减小,比 1969 年前的 95%、98% 和 98% 减少更多。

从图 5-16~图 5-18 还可以看出,近期龙门站秋汛期的沙量主要通过小于 1 000 m^3/s 的流量来输送,占秋汛期的 64%,而 1970~1996 年和 1969 年前则主要通过 1 000~3 000 m^3/s 的流量来输送,占秋汛期的 62%、56%。近期潼关站秋汛期的沙量主要通过小于 1 000 m^3/s 和 1 000~3 000 m^3/s 的流量来输送,分别占秋汛期的 29% 和 51%,而 1970~1996 年和 1969 年前则主要通过 1 000~3 000 m^3/s 和 3 000~5 000 m^3/s 的流量来输送,其中 1970~1996 年分别占秋汛期的 52% 和 36%,1969 年前分别占秋汛期的 29% 和 48%。近期三门峡站秋汛期的沙量也是主要通过 1 000~3 000 m^3/s 的流量来输送,约占秋汛期的 61%,而 1970~1996 年主要通过 1 000~3 000 m^3/s 和 3 000~5 000 m^3/s 的流量来输送,分别占秋汛期的 52% 和 38%,1969 年前的也是主要通过 1 000~3 000 m^3/s 和 3 000~5 000 m^3/s 的流量来输送,分别占秋汛期的 39% 和 41%。

不同时期支流各流量级的沙量见表 5-16。近期河津站受上游水库调节的影响,水沙均被蓄起来,沙量几乎为 0。近期华县站小于 500 m^3/s 的沙量为 0.07 亿 t,比 1970~1996 年和 1969 年前的 0.17 亿 t 和 0.25 亿 t 分别减少了 58% 和 71%;近期华县站 500~3 000 m^3/s 的沙量为 0.18 亿 t,比 1970~1996 年和 1969 年前的 0.39 亿 t 和 0.65 亿 t 分别减少了 54% 和 73%,而近期大于 3 000 m^3/s 的沙量则为 0.02 亿 t,1970~1996 年和 1969 年前分别为 0.07 亿 t 和 0.17 亿 t。可以看出,华县站的小流量和大流量对应的沙量均减小了。

华县站秋汛期各流量的沙量所占的比例,如图 5-20 所示,可以看出不同时期各流量级所占比例基本相同。如近期小于 500 m^3/s 沙量所占秋汛期的比例为 27%,1970~1996 年和 1969 年前分别为 27% 和 23%,3 个时期变化不大,而这 3 个时期大于 500 m^3/s 的沙量占秋汛期的比例分别为 73%、73% 和 77%,变化也很小。

从图 5-20 还可以看出，近期、1970～1996 年和 1969 年前华县站均是以 500～3 000 m^3/s 的流量来输送沙量，分别占汛期的 66%、61% 和 60%。

5.3.4 小结

黄河中游干流各流量级水沙量的变化随着总水沙量的减少而有着各自的特点。近期龙门、潼关和三门峡 3 站小于 1 000 m^3/s 的历时，比 1970～1996 年大幅增加，而大于 1 000 m^3/s的历时则不断减小；小于 1 000 m^3/s 的水量和沙量，比 1970～1996 年大幅增加，而大于 1 000 m^3/s 的水量和沙量则不断减小。支流河津站是小于 50 m^3/s 的历时、水量和沙量，比 1970～1996 年大幅增加，而大于 50 m^3/s 的历时则不断减小；小于 500 m^3/s 的历时、水量和沙量比 1970～1996 年大幅增加，而大于 500 m^3/s 的历时、水量和沙量比 1970～1996 年大幅减小。无论汛期、主汛期和秋汛期均存在以上特点。小流量级的历时、水量和沙量所占的比例也有所增加，而大流量所占的比例也有所减小，近期占主要比例的流量也有所降低。

5.4 洪水特性

采用日均资料统计了龙门站 1952 年以来大于 1 000 m^3/s 的洪水，总计 349 场；潼关站自 1952 年以来大于 1 000 m^3/s 的洪水，总计 440 场，三门峡站 1950 年以来大于 1 000 m^3/s 的洪水，总计 548 场；河津站 1960 年以来大于 100 m^3/s 的洪水，总计 122 场；华县站 1960 年以来大于 1 000 m^3/s 的洪水，总计 143 场。因此，本节中所提到的 1969 年前分别指从各站的统计年份开始至 1969 年。总的看来，近期洪水洪峰、历时、场次、水量和沙量均有所减小，具体分析如下。

5.4.1 洪峰流量变化特点

各站洪峰流量的变化过程如图 5-21～图 5-25 所示，洪峰流量大部分都呈现出逐渐衰减的趋势。如表 5-17 所示，龙门站 1969 年前最大洪峰流量为 21 000 m^3/s，发生在 1967 年，而至 1970～1996 年最大洪峰流量减小为 14 500 m^3/s，发生在 1977 年，到了近期洪峰流量则减小为 7 340 m^3/s，发生在 2003 年，近期的最大洪峰流量比 1969 年前和 1970～1996 年分别减小了 65% 和 49%。潼关站 1952～1969 年最大洪峰流量为 13 400 m^3/s，发生在 1954 年；1970～1996 年最大洪峰流量为 15 400 m^3/s，发生在 1977 年，而近期最大洪峰只有 4 700 m^3/s，发生在 1997 年，近期的最大洪峰流量比 1952～1969 年和 1970～1996 年分别减小了 62% 和 69%。三门峡站 1952～1969 年最大洪峰流量为 10 600 m^3/s，发生在 1954 年；1970～1996 年最大洪峰流量为 8 900 m^3/s，发生在 1977 年；近期最大洪峰流量为 5 110 m^3/s，发生在 2004 年；近期的最大洪峰流量比 1952～1969 年和 1970～1996 年分别减小了 50% 和 43%。

支流的洪峰流量也存在与干流相同的规律，如河津站 1952～1969 年最大洪峰流量为 2 890 m^3/s，发生在 1954 年；1970～1996 年最大洪峰流量为 837 m^3/s，发生在 1977 年；近期最大洪峰流量仅为 205 m^3/s，发生在 2003 年；近期的最大洪峰流量比 1952～1969 年和 1970～1996 年分别减小了 93% 和 76%。华县站 1952～1969 年最大洪峰流量为 7 660 m^3/s，发生在 1954 年；1970～1996 年最大洪峰流量为 5 380 m^3/s，发生在 1981 年；近期最大洪峰流量为 4 880 m^3/s，发生在 2005 年；近期的最大洪峰流量比 1952～1969 年和 1970～1996年分别减小了 6% 和 9%。可以看出，华县站洪峰流量的衰减幅度不是很大，从图 5-25可以看出，2001 年后又有增大的趋势。

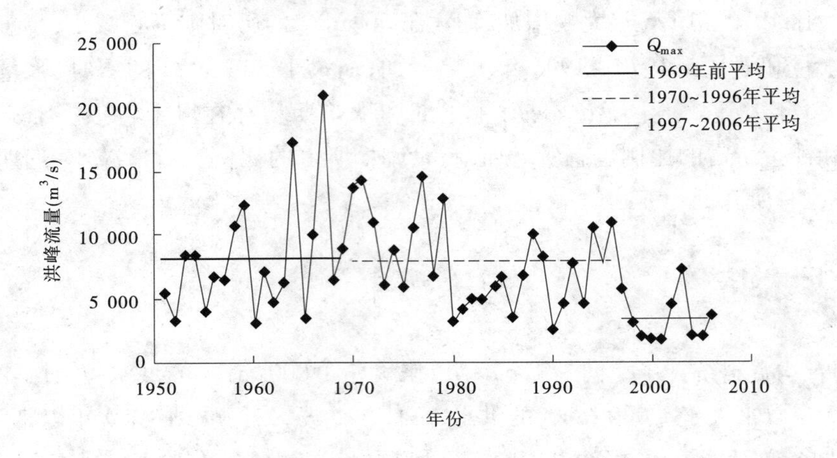

图 5-21　龙门站洪峰流量变化过程

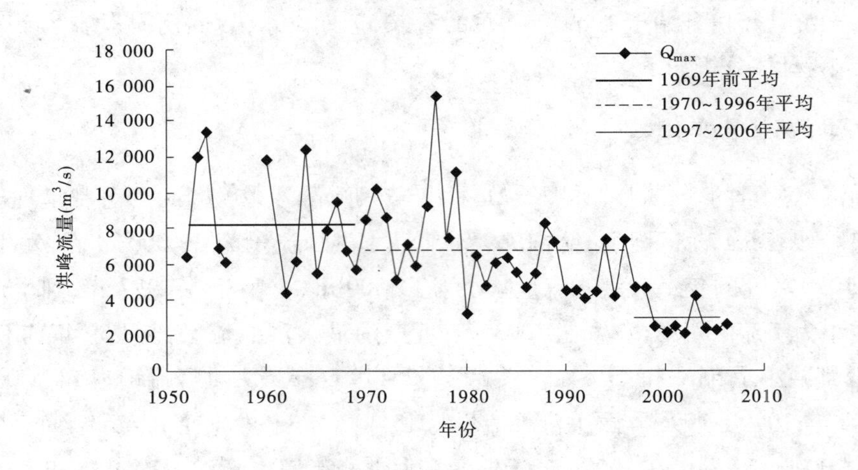

图 5-22　潼关站洪峰流量变化过程

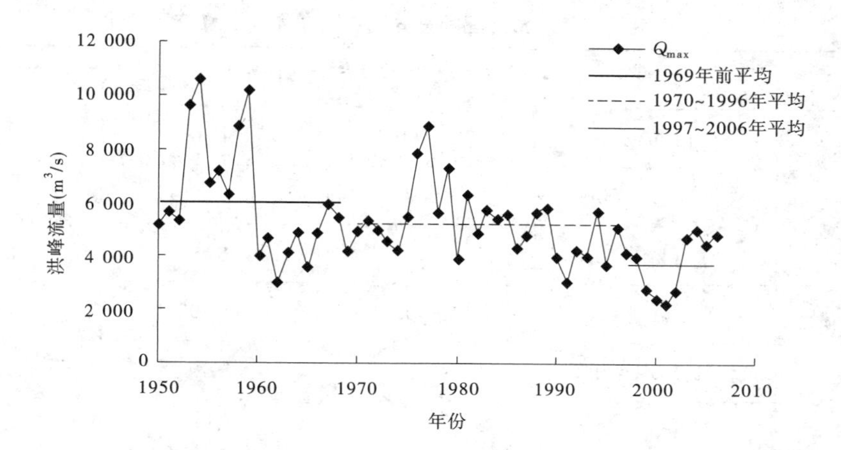

图 5-23　三门峡站洪峰流量变化过程

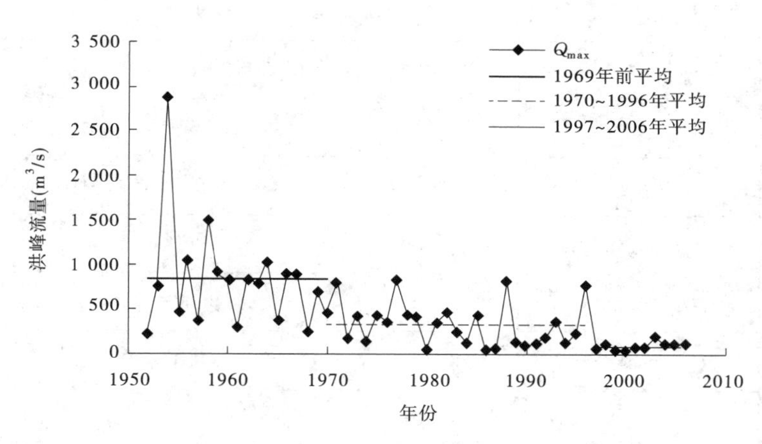

图 5-24　河津站洪峰流量变化过程

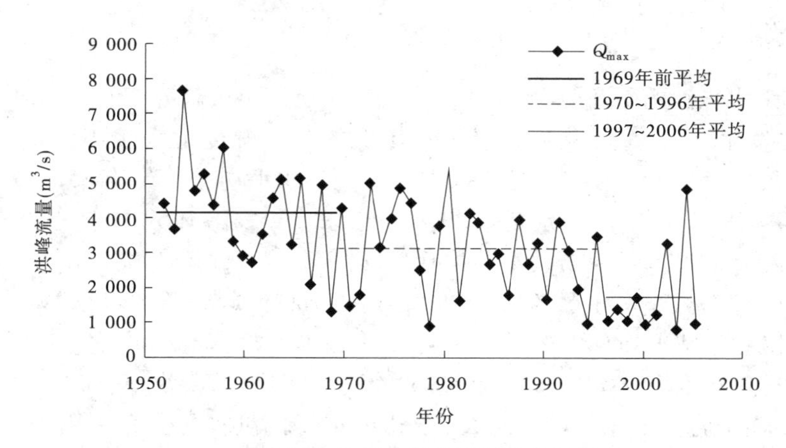

图 5-25　华县站洪峰流量变化过程

表 5-17　黄河龙三区间干支流各时期最大洪峰流量

站名	项目	1969 年前	1970 ~ 1996 年	1997 ~ 2006 年
龙门	Q_{max}(m^3/s)	21 000	14 500	7 340
	Q_{max}出现年份	1967	1977	2003
	S_{max}(kg/m^3)	933	826	1 040
潼关	Q_{max}(m^3/s)	13 400	15 400	4 700
	Q_{max}出现年份	1954	1977	1997
	S_{max}(kg/m^3)	232	911	481
三门峡	Q_{max}(m^3/s)	10 600	8 900	5 110
	Q_{max}出现年份	1954	1977	2004
	S_{max}(kg/m^3)	340	911	571
河津	Q_{max}(m^3/s)	2 890	837	205
	Q_{max}出现年份	1954	1977	2003
	S_{max}(kg/m^3)	179	380	21
华县	Q_{max}(m^3/s)	7 660	5 380	4 880
	Q_{max}出现年份	1954	1981	2005
	S_{max}(kg/m^3)	290	905	787

5.4.2　洪水场次变化特点

随着中游来水来沙的不断减少，干流洪水的场次也发生了趋势性的变化，其中各流量级的洪水场次都有所减少，但大流量级洪水场次的减少幅度远大于小流量级，具体见表 5-18。近期龙门、潼关和三门峡大于 1 000 m^3/s 的洪水平均 4.3 次/年、5.6 次/年和 4.6 次/年，与 1970 ~ 1996 年相比，分别减少 29%、44% 和 56%，比 1969 年前分别减少 45%、51% 和 58%；大于 3 000 m^3/s 的洪水平均 0.8 次/年、0.8 次/年和 1.5 次/年，比 1970 ~ 1996 年分别减少 74%、82% 和 65%，比 1969 年前分别减少 81%、87% 和 72%；大于 7 000 m^3/s 的洪水，仅龙门站平均 0.1 次/年，潼关站和三门峡站均为 0，而 1970 ~ 1996 年则分别为 0.6 次/年、0.6 次/年和 0.2 次/年，1969 年前分别为 1.2 次/年、0.9 次/年和 0.5 次/年。因此，龙门、潼关和三门峡 3 站大于 3 000 m^3/s 的洪水场次减少幅度远大于 1 000 m^3/s 的减少幅度。

表 5-18　不同时期黄河龙三区间主要干流各站洪水场次特点

站名	时段	各流量级(m^3/s)的场次				各流量级(m^3/s)的频次(次/年)			
		>1 000	>3 000	>7 000	>10 000	>1 000	>3 000	>7 000	>10 000
龙门	1969 年前	142	77	21	8	7.9	4.3	1.2	0.4
	1970～1996 年	164	82	15	11	6.1	3.0	0.6	0.4
	1997～2006 年	43	8	1	0	4.3	0.8	0.1	0
潼关	1969 年前	114	61	9	1	11.4	6.1	0.9	0.1
	1970～1996 年	270	118	16	6	10.0	4.4	0.6	0.2
	1997～2006 年	56	8	0	0	5.6	0.8	0	0
三门峡	1969 年前	221	107	10	2	11.1	5.4	0.5	0.1
	1970～1996 年	281	116	5	0	10.4	4.3	0.2	0
	1997～2006 年	46	15	0	0	4.6	1.5	0	0

支流的洪水场次也明显的减少，也是大流量级洪水场次的减少幅度远大于小流量级，具体见表 5-19。如河津站近期大于 100 m^3/s 的洪水平均 1.0 次/年，比 1970～1996 年和 1969 年前分别减少了 51% 和 82%，而大于 300 m^3/s 的洪水平均 0.1 次/年，比 1970～1996 年和 1969 年分别减少了 90% 和 97%，大于 500 m^3/s 的洪水没有出现，而 1970～1996 年和 1969 年前分别为 0.2 次/年和 1.7 次/年。华县站近期大于 1 000 m^3/s 的洪水平均 1.3 次/年，比 1970～1996 年和 1969 年前分别减少了 60% 和 70%，而大于 3 000 m^3/s的洪水平均为 0.2 次/年，比 1970～1996 年和 1969 年前分别减少 77% 和 82%，而大于5 000 m^3/s的洪水近期则没有出现。因此，河津站大于 300 m^3/s 洪水的减少幅度远大于 100 m^3/s 的减少幅度，而华县站则各流量级减少幅度基本相同。

表 5-19　不同时期黄河龙三区间主要支流各站洪水场次特点

站名	时段	各流量级(m^3/s)场次所占百分比			各流量级(m^3/s)的频次(次/年)		
		>100	>300	>500	>100	>300	>500
河津	1969 年前	56	31	17	5.6	3.1	1.7
	1970～1996 年	55	27	6	2.0	1.0	0.2
	1997～2006 年	10	1	0	1.0	0.1	0
站名	时段	各流量级(m^3/s)场次所占百分比			各流量级(m^3/s)的频次(次/年)		
		>1 000	>3 000	>5 000	>1 000	>3 000	>5 000
华县	1969 年前	43	11	3	4.3	1.1	0.3
	1970～1996 年	87	23	3	3.2	0.9	0.1
	1997～2006 年	13	2	0	1.3	0.2	0

5.4.3 洪水历时变化特点

随着洪水场次和洪峰流量的不断减少，洪水的历时也发生了变化，具体见表5-20。龙门站、潼关站和三门峡站近期大于1 000 m^3/s 洪水历时分别为11.2 d/次、11.0 d/次和7.1 d/次，其中龙门站和潼关站比1970～1996年分别增加11%、21%，三门峡站则减少了15%，与1969年前相比，龙门站和潼关站分别增加13%和14%，三门峡站则减少了20%；大于3 000 m^3/s的洪水历时分别为9.3 d/次、11.8 d/次和8.3 d/次，与1970～1996年相比，龙门站减少13%，潼关站增加了23%，三门峡站没有变化，与1969年前相比，龙门站和三门峡站分别减少了11%和16%，潼关站增加了7%。近期大于7 000 m^3/s 洪水仅龙门站有1场，历时为8.0 d，潼关站和三门峡站的洪水均小于7 000 m^3/s，而1970～1996年龙门站、潼关站和三门峡站的历时分别为6.5 d/次、7.4 d/次和6.6 d/次，1969年前分别为7.1 d/次、9.8 d/次和6.8 d/次。可以看出，干流大部分站近期大于1 000 m^3/s 的历时有所增加，而大于3 000 m^3/s 的历时有所减小。

不同时期支流的洪水历时如表5-20所示，近期河津站大于100 m^3/s 的洪水历时为7.2 d/次，比1970～1996年和1969年前分别增加了20%和9%，大于300 m^3/s 的洪水历时为7.0 d/次，比1970～1996年增加了21%，与1969年前相同，大于500 m^3/s 的洪水近期没有出现，而1970～1996年和1969年前分别为9.8 d/次和7.3 d/次。近期华县站大于1 000 m^3/s 的洪水历时为7.7 d/次，比1970～1996年增加3%，比1969年前减少6%。近期大于3 000 m^3/s 的洪水历时10.5 d/次，比1970～1996年和1969年前分别增加了40%和41%，而大于5 000 m^3/s 的洪水近期则没有出现。可以看出，近期河津站大于各流量级洪水的历时均有所减小，大于1 000 m^3/s 的洪水历时变化不大，而近期华县站大于3 000 m^3/s 的洪水历时比以前有增加。

5.4.4 洪水洪量变化特点

不同时期各站场次洪水洪量的变化如表5-21所示，可以看出近期干流各站各流量级场次洪水洪量均有所减少。近期龙门站、潼关站和三门峡站大于1 000 m^3/s 的洪水平均洪量分别为9.8亿 m^3、12.3亿 m^3 和9.4亿 m^3，比1970～1996年分别减少了37%、23%和41%，比1969年前分别减少了44%、43%和56%；大于3 000 m^3/s 的洪水平均洪量分别为9.3亿 m^3、22.7亿 m^3 和14.3亿 m^3，比1970～1996年分别减少了53%、0和35%，比1969年前分别减少了60%、26%和54%；近期大于7 000 m^3/s 的洪水仅龙门有1场，洪量为6.3亿 m^3，而龙门、潼关和三门峡3站1970～1996年大于7 000 m^3/s 的洪量分别为13.9亿 m^3、19.2亿 m^3 和28.7亿 m^3，1969年前分别为20.8亿 m^3、34.0亿 m^3 和33.4亿m^3。

表 5-20　不同时期黄河龙三区间主要干支流各站场次洪水历时特点

站名	流量级 (m^3/s)	洪水历时(d/次)		
		1969 年前	1970 ~ 1996 年	1997 ~ 2006 年
龙门	>1 000	9.9	10.1	11.2
	>3 000	10.4	10.7	9.3
	>7 000	7.1	6.5	8.0
	>10 000	7.0	6.8	0
潼关	>1 000	9.7	9.1	11.0
	>3 000	11.0	9.6	11.8
	>7 000	9.8	7.4	0
	>10 000	16.0	7.2	0
三门峡	>1 000	8.9	8.4	7.1
	>3 000	9.9	8.3	8.3
	>7 000	6.8	6.6	0
	>10 000	8.5	0	0
河津	>100	7.9	9.0	7.2
	>300	7.0	8.9	7.0
	>500	7.3	9.8	0
华县	>1 000	8.2	7.4	7.7
	>3 000	8.0	7.5	10.5
	>5 000	8.7	11.7	0

表 5-21　不同时期黄河龙三区间主要干支流各站场次洪水洪量特点

站名	流量级 (m^3/s)	洪量(亿 m^3)		
		1969 年前	1970 ~ 1996 年	1997 ~ 2006 年
龙门	>1 000	17.7	15.7	9.8
	>3 000	23.2	19.8	9.3
	>7 000	20.8	13.9	6.3
	>10 000	22.5	15.7	0
潼关	>1 000	21.6	16.0	12.3
	>3 000	30.8	22.7	22.7
	>7 000	34.0	19.2	0
	>10 000	69.3	18.3	0

续表 5-21

站名	流量级 (m³/s)	洪量(亿 m³)		
		1969 年前	1970 ~ 1996 年	1997 ~ 2006 年
三门峡	>1 000	21.5	15.9	9.4
	>3 000	31.4	22.0	14.3
	>7 000	33.4	28.7	0
	>10 000	46.1	0	0
河津	>100	1.17	1.17	0.57
	>300	1.39	0.81	0.83
	>500	1.80	2.64	0
华县	>1 000	7.8	6.7	7.6
	>3 000	11.6	10.7	17.2
	>5 000	16.1	18.4	0

支流河津站近期大于 100 m^3/s 的洪水洪量为 0.57 亿 m^3，比 1970 ~ 1996 年和 1969 年前分别减少了 51% 和 51%，近期大于 300 m^3/s 的洪水洪量为 0.83 亿 m^3，比 1970 ~ 1996 年变化不大，比 1969 年前的 40%，大于 500 m^3/s 的洪水近期没有出现，而 1970 ~ 1996 年和 1969 年前分别为 2.64 亿 m^3 和 1.80 亿 m^3。近期华县站大于 1 000 m^3/s 的洪水洪量为 7.6 亿 m^3，比 1970 ~ 1996 年增加 13%，比 1969 年前减少 3%，近期大于 3 000 m^3/s 的洪水洪量为 17.2 亿 m^3，比 1970 ~ 1996 年和 1969 年前分别增加 61% 和 49%。

比较不同时期同历时条件下洪量的变化（见图 5-26），可以看出龙门、潼关和三门峡 3 站近期同历时洪量比 1997 年以前均有所减小，以 15 d 为例，龙门站近期的洪量为 12 亿 m^3，而 1969 年前为 13 亿 ~ 53 亿 m^3，1970 ~ 1996 年为 10 亿 ~ 27 亿 m^3；潼关站近期的洪量为 18 亿 m^3，而 1997 年前为 10 亿 ~ 45 亿 m^3；三门峡站洪量为 18 亿 m^3，而 1969 年前为 12 亿 ~ 56 亿 m^3，1970 ~ 1996 年为 10 亿 ~ 40 亿 m^3。华县站各时期同历时洪量变化不大。

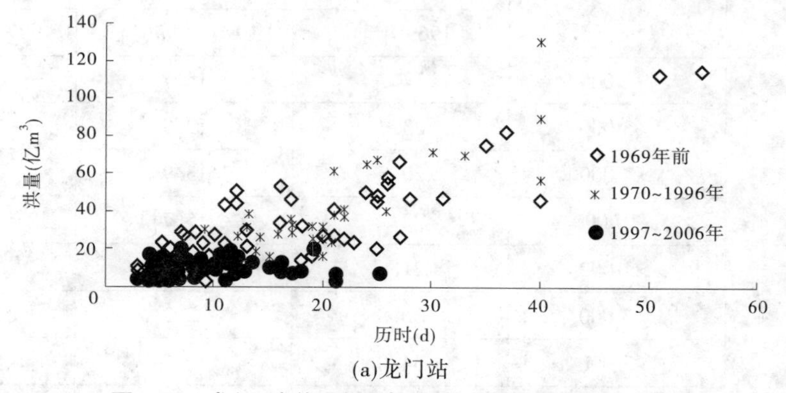

(a)龙门站

图 5-26 龙门、潼关、三门峡、华县 4 站洪量与历时的关系

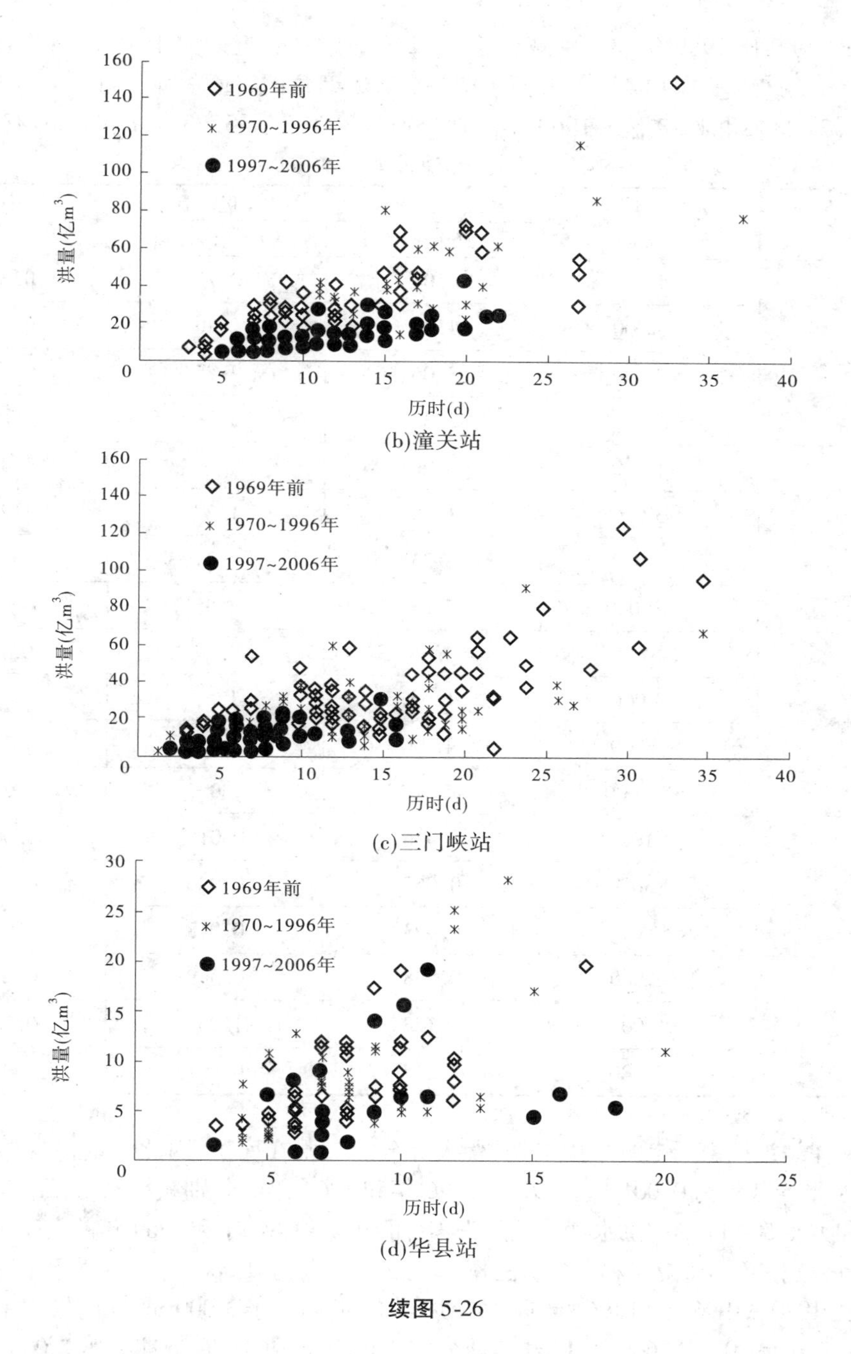

(b)潼关站

(c)三门峡站

(d)华县站

续图 5-26

5.4.5 洪水沙量变化特点

不同时期各站场次洪水沙量的变化如表 5-22 所示，近期龙门、潼关和三门峡 3 站大于1 000 m^3/s的洪水平均沙量分别为 0.31 亿 t、0.49 亿 t 和 0.74 亿 t，比 1970 ~ 1996 年分别减少 59%、34% 和 15%，比 1969 年前分别减少 71%、51% 和 22%。近期大于 3 000 m^3/s的洪水平均沙量分别为 0.77 亿 t、1.25 亿 t 和 1.02 亿 t，比 1970 ~ 1996 年分别减少

38%、2% 和 34%，比 1969 年前分别减少 55%、22% 和 37%；近期大于 7 000 m^3/s 的洪水仅龙门站有 1 场，沙量为 0.43 亿 t，而 1970～1996 年龙门、潼关和三门峡 3 站分别为 2.75 亿 t、2.31 亿 t 和 4.28 亿 t，1969 年前则分别为 3.06 亿 t、3.23 亿 t 和 4.70 亿 t。

表 5-22　不同时期黄河干支流各站场次洪水沙量特点

站名	流量级 (m^3/s)	沙量(亿 t/次)		
		1969 年前	1970～1996 年	1997～2006 年
龙门	>1 000	1.07	0.77	0.31
	>3 000	1.72	1.26	0.77
	>7 000	3.06	2.75	0.43
	>10 000	3.33	3.21	0
潼关	>1 000	0.99	0.74	0.49
	>3 000	1.60	1.27	1.25
	>7 000	3.23	2.31	0
	>10 000	5.23	2.55	0
三门峡	>1 000	0.94	0.87	0.74
	>3 000	1.63	1.55	1.02
	>7 000	4.70	4.28	0
	>10 000	7.66	0	0
河津	>100	0.046	0.018	0.001
	>300	0.067	0.026	0
	>500	0.093	0.018	0
华县	>1 000	0.598	0.599	0.270
	>3 000	1.173	1.039	0.788
	>5 000	2.117	0.891	0

支流河津站近期由于上游水库的调蓄，大部分沙被蓄在库里，因此沙量很少，大于 100 m^3/s 的洪水平均沙量为 0.001 亿 t，1970～1996 年和 1969 年前分别减少 93% 和 97%，大于 300 m^3/s 和大于 500 m^3/s 的洪水沙量几乎为零，而 1970～1996 年和 1969 年前大于 500 m^3/s 的洪水沙量分别为 0.018 亿 t 和 0.093 亿 t。华县站近期大于 1 000 m^3/s 的洪水平均沙量为 0.27 亿 t，比 1970～1996 年和 1969 年前均减少 55%，近期大于 3 000 m^3/s 的洪水平均沙量为 0.788 亿 t，比 1970～1996 年和 1969 年前分别减少 24% 和 33%，近期大于 5 000 m^3/s 的洪水场次为 0，仅 1970～1996 年出现过 1 次，沙量 0.89 亿 t。

各时期同历时沙量的变化如图 5-27 所示，可以看出各站近期同历时的沙量比以前也有所减少，其中龙门站在历时为 15 d 时近期的沙量为 0.06 亿～0.37 亿 t，而 1969 年前为 0.12 亿～2.49 亿 t，1970～1996 年为 0.21 亿～1.63 亿 t；潼关站在历时为 15 d 时近期的沙量为 0.12 亿～2.30 亿 t，而 1969 年前为 0.21 亿～7.37 亿 t，1970～1996 年为

0.08 亿 ~3.22 亿 t;三门峡站在历时为 10 d 时近期的沙量为 0.94 亿 t,而 1969 年前为 0.001亿 ~9.71 亿 t,1970 ~1996 年为 0.13 亿 ~3.28 亿 t。

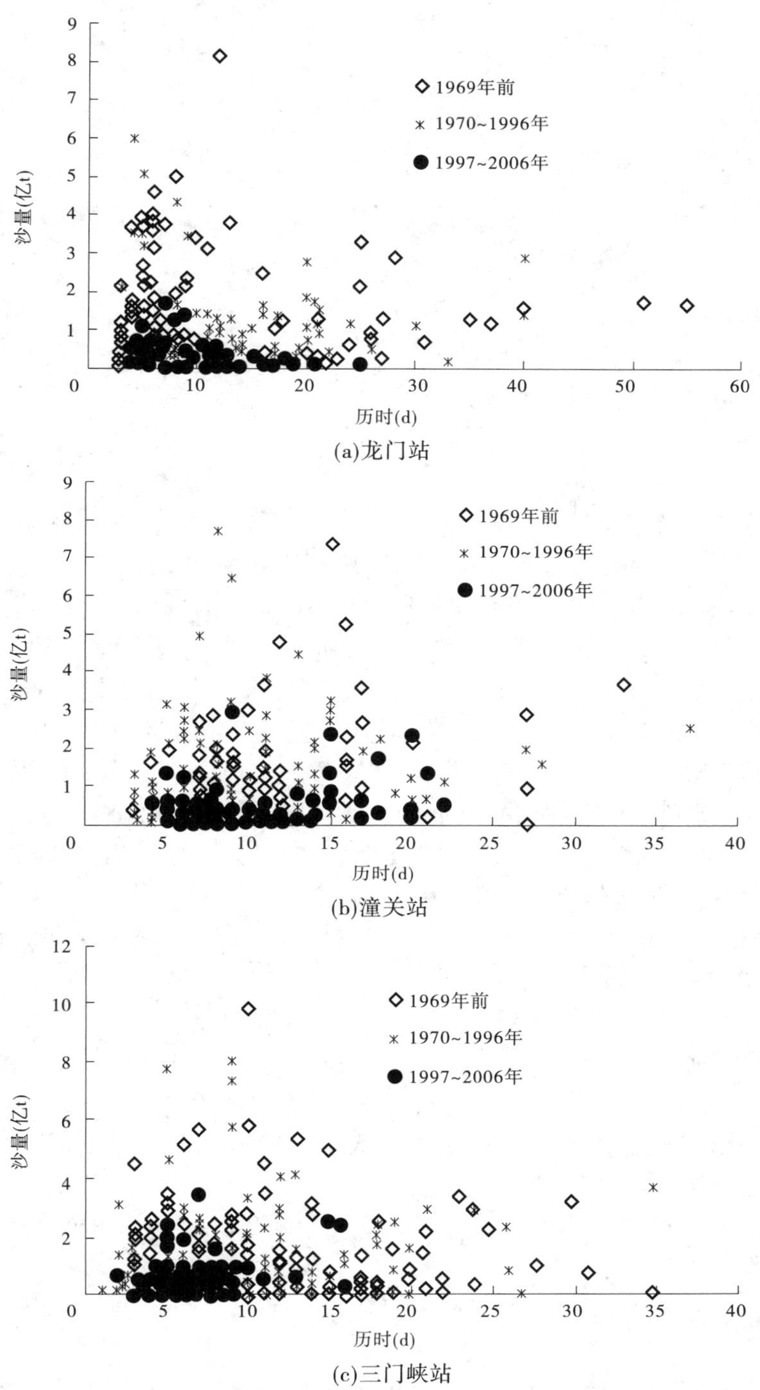

图 5-27 各时期同历时沙量的变化

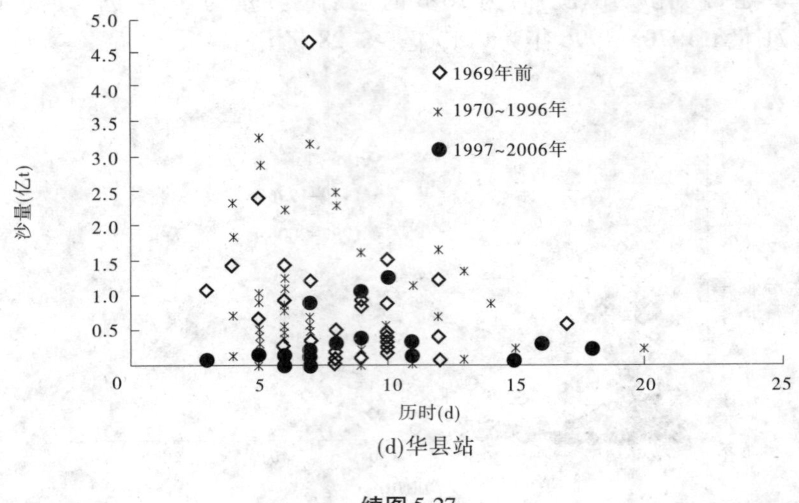

(d)华县站

续图 5-27

5.4.6 洪水含沙量变化特点

随着近期来水量的减少，来沙量也相应地减少了，且沙量的减少幅度大于水量的减少幅度，因此从年均上看，近期平均含沙量有所减小。洪水期的平均含沙量如表 5-23 所示，除大于 3 000 m^3/s 的洪水含沙量有所增加外，近期龙门大于 1 000 m^3/s 的洪水平均含沙量为 31.8 kg/m^3，比 1970～1996 年和 1969 年前分别减少 35% 和 47%，近期大于7 000 m^3/s 的洪水平均含沙量为 67.3 kg/m^3，比 1970～1996 年和 1969 年前分别减少 66% 和 54%。近期潼关站大于 1 000 m^3/s 的洪水平均含沙量分别为 39.8 kg/m^3，比 1970～1996 年和 1969 年前分别减少 15% 和 14%；近期大于 3 000 m^3/s 的洪水平均含沙量为 55.1 kg/m^3，比 1970～1996 年减少 2%，比 1969 年前增加 6%。可以看出，近期龙门站和潼关站洪水期的平均含沙量大部分流量级都有所减小。

三门峡站近期洪水期平均含沙量并没有减少，反而有所增加，如近期潼关站大于 1 000 m^3/s的洪水平均含沙量为 78.1 kg/m^3，比 1970～1996 年和 1969 年前分别增加 43% 和 79%；近期大于 3 000 m^3/s 的洪水平均含沙量为 71.5 kg/m^3，比 1970～1996 年和 1969 年前分别增加 1% 和 38%。

近期支流华县站大于 1 000 m^3/s 的洪水平均含沙量为 35.5 kg/m^3，比 1970～1996 年和 1969 年前分别减少 60% 和 53%，近期大于 3 000 m^3/s 的洪水平均含沙量为 45.8 kg/m^3，比 1970～1996 年和 1969 年前分别减少 53% 和 55%。

由此可见，除三门峡站外，近期龙门站、潼关站和华县站洪水期平均含沙量均有所减小。

5.4.7 洪水来沙系数变化特点

洪水期来沙系数的变化规律性不强，具体如表 5-24 所示。如近期龙门站大于 1 000 m^3/s 的洪水来沙系数为 0.044，与 1996 年前相比变化较小，大于 3 000 m^3/s 的洪水来沙系数由于1997年和1998年几场来沙较大的洪水，近期来沙系数增大为0.091，比1969年前明显增大，而大于7 000 m^3/s的洪水仅有一场，来沙系数为0.073，比1969年前有所增大，比1970～1996年则大幅减小。近期潼关站大于1 000 m^3/s的洪水来沙系数为0.033，与1970～1996年相同，比1969年前有所增加，而大于3 000 m^3/s的洪水来沙系数为0.025，与1970～1996年相等，比1969年前增加31%。

表5-23　不同时期黄河干支流各站场次洪水平均含沙量特点

站名	流量级(m^3/s)	平均含沙量(kg/m^3)		
		1969年前	1970～1996年	1997～2006年
龙门	>1 000	60.6	49.0	31.8
	>3 000	74.2	63.3	82.9
	>7 000	147.5	197.8	67.3
	>10 000	147.8	204.3	
潼关	>1 000	46.1	46.5	39.8
	>3 000	51.9	56.1	55.1
	>7 000	95.1	120.0	
	>10 000	75.6	139.6	
三门峡	>1 000	43.7	54.6	78.1
	>3 000	52.0	70.6	71.5
	>7 000	140.5	149.4	
	>10 000	166.2		
河津	>100	39.7	15.5	2.1
	>300	48.3	31.8	
	>500	51.7	6.7	
华县	>1 000	76.4	89.3	35.5
	>3 000	101.5	97.1	45.8
	>5 000	131.5	48.4	

近期三门峡站各流量级来沙系数的变化则比较统一，如近期大于1 000 m^3/s的洪水来沙系数为0.082，比1970～1996年和1969年前分别增加102%和189%，近期大于3 000 m^3/s的洪水来沙系数为0.054，比1970～1996年和1969年前分别增加44%和112%。

近期支流华县站的洪水期来沙系数变化则与三门峡站相反，如近期大于1 000 m^3/s的洪水来沙系数为0.031，比1970～1996年和1969年前分别减少68%和62%，近期大于3 000 m^3/s的洪水来沙系数为0.025，比1970～1996年和1969年前分别减少67%和67%。

表 5-24　不同时期黄河干支流各站场次洪水平均含沙量特点

站名	流量级(m^3/s)	来沙系数(S/Q)($kg \cdot s/m^6$)		
		1969 年前	1970 ~ 1996 年	1997 ~ 2006 年
龙门	>1 000	0.041	0.043	0.044
	>3 000	0.039	0.051	0.091
	>7 000	0.050	0.105	0.073
	>10 000	0.043	0.107	—
潼关	>1 000	0.021	0.027	0.033
	>3 000	0.019	0.025	0.025
	>7 000	0.024	0.050	—
	>10 000	0.015	0.054	—
三门峡	>1 000	0.028	0.041	0.082
	>3 000	0.025	0.038	0.054
	>7 000	0.038	0.056	—
	>10 000	0.033	—	—
河津	>100	0.238	0.108	0.021
	>300	0.217	0.079	—
	>500	0.187	0.020	—
华县	>1 000	0.083	0.100	0.031
	>3 000	0.076	0.076	0.025
	>5 000	0.071	0.029	—

近期河津站大于 100 m^3/s 的洪水来沙系数为 0.021，比 1970 ~ 1996 年和 1969 年前分别减少 80% 和 91%。

可以看出，近期龙门、潼关和三门峡 3 站各流量级洪水来沙系数均比前两个时期有所加，三门峡站增加幅度最大，各流量级增加幅度为 44% ~ 189%。近期支流的河津站和华县站洪水期来沙系数比前两个时期大幅减小，减少幅度在 62% ~ 91%。

5.4.8　洪水峰型系数变化特点

洪水峰型系数的变化如表 5-25 所示，可以看出，近期干流各流量级的峰型系数均有所增大，即洪峰变得尖瘦。近期大于 1 000 m^3/s 龙门站、潼关站和三门峡站峰型系数分别为 1.618、1.522 和 1.710，比 1970 ~ 1996 年分别增加 3%、4% 和 15%，比 1969 年前分别增加 10%、11% 和 26%；大于 3 000 m^3/s 龙门站、潼关站和三门峡站峰型系数分别为 1.943、1.735 和 1.885，比 1970 ~ 1996 年分别增加 10%、13% 和 23%，比 1969 年前分别增加 25%、19% 和 35%。近期大于 7 000 m^3/s 的洪水仅龙门有一场，其洪水峰型系数为 2.747，比 1970 ~ 1996 年和 1969 年前分别增加了 23% 和 57%。

近期支流河津站大于100 m³/s 的洪水峰型系数为1.811，比1970～1996年减小3%，比1969年前增大4%；大于300 m³/s 的洪水峰型系数为2.442，比1970～1996年和1969年前均增加25%。近期华县站大于1 000 m³/s 的洪水峰型系数为2.173，比1970～1996年和1969年前分别减小9%和6%，大于3 000 m³/s 的洪水峰型系数为2.134，比1970～1996年和1969年前分别减小22%和18%。

表5-25　不同时期黄河干支流各站场次洪水峰型系数特点

站名	时段	峰型系数（$Q_{max}/Q_{平}$）		
		1969年前	1970～1996年	1997～2006年
龙门	>1 000	1.474	1.569	1.618
	>3 000	1.556	1.758	1.943
	>7 000	1.752	2.232	2.747
	>10 000	1.561	2.255	—
潼关	>1 000	1.373	1.458	1.522
	>3 000	1.457	1.538	1.735
	>7 000	1.616	1.919	—
	>10 000	1.892	1.728	—
三门峡	>1 000	1.357	1.492	1.710
	>3 000	1.395	1.530	1.885
	>7 000	1.691	1.830	—
	>10 000	1.650	—	—
河津	>100	1.745	1.863	1.811
	>300	1.956	1.947	2.442
	>500	2.054	2.129	—
华县	>1 000	2.310	2.379	2.173
	>3 000	2.612	2.750	2.134
	>5 000	2.396	4.836	—

可以看出，近期干流各流量级峰型系数均比以前有所减小，洪峰变得尖瘦，且随着洪峰流量的增大来沙系数增幅变大。

5.4.9　河口镇以上来水对龙门站的影响

本节河口镇以上来水对龙门站的影响是按照从河口到龙门传播3 d的方法来推算的。从表5-26可以看出，近期龙门站大于1 000 m³/s 的洪水洪量中河口镇以上来水所占比例为83.4%，与1970～1996年的82.0%相比变化不大。近期龙门站大于1 000 m³/s 的洪水沙量中河口镇以上来沙所占比例为11.3%，比1970～1996年的11.8%变化略小。

但如果分析3 000 m³/s 以上较大洪水，则河口镇以上来水所占比例由1956～1969年的76.2%和1970～1996年的79.4%降为近期的62.2%。沙量的比例由1956～1969年和1970～1996年的9.8%和9.6%减小为近期的4.5%。近期大于4 000 m³/s的洪水洪量中河口镇以上来水所占比例由1970～1996年和1956～1969年的75.0%和67.7%减小为近期的31.6%。近期大于4 000 m³/s的洪水沙量中河口镇以上来沙所占比例为1.2%，比1970～1996年的7.0%和1956～1969年的6.1%也略有减小。

考虑到龙羊峡水库汛期拦蓄洪水对河口镇水量有较大影响，统计了1986年前后河口镇水量占龙门的比例变化情况，由表5-26可见，水库运用后在各流量级洪水都影响到了河口镇来水占龙门的比例，龙门站1 000 m³/s以上洪水比例降低了10个百分点，3 000 m³/s以上降低22个百分点，4 000 m³/s以上降低24个百分点。

表5-26　龙门站各流量级场次洪水洪量和沙量中河口镇站所占比例

时期	河口镇站		龙门站			河口镇站占龙门站的比例(%)	
	洪量(亿m³)	沙量(亿t)	洪量(亿m³)	沙量(亿t)	峰型系数($Q_{最大}/Q_{平}$)	洪量	沙量
$Q>1\ 000\ m^3/s$							
1956～1969年	14.1	0.13	18.2	1.09	1.48	77.5	11.8
1970～1996年	12.8	0.09	15.7	0.77	1.57	82.0	11.8
1997～2006年	8.2	0.04	9.8	0.31	1.62	83.4	11.3
1956～1986年	14.8	0.12	18.27	0.95	1.51	81.1	13.0
1987～1996年	7.5	0.04	10.52	0.73	1.59	71.1	5.6
$Q>3\ 000\ m^3/s$							
1956～1969年	17.4	0.16	22.9	1.66	1.53	76.2	9.8
1970～1996年	15.8	0.12	19.8	1.26	1.76	79.4	9.6
1997～2006年	5.8	0.04	9.3	0.77	1.94	62.2	4.5
1956～1986年	18.7	0.16	23.5	1.54	1.63	79.7	10.5
1987～1996年	6.0	0.04	10.4	1.19	1.80	57.7	3.0
$Q>4\ 000\ m^3/s$							
1956～1969年	12.1	0.11	17.9	1.88	1.58	67.7	6.1
1970～1996年	15.1	0.11	20.2	1.63	1.89	75.0	7.0
1997～2006年	2.1	0.01	6.8	0.97	2.22	31.6	1.2
1956～1986年	15.4	0.13	20.84	1.82	1.70	73.7	7.2
1987～1996年	5.0	0.03	10.06	1.43	1.88	49.4	2.0

5.4.10　小结

近期干流和支流的最大洪峰流量均有所减小，但支流河津站的减小幅度大于干流各站。近期龙门站、潼关站和三门峡站的最大洪峰流量比 1970 ~ 1996 年和 1956 ~ 1969 年均有减小,减小幅度在 43% ~ 69%。近期河津站由于上游修建水库,大部分水沙被蓄在库里,因此最大洪峰流量减小最多,为 76% ~ 81%。近期华县站的最大洪峰流量则变化较小,比 1970 ~ 1996 年和 1956 ~ 1969 年分别减小约 6% 和 9%。

近期干流龙门站、潼关站和三门峡站各流量级洪水出现频率均有所减小,且大于 3 000 m^3/s的洪水场次减少幅度远大于 1 000 m^3/s 的减少幅度。近期支流河津站和华县站的各流量级洪水出现频率均有所减小,其中河津站大于 300 m^3/s 洪水的减少幅度远大于 100 m^3/s 的减少幅度,而华县站则各流量级减少幅度基本相同。

近期干流各站大于 1 000 m^3/s 的历时有所增加,而大于 3 000 m^3/s 的历时有所减小。河津站大于各流量级洪水的历时均有所减小,华县站大于 1 000 m^3/s 的洪水历时变化不大,而华县站大于 3 000 m^3/s 的洪水历时比以前有增加。

近期干流的龙门站、潼关站和三门峡站各流量级洪量均有所减小,且减小的幅度最大达到了 69%。近期华县站大于 1 000 m^3/s 洪水量变化不大,大于 3 000 m^3/s 洪水量有所增加。

近期干流和支流各站的各流量级洪水沙量均有所减少,与 1970 ~ 1996 年相比,干流减少幅度为 2% ~ 59%,华县站减少幅度为 39% ~ 57%。近期各站的洪水期含沙量除三门峡站外,龙门站、潼关站和华县站洪水期平均含沙量均有所减小。

近期龙门站、潼关站和三门峡站各流量级洪水来沙系数均比前两个时期有所加,三门峡站增加幅度最大,各流量级增加幅度在 44% ~ 189%。近期支流的河津站和华县站洪水期来沙系数比前两个时期大幅减小,减少幅度在 62% ~ 91%。

近期干流和支流河津站各流量级峰型系数均比以前有所减小,且干流减小幅度大于支流减小幅度,其中干流减少幅度在 3% ~ 57%,支流减小幅度在 4% ~ 25%。而华县站则有所增加,比以前增加 18% ~ 22%。

本节是从多年平均的角度来下结论的,如果从某一年来说暴雨强度大,有洪峰出现,其含沙量也是比较大的,如 2003 年的华县站,从 8 月 26 日至 10 月 27 日接连发生了 5 场洪水,最大洪峰流量为 3 250 m^3/s,对应的场次洪水含沙量为 81 kg/m^3。

5.5 泥沙组成变化特点

5.5.1 各时期年均粗细泥沙变化

在黄河中游干流沙量急剧减小的变化趋势下,各分组泥沙也相应变化。由表 5-27 各时期年分组沙量可见,龙门站、潼关站和三门峡站的沙量,细泥沙($d \leq 0.025$ mm)、中泥沙(0.025 mm $< d <$ 0.05 mm)和粗泥沙($d \geq 0.05$ mm)都是减少的。近期龙门站细泥沙、中泥沙、粗泥沙年均沙量分别为 1.13 亿 t、0.68 亿 t、0.79 亿 t,与 1969 年前相比分别减少了 77%、78% 和 75%。近期潼关站细泥沙、中泥沙、粗泥沙年均沙量分别为 2.23 亿 t、1.22 亿 t、1.09 亿 t,与 1969 年前相比分别减小了 71%、70% 和 64%。近期三门峡站细泥沙、中泥沙、粗泥沙年均沙量分别为 2.30 亿 t、1.04 亿 t、1.16 亿 t,与 1969 年前相比分别减少了 65%、62% 和 54%。可以看出,龙门站、潼关站和三门峡站各组沙量的减幅来

看，细泥沙减少最多，中泥沙次之，粗泥沙减少最少，因而年沙量泥沙组成的变化主要是细泥沙比例减少，粗泥沙比例增加，中泥沙变化不大。

表 5-27　黄河中游干流不同时期年各分组沙量

站名	时期	各粒径组沙量(亿 t)				占全沙比例(%)				d_{50}(mm)
		全沙	细泥沙	中泥沙	粗泥沙	全沙	细泥沙	中泥沙	粗泥沙	
龙门	1960～1969 年	11.28	4.96	3.09	3.23	100	44.0	27.4	28.6	0.031 7
	1970～1996 年	6.48	3.01	1.72	1.75	100	46.4	26.6	27.0	0.028 4
	1997～2005 年	2.60	1.13	0.68	0.79	100	43.6	26.0	30.4	0.031 2
	1960～1986 年	8.47	3.82	2.26	2.39	100	45.1	26.7	28.2	0.029 6
	1987～1996 年	5.92	2.77	1.64	1.51	100	46.9	27.6	25.5	0.027 9
潼关	1961～1969 年	14.75	7.71	4.02	3.02	100	52.2	27.3	20.5	0.023 2
	1970～1996 年	10.06	5.22	2.67	2.08	100	52.9	26.5	20.6	0.023 0
	1997～2005 年	4.54	2.23	1.22	1.09	100	49.1	26.8	24.1	0.025 8
	1961～1986 年	12.33	6.47	3.28	2.58	100	52.5	26.6	20.9	0.022 7
	1987～1996 年	8.77	4.74	2.37	1.66	100	54.0	27.0	19.0	0.022 3
三门峡	1961～1969 年	11.89	6.66	2.73	2.50	100	56.0	23.0	21.0	0.021 8
	1970～1996 年	10.96	5.42	3.20	2.34	100	50.0	29.0	21.0	0.024 6
	1997～2005 年	4.50	2.30	1.04	1.16	100	51.0	23.0	26.0	0.024 3
	1961～1986 年	11.55	5.84	3.23	2.48	100	50.6	27.9	21.5	0.023 9
	1987～1996 年	8.84	4.54	2.40	1.90	100	51.4	27.2	21.4	0.024 1
华县	1960～1969 年	4.36	2.86	1.07	0.43	100	65.7	24.5	9.8	0.018 2
	1970～1996 年	3.25	2.03	0.82	0.40	100	62.5	25.3	12.2	0.018 7
	1997～2005 年	1.84	1.07	0.45	0.32	100	58.5	24.2	17.3	0.020 5
	1960～1986 年	3.74	2.42	0.93	0.39	100	64.6	24.9	10.5	0.018 1
	1987～1996 年	3.04	1.83	0.77	0.44	100	60.0	25.4	14.6	0.020 0

近期与 1970～1996 年相比，龙门站细泥沙、中泥沙、粗泥沙分别减少了 62%、61% 和 55%，潼关站分别减少了 58%、54% 和 47%，三门峡站分别减少了 57%、68% 和 50%。可以看出，龙门和潼关两站均是细泥沙减少较多，粗泥沙减少最少，中泥沙次之。细泥沙减幅为 58%～62%，粗泥沙减幅为 47%～55%，因而年沙量泥沙组成的变化是细泥沙比例减少，粗泥沙比例增多，中泥沙变化不大。三门峡站中泥沙减幅较多，细泥沙次之，中泥沙减幅最小，泥沙组成的变化是中泥沙比例减少，粗泥沙比例增加，细泥沙变化不大。

近期支流华县站细泥沙、中泥沙、粗泥沙年均沙量分别为 1.07 亿 t、0.45 亿 t 和 0.32 亿 t，与 1969 年前相比分别减少 63%、58% 和 25%，与 1970～1996 年相比分别减少 47%、46% 和 20%。可以看出，华县站年均各组沙量均发生减小，其中细泥沙减少最多，中泥沙次之，细泥沙减少幅度最小，泥沙组成的变化是细泥沙比例减小，中泥沙变化不大，粗泥沙比例增加。

5.5.2 各时期汛期粗细泥沙变化

龙门站、潼关站和三门峡站各时期汛期泥沙组成变化如表5-28所示。近期龙门站细泥沙、中泥沙、粗泥沙汛期沙量分别为0.95亿t、0.53亿t、0.49亿t,与1969年前相比分别减少了79%、81%和83%。近期潼关站汛期细泥沙、中泥沙、粗泥沙沙量分别为1.80亿t、0.81亿t和0.67亿t,与1969年前相比分别减少了73%、76%和70%。近期三门峡站细泥沙、中泥沙、粗泥沙汛期沙量分别为2.18亿t、0.98亿t和1.12亿t,与1969年前相比分别减少了60%、47%和21%。可以看出,龙门站细泥沙、中泥沙、粗泥沙均发生了减少,且中泥沙、粗泥沙减少幅度大于细泥沙减少幅度,从泥沙组成的变化来看,细泥沙比例增加,粗泥沙比例减小,中泥沙比例变化不大;潼关站中泥沙减少幅度较大,细泥沙次之,粗泥沙减少幅度最小,从泥沙组成的变化来看,中泥沙比例减小,粗泥沙比例增多,细泥沙比例变化不大;三门峡站细泥沙减少最多为56%,中泥沙次之,粗泥沙减少最少,仅13%,来沙组成的变化是细泥沙比例减少,中泥粗沙比例增大。

表5-28 黄河龙三区间干流不同时期汛期各分组沙量

站名	时期	各粒径组沙量(亿t)				占全沙比例(%)				d_{50}(mm)
		全沙	细泥沙	中泥沙	粗泥沙	全沙	细泥沙	中泥沙	粗泥沙	
龙门	1960~1969年	10.12	4.49	2.79	2.84	100	44.4	27.5	28.1	0.031 3
	1970~1996年	5.58	2.68	1.53	1.37	100	48.1	27.4	24.5	0.026 8
	1997~2005年	1.97	0.95	0.53	0.49	100	48.3	26.8	24.9	0.026 6
	1960~1986年	7.50	3.45	2.04	2.01	100	45.9	27.2	26.9	0.028 7
	1987~1996年	4.96	2.43	1.42	1.11	100	49.0	28.6	22.4	0.025 8
潼关	1961~1969年	12.42	6.78	3.43	2.21	100	54.6	27.6	17.8	0.021 8
	1970~1996年	8.18	4.68	2.13	1.39	100	57.0	26.0	17.0	0.020 4
	1997~2005年	3.28	1.80	0.81	0.67	100	54.8	24.8	20.4	0.021 7
	1961~1986年	10.35	5.77	2.76	1.82	100	55.7	26.7	17.6	0.021 3
	1987~1996年	6.75	3.99	1.71	1.05	100	59.0	25.4	15.6	0.019 4
三门峡	1962~1969年	8.79	5.51	1.86	1.42	100	62.7	21.2	16.1	0.015 8
	1970~1996年	9.97	5.11	3.02	2.14	100	51.2	30.3	21.5	0.024 3
	1997~2005年	4.28	2.18	0.98	1.12	100	50.9	23.0	26.1	0.024 4
	1961~1986年	10.00	5.24	2.81	1.95	100	53.4	28.1	19.5	0.022 6
	1987~1996年	8.34	4.27	2.26	1.81	100	51.2	27.1	21.7	0.024 2
华县	1960~1969年	3.88	2.54	0.96	0.38	100	65.5	24.7	9.8	0.017 4
	1970~1996年	2.93	1.82	0.75	0.36	100	62.3	25.5	12.2	0.017 9
	1997~2005年	1.58	0.92	0.39	0.27	100	58.6	24.3	17.1	0.019 7
	1960~1986年	3.38	2.18	0.85	0.35	100	64.6	25.1	10.3	0.017 2
	1987~1996年	2.68	1.58	0.69	0.41	100	59.2	25.6	15.2	0.019 5

近期与1970~1996年相比,龙门站细泥沙、中泥沙、粗泥沙分别减少了64%、65%和64%,潼关站分别减少了61%、62%和52%,三门峡站分别减少了57%、67%和48%。可以看出,龙门站细泥沙、中泥沙、粗泥沙减少幅度基本相同;潼关站细泥沙和中泥沙减幅基本相同,粗泥沙减少最少;三门峡站则是中泥沙减少得多,细泥沙次之,粗泥沙减少的最少。从泥沙组成的变化来看,龙门站细泥沙、中泥沙、粗泥沙比例变化不大,潼关站细泥沙和中泥沙比例减小,粗泥沙比例增大。三门峡站细泥沙比例变化不大,中泥沙比例减小,粗泥沙比例增大。

近期支流华县站细泥沙、中泥沙、粗泥沙汛期沙量分别为0.92亿t、0.39亿t和0.27亿t,比1969年前分别减少64%、60%和28%,比1970~1996年分别减少49%、48%和24%。可以看出,华县站汛期各组沙量均发生减小,其中细泥沙减少最多,中泥沙次之,粗泥沙减少幅度最小,泥沙组成的变化是细泥沙比例减少,中泥沙比例不变,粗泥沙比例增加。

5.5.3 各时期非汛期粗细泥沙变化

龙门、潼关和三门峡3站各时期非汛期细泥沙、中泥沙、粗泥沙的变化如表5-29所示。近期龙门站细泥沙、中泥沙、粗泥沙非汛期沙量分别为0.18亿t、0.15亿t和0.30亿t,与1969年前相比分别减少了62%、51%和22%。近期潼关站细泥沙、中泥沙、粗泥沙非汛期沙量分别为0.44亿t、0.40亿t和0.42亿t,与1969年前相比分别减少了53%、33%和48%。近期三门峡站细泥沙、中泥沙、粗泥沙非汛期沙量分别为2.18亿t、0.99亿t、1.12亿t,与1969年前相比分别减少了64%、53%和30%。可以看出,龙门、潼关和三门峡3站细、中、粗沙均发生了减少,但龙门站细泥沙减少幅度较大,中泥沙次之,粗泥沙减少幅度最小;潼关站细泥沙减少幅度最大,粗泥沙次之,中泥沙减少幅度最小;三门峡站细泥沙减少幅度最大,粗泥沙次之,中泥沙减少幅度最小。因而,泥沙组成也发生了相应的变化,龙门站细泥沙和中泥沙比例均减小,粗泥沙比例增加;潼关站细泥沙比例减少,中泥沙比例增加,粗泥沙不变;三门峡站细泥沙比例增加较多,中泥沙和粗泥沙比例减小。

近期与1970~1996年相比,龙门站细、中、粗泥沙分别减少了44%、23%和20%,潼关站细、中、粗泥沙分别减少了34%、26%和38%,三门峡站分别减少了61%、70%和74%。可以看出,龙门站细泥沙减少幅度最大,中泥沙次之,粗泥沙减少幅度最小;潼关站粗泥沙减少较多,细泥沙次之,中泥沙减少幅度较小;三门峡站粗泥沙减少最多,中泥沙次之,细泥沙减少幅度最小。因而,龙门站泥沙组成的变化主要是细泥沙比例减小,中泥沙和粗泥沙比例增加;潼关站细泥沙比例不变,中泥沙比例增加,粗泥沙比例减小;三门峡站细泥沙比例增加,中粗泥沙比例减小。

近期支流华县站非汛期细、中、粗泥沙沙量分别为0.150亿t、0.060亿t和0.046亿t,比1969年前分别减少54%、47%和3%,比1970~1996年分别减少27%、20%和17%。可以看出,华县站非汛期各组沙量均发生减小,其中细泥沙减少最多,中泥沙次之,粗泥沙减少最少,泥沙组成的变化是,细泥沙比例减小,中泥沙比例变化不大,粗泥沙比例增加。

表 5-29　黄河中游干流不同时期非汛期各分组沙量

站名	时期	各粒径组沙量(亿 t)				占全沙比例(%)				d_{50}(mm)
		全沙	细泥沙	中泥沙	粗泥沙	全沙	细泥沙	中泥沙	粗泥沙	
龙门	1960～1969 年	1.16	0.47	0.30	0.39	100	40.7	26.0	33.3	0.035 8
	1970～1996 年	0.90	0.33	0.19	0.38	100	36.3	21.4	42.3	0.056 6
	1997～2005 年	0.63	0.18	0.15	0.30	100	28.7	23.5	47.8	0.047 7
	1960～1986 年	0.97	0.38	0.22	0.37	100	38.6	23.0	38.4	0.037 4
	1987～1996 年	0.96	0.34	0.22	0.40	100	35.3	22.7	42.0	0.052 8
潼关	1961～1969 年	2.33	0.92	0.60	0.81	100	39.4	25.6	35.0	0.035 3
	1970～1996 年	1.88	0.65	0.54	0.69	100	34.6	28.8	36.6	0.038 4
	1997～2005 年	1.26	0.44	0.40	0.42	100	34.1	32.0	33.9	0.032 4
	1961～1986 年	1.97	0.70	0.51	0.76	100	35.6	26.0	38.4	0.040 8
	1987～1996 年	2.02	0.75	0.66	0.61	100	37.1	32.6	30.3	0.034 9
三门峡	1961～1969 年	9.75	6.07	2.09	1.59	100	62.20	21.45	16.35	0.036 5
	1970～1996 年	9.97	5.09	2.72	2.16	100	51.05	27.31	21.64	0.029 9
	1997～2005 年	4.29	2.18	0.99	1.12	100	50.93	23.00	26.07	0.021 7
	1961～1986 年	1.54	0.60	0.41	0.53	100	38.9	26.7	34.4	0.041 2
	1987～1996 年	0.50	0.27	0.15	0.08	100	54.2	29.2	16.6	0.021 9
华县	1960～1969 年	0.486	0.325	0.113	0.048	100	66.8	23.3	9.9	0.021 1
	1970～1996 年	0.318	0.203	0.075	0.040	100	64.0	23.6	12.4	0.021 6
	1997～2005 年	0.256	0.150	0.060	0.046	100	58.3	23.6	18.1	0.022 8
	1960～1986 年	0.365	0.236	0.085	0.044	100	64.7	23.3	12.0	0.021 5
	1987～1996 年	0.361	0.236	0.088	0.037	100	65.4	24.4	10.2	0.021 4

5.5.4　各站中数粒径 d_{50} 变化

中数粒径 d_{50} 是大于和小于某粒径的沙重正好相等的粒径，它是在一定程度上反映泥沙粗细的特征值。从表 5-28 中各时期汛期 d_{50} 变化可以看到，龙门站 d_{50} 变化不大，从 1970～1996 年的 0.026 8 mm，到近期的 0.026 6 mm；潼关站 d_{50} 略有变粗，由 1970～1996 年的 0.020 4 mm 增加至近期的 0.021 7 mm；三门峡站则变化不大，1970～1996 年为 0.024 3 mm，近期为 0.024 4 mm。华县站 d_{50} 是增加的，从 1970～1996 年的 0.017 9 mm，增加到近期的 0.019 7 mm。

从图 5-28 来看，龙门站汛期 d_{50} 的减小，主要发生在主汛期 7～8 月，且从 20 世纪 70 年代就开始变小，除 1977 年高含沙洪水年外，基本上是减小的趋势，9～10 月 d_{50} 没有明显的变化趋势。潼关站 d_{50} 比较平稳，没有趋势性变化。三门峡站汛期 d_{50} 是逐渐增加的，其中 1961～1969 年 7～8 月和 9～10 月的 d_{50} 均是呈增加趋势，且增加幅度较大，至 1970 年以后则增加幅度减小，仍呈增加趋势。还可以看出，这三站中 7～8 月泥沙比 9～10 月中数粒径普遍偏小，即泥沙较细。华县站汛期的 d_{50} 在 7～8 月和 9～10 月没有明显的区别，只是在 1991 年后的 7～8 月泥沙有所变粗。

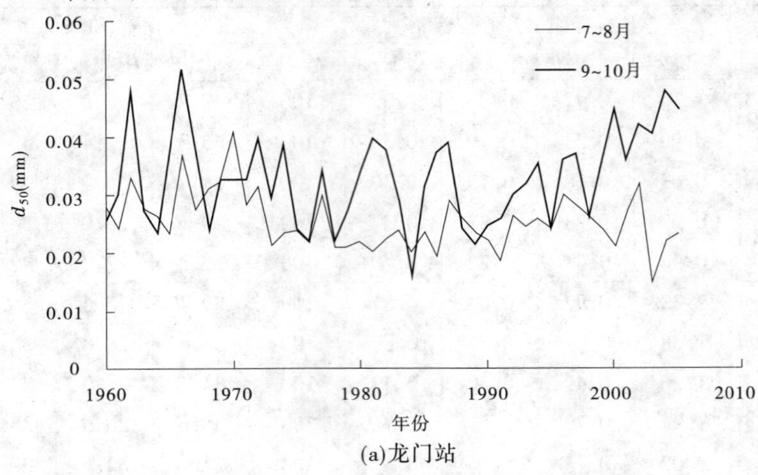

(a)龙门站

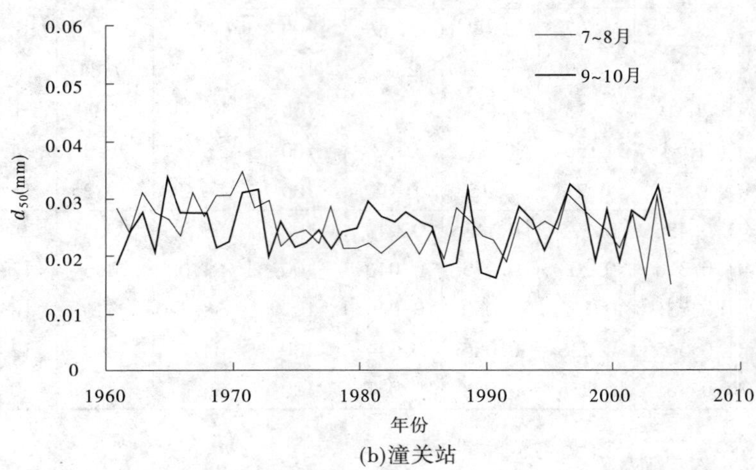

(b)潼关站

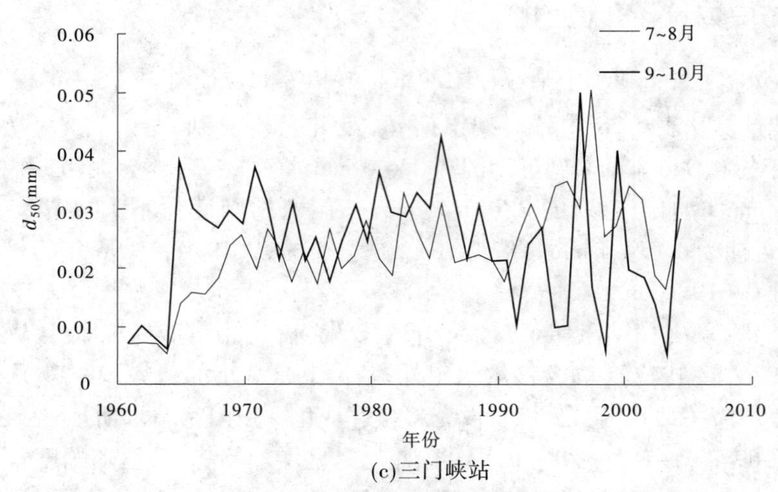

(c)三门峡站

图 5-28　各站 d_{50} 变化过程

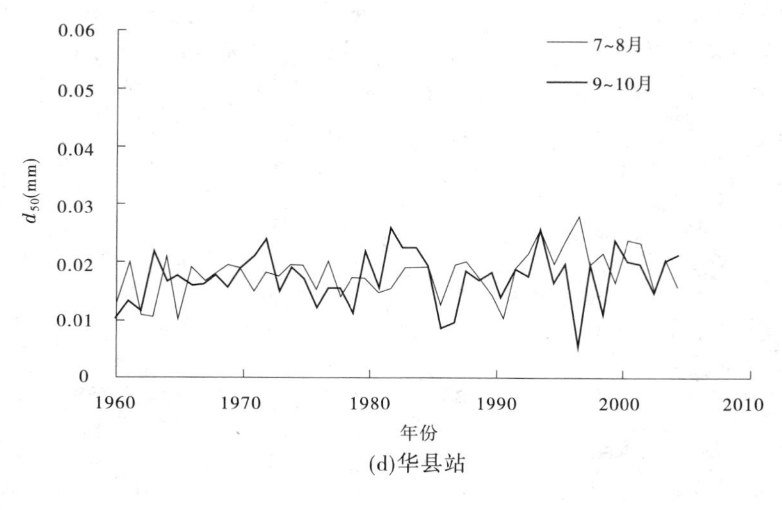

(d)华县站

续图 5-28

5.5.5 泥沙组成变化

从泥沙组成的变化来看,与 1970 ~ 1996 年相比龙门站近期汛期细泥沙、中泥沙、粗泥沙沙量占全沙的比例变化不大,分别为 48.3%、26.8% 和 24.9%,但是与 1952 ~ 1969 年相比细泥沙比例增大,中泥沙变化不大,粗泥沙比例减小;潼关站和三门峡站都是细泥沙、中泥沙比例减少,粗泥沙比例增加,潼关站组成近期变为 54.8%、24.8% 和 20.3%,三门峡站变为 50.9%、23.0% 和 26.1%。华县站细泥沙持续减少,由 1969 年前的 65.6% 降低到近期的 58.5%,中泥沙比例稍有减少,由 24.7% 减到 24.3%,粗沙比例则持续增高,由 9.8% 增加到 17.1%。

由各站汛期分组沙与全沙的关系可以看出(见图 5-29 ~ 图 5-32),龙门站和三门峡站各时期分组沙与全沙的关系均一致,并没有随时间的变化而有所不同;潼关站和华县站近期的关系与 1996 年以前相比出现新的变化特点,相同全沙条件下、细泥沙稍有减少、粗泥沙稍有增加,尤其是华县粗泥沙增加比较明显。

5.5.6 小结

近期干流龙门站汛期细泥沙、中泥沙、粗泥沙均发生了减少,且减少幅度相同,因此龙门站 d_{50} 变化不大,1970 ~ 1996 年的 0.026 8 mm,到近期为 0.026 6 mm。近期潼关站中泥沙减少最多,细泥沙次之,粗泥沙减少最少,泥沙组成的变化是细泥沙比例变化不大,中泥沙减少,而粗泥沙比例增加,潼关站 d_{50} 略有变粗,由 1970 ~ 1996 年的 0.020 4 增加至近期的 0.021 7 mm。近期三门峡站则是中泥沙减少得多,细泥沙次之,粗泥沙减少得最少。从泥沙组成的变化来看,三门峡站细泥沙比例变化不大,中泥沙比例减小,粗泥沙比例增大,三门峡站 d_{50} 则变化不大,1970 ~ 1996 年为 0.024 3 mm,近期为 0.024 4 mm。

近期支流华县站汛期细泥沙、中泥沙、粗泥沙均发生了减少,其中细泥沙减少最多,中泥沙次之,粗泥沙减少幅度最少,泥沙组成的变化是细泥沙比例减少,中泥沙比例不变,粗泥沙比例增加。华县站 d_{50} 是逐渐增加的，从 1960～1969 年的 0.017 4 mm，增加到近期的 0.019 7 mm。可以看出，潼关站由于支流华县站泥沙的粗化的影响，也发生了粗化。

泥沙组成规律没有发生趋势性变化，各组沙量占全沙的比例随全沙变化，粗泥沙比例随来沙量增大而增大，细泥沙比例随来沙量增大而减小。

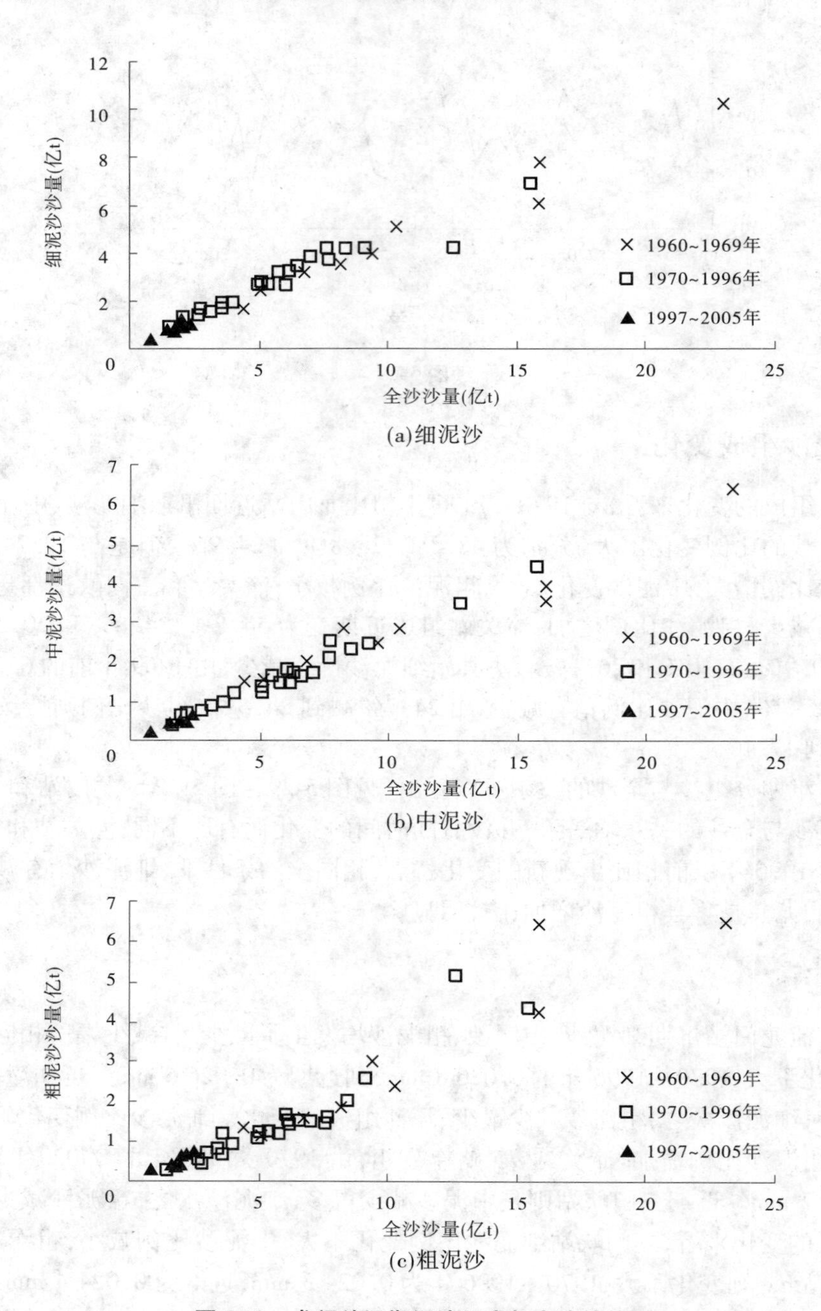

图 5-29　龙门站汛期泥沙组成与全沙的关系

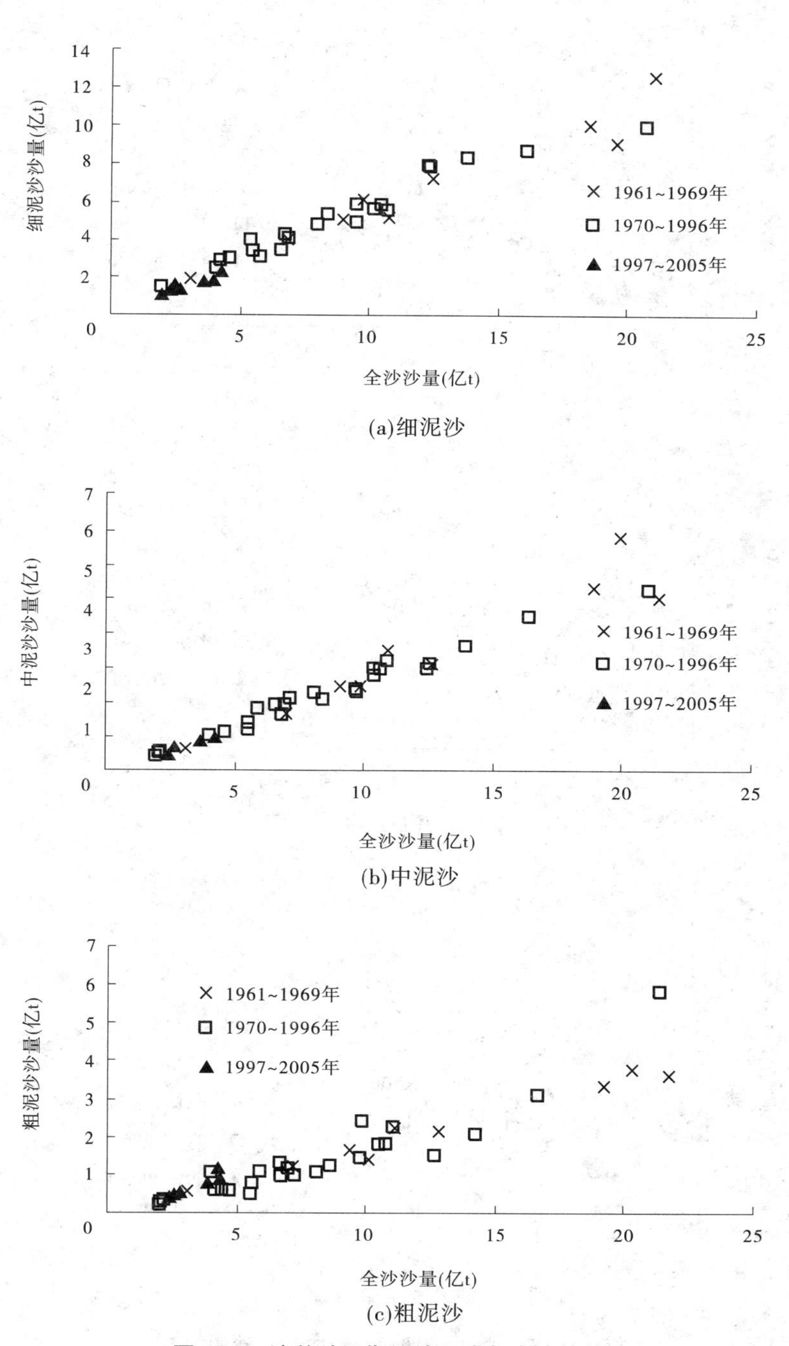

图 5-30　潼关站汛期泥沙组成与全沙的关系

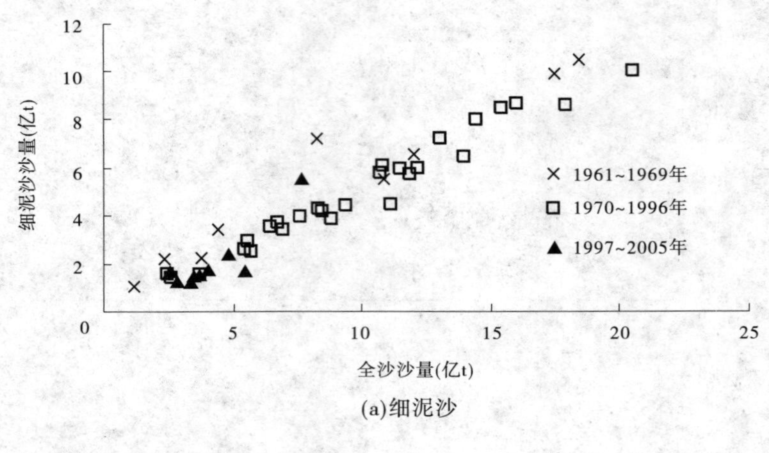

(a)细泥沙

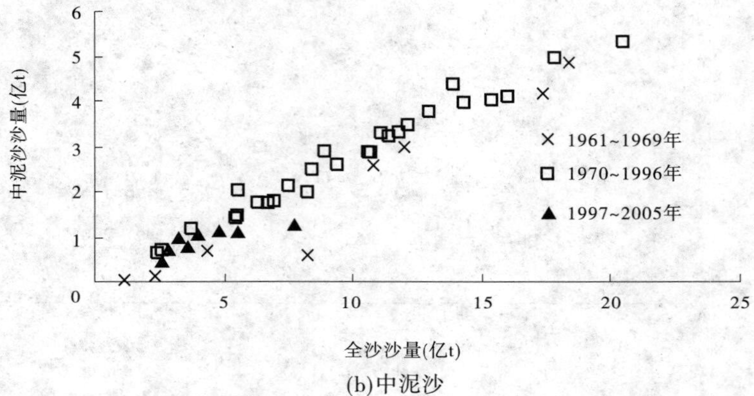

(b)中泥沙

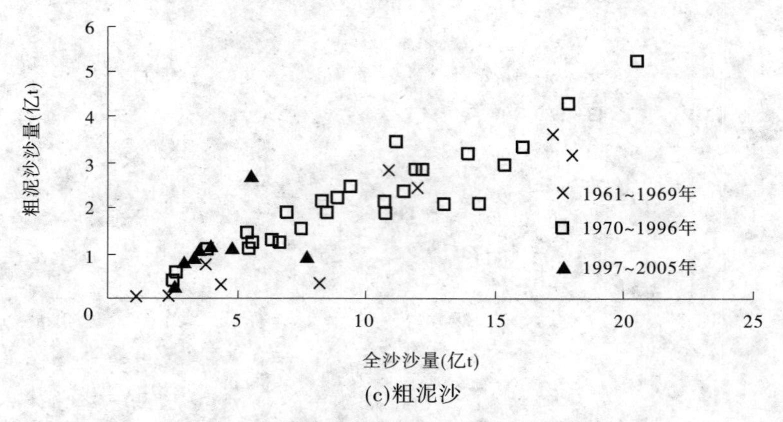

(c)粗泥沙

图 5-31　三门峡站汛期泥沙组成与全沙的关系

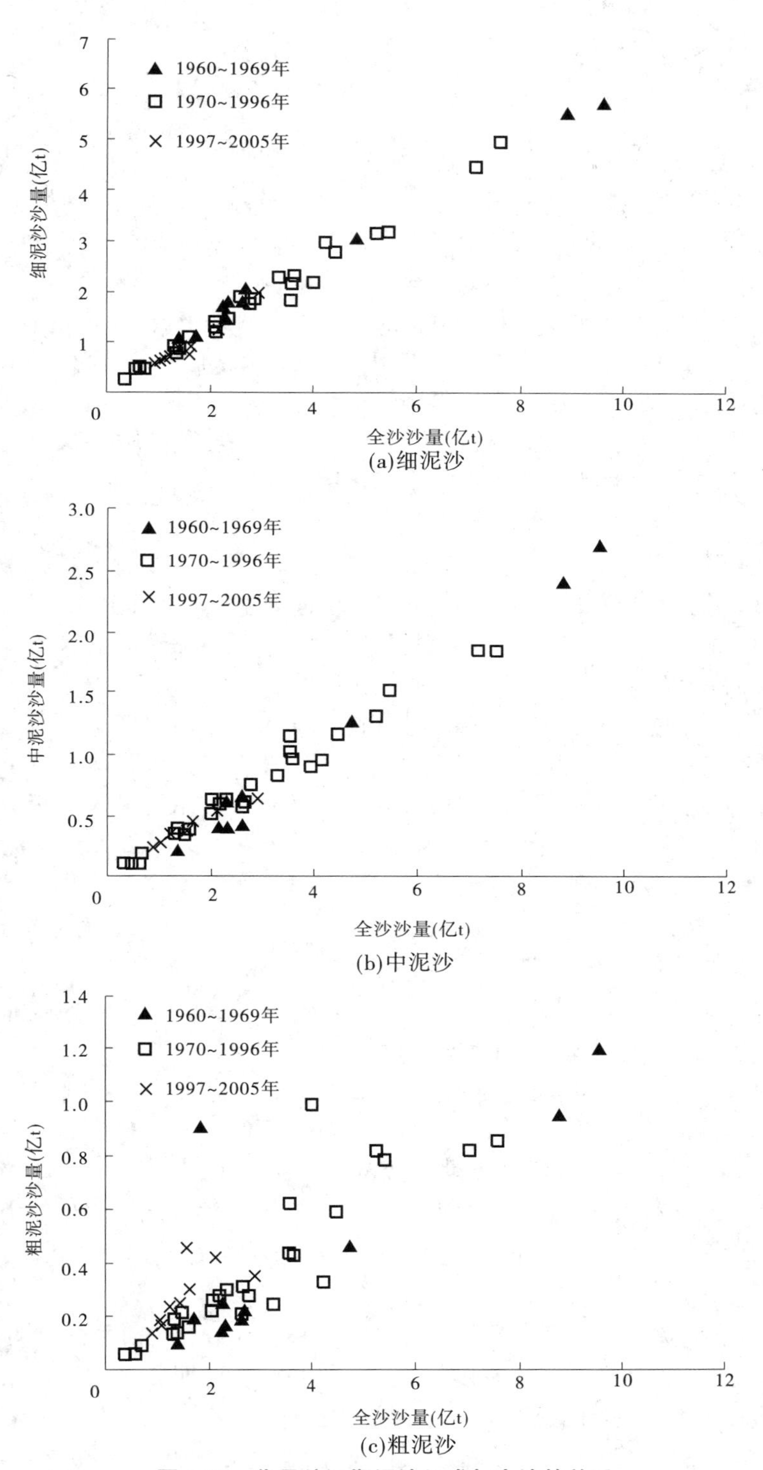

图 5-32　华县站汛期泥沙组成与全沙的关系

5.6 主要认识

(1)龙门、潼关和三门峡3站近期干支流主要水文站年均水沙量不断减少,且沙量的减幅大于水量减幅,支流水沙量减幅大于干流水沙量减幅。与1970~1996年相比,近期干流龙门、潼关和三门峡3站水量的减幅为50%~68%,沙量的减幅为64%~82%;支流渭河华县站和汾河河津站水量的减幅为62%~82%,而沙量的减幅为63%~99%,且年均水、沙减少量主要集中在汛期,而汛期水、沙减少量主要集中在主汛期。

(2)近期华县站年均水沙量占潼关站的比例均有所增加,且沙量所占比例增加的百分点大于水量所占比例增加的百分点,汛期也存在和年均同样的现象,即支流华县站对潼关站的影响程度比以前有所增加。近期龙门站、潼关站、华县站和河津站的汛期平均含沙量均比以前减小,三门峡站由于受三门峡水库运用的影响,近期汛期平均含沙量反而有所增加。

(3)近期龙门、潼关和三门峡3站小于1 000 m^3/s的历时、水量、沙量,比1970~1996年大幅增加,而大于1 000 m^3/s的历时、水量、沙量则不断减小;支流河津站则是以50 m^3/s为界、华县站以500 m^3/s为界,小流量历时、水量和沙量增加,中大流量减少。无论汛期、主汛期和秋汛期均存在以上特点。小流量级的历时、水量和沙量所占的比例也有所增加,而大流量所占的比例也有所减小,近期占主要比例的流量也有所降低。

(4)近期干流和支流的最大洪峰流量均有所减小,但支流河津站的减小幅度大于干流各站。与1970~1996年相比,近期龙门、潼关和三门峡3站的最大洪峰流量减小幅度在43%~69%,近期河津站减小幅度约为76%。近期华县站的最大洪峰流量则变化较小,减小幅度为9%。近期干流龙门、潼关和三门峡3站各流量级洪水出现频率均有所减小,且大流量减小幅度远大于小流量的减小幅度,近期支流河津站也存在同样的情况,而华县站各流量级减少幅度基本相同。近期干流各站洪水历时均是小流量的历时增加,而大流量的历时减小,支流的华县站是大于1 000 m^3/s的洪水历时变化不大,而近期华县站大于3 000 m^3/s的洪水历时比以前有增加。

近期干流的龙门、潼关和三门峡3站各流量级洪量均有所减小,且减小的幅度最大达到了69%。近期华县站大于1 000 m^3/s洪水量变化不大,大于3 000 m^3/s洪水量有所增加。近期干流和支流各站的各流量级洪水沙量均有所减少,与1970~1996年相比,干流减少幅度为2%~59%,华县站减少幅度为39%~57%,河津站的减少幅度为93%。近期各站的洪水期含沙量除三门峡外,龙门站、潼关站和华县站洪水期平均含沙量均有所减小。

近期龙门站、潼关站和三门峡站各流量级洪水来沙系数均比前两个时期有所加,三门峡站增加幅度最大,各流量级增加幅度为44%~189%。近期支流的河津站和华县站洪水期来沙系数比前两个时期大幅减小,减少幅度在62%~91%。近期干流各流量级峰型系数均比以前有所减小,且干流减小幅度大于支流减小幅度,其中干流减少幅度在3%~57%,支流减小幅度在4%~25%。

(5)近期与1970~1996年相比,干流龙门站汛期细泥沙、中泥沙、粗泥沙均发生了减少，且粗泥沙、细泥沙减少幅度基本相同，近期潼关站中泥沙减少最多，细泥沙次之，粗泥沙减少最少。从泥沙组成的变化来看，龙门站细泥沙、中泥沙、粗泥沙比例变化不大，潼关站细泥沙和中泥沙比例减小，粗泥沙比例增大。三门峡站细泥沙比例变化不大，中泥沙比例减小，粗泥沙比例增大。

近期与 1970 ~ 1996 年相比，龙门站和三门峡站 d_{50} 变化不大，而华县站 d_{50} 则是增加的，因此受华县站的影响，潼关站 d_{50} 也有所增加。泥沙组成规律没有发生趋势性变化，各组沙量占全沙的比例随全沙变化，粗泥沙比例随来沙量增大而增大，细泥沙比例随来沙量增大而减小。

第6章 对黄河近期水沙变化特点的综合认识

6.1 降雨、径流及其关系变化

6.1.1 近期降雨变化特点

6.1.1.1 各区域降雨量特点

黄河流域多年(1956~2005年)平均降雨量446.7 mm,其中汛期降雨量占年降雨量的64%,主汛期降雨量占43%(见图6-1)。三门峡以上(不含内流区)多年平均降雨量436.9 mm,汛期降雨量占年降雨量的64%,主汛期占42%。由表6-1可见,近期(1997~2006年)三门峡以上降雨量与1970~1996年相比,全年、汛期(7~10月)、主汛期(7~8月)都是减少的,分别减少5%、6%、11%,而秋汛期增加了2%。

表6-1 黄河流域分区降雨量不同时期对比 (单位:mm)

时段	时期	河源区	唐乃亥—兰州	兰州—河口镇	河口镇—龙门	龙门—三门峡	三门峡以上(不含内流区)
全年	1969年以前	485.3	487.0	276.9	477.2	578.9	460.7
	1970~1996年	487.6	478.7	258.9	423.8	532.2	434.1
	1997~2006年	472.5	460.4	231.1	400.8	504.1	410.7
	1956~2005年	485.0	477.5	259.7	434.6	537.6	436.9
汛期	1969年以前	302.2	315.0	194.2	335.4	362.3	300.3
	1970~1996年	292.6	295.4	175.9	283.1	330.2	274.1
	1997~2006年	285.7	273.7	148.6	261.9	317.2	256.4
	1956~2005年	294.0	297.0	176.1	293.9	336.8	278.2
主汛期	1969年以前	192.8	207.7	137.8	232.6	219.7	195.6
	1970~1996年	187.0	197.5	128.8	204.5	211.0	184.0
	1997~2006年	183.1	181.4	104.9	170.4	190.0	164.2
	1956~2005年	187.6	197.3	126.9	205.6	209.1	183.3
秋汛期	1969年以前	109.3	107.2	56.4	102.8	142.6	104.7
	1970~1996年	105.6	97.9	47.1	78.6	119.2	90.1
	1997~2006年	101.0	96.5	42.1	92.7	127.1	92.3
	1956~2005年	106.5	99.7	49.2	88.3	127.8	94.9

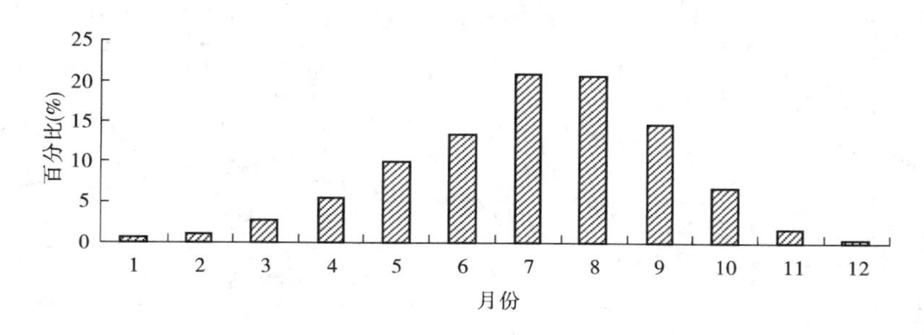

图 6-1　黄河流域多年平均降水量年内分配

但各区间的变化有所不同，上游的河源区、唐乃亥—兰州、兰州—河口镇的全年、汛期、主汛期和秋汛期降雨量都是减少的：兰州—河口镇降雨量小，变化幅度最大，年内各时期减幅都在 10% 以上；河源区变幅较小，全年和汛期的减幅分别为 3% 和 2%，且秋汛期的减幅 4% 大于主汛期的 2%；唐乃亥—兰州区间减幅较大，全年、汛期的减幅分别为 4% 和 7%，主汛期减幅很大，达到 9%，但秋汛期仅减少 1%。

中游河口镇—三门峡区间的变化不同，全年和汛期的降雨量都是减少的，河口镇—龙门和龙门—三门峡全年的减幅分别为 5% 和 5%，汛期分别减少 7% 和 4%；重要的一点是主汛期减幅较大，分别达到 17% 和 10%；而秋汛期却是增加的，且增幅达到 18% 和 7%。由此可见，作为暴雨洪水和泥沙的主要来源区河口镇—三门峡区间近期降雨量减少主要发生在主汛期，主汛期河口镇—龙门和龙门—三门峡的降雨量分别减少 34.1 mm 和 21.0 mm，占全年减少量的 148% 和 75%，占汛期减少量的 161% 和 162%。降雨在年内分配的变化对中游的产水产沙，尤其是产沙有直接的影响。

2007 年是一个很典型的例子，据报汛资料统计，河口镇—龙门区间汛期降雨量达 391 mm，较多年均值偏多 33%，但区间来沙仅 0.65 亿 t，较多年平均值减少达 88%，这是看似异常的现象，但仔细分析汛期内降雨的特点可知，主汛期降雨 217 mm 与多年平均基本持平，秋汛期达 174 mm，较多年平均增加一倍多，汛期雨量增加主要在产沙少的秋汛期，因此除去水土保持治理减沙的影响外，降雨的年内分布不利于产沙是 2007 年河口镇—龙门区间沙量减少的一个重要原因。

6.1.1.2　各区域暴雨特点

1）主汛期降雨量变化

表 6-2 给出了黄河河口镇—三门峡区间主汛期降雨量不同年代对比情况。可以看出，近期与 1970 ~ 1996 年相比，河口镇—龙门区间 7 ~ 9 月和 7 ~ 8 月降雨量分别减少了 16% 和 17%，龙门—三门峡区间 7 ~ 9 月和 7 ~ 8 月主汛期降雨量分别减少了近 3% 和 10%。

2）不同量级日降雨量发生天数变化

统计分析了中游典型支流各级降雨量发生天数不同时期变化特点，支流包括河口镇—龙门区间无定河流域的岔巴沟、窟野河、皇甫川、孤山川和秃尾河，龙门到三门峡区间的泾河和渭河。由表 6-3 可见，近期降雨量级的变化特点主要表现在较大降雨发生天数的减少和小降雨发生天数的增多。与 1970 ~ 1990 年相比，岔巴沟、窟野河、孤山川、渭河

表 6-2　黄河中游主汛期各区间降雨量不同年代对比情况　（单位:mm）

区间	时段	1969 年以前	1970～1996 年	1997～2006 年	1956～2005 年
河口镇—龙门	7～9 月	304.6	286.8	239.9	291.9
	7～8 月	232.6	204.5	170.4	205.6
龙门—三门峡	7～9 月	312.8	286.8	277.1	291.9
	7～8 月	219.7	211.0	190.0	209.1

表 6-3　黄河中游典型支流不同降雨量级日降雨量发生天数　（单位:d）

河名	时期	全年			汛期			主汛期		
		<5 mm	5～50 mm	>50 mm	<5 mm	5～50 mm	>50 mm	<5 mm	5～50 mm	>50 mm
岔巴沟	1970～1996 年	343.9	20.5	0.6	107.7	14.8	0.5	51.7	9.9	0.5
	1997～2006 年	347.3	17.7		110.8	12.2		54.8	7.2	
窟野河	1969 年以前	344	19.6	1.4	108	14	1	51.3	10	0.7
	1970～1996 年	343.8	21	0.2	107.9	14.9	0.2	50.9	10.9	0.2
	1997～2006 年	348.9	16.1		112	11		53.3	8.7	
孤山川	1969 年以前	361.7	3.3		120	3		59.3	2.7	
	1970～1996 年	362.5	2.5		120.8	2.2		60	2	
	1997～2006 年	363.5	1.5		121.8	1.2		60.8	1.2	
渭河	1969 年以前	336.3	28.6	0.1	104.4	18.4	0.2	51.3	10.6	0.1
	1970～1996 年	333.9	31.1		104.3	18.7		50.7	11.3	
	1997～2006 年	340.3	24.7		107.8	15.2		52.3	9.7	
皇甫川	1969 年以前	354.3	10	0.7	114.7	7.7	0.6	56	5.6	0.4
	1970～1996 年	354.9	9.9	0.2	115	7.7	0.3	55.6	6.2	0.2
	1997～2006 年	356.6	8.4		116.6	6.4		57.1	4.9	
秃尾河	1969 年以前	351.7	12.3	1	112.7	9.6	0.7	55.7	6	0.3
	1970～1996 年	355.3	9.4	0.3	115.8	7	0.2	56.3	5.5	0.2
	1997～2006 年	357.8	7.2		117.8	5.2		58.3	3.7	
泾河	1969 年以前	351.7	12.3	1	112.7	9.6	0.7	55.7	6	0.3
	1970～1996 年	355.2	9.5	0.3	115.8	7	0.2	56.2	5.5	0.3
	1997～2006 年	357.8	7.2		117.8	5.2		58.3	3.7	

是降雨量 5 mm 以上的天数减少，以下的天数增多，皇甫川、秃尾河、泾河则是 5 mm 以上的天数减少，以下的天数增多。除孤山川外，其他支流 1996 年前两个时期都有日降雨量大于 50 mm，而近期都没有；孤山川是从 1996 年前由日降雨量大于 10 mm 变为近期未出现。因

此,近期各典型支流汛期和主汛期绝大多数时间的降雨量都较小,岔巴沟、窟野河、孤山川和渭河汛期5 mm以下天数占总天数的88%~99%,主汛期占84%~98%。皇甫川、秃尾河和泾河10 mm以下降雨量天数占汛期的95%~96%,占主汛期的92%~94%。

3)最大1 d降雨量和最大3 d降雨量变化

表6-4给出了各典型支流不同时期内最大1 d降雨量和最大3 d降雨量情况,可以看出,这两个特征值表现出降雨过程有所不同的特点,与1970~1996年相比,岔巴沟和皇甫川的最大1 d降雨量和最大3 d降雨量都增加了,岔巴沟分别增加了14%和40%,皇甫川分别增加了14%和10%;秃尾河的最大1 d降雨量也增加了9%,这反映出在这些支流局部的强降雨过程有所加强。其他支流这两个特征值都是减小的,窟野河、孤山川、泾河、渭河最大1 d降雨量分别减少20%、21%,30%、25%,最大3 d降雨量分别减少11%、26%、36%、28%,秃尾河的最大3 d降雨量也减少了49%。对比增加和减少的幅度可见,减少的幅度普遍大于增加的幅度,说明就整个中游来说,强降雨减少得较多。

表6-4 黄河中游典型支流最大1 d降雨量和最大3 d降雨量不同年代对比情况

(单位:mm)

河名	最大1 d降雨量				最大3 d降雨量			
	1969年以前	1970~1996年	1997~2006年	多年平均	1969年以前	1970~1996年	1997~2006年	多年平均
岔巴沟	78.1	75.3	85.8	85.8	97.2	90.7	127.1	127.1
窟野河	105.9	108.2	85.6	108.2	137.3	146.6	130.4	146.6
皇甫川	94.3	119.8	136.0	136.0	141.9	129.1	141.8	141.9
孤山川	121.9	164.6	130.0	164.6	156.7	176.2	140.2	176.2
秃尾河	102.4	93.2	102.2	102.4	127.2	168.1	112.8	168.1
泾河	65.1	68.9	47.8	68.9	103.9	103.3	65.3	103.9
渭河	80.0	39.6	29.7	80.0	80.0	58.6	42.0	80.0

6.1.2 近期天然径流变化特点

6.1.2.1 系列一致性处理前后天然径流量对比

水文站天然径流量为实测水量、用水还原水量以及水库蓄变水量之和,即水文站天然径流量计算采用下式:

$$W_{天然} = W_{实测} + W_{用水还原水量} \pm W_{水库蓄变量}$$

事实上,黄河流域目前人类活动如水土保持建设、地下水过量开采、水利工程建设等,对地表水已经产生了一定的影响。初步估计,水土保持建设影响量10亿m^3,地下水开采影响量30亿m^3,现状水利工程建设引起的水面蒸发附加损失10亿m^3左右,合计已经达到了50亿m^3,而这部分水量没有纳入还原计算中。

本次成果采用《黄河流域(片)水资源综合规划技术细则》的规定:系列一致性处理可采用降水径流关系方法,还可以结合区域实际情况以其他方法补充,对1990年以前的还原进行了一致性处理。水土保持影响量主要修正1956~1969年时段,地下水开采影响量修正 1956～1989 年时段，水利工程影响量修正水利工程投入运用时段。

其中，水土保持影响量采用《黄河近期重点治理规划》成果，即 10 亿 m³，分配于兰州—河口镇区间的清水河、祖厉河等 0.5 亿 m³，河口镇—龙门区间 6.4 亿 m³，龙门—三门峡区间 2.8 亿 m³，其余的 0.3 亿 m³ 在三门峡—花园口区间。地下水开采对地表水的影响，通过比较 2000 年和 1980 年实际开采量、本次地下水评价的地表水与地下水之间不重复量以及山丘区地下水开采净消耗量等因素确定。具体修正方法见表 6-5。

表 6-5　黄河流域天然径流量系列一致性处理方法汇总

二级区	主要影响因素	一致性处理方法
唐乃亥以上		年降水径流关系对比方法
唐乃亥—兰州	水面蒸发附加损失量、地下水开采影响地表水量	成因分析方法、年降水径流关系对比方法
兰州—河口镇	水土保持减水量、地下水开采影响地表水量	成因分析方法、年降水径流关系对比方法
河口镇—龙门	水土保持减水量、地下水开采影响地表水量	年降水径流关系对比方法
龙门—三门峡	水土保持减水量、地下水开采影响地表水量	成因分析方法、年降水径流关系对比方法
三门峡—花园口	水面蒸发附加损失量、水土保持减水量、地下水开采影响地表水量	成因分析方法、年降水径流关系对比方法
花园口以下	地下水开采影响地表水量	成因分析方法、年降水径流关系对比方法

表 6-6 给出了黄河干流主要水文站处理前后的天然径流量，兰州、河口镇、花园口和利津，系列一致性处理后的多年平均天然径流量分别为 329.9 亿 m³、331.7 亿 m³、532.8 亿 m³ 和 534.8 亿 m³，较还原计算成果分别偏少了 0.93%、1.22%、5.52% 和 5.70%。黄河流域水资源综合规划即采用该成果。

表 6-6　黄河干流主要水文站系列天然径流量一致性处理后与还原成果对比

（单位：亿 m³）

水文站	项目	1956～1959 年	1960～1969 年	1970～1979 年	1980～1989 年	1990～2000 年	1956～2000 年
兰州	还原	294.5	370.9	334.3	367.0	280.6	333.0
	修正后	289.3	365.9	330.2	364.1	280.5	329.9
河口镇	还原	299.0	370.3	336.9	374.1	281.8	335.8
	修正后	292.1	363.5	331.5	371.2	281.7	331.7
龙门	还原	378.5	437.4	390.9	414.4	325.2	389.3
	修正后	349.9	415.9	381.1	411.5	325.1	379.1
三门峡	还原	526.2	574.9	498.5	542.3	401.2	503.9
	修正后	481.5	537.2	475.3	526.0	401.1	482.7

续表 6-6

水文站	项目	1956～1959 年	1960～1969 年	1970～1979 年	1980～1989 年	1990～2000 年	1956～2000 年
花园口	还原	605.4	652.1	547.0	609.0	443.0	563.9
	修正后	547.8	601.6	511.5	580.4	440.8	532.8
利津	还原	616.3	679.1	559.0	598.1	426.5	567.1
	修正后	547.7	606.7	512.2	577.3	446.6	534.8

6.1.2.2 天然径流量变化特点

根据处理前不同时期年天然径流量，对比近期主要水文站天然径流量与 1970～1996 年系列的变化。由表 6-7 可见，近期天然径流量呈明显减少的特点，各站减幅在 15%～27%，其中唐乃亥站由 210.2 亿 m^3 减少到 169.9 亿 m^3，减少 19%；河口镇由 337.2 亿 m^3 减少到 272.9 亿 m^3，减少 19%；龙门由 384.8 亿 m^3 减少到 308.9 亿 m^3，减少 20%；三门峡由 495.5 亿 m^3 减少到 363.1 亿 m^3，减少 27%。

表 6-7　不同时期主要水文站年天然径流量特征值

项目	时期	唐乃亥	兰州	河口镇	龙门	三门峡	花园口
均值（亿 m^3）	1956～1969 年	202.0	349.1	349.9	420.6	561.0	638.8
	1970～1996 年	210.2	332.8	337.2	384.8	495.5	548.8
	1997～2006 年	169.9	284.1	272.9	308.9	363.1	416.7
最大值（亿 m^3）	1956～1969 年	312.2	540.5	541.7	637.7	798.3	979.4
	1970～1996 年	329.3	484.0	489.0	534.9	683.3	784.6
	1997～2006 年	256.6	410.9	381.7	407.2	483.5	575.4
最小值（亿 m^3）	1956～1969 年	134.4	240.5	240.2	309.3	418.8	462.3
	1970～1996 年	141.1	235.9	235.7	277.2	356.2	389.3
	1997～2006 年	107.4	214.5	199.8	239.2	267.2	300.3
最大值/最小值	1956～1969 年	2.3	2.2	2.3	2.1	1.9	2.1
	1970～1996 年	2.3	2.1	2.1	1.9	1.9	2.0
	1997～2006 年	2.4	1.9	1.9	1.7	1.8	1.9
C_v	1956～1969 年	0.24	0.24	0.25	0.24	0.23	0.24
	1970～1996 年	0.26	0.20	0.20	0.17	0.18	0.19
	1997～2006 年	0.28	0.21	0.21	0.18	0.21	0.23
C_s	1956～1969 年	0.72	0.83	0.82	0.78	0.66	0.92
	1970～1996 年	0.91	0.76	0.79	0.72	0.59	0.64
	1997～2006 年	1.01	1.20	0.83	0.54	0.50	0.61

天然径流量年际变化也发生改变，近期年最大、最小值都明显减少，减少幅度分别为15%～29%和9%～25%，因此天然径流量年际间有所变化，表现在最大值与最小值比值的变化。

由不同时期汛期天然径流量变化（见表6-8）可见，近期各站天然径流量减小幅度稍大于全年，在17%～28%，非汛期减幅稍小于全年，为12%～25%。因此，汛期的减少量占全年减少量的60%～68%。天然径流量汛期占全年的比例变化不大，占到55%～59%，与1970～1996年相比兰州以下有1～2个百分点的降低。

表6-8　不同时期主要水文站年内天然径流量变化

项目	时期	唐乃亥	兰州	河口镇	龙门	三门峡	花园口
汛期（亿 m^3）	1956～1969年	124.0	208.7	212.4	252.0	323.8	369.8
	1970～1996年	125.1	192.1	198.5	221.8	280.3	313.3
	1997～2006年	100.1	159.7	155.0	173.9	201.3	231.8
非汛期（亿 m^3）	1956～1969年	78.0	140.3	137.5	168.5	237.2	269.0
	1970～1996年	85.2	140.8	138.7	163.0	215.2	235.5
	1997～2006年	69.8	124.4	117.9	135.0	161.8	184.9
汛期占全年（%）	1956～1969年	61	60	61	60	58	58
	1970～1996年	59	58	59	58	57	57
	1997～2006年	59	56	57	56	55	56

6.1.3　近期降雨径流关系变化特点

本次主要通过点绘逐年全年及汛期各区间降雨量与径流深的关系进行研究，所用径流深采用一致性处理前的天然径流量计算求得。

6.1.3.1　河源区

由图6-2可见，河源区在相同年降雨量情况下，近期径流深明显减少，1997年以前两个时段的年径流深都在较大范围内变化，而近期基本呈下降趋势，如当年降雨量为450 mm时，1997年以前径流深范围为100～150 mm，平均120 mm，而近期只有100 mm左右，减少17%。河源区汛期降雨径流关系变化特点与年变化特点相似（见图6-3），也是相同降雨量下汛期径流深减少，但区别没有年关系明显。这说明河源区的产流能力降低。

6.1.3.2　唐乃亥—兰州区间

由唐乃亥—兰州区间年降水径流关系可见（见图6-4），各时期关系未发现明显变化，相同降雨量条件下的径流深基本相同。但是汛期的关系有所变化（见图6-5），尤其在降雨量较小（300 mm以下）时表现更为明显。需要说明的是，1997年以后区间缺乏大降雨量的年份，影响到系列的代表性。

6.1.3.3　河口镇—龙门区间

河口镇—龙门区间降雨径流关系发生了很大变化。从图6-6可以看出，1970年以后在

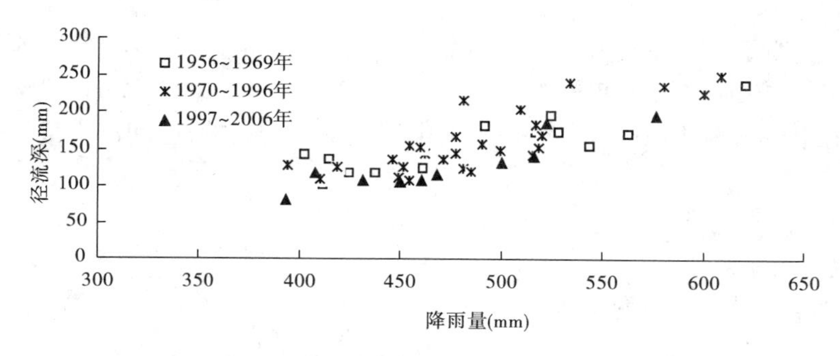

图 6-2　河源区年径流深与降雨量的关系

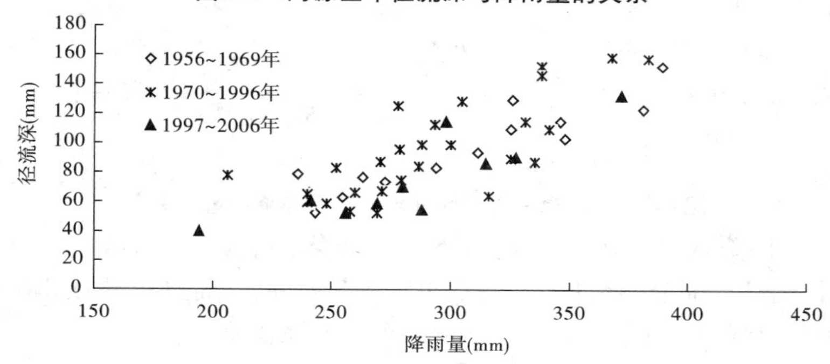

图 6-3　河源区汛期径流深与降雨量的关系

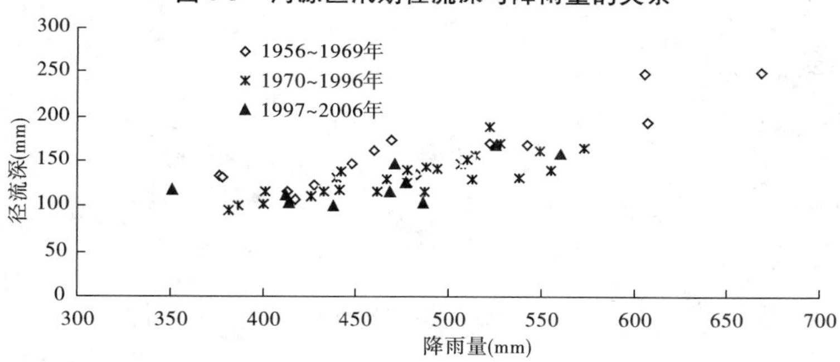

图 6-4　唐乃亥—兰州区间年径流深与降雨量的关系

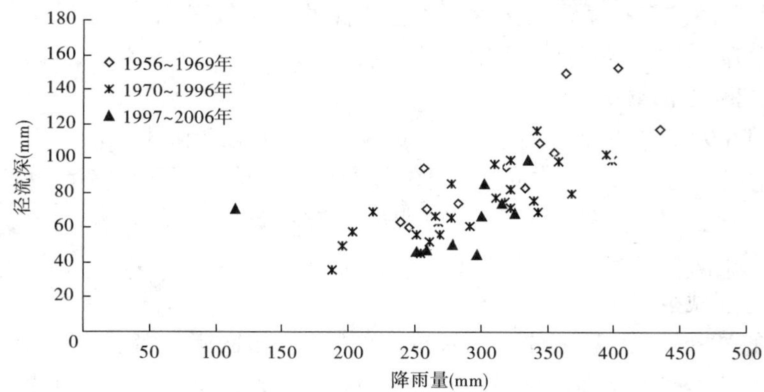

图 6-5　唐乃亥—兰州区间汛期径流深与降雨量的关系

相同降雨情况下年径流深逐时期减少。以年降雨量 400 mm 为例,1970 年以前径流深约为 50 mm,而 1970 ~ 1996 年和近期分别只有 40 mm 和 28 mm 左右,分别减少 20% 和 44%。这说明即使降雨量增大到 1970 年以前的水平,由于下垫面的影响,区间产水量也不会达到原水平。

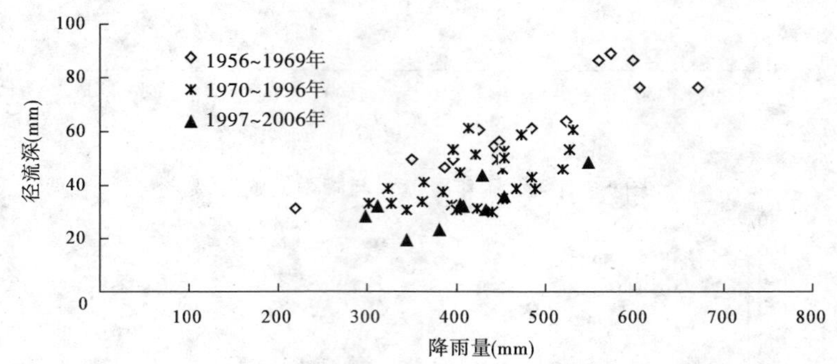

图 6-6　河口镇—龙门区间年径流深与降雨量的关系

但是区间汛期降水径流关系表现出不同的变化特点(见图 6-7),1970 ~ 1996 年与 1970 年以前相比只有部分年份同降雨条件下径流深减少,而且近期在汛期降雨量小于 350 mm 条件下,径流深变化不大,与降雨量的正相关性较差。

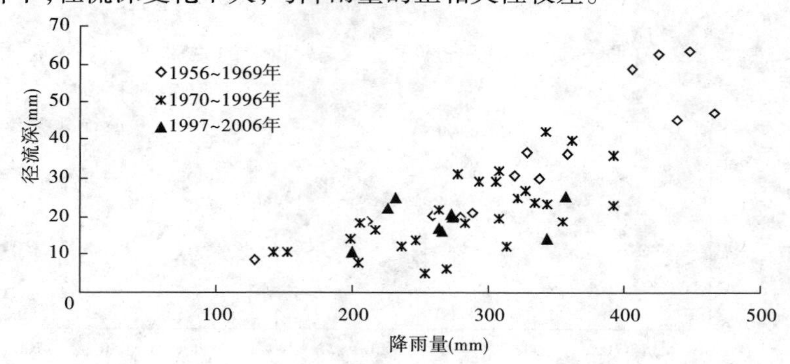

图 6-7　河口镇—龙门区间汛期径流深与降雨量的关系

河口镇—龙门区间相同降雨条件下年径流深的减小较汛期明显,反映出区间水土保持综合治理在降雨量较小的时段作用大的特点。

6.1.3.4　龙门—三门峡区间

图 6-8、图 6-9 分别给出了龙门—三门峡区间三个时段年降雨径流关系和汛期降雨径流关系对比情况。可以看出,近期相同降雨量情况下径流深明显减少。1970 ~ 1996 年与 1969 年以前相比,同样降雨条件下径流深稍有减少,近期则偏少明显,若比较同样 500 mm 降雨量,三个时段的径流深分别约为 58 mm、50 mm、25 mm,与 1969 年前和 1970 ~ 1996 年相比分别减少了 14% 和 57%。

汛期只在 1996 年后表现出径流深减小的特点,相同降雨条件下 1956 ~ 1969 年和 1970 ~ 1996 年基本相同。在同样汛期降雨量 350 mm 条件下,1996 年前两个时期的径流深约为 32 mm,而近期约 22 mm,减少了 31%,减幅小于全年。

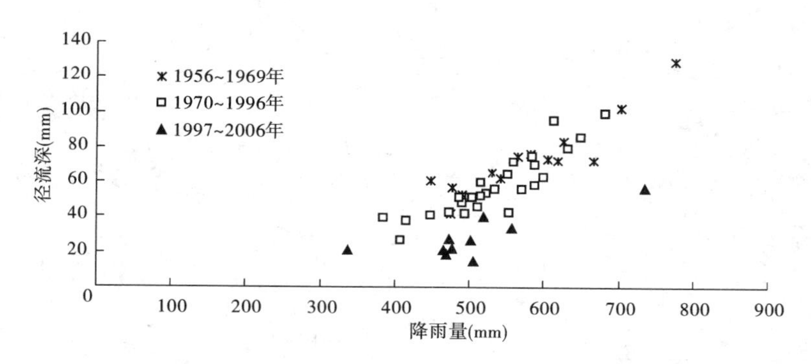

图 6-8　龙门—三门峡区间年径流深与降雨量的关系

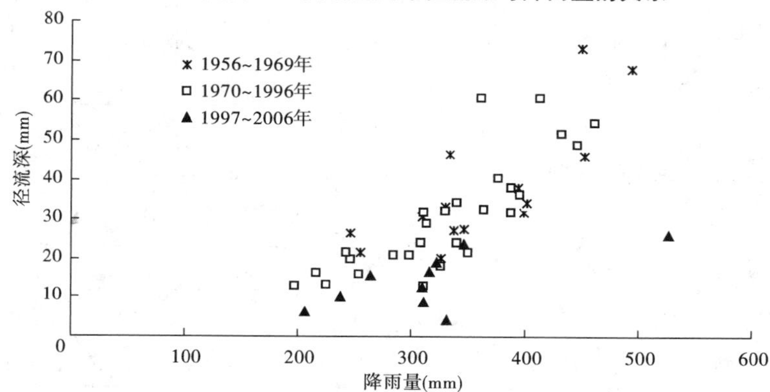

图 6-9　龙门—三门峡区间汛期径流深与降雨量的关系

龙门—三门峡区间汛期和全年降雨径流关系变化都比较明显,初步分析与地下水开采导致的产流条件改变在年内各时段都比较稳定有关,这一点与河口—龙门区间产流条件变化特点的不同。

6.2　近期实测水量及过程变化特点

6.2.1　唐乃亥以上地区

6.2.1.1　实测水量变化

自 20 世纪 90 年代初开始,黄河源区径流量呈逐年递减之势,本次研究对河源区黄河沿、吉迈、玛曲和唐乃亥等 4 个水文站的水沙资料进行分析。

由干流各站不同时期水量变化可见(见表 6-9),近期黄河沿站、吉迈站、玛曲站和唐乃亥站的年水量分别为 2.0 亿 m^3、32.7 亿 m^3、125.0 亿 m^3 和 168.0 亿 m^3,较 1970 ~ 1996 年水量分别减少 76%、23%、16% 和 20%,源头区黄河沿站以上减幅较大。从各站水量 5 年滑动平均过程可明显地看出水量减少的特点(见图 6-10)。

由于近期年最大水量的减少,黄河沿站和吉迈站近期年最大水量与最小水量站比值与 1970 ~ 1996 年相比减小,水量年际变幅减小。但玛曲站和唐乃亥站年最大水量虽然也减小了,而最小水量减幅更大,因此比值变化不大,水量年际变幅变化不明显。

表 6-9　河源区主要水文站年水量变化

水文站	时期	年				均值（亿 m³）		
		均值（亿 m³）	最大值（亿 m³）	最小值（亿 m³）	最大值/最小值	主汛期	秋汛期	汛期
黄河沿	1969 年以前	5.8	12.4	0.7	17.7	1.5	2.0	3.4
	1970～1996 年	8.6	24.7	1.3	18.4	2.3	2.5	4.9
	1997～2006 年	2.0	3.5	0.2	18.0	0.6	0.4	1.0
吉迈	1969 年以前	38	54	21.3	2.5	12.4	12.1	24.5
	1970～1996 年	42.3	82.9	22.4	3.7	14.1	12.1	26.2
	1997～2006 年	32.7	53.8	19.5	2.8	10.8	8.6	19.4
玛曲	1969 年以前	145.8	201.9	101.9	2.0	46.1	45.1	91.2
	1970～1996 年	148.4	223.0	94.0	2.4	45.2	43.6	88.7
	1997～2006 年	125.0	181.9	72.0	2.5	38.9	36.0	74.9
唐乃亥	1969 年以前	200.8	310.9	133.4	2.3	64.2	59.3	123.6
	1970～1996 年	209.0	327.9	140.0	2.3	65.1	59.5	124.6
	1997～2006 年	168.0	255.0	105.8	2.4	52.5	46.4	98.9

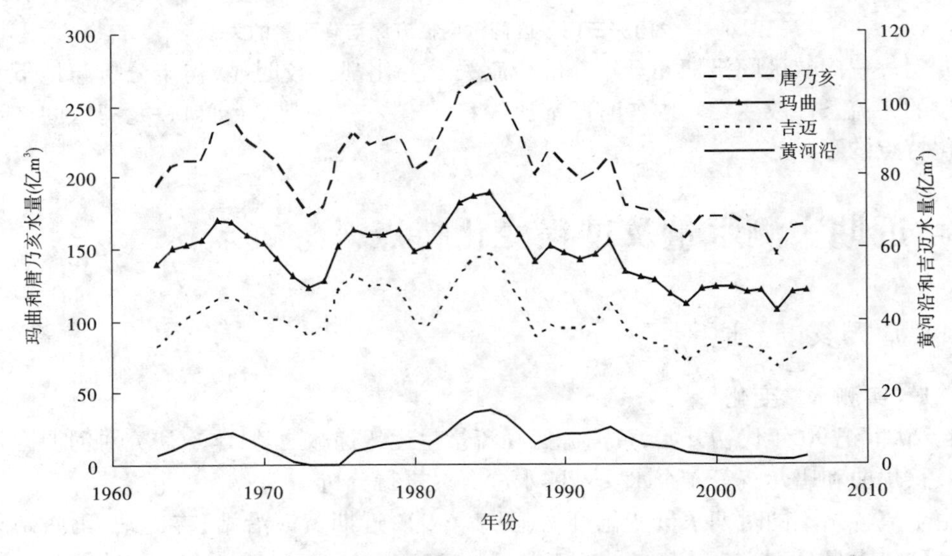

图 6-10　唐乃亥以上干流水文站 5 年滑动平均水量过程

河源区年内各时段水量也发生变化。近期汛期黄河沿站、吉迈站、玛曲站和唐乃亥站年均水量较 1970～1996 年分别减少 79%、26%、16% 和 21%，汛期水量占全年总水量比例由 56%～62% 减小到 49%～60%。主汛期 4 个站平均水量分别减少 74%、23%、14% 和 19%，但水量占年水量的比例变化不大。近期主汛期的平均流量大为降低，4 个站分别只有 5.7 m³/s、101.7 m³/s、366.3 m³/s、494.2 m³/s。

6.2.1.2 汛期水流过程

由于各站集水条件不同，其流量变化也大不相同，比如黄河沿站流量在 100 m³/s 上下浮动，而唐乃亥站流量却在 1 000 m³/s 以上，故各站采取了不同的流量级划分，具体统计情况见表 6-10。下面主要以汛期和主汛期为主阐述。

表 6-10 不同水文站汛期和主汛期各流量级下历时、水量变化

项目			汛期				主汛期			
水文站	时段	流量级 (m³/s)	历时 (d)	水量 (亿 m³)	历时比例 (%)	水量比例 (%)	历时 (d)	水量 (亿 m³)	历时比例 (%)	水量比例 (%)
黄河沿	1969 年以前	<50	95.1	1.60	77	72	51.1	0.76	82	80
		50～100	26.1	1.66	21	26	10.9	0.70	18	20
		≥100	1.8	0.16	1	2				
	1970～1996 年	<50	88.9	1.65	72	70	46.4	0.87	75	73
		50～100	13.4	0.93	11	11	6.7	0.47	11	11
		≥100	20.7	2.28	17	20	8.9	0.97	14	16
	1997～2005 年	<50	122.2	0.97	99	98	61.2	0.57	99	98
		50～100	0.8	0.04	1	2	0.8	0.04	1	2
		≥100								
吉迈	1969 年以前	<200	58.9	6.86	48	37	28.9	3.5	47	37
		200～400	51.5	12.1	42	46	27.5	6.5	44	48
		≥400	12.6	5.55	11	18	5.6	2.37	9	15
	1970～1996 年	<200	63.0	7.16	51	40	29.9	3.42	48	39
		200～400	38.4	9.26	31	34	18.8	4.48	31	33
		≥400	21.6	10.07	18	26	13.3	6.32	21	27
	1997～2005 年	<200	79.3	8.15	65	54	35.9	3.68	58	47
		200～400	38.0	8.66	31	37	21.6	5.01	35	41
		≥400	5.7	2.56	5	8	4.5	2.11	7	12
玛曲	1969 年以前	<500	18.8	6.47	15	10	7.4	2.76	11	7
		500～1 500	90.4	66.15	74	72	49.4	36.29	80	78
		≥1 500	13.8	21.74	11	19	5.3	8.06	9	15
	1970～1996 年	<500	30.4	10.58	25	17	15.9	5.42	25	19
		500～1 500	81.3	60.33	66	68	39.5	29.7	64	65
		≥1 500	11.4	18.26	8	16	6.6	10.27	11	16
	1997～2005 年	<500	47.1	14.51	38	30	24.5	7.68	39	31
		500～1 500	70.3	48.76	57	62	33.4	23.72	54	59
		≥1 500	5.6	8.56	4	8	4.1	6.38	7	10

续表 6-10

项目			汛期				主汛期			
水文站	时段	流量级 (m^3/s)	历时 (d)	水量 (亿 m^3)	历时比例 (%)	水量比例 (%)	历时 (d)	水量 (亿 m^3)	历时比例 (%)	水量比例 (%)
唐乃亥	1969 年以前	<500	5.1	1.86	4	2	1.2	0.5	2	1
		500～1 500	89.1	73.27	72	65	45.6	39.15	74	65
		≥1 500	28.8	48.39	23	32	15.1	24.57	24	34
	1970～1996 年	<500	4.4	1.72	4	2	1.7	0.65	3	2
		500～1 500	86.9	66.95	71	62	42.8	33.47	69	63
		≥1 500	31.7	55.98	26	34	17.5	31	28	35
	1997～2005 年	<500	15.6	5.63	13	9	5.8	2.28	10	7
		500～1 500	94.0	71.47	76	76	46.7	34.64	75	76
		≥1 500	13.4	22.24	11	15	9.5	16.05	15	18

注:历时比例为各流量级历时占总历时的百分比,水量比例为各流量级水量占总水量的百分比。

与 1970～1996 年相比,各站汛期和主汛期表现出一致的特点,中小流量历时增加,较大流量历时减少,但变化的临界流量级各站不同,黄河沿站、吉迈站、玛曲站、唐乃亥站分别是 50 m^3/s、200 m^3/s、500 m^3/s、1 500 m^3/s 以下历时增加,以上历时减少,相应各转变流量级以下的水量增加或小幅度减少,而转变流量级以上的水量发生较大幅度的减少,水量向中小流量集中。以玛曲站为例,500 m^3/s 以下历时达到 47.1 d,较 1970～1996 年增加了 16.7,水量也增加了约 4 亿 m^3,该流量级历时和水量占汛期总量的比例也分别由 20% 左右提高到 30%～40%。

6.2.2 唐乃亥—兰州区间

6.2.2.1 实测水量变化

近期干流唐乃亥站、小川站和兰州站年均水量分别为 168.0 亿 m^3、203.6 亿 m^3 和 247.4 亿 m^3(见表 6-11),与 1970～1996 年相比分别减少 20%、25% 和 21%;近期主要支流湟水、大通河、洮河和大夏河年均水量分别为 13.1 亿 m^3、25.9 亿 m^3、31.8 亿 m^3 和 5.8 亿 m^3,分别减少 16%、10%、30% 和 32%。但从兰州站水量组成来看,近期与 1970～1996 年相比没有变化,仍是以唐乃亥站来水为主,占兰州站水量的 67%。近期干流站年最大水量减少 22%～36%;支流年最大水量减幅也在 32%～46%;各站最大水量与最小水量的比值除唐乃亥变化不大外,都有所减小,同时干、支流水量的 C_v 值都减小,这些说明各年值距系列平均值的差值都减小,年际间水量变化幅度减小。各站水量 5 年滑动平均过程线也反映出水量减少的特点(见图 6-11、图 6-12)。

表 6-11　唐乃亥—兰州区间干支流不同时期水量变化

水文站	时期	年						均值(亿 m^3)		
		均值(亿 m^3)	最大值(亿 m^3)	最小值(亿 m^3)	最大值/最小值	C_v	C_s	主汛期	秋汛期	汛期
唐乃亥	1969 年以前	200.8	310.9	133.4	2.3	0.24	0.73	64.2	59.3	123.6
	1970 ~ 1996 年	209.0	327.9	140.0	2.3	0.27	0.91	65.1	59.5	124.6
	1997 ~ 2006 年	168.0	255.0	105.8	2.4	0.28	1.00	52.5	46.4	98.9
小川	1969 年以前	287.2	458.0	183.3	2.5	0.24	0.71	88.1	83.9	172.0
	1970 ~ 1996 年	271.2	390.3	190.6	2.0	0.22	0.66	66.0	62.0	128.1
	1997 ~ 2006 年	203.6	247.6	162.3	1.5	0.14	0.27	34.9	40.0	74.9
兰州	1969 年以前	336.6	518.0	219.1	2.4	0.22	0.64	105.1	97.4	202.4
	1970 ~ 1996 年	311.8	430.0	230.3	1.9	0.20	0.68	80.5	72.7	153.2
	1997 ~ 2006 年	247.4	298.9	203.9	1.5	0.13	0.42	49.7	52.0	101.6
红旗(洮河)	1969 年以前	52.9	95.1	32.0	3.0	0.31	1.12	14.9	16.0	30.9
	1970 ~ 1996 年	45.6	66.2	26.5	2.5	0.27	0.41	13.0	12.9	25.9
	1997 ~ 2006 年	31.8	44.8	23.0	1.9	0.23	0.53	9.4	9.0	18.3
折桥(大夏河)	1969 年以前	11.9	24.4	5.5	4.4	0.45	1.21	3.4	3.6	7.0
	1970 ~ 1996 年	8.5	14.7	3.8	3.8	0.31	0.77	2.4	2.7	5.1
	1997 ~ 2006 年	5.8	7.9	4.0	2.0	0.27	0.38	1.7	1.7	3.4
民和(湟水)	1969 年以前	18.6	31.1	10.7	2.9	0.30	0.73	5.8	5.3	11.1
	1970 ~ 1996 年	15.6	29.1	7.1	4.1	0.27	1.00	4.6	4.5	9.1
	1997 ~ 2006 年	13.1	16.8	10.4	1.6	0.15	0.31	3.5	4.0	7.5
享堂(大通河)	1969 年以前	28.8	36.7	20.4	1.8	0.18	0.14	11.0	6.9	17.9
	1970 ~ 1996 年	28.8	50.2	20.3	2.5	0.21	1.89	11.0	7.0	17.9
	1997 ~ 2006 年	25.9	32.9	20.9	1.6	0.14	0.58	10.0	6.5	16.5

近期干流汛期唐乃亥站、小川站和兰州站水量分别为98.9 亿 m^3、74.9 亿 m^3 和101.6 亿 m^3(见表 6-11),与 1970 ~ 1996 年相比分别减少 21%、41%和 34%;汛期占年比例除唐乃亥站仍然维持在 60% 左右外,小川站和兰州站则分别下降到 37% 和 41%,说明经水库调蓄后非汛期的水量超过汛期。支流汛期水量同样减少,区间 4 条支流近期共来水 57.9 亿 m^3,较 1970 ~ 1996 年减少 21%,其中洮河减少量最大,在总减少量中占 62%;各支流汛期水量占年比例变化不大,仍然维持在 60% 左右。

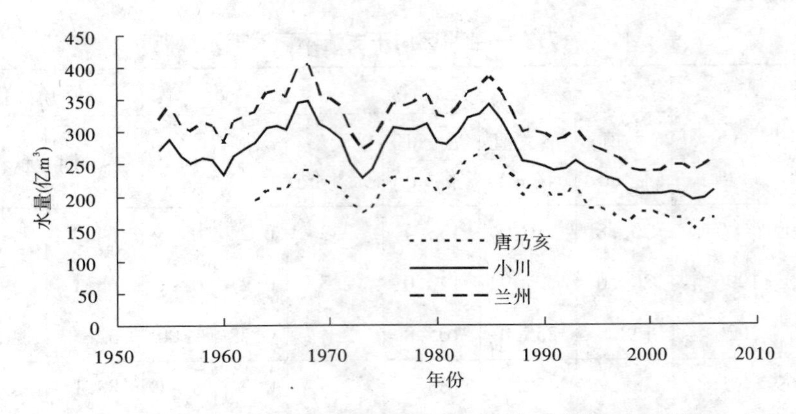

图 6-11　唐乃亥—兰州区间干流主要站 5 年水量滑动平均过程

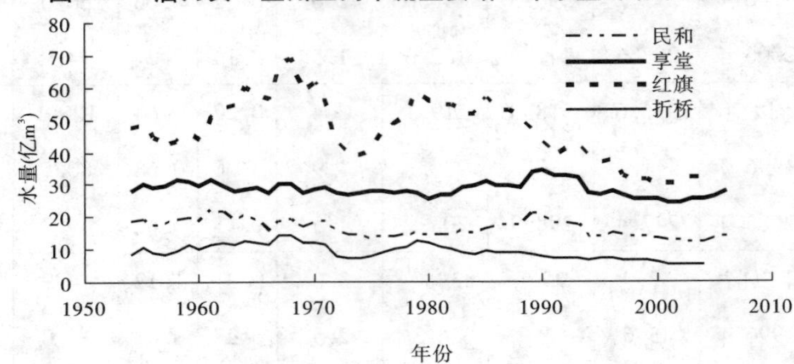

图 6-12　唐乃亥—兰州区间主要支流 5 年水量滑动平均过程

近期干流主汛期唐乃亥站、小川站和兰州站水量分别为 52.5 亿 m³、34.9 亿 m³ 和 49.7 亿 m³，与 1970～1996 年相比分别减少 19%、47% 和 38%；主汛期占年的比例唐乃亥站变化不大，但经水库调节后小川站和兰州站减小到仅占 17% 和 20%。主汛期 4 条支流共来水 24.6 亿 m³，减少 20%，减少量中以洮河和湟水为主，分别占到总减水量的 57% 和 16%。支流水量合计主汛期占到全年的比例变化不大，仍然在 31% 左右。

近期干流秋汛期唐乃亥站、小川站和兰州站水量分别为 46.4 亿 m³、40.0 亿 m³ 和 52.0 亿 m³，较 1970～1996 年分别减少 22%、35% 和 28%；秋汛期水量占年的比例变化不大。秋汛期 4 条支流共来水 21.05 亿 m³，减少 22%；其水量占年比例变化不大，仍然维持在 27% 左右。支流总水量减少量中以洮河和大夏河为主，分别占到总减少量的 66% 和 16%。

6.2.2.2　水流过程变化

1）干流流量级变化

统计不同时期干流汛期各流量级历时以及相应水量情况（见表 6-12），可以看出近期汛期 1 000 m³/s 以上中大流量较 1970～1996 年明显减少，唐乃亥站和兰州站分别由 59.6 d 和 82.7 d 减少到 40.6 d 和 49.7 d；其中 2 000 m³/s 以上减少更多，唐乃亥 2 000～3 000 m³/s 历时由 12.0 d 减少到 5.2 d，3 000 m³/s 以上由 1.6 d 到没有出现；而兰州减少更多，2 000 m³/s 以上由 22.8 d 变到没有出现，反映了水库调蓄的影响。相反，小流量出现时间增多，1 000 m³/s 以下唐乃亥站和兰州站分别由 63.4 d 和 40.3 d 增加到 82.4 d 和 73.3 d。

表 6-12　唐乃亥—兰州区间干流代表站汛期各流量级历时和水量变化

水文站	项目	流量级（m^3/s）	汛期			主汛期			秋汛期		
			1969 年以前	1970 ~ 1996 年	1997 ~ 2006 年	1969 年以前	1970 ~ 1996 年	1997 ~ 2006 年	1969 年以前	1970 ~ 1996 年	1997 ~ 2006 年
唐乃亥	历时（d）	<500	5.1	4.4	15.6	1.2	1.7	5.8	3.9	2.7	9.8
		500 ~ 1 000	52.0	59.0	66.8	24.1	28.1	34.1	27.9	30.9	32.7
		1 000 ~ 2 000	55.7	46.0	35.4	32.1	24.2	17.9	23.6	21.8	17.5
		2 000 ~ 3 000	9.0	12.0	5.2	4.4	7.3	4.2	4.6	4.7	1.0
		≥3 000	1.2	1.6		0.2	0.7		1.0	0.9	
	水量（亿 m^3）	<500	1.9	1.7	5.6	0.5	0.6	2.3	1.4	1.1	3.3
		500 ~ 1 000	34.2	37.6	42.4	16.2	18	21	18	19.6	21.4
		1 000 ~ 2 000	66.1	56.3	40.8	38.3	29.6	21.1	27.8	26.7	19.7
		2 000 ~ 3 000	18.1	23.8	10.6	8.6	14.8	8.5	9.5	9.0	2.1
		≥3 000	3.3	5.1		0.6	1.9		2.7	3.2	
		合计	123.6	124.5	99.4	64.2	64.9	52.9	59.4	59.6	46.5
兰州	历时（d）	<500	1.6	0.8	0.1			0.1	1.6	0.8	
		500 ~ 1 000	11.7	39.5	73.2	2.6	14.1	41.4	9.1	25.4	31.8
		1 000 ~ 2 000	59.3	59.9	49.7	32.6	35.6	20.5	26.7	24.3	29.2
		2 000 ~ 3 000	38.7	15.4		20.8	8.5		17.9	6.9	
		≥3 000	11.7	7.4		5.9	3.8		5.8	3.6	
	水量（亿 m^3）	<500	0.6	0.3					0.6	0.3	
		500 ~ 1 000	8.2	28.5	50.6	2	10.6	28.8	6.2	17.9	21.8
		1 000 ~ 2 000	76.9	68.6	51.0	41.7	40.7	20.9	35.2	27.9	30.1
		2 000 ~ 3 000	81.3	32.8		43.5	18.0		37.8	14.8	
		≥3 000	36.6	23.0		18.3	11.2		18.3	11.8	
		合计	203.6	153.2	101.6	105.5	80.5	49.7	98.1	72.7	51.9

汛期相应各流量的水量也发生了变化，由表 6-13 可见，中级流量 1 000 m^3/s 以上水量减少较多，唐乃亥站、兰州站减少量分别占汛期总减少量的 135% 和 144%，占汛期总减少量的 144% 和 136%；其中 2 000 m^3/s 以上大流量级的水量减少量又分别占汛期总减少量的 73% 和 108%，说明汛期水量的减少主要发生在中大流量级。

由此水量在各流量级的分配发生变化，水量向 1 000 m^3/s 以下小流量级集中，由表 6-14可见，与 1969 年以前以及 1970 ~ 1996 年相比，近期历时、水量占总量比例最高的流量级和比例的变化有两个特征：一是最高比例出现的流量级减小，二是即使流量级不变

表 6-13　与 1970 ~ 1996 年对比干流中大流量级水量变化特征　（单位：亿 m^3）

项目	时段	唐乃亥站		兰州站	
		>1 000 m^3/s	>2 000 m^3/s	>1 000 m^3/s	>2 000 m^3/s
减少量（亿 m^3）	汛期	33.8	18.3	73.4	55.8
	主汛期	16.7	8.2	49.0	29.2
	秋汛期	17.1	10.1	24.4	26.6
占总减少量比例（%）	汛期	135	73	142	108
	主汛期	139	68	159	95
	秋汛期	131	77	117	128

相应的比例也升高。以兰州站为例，与 1996 年以前相比，最高历时出现的流量由 1 000 ~ 2 000 m^3/s减小到 500 ~ 1 000 m^3/s，而水量的最高比例虽然仍维持在 1 000 ~ 2 000 m^3/s，但比例值都升高了，历时和水量分别达到 60% 和 50%。这反映出水量集中在小流量输送的程度增高。

表 6-14　干流汛期各流量级中比例最高的流量级特征统计

项目	唐乃亥			兰州		
	1969 年以前	1970 ~ 1996 年	1997 ~ 2006 年	1969 年以前	1970 ~ 1996 年	1997 ~ 2006 年
流量级（m^3/s）	1 000 ~ 2 000	500 ~ 1 000	500 ~ 1 000	1 000 ~ 2 000	1 000 ~ 2 000	500 ~ 1 000
历时占总历时比例（%）	45	48	54	48	49	60
流量级（m^3/s）	1 000 ~ 2 000	1 000 ~ 2 000	500 ~ 1 000	2 000 ~ 3 000	1 000 ~ 2 000	1 000 ~ 2 000
水量占总量比例（%）	53	45	43	40	45	50

概括起来说，唐乃亥站 1969 年以前汛期是在 45% 的时间里用 1 000 ~ 2 000 m^3/s 的流量输送了 53% 的水量，1970 ~ 1996 年是在 37% 的时间里用 1 000 ~ 2 000 m^3/s 的流量输送了 45% 的水量，1997 ~ 2006 年是在 67% 的时间里用小于 1 000 m^3/s 的流量输送了 49% 的水量；兰州站 1969 年以前汛期是在 31% 的时间里用 2 000 ~ 3 000 m^3/s 的流量输送了 40% 的水量，1970 ~ 1996 年是在 49% 的时间里用 1 000 ~ 2 000 m^3/s 的流量输送了 45% 的水量，1997 ~ 2006 年是在 40% 的时间里用 1 000 ~ 2 000 m^3/s 的流量输送了 50% 的水量。

唐乃亥站的主汛期、秋汛期和兰州站主汛期流量级的特征变化与汛期基本相似，主要都是1 000 m^3/s以上中大流量历时、水量的增加和1 000 m^3/s以下小流量各特征值的减少，以及水量的分布向小流量的集中。但兰州站秋汛期由于水库的调节，没有500 m^3/s以下和2 000 m^3/s以上流量出现，流量级更为集中，全部在500～2 000 m^3/s输送，因此这一流量级的水量增加，比例增高，其他流量级特征都减少。

2）支流流量级变化

区间主要四条支流汛期的流量级变化同样是大流量出现时间减少、相应水量减少，而小流量的出现时间增长、水量增加。由于各条支流的基本情况不同，流量级的变化点也不同，由表6-15可见，湟水是100 m^3/s以下增加；大通河是50 m^3/s以下增加、50～300 m^3/s变化不大、300 m^3/s以上显著减少；洮河是200 m^3/s以下增加；大夏河是50 m^3/s以下增加。其中，洮河较大流量级水量减少最多，200 m^3/s以上水量减少5.5亿m^3。

表6-15　主要支流各流量级历时以及水量变化

支流（出口控制站）			湟水（民和）		大通河（享堂）			洮河（红旗）		大夏河（折桥）	
流量级（m^3/s）			<100	>100	<50	50～300	>300	<200	>200	<50	>50
汛期	历时（d）	1969年以前	69.1	54	2.2	108.6	12.3	44.1	78.9	64.2	58.9
		1970～1996年	86.7	36.3	3.1	107.7	12.1	60.9	62.1	80.8	42.3
		1997～2006年	103	20.5	7.4	106.9	8.7	91.1	31.9	108.8	14.3
	水量（亿m^3）	1969年以前	3.7	7.5	0.1	13.6	4.2	5.3	26.9	1.6	5.1
		1970～1996年	4.4	4.8	0.1	13.3	4.5	7.1	18.8	2.0	3.1
		1997～2006年	5.3	2.3	0.2	13.4	2.9	9.5	8.7	1.9	1.0
主汛期	历时（d）	1969年以前	33.3	28.8	0.2	52.0	10.0	24.3	37.7	36.7	25.3
		1970～1996年	42.3	19.6	0.2	52.5	9.3	31.4	30.7	42.6	19.5
		1997～2006年	51.8	10.2	0.6	54.2	7.2	45.4	16.7	54.0	8.0
	水量（亿m^3）	1969年以前	1.7	4.1		7.4	3.5	3.0	12.7	0.9	2.3
		1970～1996年	1.8	2.7		7.4	3.5	3.7	9.3	1.0	1.5
		1997～2006年	2.4	1.2		7.6	2.4	4.6	4.7	0.9	0.5
秋汛期	历时（d）	1969年以前	35.8	25.2	2	56.6	2.3	19.8	41.2	27.5	33.6
		1970～1996年	44.4	16.7	2.9	55.2	2.8	29.5	31.4	38.2	22.8
		1997～2006年	50.7	10.3	6.8	52.7	1.5	45.7	15.2	54.8	6.3
	水量（亿m^3）	1969年以前	2.0	3.4	0.1	6.2	0.7	2.3	14.2	0.7	2.8
		1970～1996年	2.6	2.1	0.1	5.9	1.0	3.4	9.5	1.0	1.6
		1997～2006年	2.9	1.1	0.2	5.8	0.5	4.9	4.0	1.0	0.5

与1970～1996年相比，汛期水量的减少主要发生在较大流量级（见表6-16），较大流量级水量的减少量占汛期总减少量的95%～156%、主汛期占61%～167%、秋汛期占到100%～143%；汛期较大流量水量的减少以主汛期为主，除洮河和大夏河水量外，主汛期

的减少量一般大于秋汛期。

表 6-16　与 1970 ~ 1996 年相比各支流较大流量特征变化

项目		湟水(民和) >100 m³/s		大通河(享堂) >300 m³/s		洮河(红旗) >200 m³/s		大夏河(折桥) >50 m³/s	
		水量(亿 m³)	沙量(万 t)	水量(亿 m³)	沙量(万 t)	水量(亿 m³)	沙量(万 t)	水量(亿 m³)	沙量(万 t)
减少量	汛期	2.5	631	1.6	56	10.1	1 025	2.1	167
	主汛期	1.5	529	1.1	46	4.6	761	1.0	125
	秋汛期	1.0	102	0.5	10	5.5	264	1.1	42
占总减少量比例(%)	汛期	156	95	114	63	131	96	95	86
	主汛期	167	91	122	61	124	97	91	84
	秋汛期	143	121	100	71	138	94	100	93

6.2.3　兰州—河口镇区间

6.2.3.1　实测水量变化

近期黄河上游干流实测水量明显减少(见表 6-17),兰州站、下河沿站、石嘴山站、巴彦高勒站、三湖河口站、河口镇站年平均水量分别为 247.4 亿 m³、228.0 亿 m³、194.9 亿 m³、133.9 亿 m³、141.0 亿 m³ 和 132.1 亿 m³,与 1970 ~ 1996 年相比分别减少 21% ~ 40%,其中河口镇站减少最多,兰州站减少最少,区间支流祖厉河、毛不浪沟、西柳沟年平均水量分别为 0.73 亿 m³、0.14 亿 m³、0.26 亿 m³,分别较 1970 ~ 1996 年减少 32%、13%、16%;而清水河为 1.20 亿 m³,增加 28%。从年水量 5 年滑动平均过程可以看出干支流水量变化的特点(见图 6-13、图 6-14)。

表 6-17　兰州—河口镇区间干支流不同时期水量变化

水文站(河名)	时期	年					均值(亿 m³)		
		均值(亿 m³)	最大值(亿 m³)	最小值(亿 m³)	最大值/最小值	C_v	主汛期	秋汛期	汛期
兰州	1970 ~ 1996 年	311.8	430.0	230.3	1.9	0.2	80.5	72.7	153.2
	1997 ~ 2006 年	247.4	298.9	203.9	1.5	0.13	49.7	51.9	101.6
下河沿	1970 ~ 1996 年	305.4	424.1	211.7	2.0	0.22	79.6	72.8	152.5
	1997 ~ 2006 年	228.0	273.4	195.2	1.4	0.13	45.4	49.2	94.6
石嘴山	1970 ~ 1996 年	279.1	399.3	190.2	2.1	0.23	71.0	73.0	144.0
	1997 ~ 2006 年	194.9	233.6	162.8	1.4	0.13	34.8	49.0	83.8
巴彦高勒	1970 ~ 1996 年	214.8	337.6	122.0	2.8	0.29	52.1	52.7	104.9
	1997 ~ 2006 年	133.9	183.3	97.1	1.9	0.2	22.1	24.7	46.8

续表 6-17

水文站(河名)	时期	年					均值(亿 m^3)		
		均值(亿 m^3)	最大值(亿 m^3)	最小值(亿 m^3)	最大值/最小值	C_v	主汛期	秋汛期	汛期
三湖河口	1970~1996 年	224.7	354.8	130.8	2.7	0.29	54.7	56.9	111.5
	1997~2006 年	141.0	188.2	102.5	1.8	0.19	23.5	27.7	51.1
河口镇	1970~1996 年	219.0	351.4	116.7	3.0	0.3	53.8	57.0	110.8
	1997~2006 年	132.1	174.9	101.8	1.7	0.17	21.5	25.6	47.1
靖远(祖厉河)	1970~1996 年	1.07	2.23	0.39	5.8	0.46			0.74
	1997~2004 年	0.73	1.42	0.44	3.3	0.41			0.45
泉眼山(清水河)	1970~1996 年	0.94	2.45	0.29	8.4	0.62			0.69
	1997~2005 年	1.20	1.64	0.71	2.3	0.25			0.88
图格日格(毛不浪沟)	1970~1996 年	0.16	0.88	0.02	54.9	1.12			0.16
	1997~2005 年	0.14	0.39	0.02	17.3	0.86			0.13
龙头拐(西柳沟)	1970~1996 年	0.31	0.86	0.09	9.4	0.64			0.22
	1997~2005 年	0.26	0.51	0.11	4.8	0.6			0.17

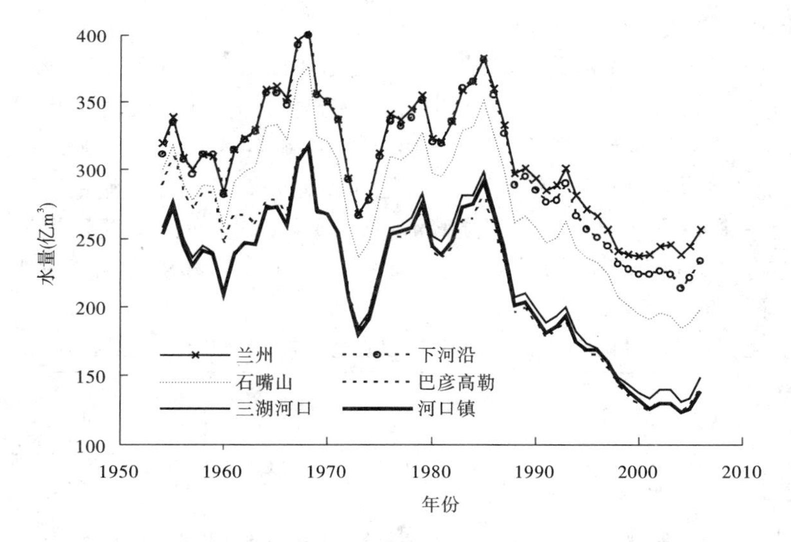

图 6-13　兰州—河口镇区间干流水文站 5 年滑动平均水量过程

近期干流各站最大年水量减少了 31% ~50%,其中河口镇站最大水量减少最多;支流最大水量减少 33% ~70%。最大水量与最小水量的比值和 C_v 值都有明显降低,说明实测水量年际间变化幅度大大降低。

近期干支流汛期水量减少幅度较大,兰州站、下河沿站、石嘴山站、巴彦高勒站、三湖河口站、河口镇站汛期水量分别只有 101.6 亿 m^3、94.6 亿 m^3、83.8 亿 m^3、46.8 亿 m^3、51.1亿 m^3、47.1 亿 m^3(见表 6-17),与 1970 ~1996 年相比减幅在 34% ~58%,汛期水量占全年的比例也有所减小,降低 8% ~15%。近期支流汛期水量与 1970 ~1996 年相比,除清水河增加 27% 外,祖厉河、毛不浪沟、西柳沟水量都是减少的,分别减少 39%、24%、23%。汛期水量占全年的比例除毛不浪沟稍有增加外,其他各站均有所减小。

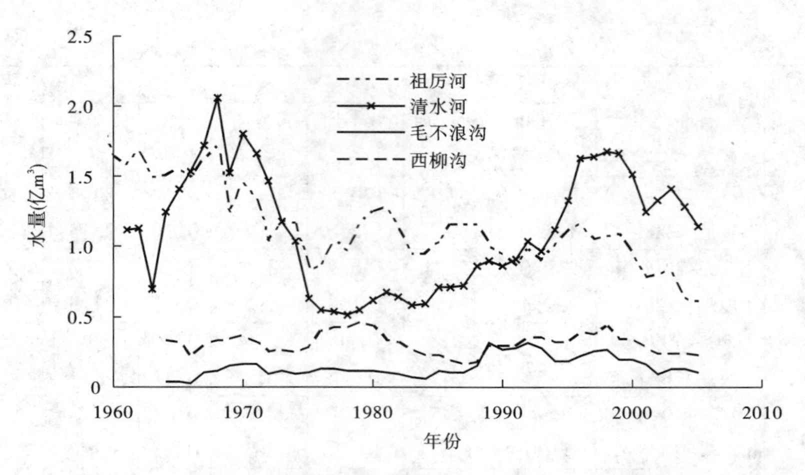

图 6-14　兰州—河口镇区间主要支流 5 年滑动平均水量过程

干流主汛期和秋汛期实测水量也呈减少趋势。主汛期减少幅度较大，在 38% ~ 60%；主汛期水量占全年的比例降低 6% ~8%。秋汛期减少幅度稍小于主汛期，为 29% ~55%，秋汛期水量占全年的比例下降 1% ~7%。

6.2.3.2　干流水流过程变化

由表 6-18 可以看出，干流各典型站近期汛期主要以 500 ~1 000 m³/s 的小流量为主，大于 2 000 m³/s 的较大流量几乎没有发生过。以下河沿站为例，近期与 1970 ~1996 年相比，500 ~1 000 m³/s 历时和水量分别增加 40.6 d 和 26.14 亿 m³，而 1 000 ~2 000 m³/s 流量级的历时和水量分别减少 18.9 d 和 26.9 亿 m³，大于 2 000 m³/s 流量级由年均 22.4 d 变为 0。值得一提的是，50 m³/s 以下预警流量出现天数增加，河口镇站近期汛期共出现 13 d，1997 年前仅 1966 年出现 7 d。由表 6-18 可见，主汛期和秋汛期流量级历时和水量的变化特点与汛期的一致。

表 6-18　兰州—河口镇区间干流典型站汛期以及主汛期和秋汛期各流量级历时、水量变化

时期	站名	项目	时期	流量级(m³/s)					
				<500	500 ~ 1 000	1 000 ~ 2 000	2 000 ~ 3 000	≥3 000	合计
汛期	下河沿	历时(d)	1970 ~1996 年	1	45.8	53.8	14.5	7.9	123
			1997 ~2006 年	1.7	86.4	34.9			123
		水量(亿 m³)	1970 ~1996 年	0.37	31.99	62.16	30.8	24.63	149.95
			1997 ~2006 年	0.68	58.13	35.26			94.07
	石嘴山	历时(d)	1970 ~1996 年	2.8	50.4	48	15	6.8	123
			1997 ~2006 年	22.9	73.9	26.2			123
		水量(亿 m³)	1970 ~1996 年	1.05	34.16	56.36	31.93	20.9	144.40
			1997 ~2006 年	7.85	48.09	27.85			83.79
	河口镇	历时(d)	1970 ~1996 年	36.6	37.4	32.8	11.4	4.8	123
			1997 ~2006 年	73.5	43	6.5			123
		水量(亿 m³)	1970 ~1996 年	8.63	23.86	38.96	24.05	14.57	110.07
			1997 ~2006 年	15.05	25.58	6.5			47.13

续表 6-18

时期	站名	项目	时期	流量级(m^3/s)					
				<500	500～1 000	1 000～2 000	2 000～3 000	≥3 000	合计
主汛期	下河沿	历时(d)	1970～1996 年	0.1	19.4	30.6	8	3.9	62
			1997～2006 年	1.5	48.2	12.3			62
		水量(亿 m^3)	1970～1996 年	0.05	14.08	35.18	16.84	11.6	77.75
			1997～2006 年	0.59	31.86	12.48			44.93
	石嘴山	历时(d)	1970～1996 年	1.9	24.7	24.9	7.4	3	62
			1997～2006 年	20.4	36.2	5.4			62
		水量(亿 m^3)	1970～1996 年	0.7	16.38	29.68	15.53	8.72	71.01
			1997～2006 年	6.99	21.8	6.03			34.82
	河口镇	历时(d)	1970～1996 年	18.9	17.9	18.5	4.9	1.9	62
			1997～2006 年	40.8	17.3	3.9			62
		水量(亿 m^3)	1970～1996 年	3.98	11.67	22.12	10.28	5.47	53.52
			1997～2006 年	7.08	10.5	3.93			21.51
秋汛期	下河沿	历时(d)	1970～1996 年	0.80	26.40	23.30	6.50	4	61
			1997～2006 年	0.2	38.2	22.6			61
		水量(亿 m^3)	1970～1996 年	0.33	17.91	26.98	13.96	13.03	72.21
			1997～2006 年	0.08	26.26	22.78			49.12
	石嘴山	历时(d)	1970～1996 年	0.90	25.70	23.10	7.60	3.70	61
			1997～2006 年	2.5	37.7	20.8			61
		水量(亿 m^3)	1970～1996 年	0.34	17.78	26.68	16.4	12.18	73.38
			1997～2006 年	0.87	26.28	21.83			48.98
	河口镇	历时(d)	1970～1996 年	17.7	19.50	14.30	6.60	2.90	61
			1997～2006 年	0.80	26.40	23.30	6.50	4	61
		水量(亿 m^3)	1970～1996 年	0.2	38.2	22.6			61
			1997～2006 年	0.33	17.91	26.98	13.96	13.03	72.21

6.2.4 河口镇—龙门区间

6.2.4.1 实测水量变化

区间干支流主要实测水量明显减少。干流控制站河口镇、府谷、吴堡、龙门汛期年均水量分别为 132.1 亿 m^3、132.0 亿 m^3、140.5 亿 m^3、162.0 亿 m^3(见表 6-19),较 1970～1996 年分别减少 40%、41%、41%、39%。支流控制站皇甫川、孤山川、窟野河、秃尾河、无定河年均水量分别为 0.51 亿 m^3、0.22 亿 m^3、2.13 亿 m^3、2.29 亿 m^3、7.60 亿 m^3,分别减少 32%～70%,其中孤山川减少最多、无定河减少最少。区间各站 5 年水量滑动平均过程线也明显反映出水量减少的趋势(见图 6-15、图 6-16)。

表 6-19　河口镇—龙门区间干支流不同时期水量

水文站（河名）	时期	年					均值（亿 m³）		
		均值（亿 m³）	最大值（亿 m³）	最小值（亿 m³）	最大值/最小值	C_v	主汛期	秋汛期	汛期
河口镇	1970～1996 年	219.0	351.4	116.7	3.0	0.30	53.8	57.0	110.8
	1997～2006 年	132.1	174.9	101.8	1.7	0.17	21.5	25.6	47.1
府谷	1970～1996 年	224.0	354.3	124.9	2.8	0.29	54.8	57.5	112.3
	1997～2006 年	132.0	183.8	95.1	1.9	0.2	21.4	24.5	45.9
吴堡	1970～1996 年	239.6	367.4	134.3	2.7	0.27	60.9	59.9	120.8
	1997～2006 年	140.5	185.7	111.0	1.7	0.17	23.8	26.8	50.6
龙门	1970～1996 年	263.4	399.7	147.3	2.7	0.25	68.0	65.0	133.0
	1997～2006 年	162.0	199.6	132.7	1.5	0.12	30.2	32.4	62.6
皇甫（皇甫川）	1970～1996 年	1.39	4.36	0.25	17.4	0.63	0.99	0.17	1.16
	1997～2006 年	0.51	1.03	0.11	9.8	0.66	0.47	0.01	0.47
高石崖（孤山川）	1970～1996 年	0.73	2.04	0.26	7.9	0.59	0.47	0.1	0.56
	1997～2006 年	0.22	0.41	0.09	4.6	0.53	0.15	0.02	0.16
温家川（窟野河）	1970～1996 年	5.94	10.3	2.68	3.9	0.32	2.69	0.96	3.65
	1997～2006 年	2.13	3.92	1.36	2.9	0.39	0.73	0.30	1.03
高家川（秃尾河）	1970～1996 年	3.32	4.85	2.61	1.9	0.17	0.75	0.58	1.33
	1997～2006 年	2.29	2.79	1.94	1.4	0.11	0.39	0.42	0.81
白家川（无定河）	1970～1996 年	10.91	15.76	7.18	2.8	0.18	2.68	1.91	4.59
	1997～2006 年	7.60	9.03	6.09	1.5	0.13	1.60	1.43	3.03

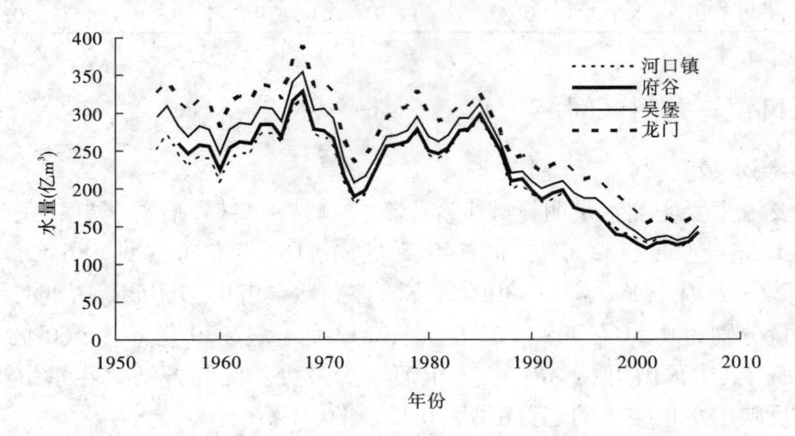

图 6-15　河口镇—龙门区间干流水文站 5 年滑动平均水量过程

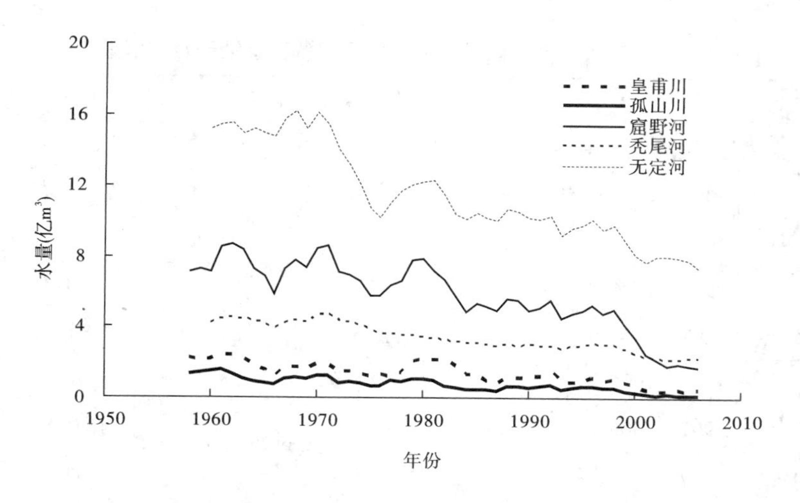

图 6-16 河口镇—龙门区间主要支流 5 年滑动平均水量过程

近期区间干流最大水量与 1970～1996 年相比减少了近 50%，各站的最大水量与最小水量比值也减少 32%～43%，C_v 值也有所减少，说明干流水量变幅大幅度降低。同样，近期各支流最大年水量减少 43%～84%，窟野河减少最多，秃尾河减少最少，因此最大水量与最小水量比值减少 23%～81%；C_v 值无定河有增有减；也说明支流水量年际间变幅降低。

近期汛期水量也大幅度减少，干流控制站河口镇、府谷、吴堡、龙门汛期水量分别为 47.1 亿 m^3、45.9 亿 m^3、50.6 亿 m^3、62.6 亿 m^3（见表 6-19），减幅在 53%～59%；汛期占全年的比例由 5% 左右降低到 35% 左右。近期支流皇甫川、孤山川、窟野河、秃尾河、无定河站汛期水量分别为 0.47 亿 m^3、0.16 亿 m^3、1.03 亿 m^3、0.81 亿 m^3、3.03 亿 m^3，减少 34%～72%，高石崖站减少最多、白家川站减少最少；近期汛期水量占年的比例除皇甫站增加外，都有所减小。

主汛期近期水量减少较多，河口镇站、府谷站、吴堡站、龙门站年均主汛期水量分别为 21.5 亿 m^3、21.4 亿 m^3、23.8 亿 m^3、30.2 亿 m^3，减幅达 56%～61%；支流减幅也达 40%～73%。秋汛期干流水量也仅有 25.6 亿 m^3、24.5 亿 m^3、26.8 亿 m^3、32.4 亿 m^3，减幅为 50%～57%；支流减幅为 25%～94%，皇甫川只有 0.01 亿 m^3。

6.2.4.2 水流过程变化

由表 6-20 可以看出，近期各站汛期主要以小流量（500～1 000 m^3/s）为主，大流量（大于 3 000 m^3/s）几乎没有发生过。与 1970～1996 年相比，近期 1 000 m^3/s 以下小流量历时大大增加，其历时占总历时比例由 1970～1996 年的 48%～60% 增加到近期的 88%～95%，水量占汛期总水量比例由 22%～30% 增加到 73%～88%。1 000 m^3/s 以上流量级减少，其中 1 000～2 000 m^3/s 流量级历时占总历时比例由 27%～34% 减少到 5%～12%，2 000～3 000 m^3/s 流量级由 8%～11% 减少到不到 1%，近期无大于 3 000 m^3/s 流量级。

表 6-20　河口镇—龙门区间干流各站汛期各流量级历时和水量变化

站名	项目	时期	流量级(m^3/s)				
			<500	500 ~ 1 000	1 000 ~ 2 000	2 000 ~ 3 000	>3 000
河口镇	时间(d)	1970 ~ 1996 年	36.6	37.4	32.8	11.4	4.8
		1997 ~ 2006 年	73.5	43	6.5		
	水量(亿 m^3)	1970 ~ 1996 年	8.6	23.9	39.0	24.1	14.6
		1997 ~ 2006 年	15.1	25.6	6.5		
府谷	时间(d)	1970 ~ 1996 年	34.0	37.9	35.4	10.2	5.6
		1997 ~ 2006 年	79.8	37.5	5.6	0.1	0
	水量(亿 m^3)	1970 ~ 1996 年	8.5	24.3	42.5	21.1	16.8
		1997 ~ 2006 年	17.3	22.9	5.6	0.2	
吴堡	时间(d)	1970 ~ 1996 年	31.0	35.4	38.6	11.5	6.4
		1997 ~ 2006 年	71.7	43.4	7.8	0.1	0
	水量(亿 m^3)	1970 ~ 1996 年	8.0	22.7	46.2	23.8	19.6
		1997 ~ 2006 年	16.1	26.2	8.1	0.3	
龙门	时间(d)	1970 ~ 1996 年	25.1	34.4	42.4	14	7.1
		1997 ~ 2006 年	58.6	49	14.7	0.6	0.1
	水量(亿 m^3)	1970 ~ 1996 年	7.1	22.1	51.5	29.5	22.8
		1997 ~ 2006 年	15.0	30.5	15.6	1.2	0.3

主汛期和秋汛期流量级历时和水量变化，表现出与汛期相同的特点(见表 6-21)，1 000 m^3/s 以下流量的历时分别占总天数的 86% ~ 95% 和 52% ~ 96%，水量比例达 67% ~ 86% 和 78% ~ 90%。

区间支流流量级的变化更大，由表 6-22 可以看出，近期支流各站小于 1 m^3/s 的天数明显增加，如皇甫川和孤山川分别达到 100.1 d 和 108.4 d，也就是说汛期 81% 和 88% 的时间里都是不足 1 m^3/s 的水流。同时，中、大流量级的历时明显减少，以皇甫川为例，1 ~ 50 m^3/s流量级的天数由 1970 ~ 1996 年的年均 62.9 d 减少到近期的 20.7 d，大于50 m^3/s 流量级的天数由 5.7 d 减少到 2.2 d；而近期皇甫川、秃尾河、孤山川、窟野河各站日均流量分别大于 400 m^3/s、150 m^3/s、150 m^3/s、200 m^3/s 的流量没有出现过，仅有无定河 2001 年出现了 1 030 m^3/s 的流量。相应中、大流量级水量减少较多，但汛期水沙仍然主要依靠中、大流量级输送。以皇甫川为例，虽然小于 1 m^3/s 的水流历时很长，但其水量占汛期总量的比例仅 2%；而 1 ~ 50 m^3/s 的水量虽然由 1970 ~ 1996 年的 0.371 亿 m^3 减少到近期的 0.154 亿 m^3，但占汛期水量的比例由 27% 增加到 33%；大于 50 m^3/s 的水量减小，占汛期总量的比例也有所减低，但仍占到 66%，说明水量仍然集中在中大流量级。

表 6-21　河口镇—龙门区间干流各站主汛期和秋汛期各流量级历时和水量变化

时期	站名	项目	时期	流量级(m^3/s)				
				<500	500～1 000	1 000～2 000	2 000～3 000	>3 000
主汛期	河口镇	历时(d)	1970～1996年	18.9	17.9	18.5	4.9	1.9
			1997～2006年	40.8	17.3	3.9		
		水量(亿 m^3)	1970～1996年	4.0	11.7	22.1	10.3	5.5
			1997～2006年	7.1	10.5	3.9		
	府谷	历时(d)	1970～1996年	17.8	17.3	19.8	4.6	2.6
			1997～2006年	43	15.9	3	0.1	
		水量(亿 m^3)	1970～1996年	4.1	11.2	23.7	9.4	7.4
			1997～2006年	8.4	9.9	2.9	0.2	
	吴堡	历时(d)	1970～1996年	15.7	16.4	21.7	4.7	3.5
			1997～2006年	38.1	19.1	4.7	0.1	
		水量(亿 m^3)	1970～1996年	3.4	11.1	26.8	9.8	10.2
			1997～2006年	7.1	11.6	4.3	0.3	
	龙门	历时(d)	1970～1996年	13.0	14.7	23.9	6.7	3.7
			1997～2006年	32.8	20.5	8.1	0.5	0.1
		水量(亿 m^3)	1970～1996年	3.3	9.6	29.2	14.1	12.0
			1997～2006年	7.4	12.8	8.7	1.0	0.3
秋汛期	河口镇	历时(d)	1970～1996年	17.7	19.5	14.3	6.6	2.9
			1997～2006年	32.7	25.7	2.6	0	0
		水量(亿 m^3)	1970～1996年	4.7	12.2	16.8	13.8	9.1
			1997～2006年	8.0	15.1	2.6		
	府谷	历时(d)	1970～1996年	16.2	20.6	15.7	5.6	3.0
			1997～2006年	36.8	21.6	2.6		
		水量(亿 m^3)	1970～1996年	4.4	13.1	18.7	11.6	9.4
			1997～2006年	8.9	13.0	2.6		
	吴堡	历时(d)	1970～1996年	15.3	19.1	16.9	6.8	3.0
			1997～2006年	33.6	24.3	3.1		
		水量(亿 m^3)	1970～1996年	4.3	12.0	20.0	14.0	9.3
			1997～2006年	9.1	14.5	3.2		
	龙门	历时(d)	1970～1996年	12.1	19.7	18.5	7.3	3.4
			1997～2006年	25.8	28.5	6.6	0.1	
		水量(亿 m^3)	1970～1996年	3.8	12.6	22.3	15.5	10.8
			1997～2006年	7.6	17.7	6.9	0.2	

表 6-22　河口镇—龙门区间主要支流汛期各流量级历时和水量变化

河名（出口控制站）	项目	时期	流量级（m^3/s）			各流量级（m^3/s）占总量比例（%）		
			<1	1~50	>50	<1	1~50	>50
皇甫川（皇甫）	时间（d）	1970~1996 年	54.4	62.9	5.7	44	51	5
		1997~2006 年	100.1	20.7	2.2	81	17	2
	水量（亿 m^3）	1970~1996 年	0.018	0.371	0.968	1	28	71
		1997~2006 年	0.008	0.154	0.312	2	32	66
秃尾河（高家川）	时间（d）	1970~1996 年		120.7	2.3		98	2
		1997~2006 年	1.3	120.8	0.9	1	98	1
	水量（亿 m^3）	1970~1996 年		0.537	0.212		72	28
		1997~2006 年	0.001	0.333	0.060		85	15
孤山川（高石崖）	时间（d）	1970~1996 年	65.9	54.9	2.2	54	45	2
		1997~2006 年	108.4	13.9	0.7	88	11	1
	水量（亿 m^3）	1970~1996 年	0.008	0.18	0.279	2	38	60
		1997~2006 年	0.006	0.076	0.063	4	52	44
窟野河（温家川）	时间（d）	1970~1996 年	6.4	103.8	12.8	5	84	10
		1997~2006 年	27.8	91.9	3.3	23	75	3
	水量（亿 m^3）	1970~1996 年	0.002	1.324	2.326		36	64
		1997~2006 年	0.005	0.616	0.407		60	40
无定河（白家川）	时间（d）	1970~1996 年	0.3	100	22.8		81	19
		1997~2006 年	7.2	104.1	11.7	6	85	10
	水量（亿 m^3）	1970~1996 年		2.272	2.355		49	51
		1997~2006 年	0.002	1.824	1.204		60	40

6.2.5　龙门—三门峡区间

6.2.5.1　实测水量变化

近期区间干流主要水文站龙门、潼关和三门峡的年均水量分别为 161.3 亿 m^3、201.1 亿 m^3 和 178.9 亿 m^3（见表 6-23），较 1970~1996 年分别减少 39%、41% 和 47%；主要支流汾河和渭河年均水量分别为 3.17 亿 m^3 和 41.90 亿 m^3，分别减少 60% 和 35%。从 5 年水量滑动平均过程也可看出水量减少的趋势（见图 6-17）。

同时，龙门站、潼关站、三门峡站、河津站和华县站近期最大水量分别只有 199.6 亿 m^3、261.1 亿 m^3、222.1 亿 m^3、6.18 亿 m^3 和 93.39 亿 m^3，分别减少 50%、50%、58%、62% 和 29%。龙门站、潼关站和三门峡站的最大水量与最小水量比值、C_v 值减小了，说明干流年际间水量变幅降低。汾河河津站和渭河华县站水量也有相似的特点。

近期汛期龙门站、潼关站、三门峡站、河津站和华县站水量明显减少（见表 6-23），分别仅为 62.5 亿 m^3、87.2 亿 m^3、79.8 亿 m^3、1.8 亿 m^3 和 26.76 亿 m^3，较 1970~1996 年分别减少 53%、52%、56%、65% 和 33%。汛期水量占全年的比例大部分站有所减小，但河津站略有增加。由此可见,近期水量减少主要集中在汛期,干支流年水量减少量的59%~69%都发生在汛期。

表6-23 龙门至三门峡区间不同时期主要干支流水量变化

水文站（河名）	时期	年					均值(亿 m³)		
		均值（亿 m³）	最大值（亿 m³）	最小值（亿 m³）	最大值/最小值	C_v	主汛期	秋汛期	汛期
龙门	1970~1996 年	263.4	399.7	147.3	2.7	0.2	68	65	133
	1997~2006 年	161.3	199.6	132.7	1.5	0.1	30.2	32.3	62.5
潼关	1970~1996 年	340	525.7	200.2	2.6	0.3	89.1	92.1	181.2
	1997~2006 年	201.1	261.1	149.5	1.7	0.2	38.5	48.7	87.2
三门峡	1970~1996 年	340.1	531.5	212.4	2.5	0.3	88.5	91.8	180.3
	1997~2006 年	178.9	222.1	137.9	1.6	0.2	35.7	44.2	79.8
河津（汾河）	1970~1996 年	7.90	16.15	2.42	6.7	0.5	2.77	2.27	5.04
	1997~2006 年	3.17	6.18	1.51	4.1	0.4	0.71	1.04	1.74
华县（渭河）	1970~1996 年	63.98	131.51	17.49	7.5	0.5	18.35	21.55	39.90
	1997~2006 年	41.90	93.39	16.82	5.6	0.5	10.53	16.23	26.76

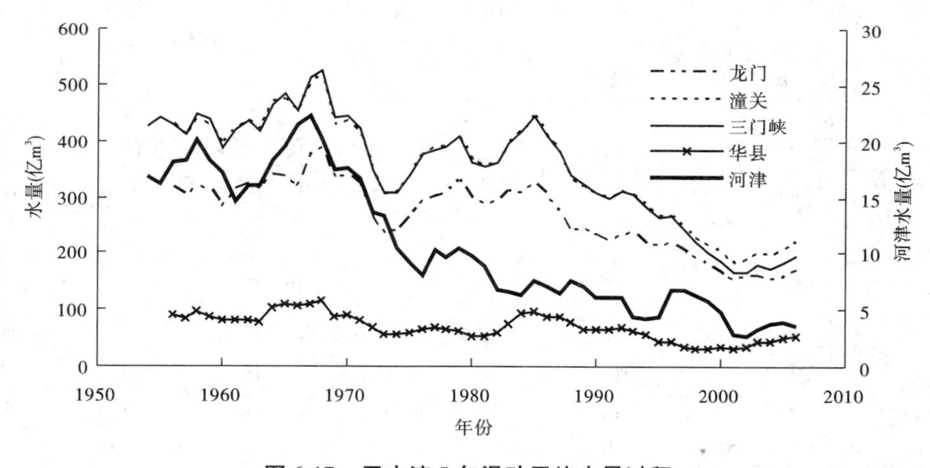

图6-17 干支流5年滑动平均水量过程

近期主汛期和秋汛期水量都减小,主汛期龙门站、潼关站、三门峡站、河津站、华县站水量分别为30.2亿m³、38.5亿m³、35.7亿m³、0.71亿m³和10.53亿m³,分别减少56%、57%、60%、75%和43%;近期秋汛期水量分别减少50%、47%、52%、54%和25%。近期干流汛期水量减少平均分配在主汛期和秋汛期,而支流的水量减少主要集中在主汛期,河津站和华县站主汛期水量减少量占汛期的67%和54%。

6.2.5.2 水流过程变化

由表6-24可见,干流近期汛期1 000 m³/s以下小流量的天数不断增加,龙门站、潼关站和三门峡站分别达107.6 d、88.9 d和94.0 d,比1970~1996年分别增加了81%、130%和133%。其中,小于50 m³/s的流量在1996年前几乎没有出现,但在近期年均出现1.5~3.0 d;而大于1 000 m³/s的中、大流量级天数越来越少,分别为15.4 d、34.1 d和

29.0 d，分别减少了76%、60%和65%；大于5 000 m^3/s 流量的未出现。因此，占汛期历时比例最多的流量级由1 000～3 000 m^3/s 变为小于1 000 m^3/s（见图6-18）。相应1 000 m^3/s 以下小流量级水量增加了57%～80%，而大于1 000 m^3/s 流量级水量减少了71%～84%，输送水量最多的流量级龙门站、潼关站和三门峡站由1 000～3 000 m^3/s 降低到1 000 m^3/s 以下。

表6-24　黄河中游龙门—三门峡汛期各流量级历时及水量变化

水文站	项目	流量级（m^3/s）	汛期		主汛期		秋汛期	
			1970～1996年	1997～2006年	1970～1996年	1997～2006年	1970～1996年	1997～2006年
龙门	历时（d）	<50		1.5		1.5		
		50～1 000	59.5	106.1	27.7	51.8	31.8	54.3
		1 000～3 000	56.4	15.3	30.6	8.6	25.8	6.7
		3 000～5 000	6.6	0.1	3.4	0.1	3.2	
		≥5 000	0.6		0.4		0.2	
	水量（亿m^3）	<50				0.1		
		50～1 000	29.2	45.7	12.8	20.2	16.4	25.5
		1 000～3 000	81.0	16.8	43.2	9.7	37.8	7.1
		3 000～5 000	20.0	0.3	10.0	0.3	10.0	
		≥5 000	2.8		1.9		0.8	
潼关	历时（d）	<50		2.1		2.1		
		50～1 000	38.7	86.8	19.8	44.8	18.9	42
		1 000～3 000	67.2	32.2	34.8	14.9	32.4	17.3
		3 000～5 000	15.3	1.9	6.6	0.2	8.6	1.7
		≥5 000	1.9		0.78		1.07	
	水量（亿m^3）	<50						
		50～1 000	21.1	40.3	10.2	19.0	10.8	21.3
		1 000～3 000	101.7	41.1	53.4	18.7	48.2	22.4
		3 000～5 000	48.9	5.8	21.0	0.7	28.0	5.1
		≥5 000	9.5		4.4		5.0	
三门峡	历时（d）	<50		3.0		3.0		
		50～1 000	40.4	91.0	20.4	46.6	19.9	44.4
		1 000～3 000	65.4	27.3	33.9	12.1	31.4	15.2
		3 000～5 000	15.6	1.7	6.9	0.3	8.7	1.4
		≥5 000	1.6		0.7		0.9	
	水量（亿m^3）	<50		0.1		0.1		
		50～1 000	21.6	38.8	10.6	18.7	11	20.2
		1 000～3 000	98.6	35.9	51.6	15.6	47	20.3
		3 000～5 000	50.1	5.2	21.5	0.9	28.6	4.3
		≥5 000	8.2		3.8		4.4	

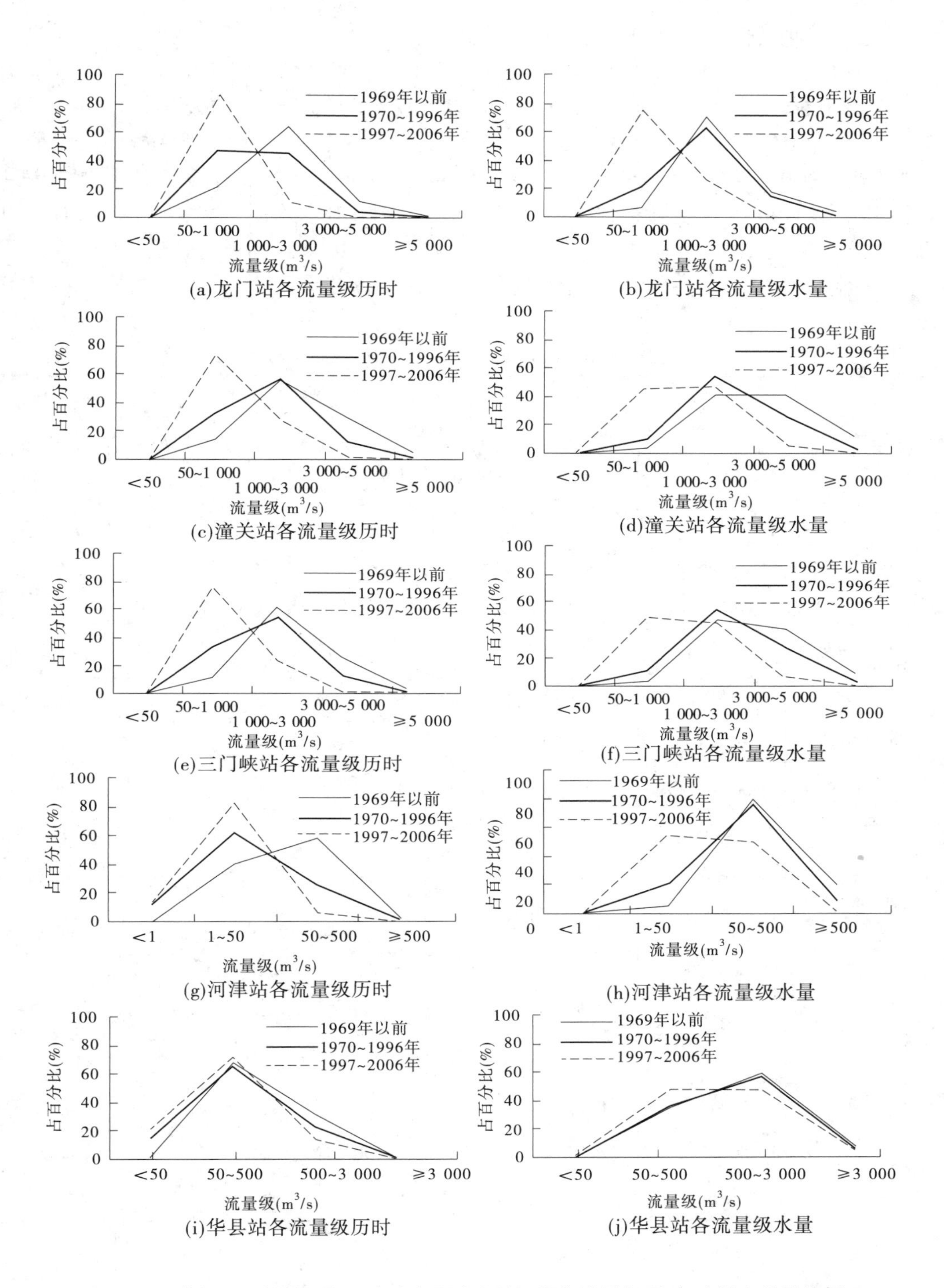

(a)龙门站各流量级历时

(b)龙门站各流量级水量

(c)潼关站各流量级历时

(d)潼关站各流量级水量

(e)三门峡站各流量级历时

(f)三门峡站各流量级水量

(g)河津站各流量级历时

(h)河津站各流量级水量

(i)华县站各流量级历时

(j)华县站各流量级水量

图 6-18　龙门—三门峡区间干支流主要水文站汛期各流量级历时、水量占总量比例

支流汛期小流量天数增加、大流量天数减少(见表6-25)。河津站小于50 m^3/s 的天数由1970~1996年91.2 d增加到近期的115.7 d,50~500 m^3/s 的流量由31.3 d减小到7.3 d,大于500 m^3/s 的流量由0.6 d变为0;华县站小于500 m^3/s 的天数由95.0 d增加到109.0 d;500~3 000 m^3/s 的流量由27.2 d减小到14.3 d,大于3 000 m^3/s 的流量由0.8 d减小到0.3 d。河津站小于1 m^3/s 的流量由1969年前的没有增加到近期的16.4 d,华县站小于50 m^3/s 的流量也增加到24.0 d。由图6-18可知,河津站占汛期历时比例最多的流量级由1969年前的50~500 m^3/s 变为1970~1996年和近期的小于50 m^3/s,且比例不断提高;华县站占汛期历时比例最多的流量级变化不大,一直保持在50~500 m^3/s。

表6-25　龙门—三门峡区间主要支流汛期各流量级历时及水量变化

水文站	项目	流量级 (m^3/s)	汛期		主汛期		秋汛期	
			1970~1996年	1997~2006年	1970~1996年	1997~2006年	1970~1996年	1997~2006年
华县	历时(d)	<50	17.0	24.0	14.0	18.0	4.0	6.0
		50~500	78.0	85.0	35.7	37.7	42.1	46.8
		500~3 000	27.2	14.3	12.0	7.0	15.0	8.0
		≥3 000	0.8	0.3	0.3	0	0.4	0.3
	水量(亿m^3)	<50	0.3	0.5	0.2	0.3	0.1	0.2
		50~500	14.3	12.7	6.5	5.6	7.8	7.1
		500~3 000	22.8	12.6	10.6	4.6	12.2	8.0
		≥3 000	2.5	1.0	1.1	0	1.4	1.0
河津	历时(d)	<1	14.9	16.4	12.0	15.0	3.0	2.0
		1~50	76.3	99.3	33.0	43.0	43.0	56.0
		50~500	31.3	7.3	16.0	4.0	15.0	3.0
		≥500	0.6	0	1.0	0	0	0
	水量(亿m^3)	<1						
		1~50	0.89	0.64	0.50	0.50	0.89	0.64
		50~500	3.27	0.59	1.90	0.30	1.38	0.25
		≥500	0.36		0.40			

区间干支流主汛期和秋汛期流量级历时和水量的变化特点与汛期相近(见表6-24和表6-25),在此不再详述。

6.3 近期输沙变化特点

总体来讲,相同时期及年内时段,同流量级的沙量减幅大于水量减幅。

6.3.1 河源区

近期河源区主要水文站黄河沿、吉迈、玛曲和唐乃亥年均沙量较少,分别为1.88万t、50.34万t、278.83万t、1 106.41万t,较1970~1996年分别减少81%、54%、44%和23%,见表6-26。同时,由于最大沙量的减幅一般大于最小沙量的,因此近期年最大沙量与最小沙量比值减小,黄河沿站、吉迈站和唐乃亥站分别减少10%、49%和13%,玛曲站增加20%。

表6-26 河源区干流主要水文站年沙量变化

站名	时段	年均值(万t)	最大值(万t)	最小值(万t)	最大值/最小值
黄河沿	1969年以前	6.83	18.71	0.31	60.4
	1970~1996年	9.95	40.71	0.73	55.7
	1997~2006年	1.88	5.00	0.10	50.0
吉迈	1969年以前	86.82	172.23	26.05	6.6
	1970~1996年	109.06	361.69	21.71	16.7
	1997~2006年	50.34	125.62	14.83	8.5
玛曲	1969年以前	403.56	711.62	170.5	4.2
	1970~1996年	499.47	1 174.60	128.58	9.1
	1997~2006年	278.83	615.50	56.50	10.9
唐乃亥	1969年以前	1 045.20	2 729.83	353.84	7.7
	1970~1996年	1 430.12	4 092.09	507.79	8.1
	1997~2006年	1 106.41	2 202.06	525.69	4.2

6.3.2 唐乃亥—兰州区间

6.3.2.1 实测沙量变化

近期区间干支流沙量都明显减少。干流控制站唐乃亥、小川、兰州和支流洮河、大夏河、湟水、大通河年均沙量分别为0.111亿t、0.119亿t、0.337亿t和0.116亿t、0.008亿t、0.075亿t、0.018亿t(见表6-27),与1970~1996年相比,分别减少23%、37%、33%和56%、71%、48%、42%。支流减少沙量中以洮河和湟水减少为主,分别占59%和28%。

各站年沙量5年滑动平均过程明显反映出减小的趋势(见图6-19和图6-20)。

表6-27　唐乃亥—兰州区间干支流不同时期沙量变化

水文站(河名)	时期	年					均值(亿 m^3)		
		均值(亿t)	最大值(亿t)	最小值(亿t)	最大值/最小值	C_v	主汛期	秋汛期	汛期
唐乃亥	1969年以前	0.105	0.273	0.035	7.7	0.59	0.056	0.028	0.083
	1970~1996年	0.143	0.409	0.051	8.1	0.64	0.068	0.033	0.101
	1997~2006年	0.111	0.220	0.029	7.5	0.53	0.059	0.016	0.074
小川	1969年以前	0.784	1.948	0.014	135.5	0.65	0.489	0.166	0.655
	1970~1996年	0.19	0.463	0.023	19.9	0.66	0.104	0.013	0.118
	1997~2006年	0.119	0.256	0.064	4	0.49	0.083	0.011	0.094
兰州	1969年以前	1.164	2.716	0.222	12.3	0.62	0.757	0.23	0.987
	1970~1996年	0.506	1.074	0.149	7.2	0.46	0.322	0.094	0.416
	1997~2006年	0.337	0.726	0.171	4.2	0.58	0.216	0.048	0.263
红旗(洮河)	1969年以前	0.282	0.648	0.056	11.6	0.6	0.193	0.049	0.243
	1970~1996年	0.264	0.658	0.076	8.7	0.55	0.163	0.035	0.198
	1997~2006年	0.116	0.235	0.06	3.9	0.6	0.084	0.012	0.096
折桥(大夏河)	1969年以前	0.039	0.139	0.007	19.4	0.75	0.023	0.007	0.03
	1970~1996年	0.028	0.095	0.005	20.5	0.75	0.017	0.006	0.023
	1997~2006年	0.008	0.021	0.002	11.8	0.68	0.006	0.001	0.006
民和(湟水)	1969年以前	0.201	0.564	0.038	14.9	0.73	0.142	0.03	0.173
	1970~1996年	0.144	0.424	0.034	12.3	0.63	0.104	0.018	0.121
	1997~2006年	0.075	0.202	0.014	14.6	0.9	0.046	0.008	0.053
享堂(大通河)	1969年以前	0.032	0.084	0.006	14.2	0.75	0.056	0.028	0.027
	1970~1996年	0.031	0.087	0.008	10.5	0.55	0.068	0.033	0.024
	1997~2006年	0.018	0.036	0.009	4.1	0.5	0.059	0.016	0.015

近期区间干支流最大沙量减小,唐乃亥站、小川站和兰州站年最大沙量分别为0.220亿t、0.256亿t和0.726亿t,分别减少46%、45%和32%。支流湟水、大通河、洮河和大夏河年最大沙量分别为0.202亿t、0.036亿t、0.235亿t和0.021亿t,减幅为52%~78%。各站年最大、最小沙量比值,C_v值除湟水外,基本都减小,说明近期年沙量变幅减小。

近期汛期唐乃亥站、小川站、兰州站和四条支流之和的沙量分别为0.074亿t、0.094亿t、0.263亿t和0.170亿t(见表6-27),较1970~1996年分别减少26%、20%、37%和

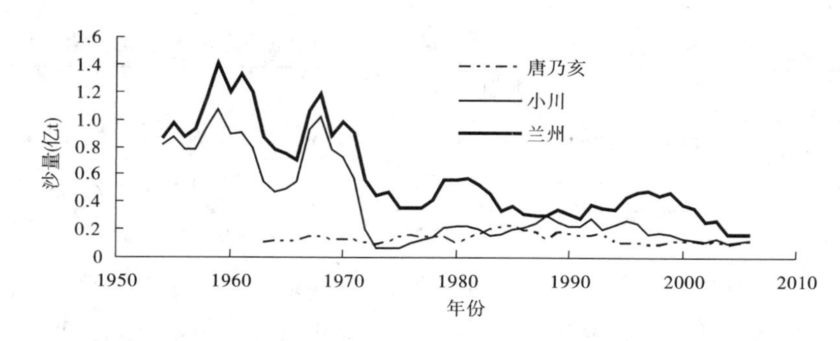

图 6-19　唐乃亥—兰州区间干流站 5 年滑动平均沙量过程图

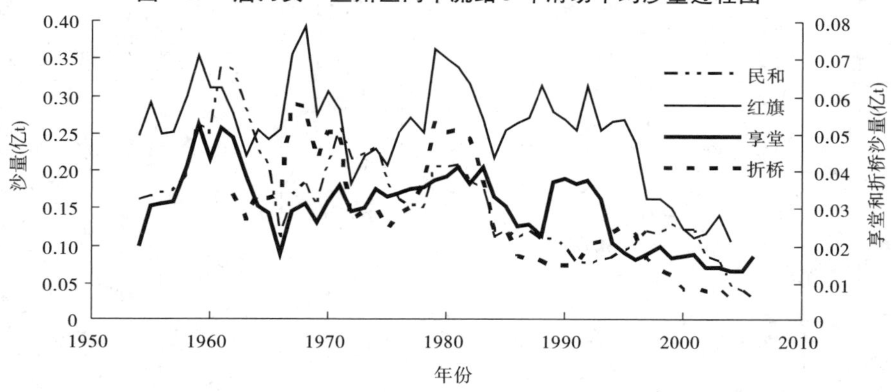

图 6-20　唐乃亥—兰州区间主要支流各站 5 年滑动平均沙量过程图

54%。支流汛期沙量以洮河和湟水减少为主，分别占总减少量的 52% 和 35%。干流汛期沙量占全年的比例小川站由 62% 增加到 79%，唐乃亥站和兰州站变化不大；支流汛期沙量占年沙量的比例仍然维持在 78% 左右。

近期干流主汛期唐乃亥站、小川站、兰州站和四条支流之和沙量分别为 0.059 亿 t、0.083 亿 t、0.216 亿 t 和 0.195 亿 t，分别减少 14%、20%、32% 和 51%；支流沙量减少量中以洮河和湟水为主，分别占总减少量的 51% 和 37%；沙量主汛期占年比例唐乃亥站和小川站有所增大，兰州站保持不变，支流沙量合计主汛期占全年的比例变化不大，在 68% 左右。

近期秋汛期唐乃亥站、小川站、兰州站和四条支流之和沙量分别为 0.016 亿 t、0.011 亿 t、0.048 亿 t 和 0.037 亿 t，分别减少 53%、17%、49% 和 65%；支流总沙量减少量中以洮河和大夏河为主，分别占 58% 和 13%。秋汛期沙量占年的比例除唐乃亥站由 23% 减少到 15% 外，其他站变化不大，支流仍然维持在 10% 左右。

6.3.2.2　不同流量级输沙变化

近期汛期干流中级流量 1 000 m^3/s 以上沙量减少较多（见表 6-28），唐乃亥站、兰州站沙量分别为 0.046 亿 t 和 0.173 亿 t，分别较 1970 ~ 1996 年减少 0.039 亿 t 和 0.208 亿 t，占到汛期总减少量的 144% 和 136%，其中 2 000 m^3/s 以上大流量级沙量减少量分别占 115% 和 114%。各支流也是如此（见表 6-29），但划分流量不同，湟水、大通河、洮河、大夏河分别是 100 m^3/s、300 m^3/s、200 m^3/s、50 m^3/s 以上沙量减少，减少量占汛期总减少量的 63% ~ 96%。这说明汛期沙量的减少主要发生在中大流量级。

表 6-28　唐乃亥—兰州区间干支流主要水文站各流量级相应沙量变化

项目	流量级(m^3/s)	汛期		主汛期		秋汛期	
		1970～1996 年	1997～2006 年	1970～1996 年	1997～2006 年	1970～1996 年	1997～2006 年
唐乃亥(亿 t)	<500		0.001		0.001		
	500～1 000	0.017	0.026	0.012	0.021	0.004	0.005
	1 000～2 000	0.043	0.035	0.029	0.026	0.014	0.009
	2 000～3 000	0.033	0.011	0.024	0.01	0.009	0.001
	≥3 000	0.009		0.004		0.006	
兰州(亿 t)	<500		0.001		0.001		
	500～1 000	0.035	0.089	0.024	0.074	0.011	0.015
	1 000～2 000	0.207	0.173	0.173	0.14	0.034	0.033
	2 000～3 000	0.094		0.078		0.016	
	≥3 000	0.08		0.048		0.032	
湟水(民和)(万 t)	<100	269	237	238	188	31	49
	>100	925	294	797	268	128	26
大通河(享堂)(万 t)	<50	0.15	0.24	0.04	0.12	0.11	0.12
	50～300	119	86	107	78	12	8
	>300	121	65	106	60	15	5
洮河(红旗)(万 t)	<200	324	282	277	252	47	30
	>200	1 699	674	1 349	588	350	86
大夏河(折桥)(万 t)	<50	43	16	37	13	6	3
	>50	180	13	134	9	46	4

由此可知,干流沙量向 1 000 m^3/s 以下小流量级集中,与 1997 年前两个时期相比,近期沙量占总量的比例最高的流量级和比例的变化有两个特征:一是最高比例出现的流量级减小;二是即使流量级不变,相应的比例升高。以兰州站为例,与 1996 年以前相比,沙量的最高比例虽然仍维持在 1 000～2 000 m^3/s,但比例值都升高了,达到 66%。这反映出沙量集中在小流量输送的程度增高。

区间各站主汛期、秋汛期各流量级沙量的变化特点与汛期基本相同,在此不再详述。

6.3.3　兰州—河口镇区间

6.3.3.1　实测沙量变化

兰州—河口镇区间干支流主要水文站实测沙量明显减少(见表 6-30)。兰州站、下河沿站、石嘴山站、巴彦高勒站、三湖河口站、河口镇站年均沙量分别为 0.337 亿 t、0.571 亿 t、

表 6-29 与 1970～1996 年对比干支流中大流量级沙量变化特征

项目时段		湟水 >100 m³/s	大通河 >300 m³/s	洮河 >200 m³/s	大夏河 >50 m³/s	唐乃亥		兰州	
						>1 000 m³/s	>2 000 m³/s	>1 000 m³/s	>2 000 m³/s
减少量(万 t)	汛期	631	56	1 025	167	390	310	2 080	1 740
	主汛期	529	46	761	125	210	180	1 590	1 260
	秋汛期	102	10	264	42	190	140	490	480
占总减少量的比例(%)	汛期	95	63	96	86	144	115	136	114
	主汛期	91	61	97	84	233	200	147	117
	秋汛期	121	71	94	93	112	82	109	107

0.693 亿 t、0.591 亿 t、0.442 亿 t、0.323 亿 t，与 1970～1996 年相比，减少了 27%～64%，其中河口镇站减少最多，巴彦高勒站减少最少。支流祖厉河、毛不浪沟、西柳沟年均沙量分别为 0.250 亿 t、0.033 亿 t、0.033 亿 t，分别减少 44%、40%、31%，清水河沙量为 0.324 亿 t，增加了 24%。干支流水文站沙量 5 年滑动平均过程反映出长系列变化特点(见图 6-21、图 6-22)。

表 6-30 兰州—河口镇区间干支流不同时期沙量变化

站名(河名)	时期	年					均值(亿 t)		
		年均值(亿 t)	最大值(亿 t)	最小值(亿 t)	变幅	C_v	汛期	主汛期	秋汛期
兰州	1970～1996 年	0.506	1.074	0.149	7.2	0.46	0.416	0.322	0.094
	1997～2006 年	0.337	0.726	0.171	4.2	0.58	0.263	0.216	0.048
下河沿	1970～1996 年	1.035	1.967	0.318	6.2	0.44	0.846	0.664	0.182
	1997～2006 年	0.571	1.434	0.218	6.6	0.58	0.442	0.360	0.082
石嘴山	1970～1996 年	0.981	1.598	0.337	4.8	0.34	0.703	0.401	0.302
	1997～2006 年	0.693	1.171	0.472	2.5	0.29	0.432	0.222	0.209
巴彦高勒	1970～1996 年	0.813	1.56	0.235	6.6	0.42	0.579	0.337	0.241
	1997～2006 年	0.591	1.023	0.451	2.3	0.28	0.316	0.205	0.111
三湖河口	1970～1996 年	0.804	1.778	0.198	9	0.54	0.606	0.304	0.303
	1997～2006 年	0.442	0.816	0.279	2.9	0.44	0.245	0.126	0.118
河口镇	1970～1996 年	0.906	1.986	0.168	11.8	0.58	0.691	0.351	0.340
	1997～2006 年	0.323	0.635	0.199	3.2	0.41	0.166	0.086	0.080
靖远(祖厉河)	1970～1996 年	0.451	1.094	0.1	11	0.61	0.354		
	1997～2004 年	0.250	0.667	0.088	7.6	0.71	0.200		

续表 6-30

站名（河名）	时期	年：年均值（亿 t）	年：最大值（亿 t）	年：最小值（亿 t）	年：变幅	年：C_v	均值（亿 t）：汛期	均值（亿 t）：主汛期	均值（亿 t）：秋汛期
泉眼山（清水河）	1970～1996 年	0.26	1.04	0.057	18.3	0.97	0.239		
	1997～2005 年	0.324	0.472	0.053	8.9	0.47	0.285		
图格日格（毛不浪沟）	1970～1996 年	0.056	0.714	0.001	639	2.44	0.054		
	1997～2005 年	0.033	0.179	0.002	119	1.83	0.032		
龙头拐（西柳沟）	1970～1996 年	0.048	0.475		1933	1.9	0.047		
	1997～2005 年	0.033	0.148		4 241	1.57	0.033		

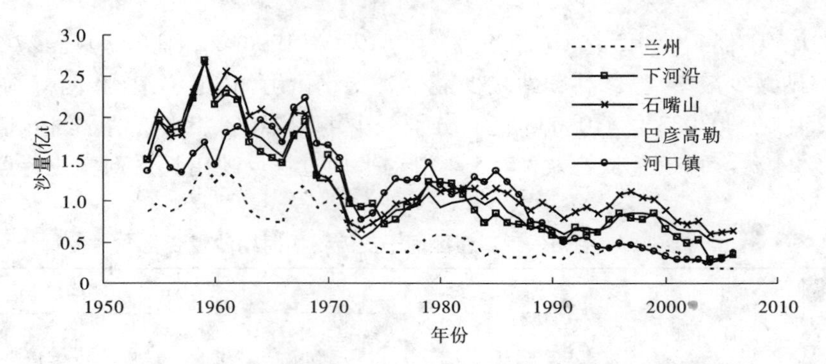

图 6-21　兰州—河口镇区间干流各站 5 年滑动平均沙量过程线

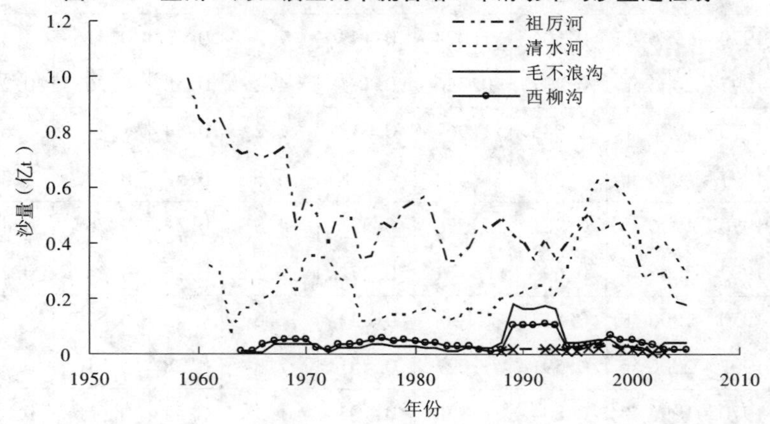

图 6-22　兰州—河口镇区间主要支流各站 5 年滑动平均沙量过程

由于近期年最大沙量减少较多，干流减幅达 25%～68%，支流减幅达 39%～75%。因此各站年最大沙量与最小沙量比值和 C_v 值除干流下河沿站和支流西柳沟外都是减小的，表明区间近期沙量变幅以减小为主。

汛期沙量也是减少的，兰州站、下河沿站、石嘴山站、巴彦高勒站、三湖河口站、河口镇站近期汛期年均沙量分别为 0.263 亿 t、0.442 亿 t、0.432 亿 t、0.316 亿 t、0.245 亿 t、

0.166 亿 t,减少 36% ~76%;沙量占全年沙量的比例减少 4% ~25%,其中河口镇站减少最多、兰州站减少最少,巴彦高勒—河口镇汛期沙量基本上与非汛期相当。支流祖厉河、毛不浪沟、西柳沟汛期年均沙量分别为 0.200 亿 t、0.032 亿 t、0.033 亿 t,分别减少 43%、41%、30%,清水河沙量为 0.285 亿 t,增加 19%;支流汛期沙量占全年的比例清水河、毛不浪沟变化不大,仍在 80% ~99%。

主汛期兰州站、下河沿站、石嘴山站、巴彦高勒站、三湖河口站、河口镇站沙量分别为 0.216 亿 t、0.360 亿 t、0.222 亿 t、0.205 亿 t、0.126 亿 t、0.086 亿 t,减少 33% ~75%;主汛期沙量占年沙量的比例除兰州站变化不大外其他各站减少 1% ~12%。秋汛期各站沙量分别为 0.048 亿 t、0.082 亿 t、0.209 亿 t、0.111 亿 t、0.118 亿 t、0.080 亿 t,减少 31% ~77%;秋汛期沙量占年沙量的比例减少 1% ~13%。

6.3.3.2 不同流量级输沙变化

近期与 1970 ~1996 年相比,区间干流汛期 1 000 m^3/s 以下小流量输沙量增多,以上减少(见表 6-31)。汛期沙量减少主要在 1 000 m^3/s 以上流量级,下河沿站、石嘴山站、河口镇站该级流量输沙量的减少量占到汛期总减少量的 116%、139%、104%。因此,小流量输沙比例增加,1 000 m^3/s 以下输沙量分别占总沙量的 45%、53%、96%,主汛期和秋汛期变化与汛期基本一致。

表 6-31 兰州—河口镇区间干流典型站汛期各流量级沙量变化 (单位:亿 t)

时段	站名	时期	流量级(m^3/s)					
			<500	500 ~ 1 000	1 000 ~ 2 000	2 000 ~ 3 000	>3 000	合计
汛期	下河沿	1970 ~1996 年		0.138	0.425	0.151	0.120	0.834
		1997 ~2006 年	0.004	0.196	0.242			0.442
	石嘴山	1970 ~1996 年	0.002	0.124	0.311	0.165	0.100	0.702
		1997 ~2006 年	0.024	0.206	0.202			0.432
	河口镇	1970 ~1996 年	0.014	0.090	0.262	0.211	0.110	0.687
		1997 ~2006 年	0.028	0.099	0.039			0.166
主汛期	下河沿	1970 ~1996 年		0.138	0.425	0.151	0.120	0.834
		1997 ~2006 年	0.004	0.161	0.195			0.360
	石嘴山	1970 ~1996 年	0.002	0.069	0.195	0.089	0.046	0.401
		1997 ~2006 年	0.021	0.110	0.092			0.222
	河口镇	1970 ~1996 年	0.008	0.052	0.151	0.091	0.046	0.349
		1997 ~2006 年	0.016	0.046	0.024			0.086
秋汛期	下河沿	1970 ~1996 年		0.024	0.078	0.032	0.047	0.181
		1997 ~2006 年		0.035	0.047			0.082
	石嘴山	1970 ~1996 年	0.001	0.055	0.116	0.076	0.054	0.302
		1997 ~2006 年	0.003	0.096	0.111			0.209
	河口镇	1970 ~1996 年	0.006	0.038	0.110	0.12	0.063	0.337
		1997 ~2006 年	0.012	0.053	0.015			0.080

6.3.3.3 泥沙级配变化

在干流汛期沙量急剧减少的情况下，各分组泥沙也相应变化，细泥沙（$d<0.025$ mm）减少最少，减幅为39%～74%，中、粗泥沙（0.025 mm$<d<$0.05 mm、$d>$0.05 mm）减幅较大，分别为37%～87%和38%～86%，特粗沙（$d>$0.1 mm）减少最多，达到51%～84%。由表6-32可见，兰州、下河沿、石嘴山、河口镇4个站各分组沙量都是减少的，从兰州站、下河沿站各分组沙的减幅来看，特粗沙减少最多，减幅分别为78.3%、80%；粗泥沙次之，为70.3%、68%，中泥沙分别减少63.7%、51%，细泥沙最少，减少56.3%、44%。从石嘴山站各分组沙的减幅来看，细沙、中沙、粗沙减少幅度相差不大，分别减少39%、37%和38%，而特粗沙减少最多，减少约51%。河口镇站中、粗泥沙减少较多，分别为87%和86%，其次是特粗沙，减少84%；细沙减少较少为74%。

表6-32 兰州—河口镇区间干流各站泥沙组成

站名	时期	沙量（亿t）					占全沙比例（%）				中数粒径 d_{50}（mm）
		全沙	细泥沙	中泥沙	粗泥沙	特粗沙	细泥沙	中泥沙	粗泥沙	特粗沙	
兰州	1960～1969年	1.554	0.978	0.315	0.261	0.1	63	20	17	6	0.016
	1970～1996年	0.611	0.327	0.135	0.148	0.06	54	22	24	10	0.021
	1997～2005年	0.236	0.143	0.049	0.044	0.013	60	21	19	5	0.017
下河沿	1970～1996年	0.846	0.531	0.185	0.13	0.036	63	22	15	4	0.016
	1997～2005年	0.445	0.296	0.09	0.059	0.007	67	20	13	2	0.014
石嘴山	1965～1969年	0.998	0.626	0.217	0.155	0.029	63	22	15	3	0.016
	1970～1996年	0.709	0.458	0.141	0.11	0.025	65	20	15	4	0.014
	1997～2005年	0.435	0.278	0.089	0.068	0.012	64	21	15	3	0.015
河口镇	1960～1969年	1.612	0.996	0.384	0.232	0.035	62	24	14	2	0.017
	1970～1996年	0.697	0.423	0.15	0.124	0.028	61	21	18	4	0.017
	1997～2005年	0.148	0.11	0.02	0.018	0.004	75	13	12	3	0.008

由图6-23～图6-26可见，下河沿站和石嘴山站中数粒径d_{50}从20世纪70年代即开始变小，除个别年份外，基本上都是呈减小的趋势，而兰州站和河口镇站各年d_{50}变化幅度较大，基本上从20世纪90年代后期开始呈现较明显的减小特点。近期d_{50}以减小为主，兰州站、下河沿站、河口镇站d_{50}分别由0.021 mm、0.016 mm、0.017 mm减小到0.017 mm、0.014 mm、0.008 mm，减小了19%、13%、55%；石嘴山站变化不大。

因此，各站近期泥沙组成发生变化，主要是细泥沙所占比例增加较多，中泥沙所占比例变化不大，粗泥沙所占比例减少较多，尤其是特粗沙所占比例减少较多。兰州站、下河沿站、石嘴山站、河口镇站细泥沙分别占60%、67%、64%、75%、粗泥沙占19%、13%、15%、12%。

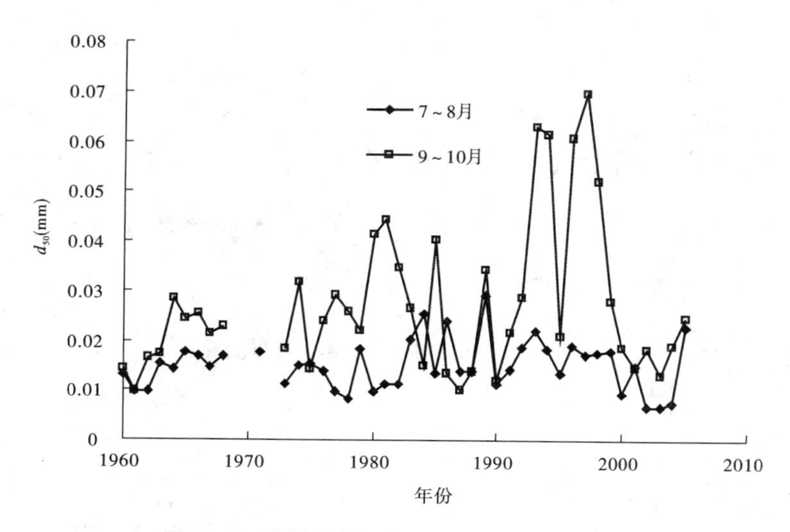

图 6-23　兰州站中数粒径(d_{50})逐年变化过程

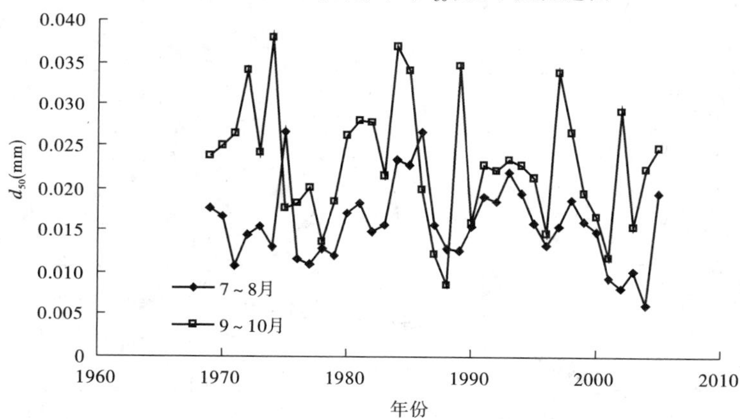

图 6-24　下河沿站中数粒径(d_{50})逐年变化过程

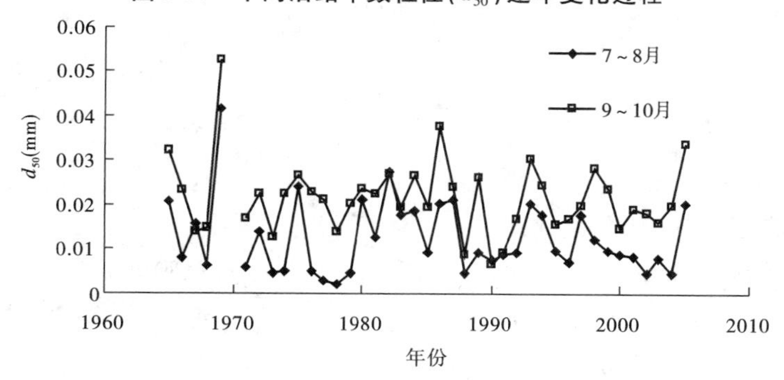

图 6-25　石嘴山站中数粒径(d_{50})逐年变化过程

但是由图 6-27～图 6-29 可见，黄河泥沙组成是随来沙量的大小而变化的，虽然近期沙量和分组沙占全沙的比例发生变化，但大部分站各分组沙量与全沙的关系未发生改变，二者成正相关关系、全沙量增大则各分组沙量也增大的规律未变，在相同来沙量条件下各时期分组沙量相同。河口镇站在相同来沙条件下，近期粗泥沙有减少的迹象(见图 6-29)。

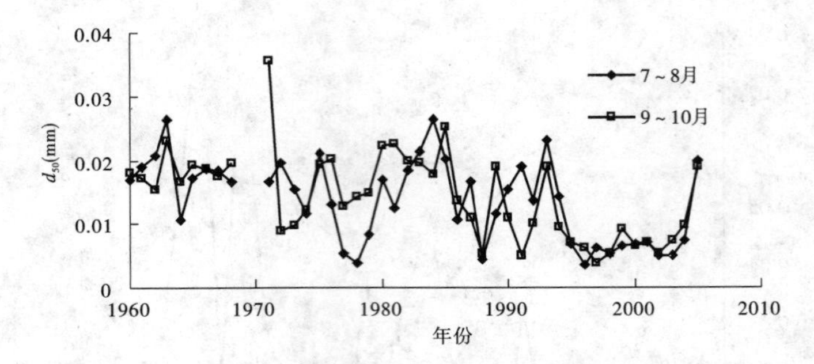

图 6-26 河口镇站中数粒径(d_{50})逐年变化过程

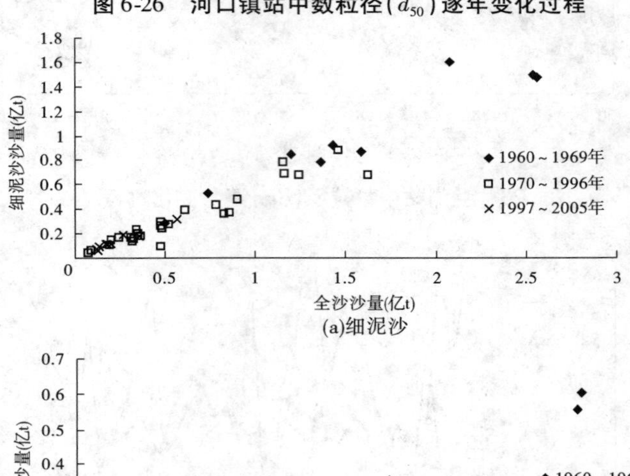

(a)细泥沙

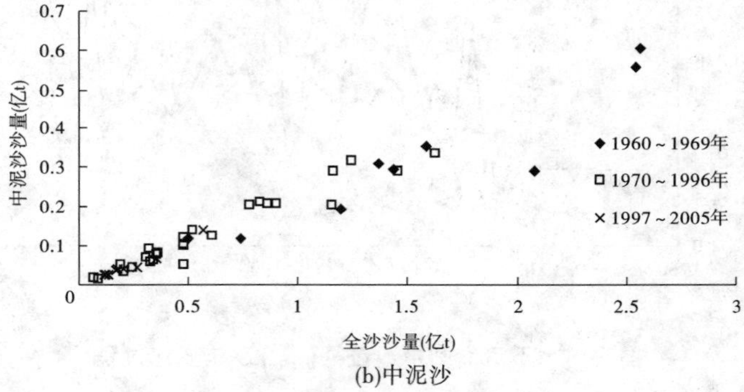

(b)中泥沙

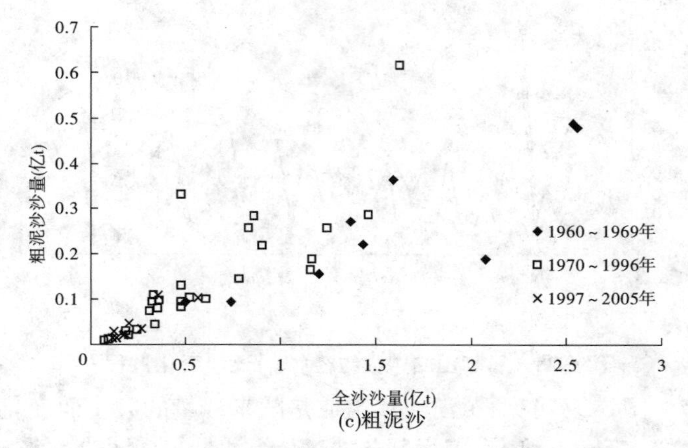

(c)粗泥沙

图 6-27 兰州站汛期各分组泥沙与全沙的关系

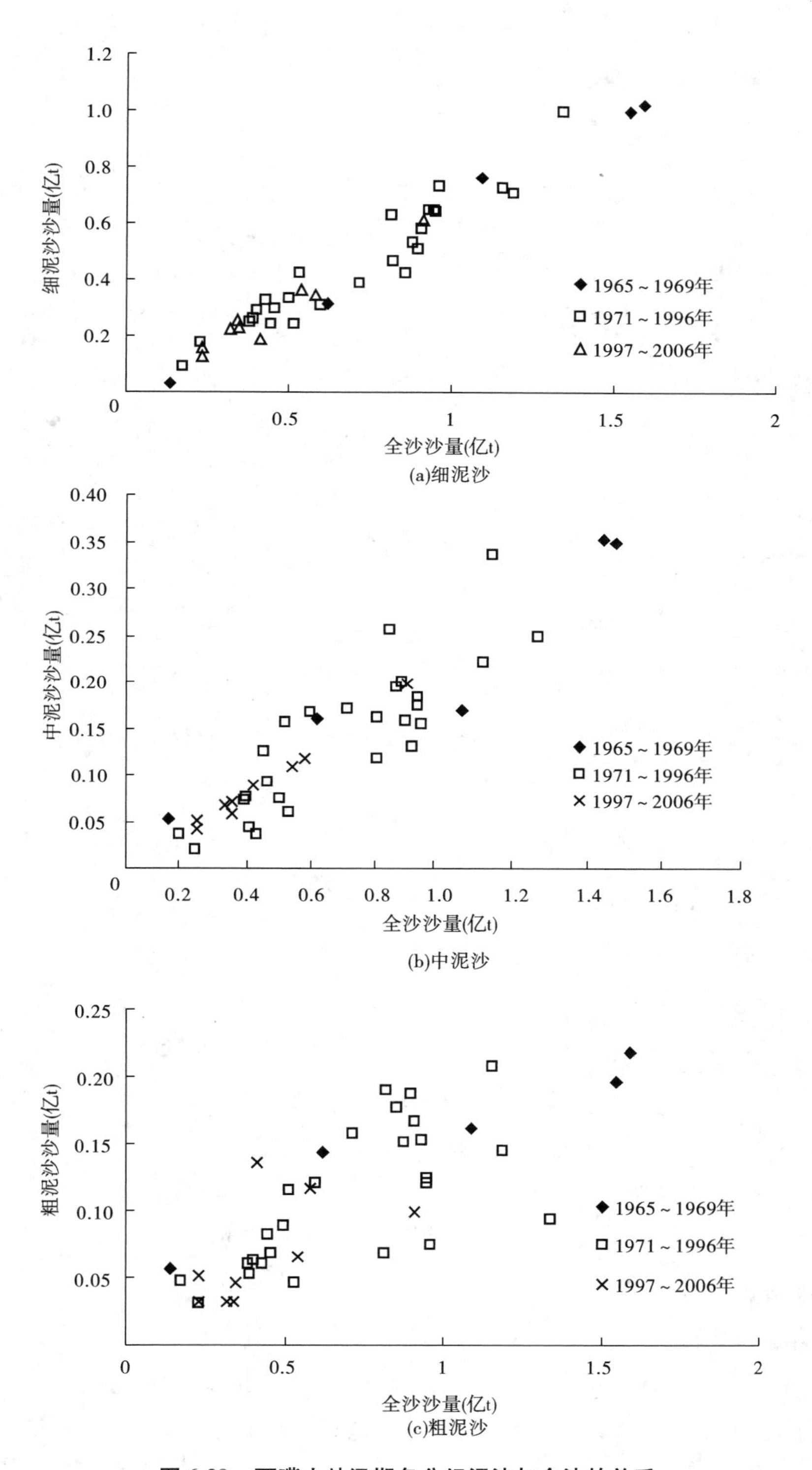

图6-28　石嘴山站汛期各分组泥沙与全沙的关系

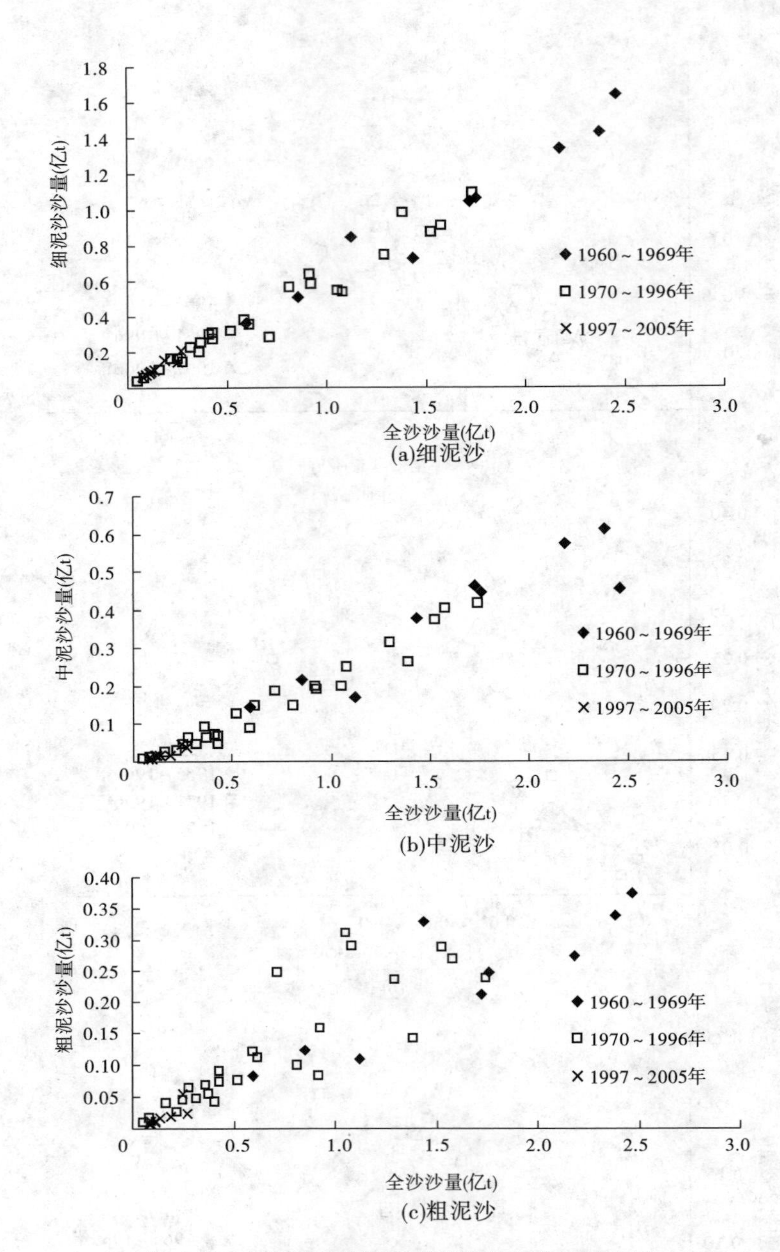

图 6-29　河口镇站汛期各分组泥沙与全沙的关系

6.3.4　河口镇—龙门区间

6.3.4.1　实测沙量变化

近期区间干流主要水文站实测沙量明显减少,河口镇站、府谷站、吴堡站、龙门站年平均沙量分别为0.323亿t、0.254亿t、1.021亿t、2.534亿t(见表6-33),与1970~1996年相比分别减少64%、87%、74%、61%。支流皇甫川、孤山川、窟野河、秃尾河、无定河年均沙量分别为0.136亿t、0.034亿t、0.114亿t、0.046亿t和0.473亿t,减少46%~88%,窟野河减少最多,无定河减少最少。从区间主要干支流沙量5年滑动平均过程可以看出沙量减小的趋势(见图6-30、图6-31)。

近期年最大沙量大大减小,河口镇站、府谷站、吴堡站、龙门站分别只有0.635亿t、0.536亿t、1.900亿t和4.491亿t,减少了68%、85%、76%、50%。支流皇甫川、孤山川、窟野河、秃尾河、无定河最大沙量仅0.291亿t、0.076亿t、0.379亿t、0.131亿t、0.958亿t,减幅达65%~91%。

表6-33 河口镇—龙门区间干支流不同时期沙量

站名	时段	年					均值(亿t)		
		均值(亿t)	最大值(亿t)	最小值(亿t)	变幅	C_v	汛期	主汛期	秋汛期
河口镇	1970~1996年	0.906	1.986	0.168	11.8	0.58	0.691	0.351	0.340
	1997~2006年	0.323	0.635	0.199	3.2	0.41	0.166	0.086	0.080
府谷	1970~1996年	1.88	3.681	0.377	9.8	0.483	1.521	1.091	0.430
	1997~2006年	0.254	0.536	0.039	13.9	0.763	0.154	0.147	0.007
吴堡	1970~1996年	3.897	7.790	1.105	7.1	0.42	3.226	2.455	0.771
	1997~2006年	1.021	1.900	0.433	4.4	0.499	0.663	0.552	0.112
龙门	1970~1996年	6.482	16.66	2.341	7.1	0.507	5.586	4.546	1.040
	1997~2006年	2.534	4.491	1.213	3.7	0.365	1.928	1.660	0.268
皇甫(皇甫川)	1970~1996年	0.468	1.475	0.052	28.6	0.77	0.439	0.426	0.013
	1997~2006年	0.136	0.291	0.014	21.1	0.72	0.134	0.134	0.000 2
高石崖(孤山川)	1970~1996年	0.194	0.838	0.026	32.8	0.92	0.183	0.174	0.009
	1997~2006年	0.034	0.076	0.005	14.6	0.78	0.033	0.032	0.001
温家川(窟野河)	1970~1996年	0.983	2.881	0.132	21.8	0.69	0.941	0.910	0.031
	1997~2006年	0.114	0.379	0.024	15.8	0.98	0.106	0.103	0.003
高家川(秃尾河)	1970~1996年	0.162	0.606	0.033	18.1	0.96	0.146	0.134	0.012
	1997~2006年	0.046	0.131	0.014	9.2	0.89	0.041	0.039	0.002
白家川(无定河)	1970~1996年	1.001	2.696	0.240	11.2	0.78	0.775	0.697	0.078
	1997~2006年	0.473	0.958	0.120	8.0	0.60	0.418	0.374	0.044

因此,区间干支流基本上年际间沙量变幅降低,最大值与最小值比值和C_v值减小。但一些站如干流府谷由于最小沙量减少更大,变幅还有所增加。

近期干流河口镇站、府谷站、吴堡站、龙门站汛期年均沙量分别为0.166亿t、0.154亿t、0.663亿t、1.928亿t,分别减少76%、90%、79%、66%;汛期沙量占全年的比例从上至下减少25%~10%,所占比例分别为52%、61%、65%、76%。近期支流皇甫川、孤山川、窟野河、秃尾河、无定河汛期沙量分别只有0.134亿t、0.033亿t、0.106亿t、0.041亿t、0.418亿t,减少46%~89%,窟野河减少最多,无定河减少最少;汛期沙量占年的比

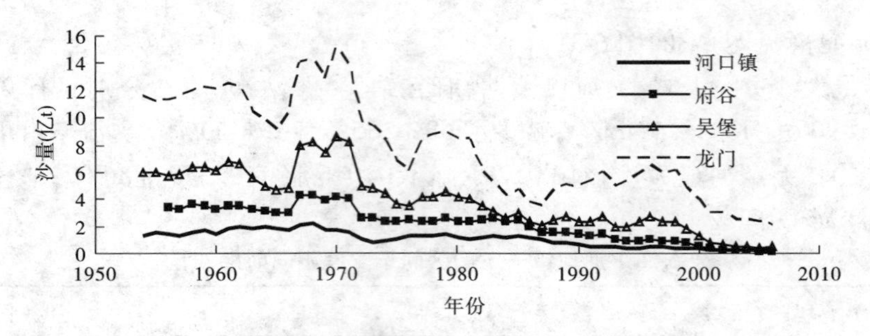

图 6-30 河口镇—龙门区间干流各站 5 年滑动平均沙量过程

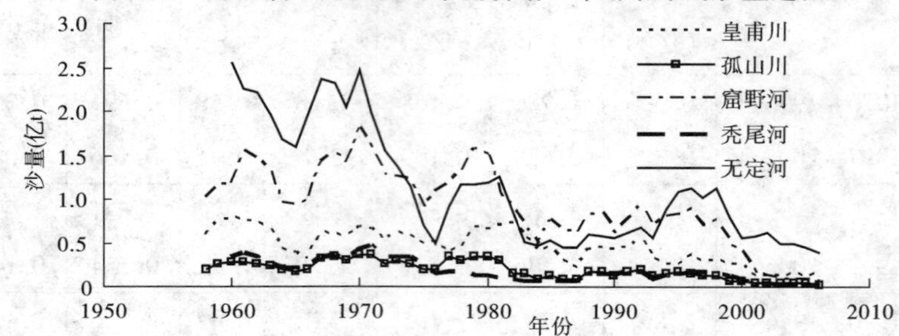

图 6-31 河口镇—龙门区间主要支流各站 5 年滑动平均沙量过程

例变化不大,在 88% ~98%。

近期干流 4 个站主汛期沙量分别只有 0.086 亿 t、0.147 亿 t、0.552 亿 t、1.660 亿 t,分别减少 75%、87%、78%、64%;沙量占年沙量的比例除府谷站变化不大外,其他各站减少 5% ~12%,4 个站比例分别为 27%、58%、54%、66%。5 条支流汛期沙量分别为 0.134 亿 t、0.033 亿 t、0.106 亿 t、0.040 亿 t、0.418 亿 t,减幅分别达 69%、82%、89%、71%、46%,但沙量占年沙量比例变化不大,为 80% ~98%。

干流 4 个站秋汛期沙量很少,分别为 0.080 亿 t、0.007 亿 t、0.112 亿 t、0.268 亿 t,减幅高达 74% ~98%;沙量占年沙量的比例减少 6 ~20 个百分点,分别占 25%、3%、11%、11%。秋汛期 5 条支流沙量减幅分别达到 100%、89%、90%、83%、44%,皇甫川未来沙,除无定河来沙 0.044 亿 t 外,其他支流仅在 0.001 亿 ~0.003 亿 t。

6.3.4.2 不同流量级输沙变化

在汛期来沙量减少的前提下,干流除府谷站各流量级沙量减少外,其他各站呈现出小流量输沙量增多,中大流量输沙量减少的特点(见表 6-34),河口镇站、龙门站 1 000 m^3/s 以下小流量沙量增加 20% 左右,吴堡站 500 m^3/s 以下增加 17%;相应较大流量输沙量大大减少,河口镇站、府谷站、龙门站 1 000 m^3/s 以上和吴堡站 500 m^3/s 以上沙量分别减少 93%、95%、80% 和 83%。汛期输沙以 1 000 m^3/s 以下小流量为主,占总沙量的 50% ~76%。

由表 6-35 可见,区间主要支流近期各流量级沙量都明显减少,并且较大流量级沙量减少较多,而且输出比例也有所降低,但汛期泥沙仍然主要依靠较大流量级输送,5 条支流 50 m^3/s 以上沙量占总沙量的 59% ~88%。

表 6-34　河口镇—龙门区间干流各站汛期各流量级沙量变化　（单位：亿 t）

时段	站名	时期	流量级（m^3/s）					
			<500	500 ~ 1 000	1 000 ~ 2 000	2 000 ~ 3 000	>3 000	合计
汛期	河口镇	1970 ~ 1996 年	0.014	0.090	0.262	0.211	0.110	0.687
		1997 ~ 2006 年	0.028	0.099	0.039			0.166
	府谷	1970 ~ 1996 年	0.058	0.210	0.571	0.385	0.300	1.524
		1997 ~ 2006 年	0.050	0.048	0.018	0.038		0.154
	吴堡	1970 ~ 1996 年	0.115	0.439	1.185	0.628	0.871	3.238
		1997 ~ 2006 年	0.143	0.297	0.161	0.062		0.663
	龙门	1970 ~ 1996 年	0.159	0.646	1.850	1.234	1.693	5.582
		1997 ~ 2006 年	0.290	0.674	0.648	0.239	0.079	1.930
主汛期	河口镇	1970 ~ 1996 年	0.008	0.052	0.151	0.091	0.047	0.349
		1997 ~ 2006 年	0.016	0.046	0.024			0.086
	府谷	1970 ~ 1996 年	0.048	0.152	0.421	0.262	0.213	1.096
		1997 ~ 2006 年	0.047	0.044	0.018	0.038		0.147
	吴堡	1970 ~ 1996 年	0.085	0.319	0.883	0.431	0.752	2.470
		1997 ~ 2006 年	0.110	0.233	0.146	0.062		0.551
	龙门	1970 ~ 1996 年	0.130	0.501	1.436	0.975	1.500	4.542
		1997 ~ 2006 年	0.253	0.547	0.564	0.222	0.078	1.664
秋汛期	河口镇	1970 ~ 1996 年	0.006	0.038	0.110	0.120	0.063	0.337
		1997 ~ 2006 年	0.012	0.053	0.015			0.080
	府谷	1970 ~ 1996 年	0.010	0.058	0.150	0.123	0.088	0.429
		1997 ~ 2006 年	0.003	0.003				0.006
	吴堡	1970 ~ 1996 年	0.030	0.120	0.302	0.197	0.119	0.768
		1997 ~ 2006 年	0.033	0.064	0.015			0.112
	龙门	1970 ~ 1996 年	0.029	0.145	0.414	0.259	0.194	1.041
		1997 ~ 2006 年	0.037	0.127	0.083	0.017		0.264

表 6-35　河口镇—龙门区间主要支流汛期各流量级沙量变化

河名(站名)	沙量(亿 t)				占汛期总量比例(%)			
	<50 m³/s		>50 m³/s		<50 m³/s		>50 m³/s	
	1970 ~ 1996 年	1997 ~ 2006 年	1970 ~ 1996 年	1997 ~ 2006 年	1970 ~ 1996 年	1997 ~ 2006 年	1970 ~ 1996 年	1997 ~ 2006 年
皇甫川(皇甫)	0.047	0.023	0.392	0.111	11	17	89	83
秃尾河(高家川)	0.035	0.015	0.113	0.025	24	38	76	63
孤山川(高石崖)	0.050	0.014	0.130	0.019	28	41	72	59
窟野河(温家川)	0.043	0.025	0.898	0.081	5	24	95	76
无定河(白家川)	0.053	0.048	0.723	0.369	7	12	93	88

6.3.4.3　泥沙级配变化

在汛期沙量急剧减少的情况下,各分组泥沙也相应减少。中粗、特粗泥沙减少幅度大于细泥沙。由表 6-36 可见,干流中、粗泥沙减幅在 81% ~ 92%,细泥沙的减幅在 74% ~ 87%。支流皇甫川、孤山川、窟野河、秃尾河、无定河各组沙量减幅都比较大,细泥沙减幅

表 6-36　河口镇—龙门区间干支流不同时期汛期泥沙组成

站名	时期	沙量(亿 t)					占全沙比例(%)				d_{50} (mm)
		全沙	细泥沙	中泥沙	粗泥沙	特粗沙	细泥沙	中泥沙	粗泥沙	特粗沙	
河口镇	1960 ~ 1969 年	1.612	0.996	0.384	0.232	0.035	62	24	14	2	0.017
	1970 ~ 1996 年	0.697	0.423	0.150	0.124	0.028	61	21	18	4	0.017
	1997 ~ 2005 年	0.148	0.110	0.020	0.018	0.004	75	13	12	3	0.008
府谷	1966 ~ 1969 年	4.110	1.925	0.912	1.273	0.409	47	22	31	10	0.028
	1970 ~ 1996 年	1.522	0.784	0.328	0.410	0.5135占年比例(%21)			27	9	0.023
	1997 ~ 2005 年	0.160	0.102	0.026	0.032	0.013	64	16	20	8	0.014
吴堡	1960 ~ 1969 年	6.181	2.845	1.407	1.929	0.751	46	23	31	12	0.029
	1970 ~ 1996 年	3.226	1.601	0.728	0.897	0.241	50	22	28	7	0.025
	1997 ~ 2005 年	0.672	0.359	0.139	0.174	0.059	53	21	26	9	0.022
皇甫(皇甫川)	1966 ~ 1969 年	0.688	0.227	0.113	0.348	0.252	33	16	51	37	0.050
	1970 ~ 1996 年	0.439	0.150	0.066	0.223	0.161	34	15	51	37	0.050
	1997 ~ 2005 年	0.125	0.059	0.011	0.055	0.040	47	9	44	32	0.032
高石崖(孤山川)	1966 ~ 1969 年	0.367	0.153	0.074	0.14	0.052	42	20	38	14	0.034
	1970 ~ 1996 年	0.182	0.073	0.039	0.07	0.025	40	22	38	13	0.035
	1997 ~ 2005 年	0.035	0.019	0.006	0.01	0.004	53	18	29	11	0.021

续表 6-36

站名	时期	沙量(亿 t)					占全沙比例(%)				d_{50} (mm)
		全沙	细泥沙	中泥沙	粗泥沙	特粗沙	细泥沙	中泥沙	粗泥沙	特粗沙	
温家川(窟野河)	1960～1969 年	1.148	0.377	0.191	0.58	0.395	33	17	50	34	0.050
	1970～1996 年	0.941	0.320	0.136	0.485	0.325	34	14	52	34	0.053
	1997～2004 年	0.128	0.058	0.020	0.050	0.024	45	16	39	19	0.031
高家川(秃尾河)	1965～1969 年	0.293	0.076	0.052	0.165	0.087	26	18	56	30	0.058
	1970～1996 年	0.146	0.039	0.029	0.078	0.041	27	20	53	28	0.055
	1997～2004 年	0.041	0.013	0.008	0.020	0.011	32	20	48	26	0.046
白家川(无定河)	1962～1969 年	1.696	0.586	0.511	0.599	0.167	35	30	35	10	0.036
	1970～1996 年	0.775	0.312	0.232	0.231	0.050	40	30	30	6	0.032
	1997～2005 年	0.402	0.175	0.106	0.121	0.038	44	26	30	10	0.029

在 61%～81%，中、粗泥沙减幅更大于细泥沙，在 72%～90%；无定河减幅较小，细、中、粗泥沙减幅分别为 44%、54%、48%。

区间干支流中数粒径 d_{50} 显著减小。从图 6-32～图 6-39 可见，河口镇 d_{50} 从 20 世纪 90 年代后期、府谷站和吴堡站 d_{50} 从 90 年代初期开始呈减小的趋势，分别从 1970～1996 年的 0.017 mm、0.023 mm、0.025 mm 减小到近期的 0.008 mm、0.014 mm、0.022 mm，分别减少了 0.009 mm、0.009 mm、0.003 mm。支流皇甫川、孤山川、窟野河、秃尾河、无定河也分别由 0.050 mm、0.035 mm、0.053 mm、0.055 mm、0.032 mm 减小到 0.032 mm、0.021 mm、0.031 mm、0.046 mm、0.029 mm。

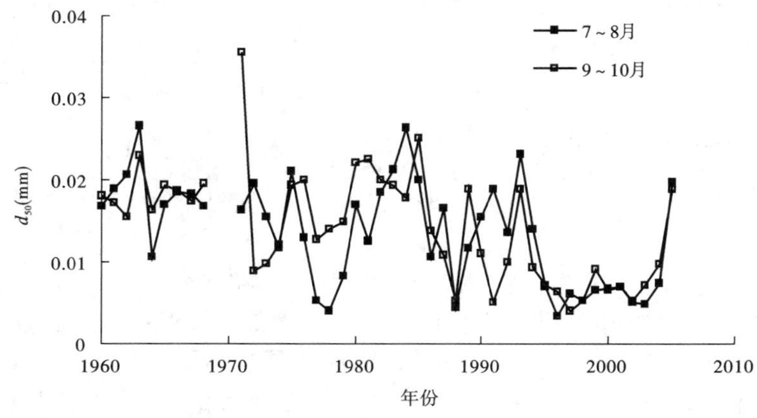

图 6-32　河口镇站 d_{50} 变化过程

由表 6-36 可见，各站泥沙组成发生变化主要是细泥沙所占比例增加，中泥沙、粗泥沙所占比例减少。近期干流三个站细泥沙占全沙的比例由 50%～61% 增加到 53%～75%，中泥沙所占比例由 21%～22% 减少到 13%～21%，粗泥沙所占比例由 18%～28% 减少到 12%～26%。支流的泥沙组成变化特点与干流相似，以调整幅度最大的窟野河为例，细泥

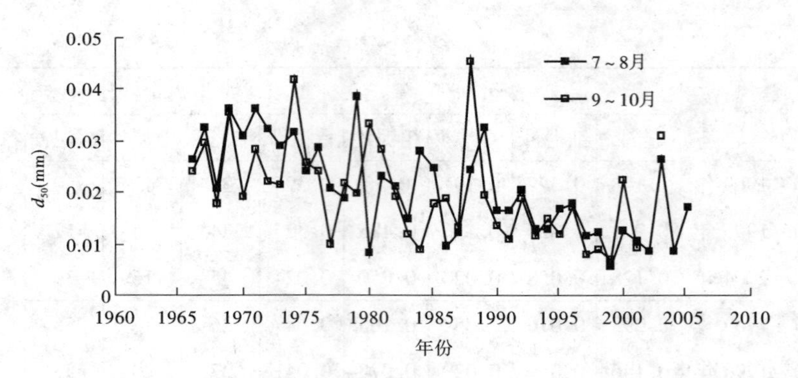

图 6-33　府谷站 d_{50} 变化过程

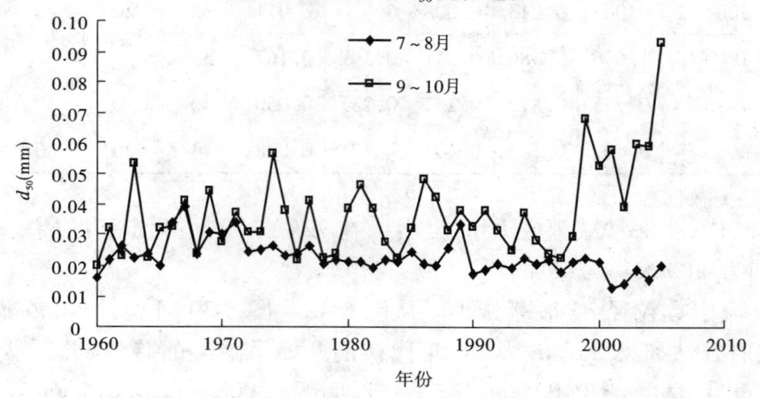

图 6-34　吴堡站 d_{50} 变化过程

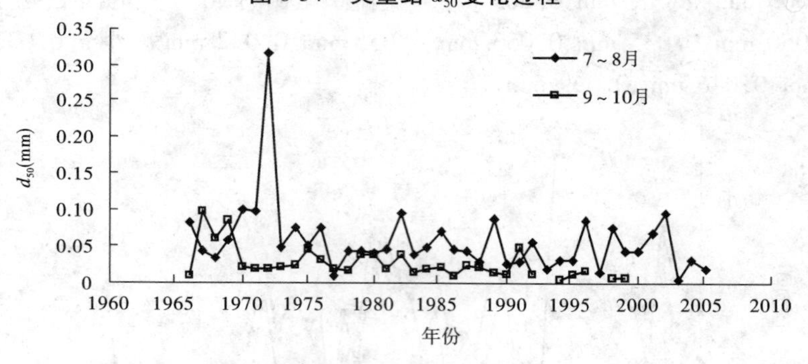

图 6-35　皇甫川皇甫站 d_{50} 变化过程

沙所占比例增加 11 个百分点、由占全沙的 34% 左右增加到接近 45%；而粗泥沙所占比例减小了 11%；由 52% 降低到约 40%，其中特粗沙更是减小了 15%，由 35% 减低到不到 20%；泥沙组成变化最小的无定河，粗泥沙所占比例不变，细泥沙所占比例稍有增多、中泥沙所占比例稍有减少，但在粗泥沙中特粗沙所占比例增加。

由干流府谷站、吴堡站和支流窟野河长系列各年分组沙与全沙的关系可见（见图 6-40～图 6-42），虽然沙量减少很大，但泥沙组成规律未发生趋势性变化，各分组沙量与全沙的关系都成较好的正相关关系，全沙量增大则各分组沙量也增大，各时期点群未发生偏离或分带，说明在相同来沙量条件下泥沙组成并未改变。

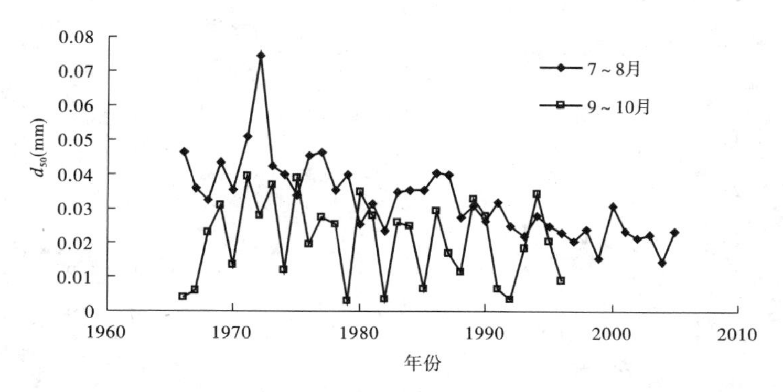

图 6-36　孤山川高石崖站 d_{50} 变化过程

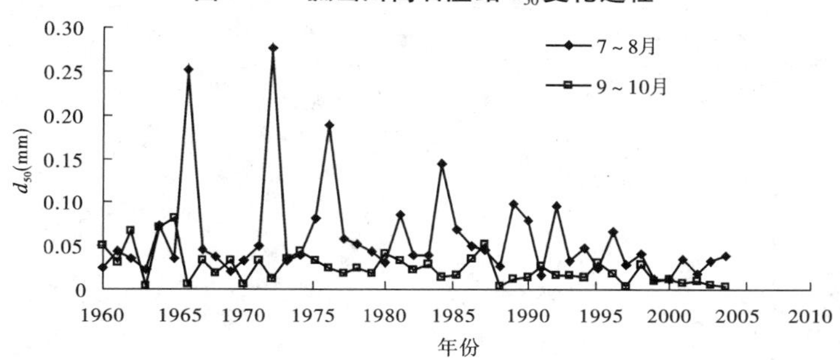

图 6-37　窟野河温家川站 d_{50} 变化过程

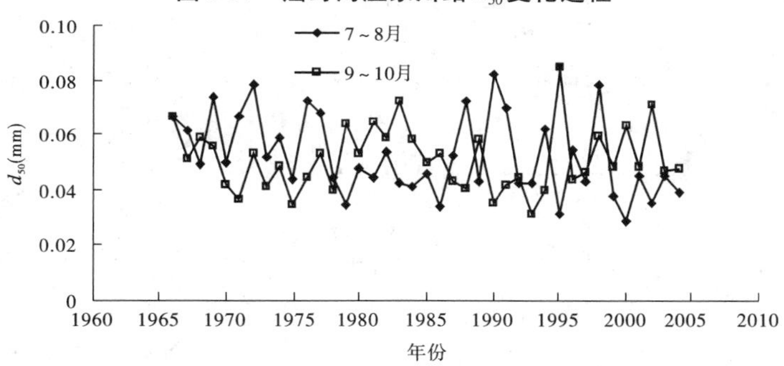

图 6-38　秃尾河高家川站 d_{50} 变化过程

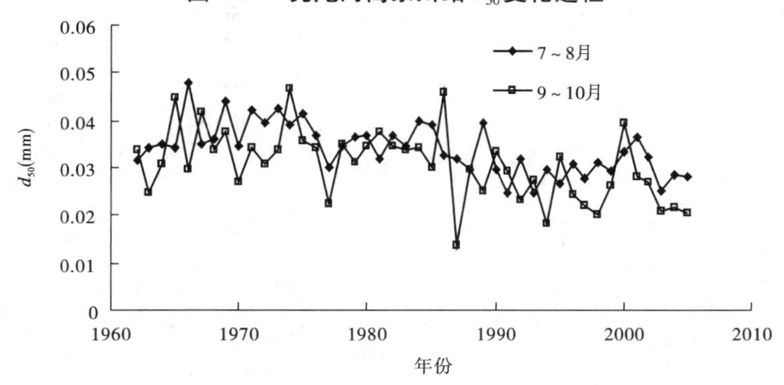

图 6-39　无定河白家川站 d_{50} 变化过程

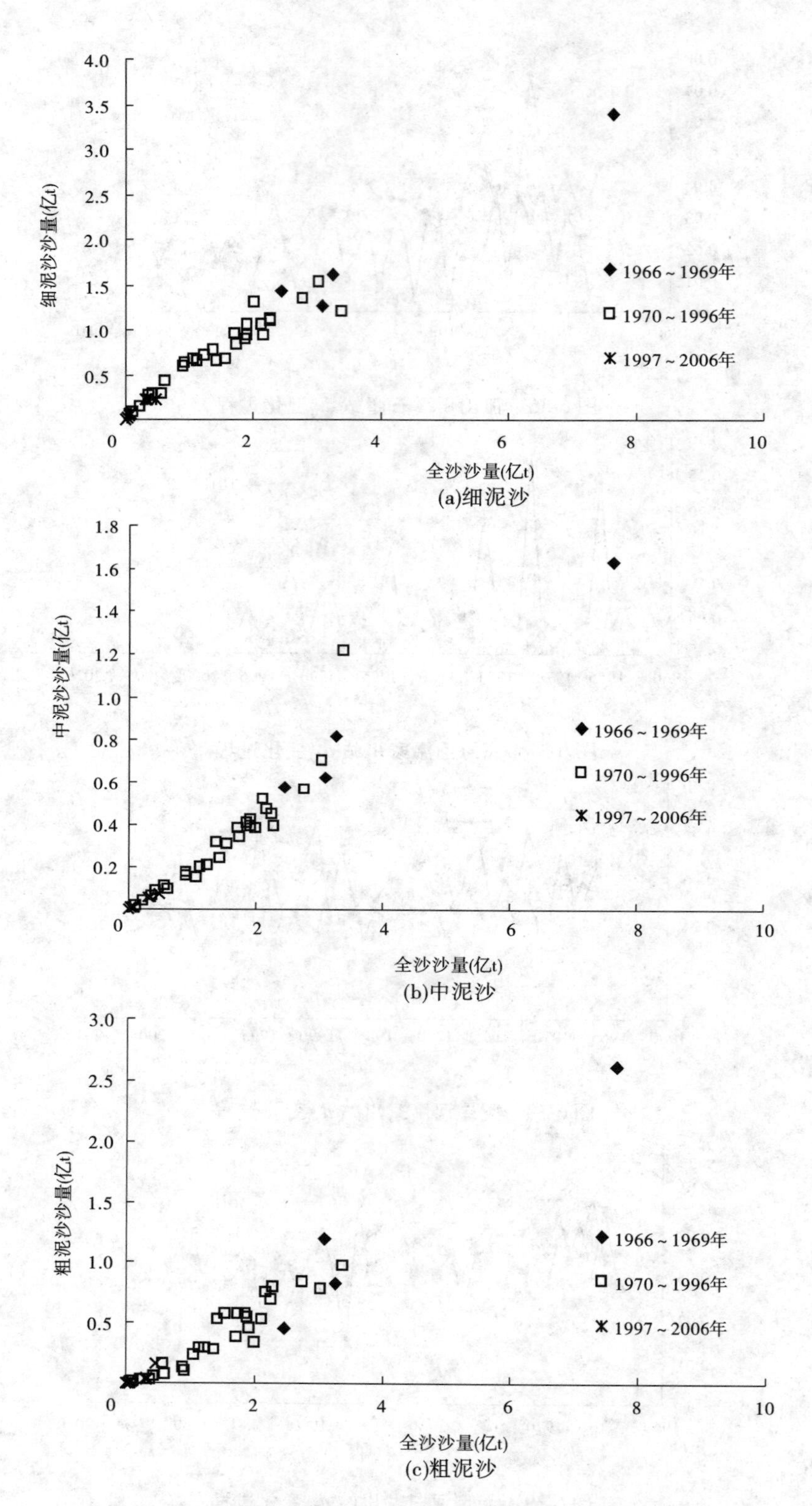

(a)细泥沙

(b)中泥沙

(c)粗泥沙

图 6-40　府谷站汛期各分组泥沙与全沙的关系

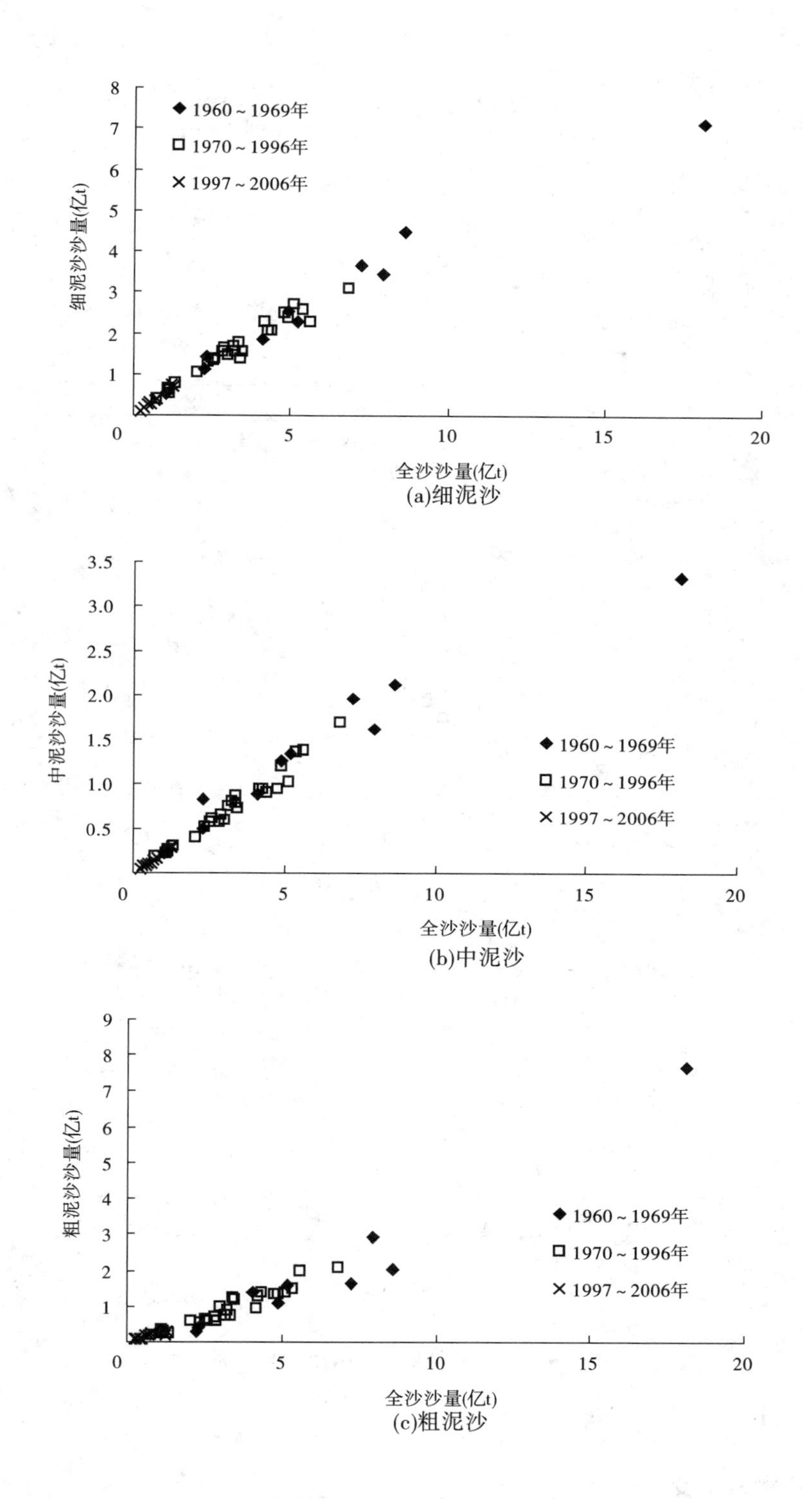

图 6-41　吴堡站汛期各分组泥沙与全沙的关系

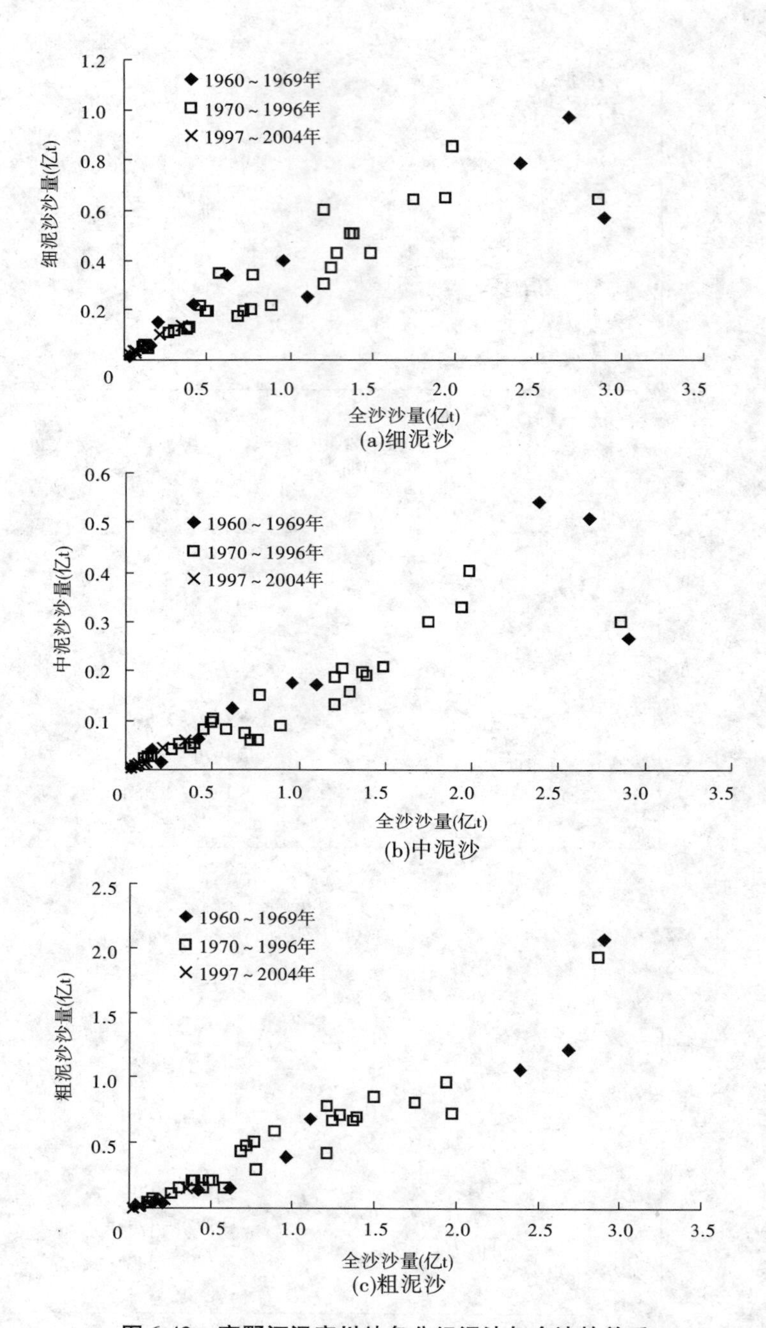

图 6-42　窟野河温家川站各分组泥沙与全沙的关系

6.3.5　龙门—三门峡区间

6.3.5.1　实测沙量变化

区间近期沙量显著减少。干流主要水文站龙门、潼关和三门峡的年均沙量分别仅为 2.524 亿 t、4.333 亿 t 和 4.279 亿 t(见表 6-37),较 1970 ~ 1996 年分别减少 61%、57% 和 60%;主要支流汾河河津站和渭河华县站年均沙量仅 0.003 亿 t 和 1.746 亿 t,分别减少

97%和46%。由各站沙量5年滑动平均过程可清楚地看出沙量大幅度减少的特点(见图6-43)。

表6-37　龙门—三门峡区间不同时期干支流沙量变化

水文站(河名)	时期	全年					均值(亿t)		
		年均(亿t)	最大(亿t)	最小(亿t)	C_v	最大/最小	汛期	主汛期	秋汛期
龙门	1970~1996年	6.482	16.657	2.341	0.5	7.1	5.586	4.546	1.04
	1997~2006年	2.524	4.491	1.213	0.4	3.7	1.928	1.660	0.268
潼关	1970~1996年	10.065	22.394	3.343	0.4	6.7	8.2	5.9	2.3
	1997~2006年	4.333	6.609	2.472	0.3	2.7	3.1	2.30	0.8
三门峡	1970~1996年	10.658	21.075	2.874	0.5	7.3	9.968	7.208	2.76
	1997~2006年	4.279	7.564	2.324	0.4	3.3	4.05	3.087	0.963
河津(汾河)	1970~1996年	0.099	0.517	0.002	7	291	0.090	0.06	0.03
	1997~2006年	0.003	0.013		4	122	0.003	0.002	0.001
华县(渭河)	1970~1996年	3.352	8.337	0.498	8	17	2.934	2.324	0.610
	1997~2006年	1.746	2.996	0.894	6	3	1.512	1.235	0.277

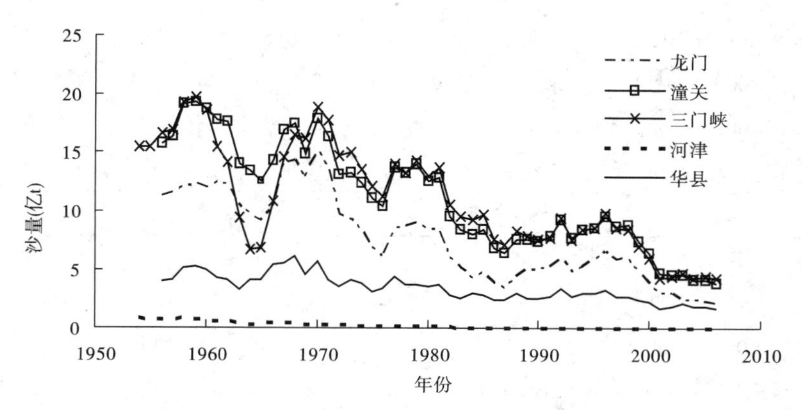

图6-43　龙门—三门峡区间干支流5年滑动平均沙量过程

近期年最大沙量大幅减小,龙门站、潼关站、三门峡站、河津站、华县站最大沙量分别只有4.491亿t、6.609亿t和7.564亿t、0.013亿t、2.996亿t,分别减少73%、70%、64%、97%、64%;最大年沙量与最小年沙量比值减小,C_v值略有减小,表明区间沙量变幅降低。

汛期沙量减幅更大。龙门站、潼关站、三门峡站、河津站和华县站近期汛期沙量仅有1.928亿t、3.1亿t、4.05亿t、0.003亿t和1.512亿t,分别减少65%、62%、59%、97%和48%。干支流汛期沙量占全年的比例大部分站有所减小,仅三门峡站略微有所增加,上述各站的比例分别为76%、72%、95%、89%和87%。说明近期沙量减少主要集中在汛期,干支流年沙量减少量的88%~93%都在汛期。

近期主汛期沙量减小，龙门站、潼关站、三门峡站、河津站和华县站主汛期沙量分别为1.660亿t、2.30亿t、3.087亿t、0.002亿t、1.235亿t，分别减少63%、61%、57%、97%和47%；汛期沙量减少主要集中在主汛期，各站主汛期沙量减少量占汛减少量的68%~77%。秋汛期沙量也减少较大，干流各站减幅在64%~74%，支流河津站和华县站年减幅分别为96%和54%。

6.3.5.2 不同流量级输沙变化

近期小流量所挟带的沙量大大增加，而大流量级的沙量则越来越少（见表6-38）。干流龙门站、潼关站和三门峡站近期小于1 000 m^3/s流量输送的沙量分别为0.973亿t、0.958亿t和0.827亿t，潼关站和三门峡站比1970~1996年分别增加了96%和34%；而大于1 000 m^3/s流量所对应的沙量，三站近期分别为0.957亿t、2.167亿t和3.230亿t，分别减少了80%、72%和65%；其中大于1 000 m^3/s的沙量中，主要通过1 000~3 000 m^3/s流量来输送。近期华县站小于和大于500 m^3/s的沙量分别为0.588亿t和0.843亿t，分别减少了26%和58%。

表6-38 龙门—三门峡区间干支流主要站汛期各流量级沙量 （单位：亿t）

水文站	流量级（m^3/s）	汛期		主汛期		秋汛期	
		1970~1996年	1997~2006年	1970~1996年	1997~2006年	1970~1996年	1997~2006年
龙门	<50						
	50~1 000	1.078	0.973	0.816	0.796	0.262	0.177
	1 000~3 000	3.163	0.878	2.450	0.778	0.713	0.100
	3 000~5 000	0.990	0.079	0.820	0.079	0.170	0
	≥5 000	0.669	0	0.661	0	0.008	0
	合计	5.900	1.930	4.747	1.653	1.153	0.277
潼关	<50						
	50~1 000	0.489	0.958	0.349	0.724	0.140	0.234
	1 000~3 000	3.342	1.815	3.164	1.400	0.178	0.415
	3 000~5 000	2.489	0.352	1.679	0.193	0.810	0.159
	≥5 000	0.869	0	0.724	0	0.145	0
	合计	7.189	3.125	5.916	2.317	1.273	0.808
三门峡	<50						
	50~1 000	0.619	0.827	0.481	0.679	0.138	0.148
	1 000~3 000	5.420	2.723	4.002	2.138	1.418	0.585
	3 000~5 000	3.184	0.507	2.138	0.277	1.046	0.230
	≥5 000	0.670	0	0.526	0	0.144	0
	合计	9.893	4.057	7.147	3.094	2.746	0.963

续表 6-38

水文站	流量级 (m^3/s)	汛期		主汛期		秋汛期	
		1970 ~ 1996 年	1997 ~ 2006 年	1970 ~ 1996 年	1997 ~ 2006 年	1970 ~ 1996 年	1997 ~ 2006 年
华县	<50	0.101	0.009	0.070	0.009	0.031	
	50 ~ 500	0.694	0.578	0.553	0.506	0.141	0.072
	500 ~ 3 000	1.969	0.823	1.583	0.645	0.386	0.178
	≥3 000	0.233	0.020	0.158		0.075	0.020
	合计	2.997	1.431	2.364	1.160	0.633	0.270
河津	<1						
	1 ~ 50	0.005	0.001	0.003	0.001	0.002	0
	50 ~ 500	0.061	0.002	0.039	0.001	0.022	0.001
	≥500	0.004		0.004			
	合计	0.070	0.003	0.046	0.002	0.024	0.001

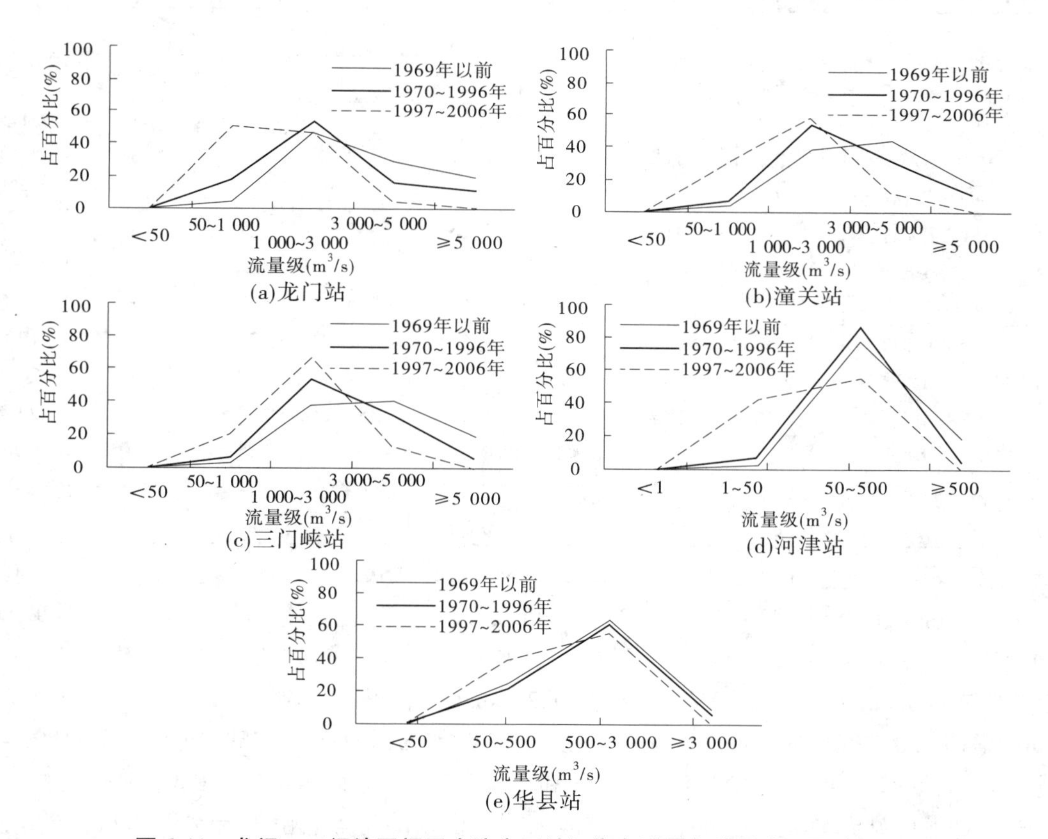

图 6-44　龙门—三门峡区间干支流主要站汛期各流量级沙量占总量的比例

各流量级沙量占汛期的比例也发生了变化,如图6-44所示。近期小流量所对应的沙量比例增加,而大流量对应的沙量比例减小。近期龙门站96%的沙量主要通过3 000 m^3/s以下的流量来输送,而1970~1996年54%的沙量主要通过1 000~3 000 m^3/s的流量来输送;潼关站和三门峡站沙量主要通过1 000~3 000 m^3/s的流量来输送,分别占汛期的58%和67%,而1970~1996年也主要通过该流量级输送,分别占汛期的53%和55%。华县站泥沙的输送主要集中在小于500 m^3/s和500~3 000 m^3/s的流量,各占41%和58%,而1970~1996年和1969年以前则主要通过500~3 000 m^3/s的流量输送,分别占66%和63%,而小于500 m^3/s的沙量仅分别占23%和26%。

6.3.5.3 泥沙级配变化

在沙量急剧减少的情况下,各分组泥沙也相应减少(见表6-39)。近期龙门站细、中、粗泥沙沙量分别为0.954亿t、0.529亿t、0.491亿t,与1970~1996年相比,减幅都在65%左右;潼关站细、中、粗泥沙沙量分别为1.800亿t、0.816亿t和0.667亿t,分别减少了61%、62%和52%;三门峡站细、中、粗泥沙沙量分别为2.186亿t、0.987亿t和1.119亿t,分别减少了57%、64%和48%;华县站细、中、粗泥沙沙量分别为0.928亿t、0.385亿t、0.271亿t,分别减少了49%、48%和25%。由此可见,该区间是粗沙减少幅度小于中、细泥沙。

表6-39 龙门—三门峡区间干支流主要站不同时期汛期泥沙组成

站名	时期	各粒径组沙量(亿t)				占全沙比例(%)			d_{50}(mm)
		全沙	细泥沙	中泥沙	粗泥沙	细泥沙	中泥沙	粗泥沙	
龙门	1969年以前	10.119	4.488	2.787	2.844	44	28	28	0.031 3
	1970~1996年	5.585	2.683	1.532	1.370	48	27	25	0.026 8
	1997~2006年	1.974	0.954	0.529	0.491	48	27	25	0.026 6
潼关	1969年以前	12.855	7.078	3.511	2.266	55	27	18	0.021 8
	1970~1996年	8.183	4.668	2.126	1.389	57	26	17	0.020 4
	1997~2006年	3.029	1.645	0.741	0.643	54	25	21	0.022 0
三门峡	1969年以前	9.749	6.064	2.091	1.594	62	22	16	0.017 8
	1970~1996年	9.969	5.089	2.723	2.157	51	27	22	0.024 3
	1997~2006年	4.292	2.186	0.987	1.119	51	23	26	0.024 4
华县	1960~1969年	3.877	2.542	0.956	0.379	65	25	10	0.0174
	1970~1996年	2.934	1.828	0.747	0.359	62	26	12	0.0179
	1997~2005年	1.584	0.928	0.385	0.271	59	24	17	0.0197

从表6-39中各时期汛期d_{50}变化可以看到,龙门站d_{50}是逐渐减少的,从1969年前的0.031 3 mm,减小到1970~1996年的0.026 8 mm,变化比较大,而到近期基本不变,为0.026 6 mm;潼关站d_{50}变化不是太大,从1969年以前的0.021 8 mm稍减小到1970~1996年的0.020 4 mm,近期又增加到0.022 0 mm;三门峡站d_{50}从1969年以前的0.017 8 mm增加到0.024 3 mm,近期变化不大,为0.024 4 mm;华县站d_{50}呈增加的态势,1996年前两个时期基本相同,分别为0.174 mm和0.017 9 mm,近期增加到0.019 7 mm。总的看来,近期龙门站到潼关站区间干流和渭河来沙有变粗的特点。由干流主汛期和秋汛期及华县站7月、8月的d_{50}变化过程可见(见图6-45~图6-48),主要是近期一些年份来沙粒

径较粗，引起近期泥沙粒径的平均值有所增粗。

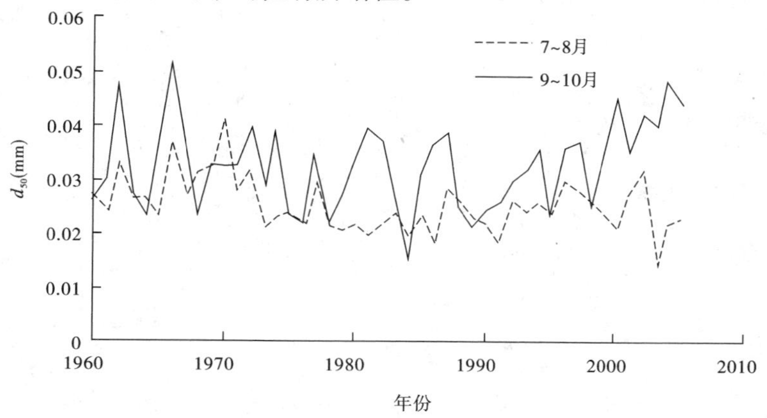

图 6-45　龙门站 d_{50} 变化过程

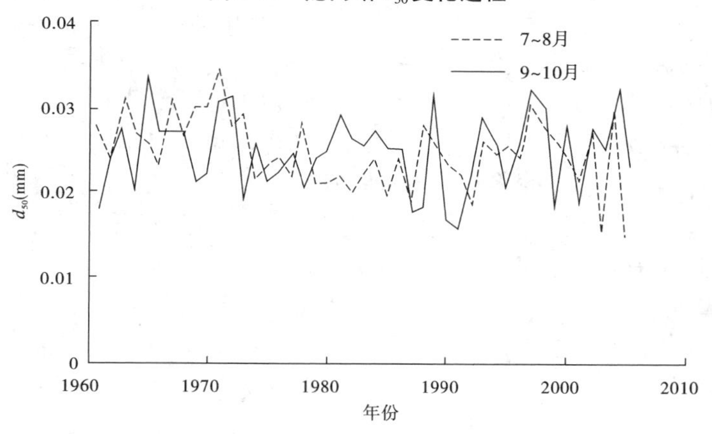

图 6-46　潼关站 d_{50} 变化过程

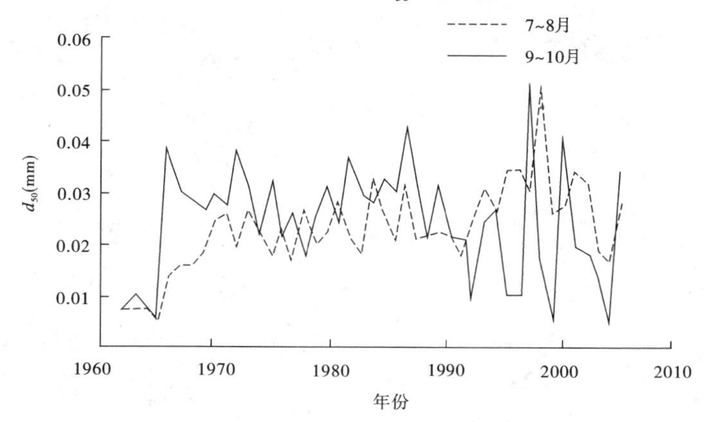

图 6-47　三门峡站 d_{50} 变化过程

从泥沙组成的变化来看，与 1970 ~ 1996 年相比龙门站近期细、中、粗泥沙沙量占全沙的比例变化不大，分别是 48%、27% 和 25%，但是与 1969 年以前相比细泥沙比例增大、中

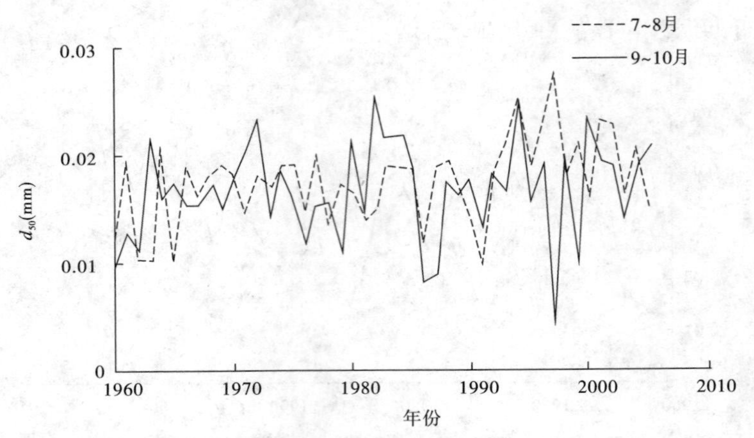

图 6-48 华县站 d_{50} 变化过程

泥沙变化不大、粗泥沙比例减小；潼关站和三门峡站都是细、中泥沙比例减少，粗泥沙比例增加，潼关站组成变为 54%、25% 和 21%，三门峡站变为 51%、23% 和 26%。华县站细泥沙持续减少，由 1969 年以前的 65% 降低到近期的 59%，中泥沙比例稍有减少，由 25% 减少到 24%，粗泥沙比例则持续增高，由 10% 增加到 17%。

由各站汛期分组沙与全沙的关系可以看出（见图 6-49 ~ 图 6-52），龙门站和三门峡站各时期分组沙与全沙的关系均一致，并没有随时间的变化而有所不同；潼关站和华县站近期的关系与 1996 年以前相比出现新的变化特点，相同全沙条件下，细泥沙稍有减少、粗泥沙稍有增加，尤其是华县站粗泥沙增加比较明显。

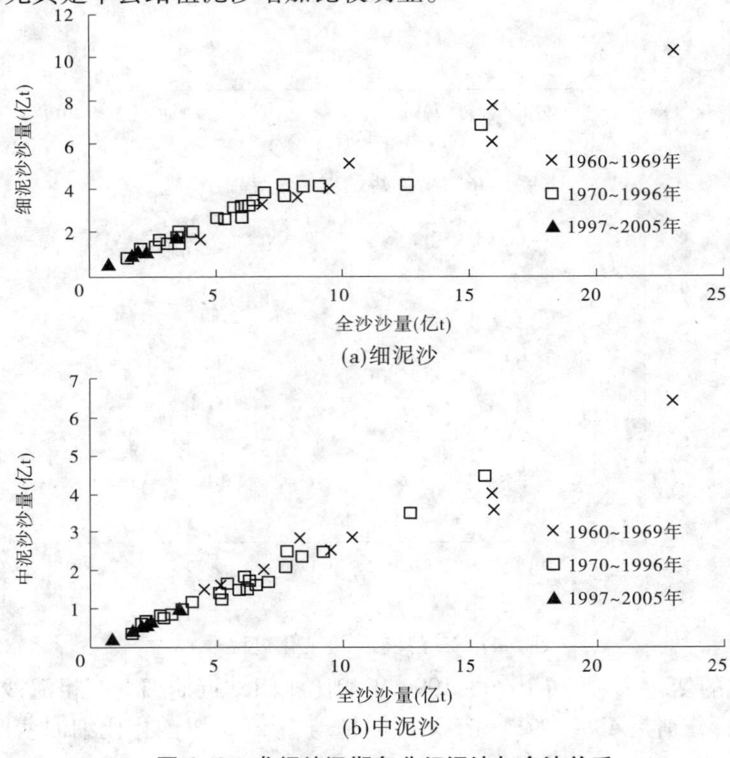

图 6-49 龙门站汛期各分组泥沙与全沙关系

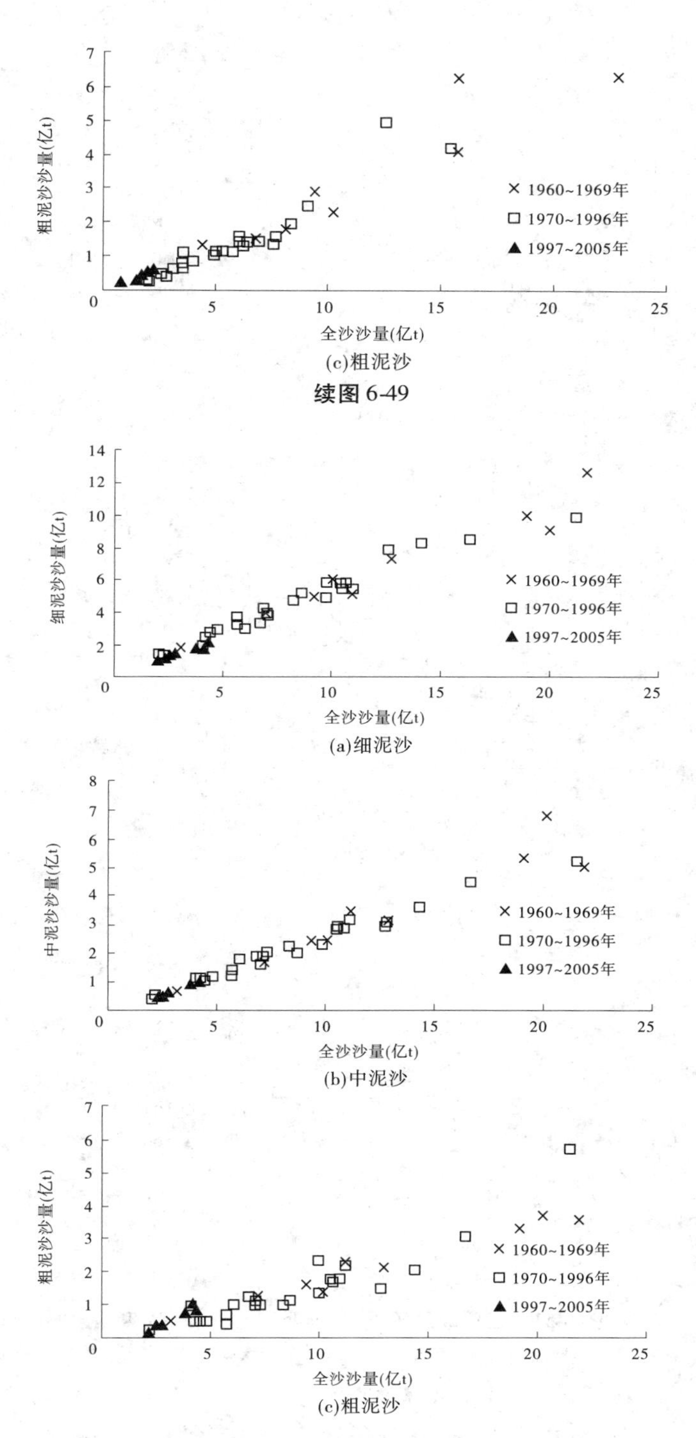

续图 6-49

图 6-50　潼关站汛期各分组泥沙与全沙关系

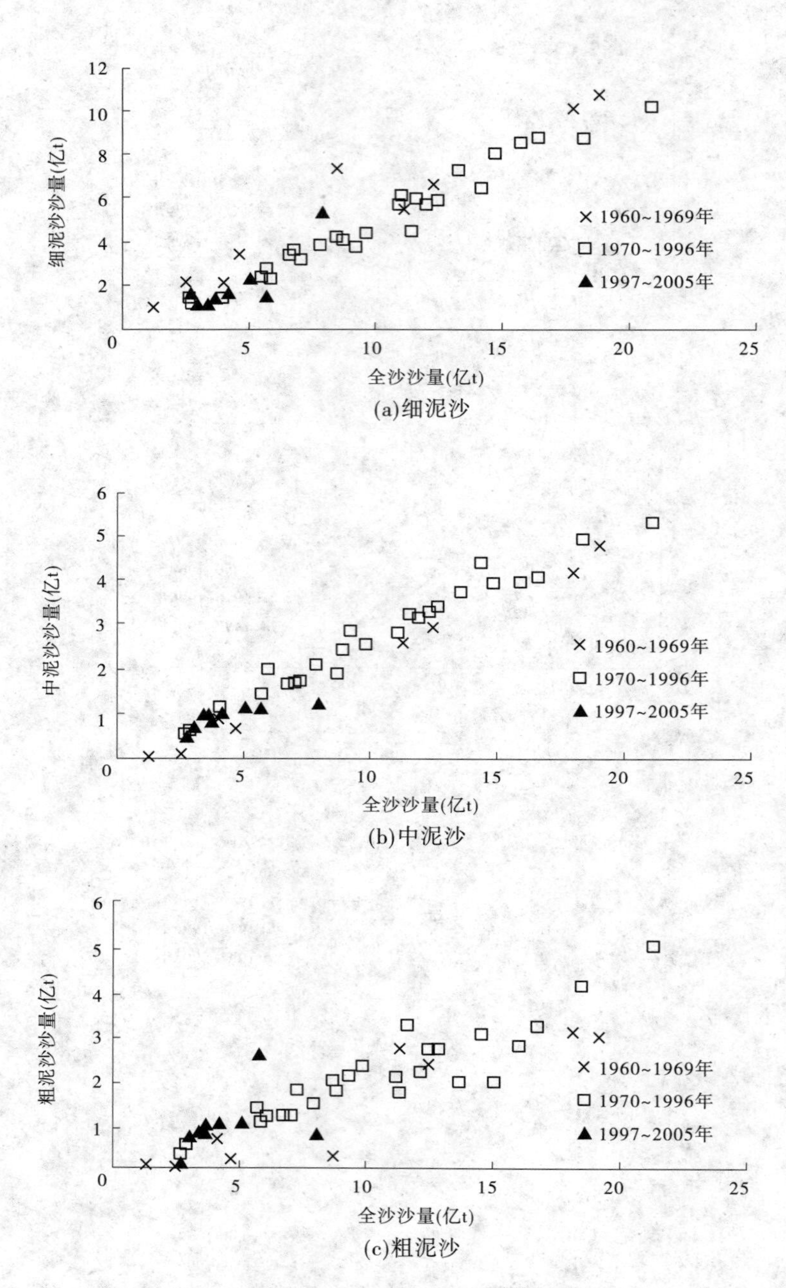

图 6-51　三门峡站汛期各分组泥沙与全沙关系

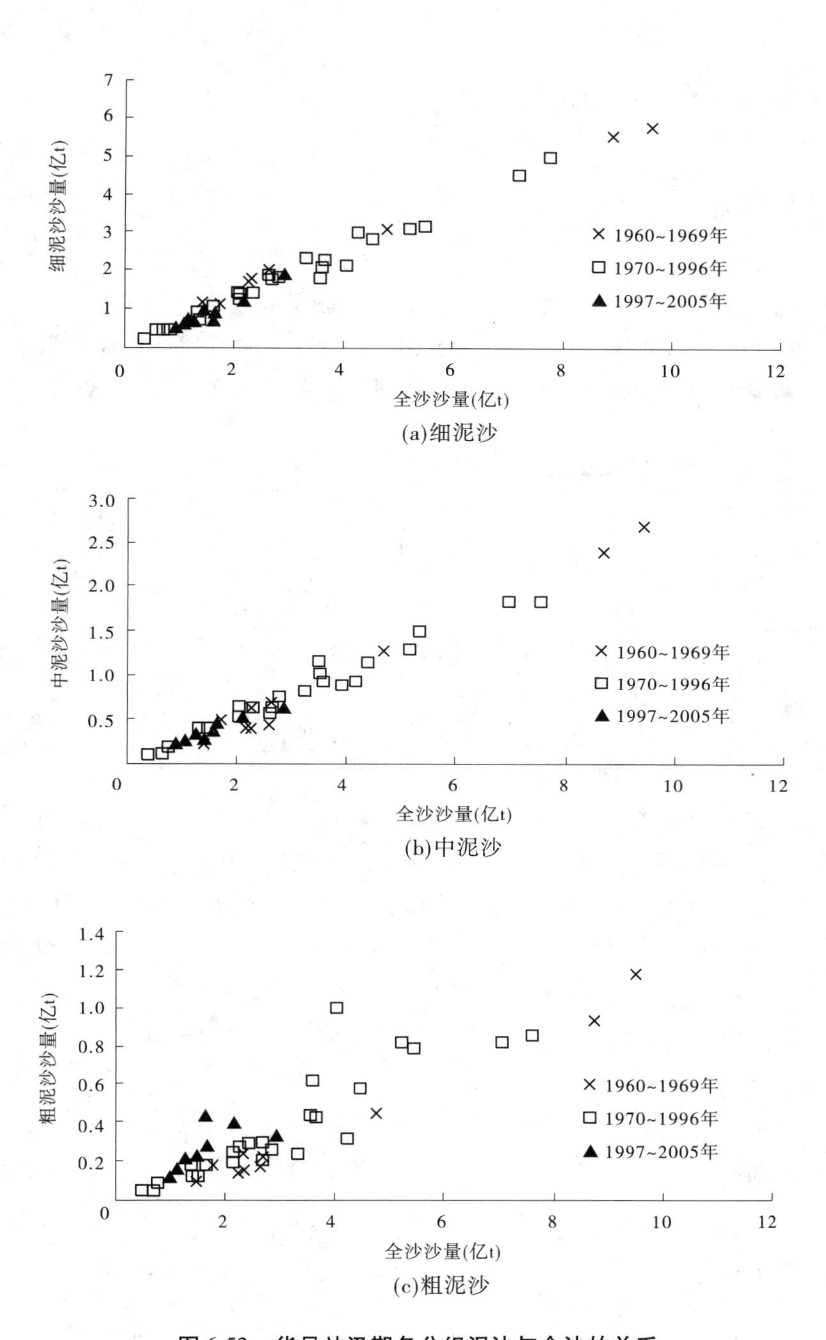

图 6-52　华县站汛期各分组泥沙与全沙的关系

6.4 近期洪水变化特点

6.4.1 唐乃亥以上

本书主要研究了吉迈、玛曲、唐乃亥三个站的洪水变化特点。吉迈站起涨和落水流量以 200 m^3/s 左右为基准，玛曲站和唐乃亥站以 400 m^3/s 左右流量为基准。

由表 6-40 可见，与 1997 年以前两个时期相比，1997 ~ 2006 年各站年均洪水场次明显减小，其中唐乃亥站减少最多，由 1969 年以前的年均出现 4.17 场/次减少到仅 2.70 场/次。

表 6-40 河源区主要水文站不同时段洪水场次及场次平均历时

时间	吉迈站			玛曲站			唐乃亥站		
	总场次	年均场/次	历时(d)	总场次	年均场/次	历时(d)	总场次	年均场/次	历时(d)
1969 年以前	20	1.7	52.5	27	2.25	48.1	50	4.17	32.5
1970 ~ 1996 年	48	1.8	46.6	81	3.00	52.2	96	3.56	29.7
1997 ~ 2006 年	14	1.4	41.7	23	2.30	59.5	27	2.70	32.1

由图 6-53、图 6-54 可见，玛曲站和唐乃亥站三个时段最大洪峰流量的变化特点一致，都是 1970 ~ 1996 年出现了有实测资料以来的最大流量，玛曲站和唐乃亥站分别达到 4 330 m^3/s 和 5 450 m^3/s；1997 年以后洪峰流量都减小，与 1970 ~ 1996 年相比减少幅度分别为 70%、39%、51% 和 50%，玛曲站和唐乃亥站分别降低到只有 2 110 m^3/s 和 2 750 m^3/s。

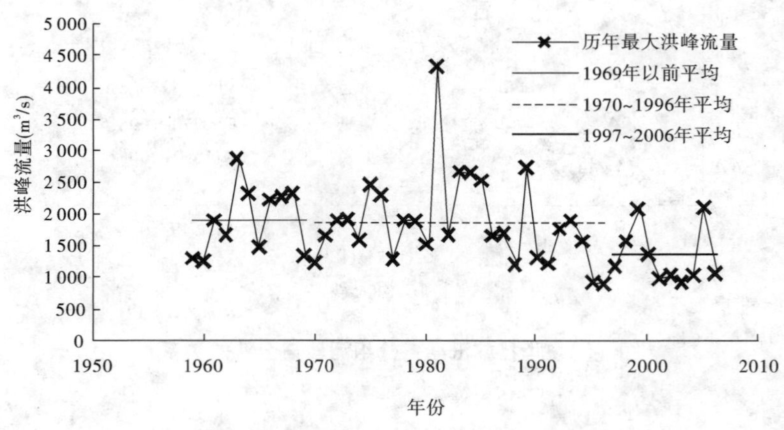

图 6-53 玛曲站逐年最大洪峰流量过程线

由表 6-40 各时期平均场次洪水历时可见，近期吉迈站洪水历时缩短了，唐乃亥站变化不大，而玛曲站却增加了 14%，这与近期洪峰流量减小，导致与平水流量的差别减小，洪水过程相对平缓，洪水历时相对拉长有关。

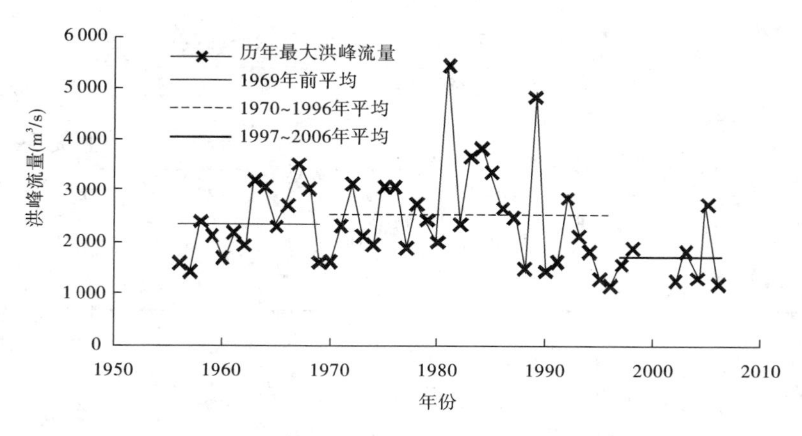

图 6-54　唐乃亥站逐年最大洪峰流量过程线

与 1970 ~ 1996 年相比,近期各站洪量均有不同程度的降低,降幅分别为 21%、13% 和 8%(见表 6-41)。但是相同洪水历时条件下唐乃亥站洪量变化不大(见图 6-55),同时唐乃亥站洪量地区组成变化不大,仍主要来自于吉迈—玛曲区间,近期仅中段黄河沿—玛曲区间来水比例稍有增加,两头比例有所减少。

表 6-41　河源区不同时段各站洪量及唐乃亥洪量来源组成

时段	洪量(亿 m³)				区间水量占唐乃亥站洪量比例(%)		
	吉迈	玛曲	唐乃亥	黄河沿以上	黄河沿—吉迈	吉迈—玛曲	玛曲—唐乃亥
1969 年以前	12.5	38.2	35.8	2	17	53	28
1970 ~ 1996 年	11.8	37.4	35.3	4	18	50	28
1997 ~ 2006 年	9.4	32.7	32.3	1	20	52	27

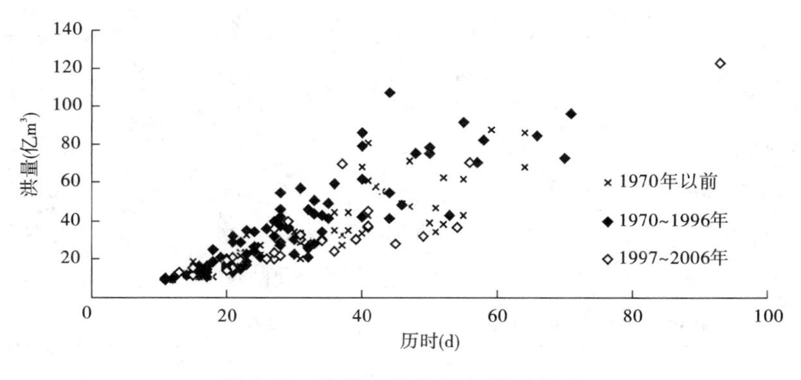

图 6-55　唐乃亥站洪量与历时关系

峰型系数指的是一场洪水洪峰流量与洪水平均流量之比,反映了洪水峰型的相对胖瘦。由表 6-42 可见,各站最大、最小峰型系数的变化以降低为主,尤其是最大峰型系数都是减少的。与 1970 ~ 1996 年相比,近期吉迈站、玛曲站和唐乃亥站的最大峰型系数减幅分别为 3%、32% 和 13%,说明洪峰减小幅度要大于洪量,洪水相对变矮胖了。其中,主要来水区吉迈—玛曲区间变化较大,导致玛曲峰型系数减少最多。

表 6-42　河源区不同时段各站峰型系数范围变化

时刻	吉迈站		玛曲站		唐乃亥站	
	最大	最小	最大	最小	最大	最小
1969 年以前	2.88	1.45	2.43	1.24	2.01	1.10
1970～1996 年	2.62	1.36	3.03	1.25	2.18	1.10
1997～2006 年	2.54	1.26	2.07	1.31	1.89	1.18

6.4.2　唐乃亥—兰州区间

唐乃亥站、兰州站、红旗(洮河)站近期最大洪峰流量分别为 2 750 m^3/s、2 160 m^3/s、673 m^3/s(见图 6-54、图 6-56、图 6-57),分别较 1970～1996 年最大洪峰流量减小 50%、61%、68%。由表 6-43 干支流洪水特征可见,洪水场次变化,兰州站和红旗站近期年均洪水场次分别为 5.6 场和 3.4 场,较 1970～1996 年分别增加 15% 和减少 49%,兰州站洪水场次增加反映了水库的调节影响;同时各洪水量级的场次变化不同,兰州站各级别洪水都减少,红旗站则是 500 m^3/s 以下明显增多,以上减少。

表 6-43　唐乃亥—兰州区间干支流典型站洪水特征统计

站名	兰州(黄河)				红旗(洮河)			
项目	洪水量级(m^3/s)	1956～1969 年	1970～1996 年	1997～2006 年	洪水量级(m^3/s)	1956～1969 年	1970～1996 年	1997～2004 年
年均场次	1 000～1 500	0.6	1.9	4.7	200～500	4.2	5.4	2.9
	1 500～2 000	1.2	1.2	0.9	500～1 000	1.6	0.9	0.5
	≥2 000	2.7	1.7		>1 000	0.4	0.3	0
	合计	4.5	4.8	5.6	合计	6.2	6.6	3.4
场次历时(d)	1 000～1 500	22.8	20.4	25.8	200～500	16.5	15.7	19.6
	1 500～2 000	18.7	21.8	24.8	500～1 000	24.4	16.8	28.5
	≥2 000	31.9	26.5		>1 000	20.5	30.6	
场次洪量(亿 m^3)	1 000～1 500	20.24	18.42	22.33	200～500	3.73	3.08	3.24
	1 500～2 000	22.07	24.11	27.09	500～1 000	8.52	5.83	9.08
	≥2 000	61.70	49.20		>1 000	13.10	15.53	

洪水历时有增长的趋势,兰州站和红旗站近期平均场次洪水历时为 25.7 d 和 20.9 d,分别增长 11% 和 27%,洪水历时增长与近期洪峰流量小、洪水过程平坦有关。

两个站近期场次平均洪量分别为 23.09 亿 m^3 和 4.10 亿 m^3,变化幅度分别为减少 34% 和增加 2%,干流洪量减少,洮河变化不大。比较相同历时条件下洪量变化(见图 6-58、图 6-59),兰州站和红旗站明显减小,兰州站在同样 25 d 条件下洪量由在 20 亿～60 亿 m^3 变化为仅仅 20 亿 m^3,红旗站在历时 15 d 条件下洪量由 2 亿～10 亿 m^3 变化为仅 2 亿 m^3。

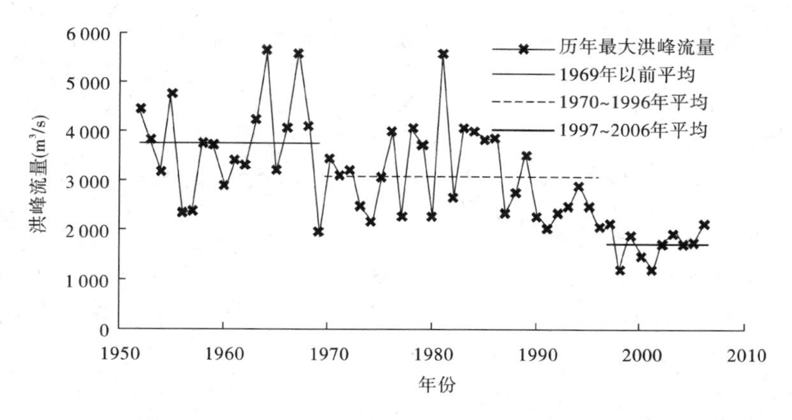

图 6-56　兰州站逐年最大洪峰流量过程线

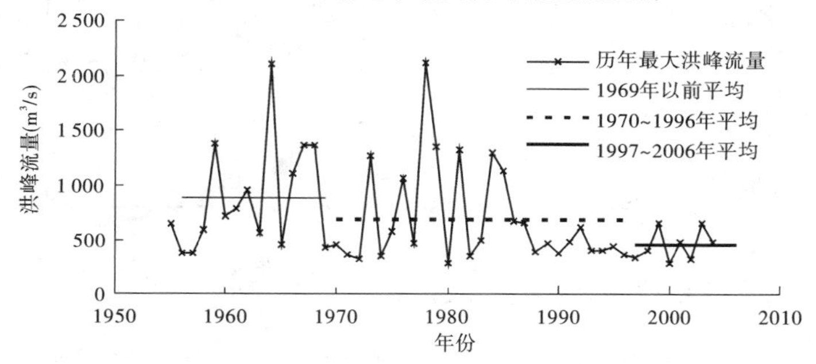

图 6-57　红旗站逐年最大洪峰流量过程线

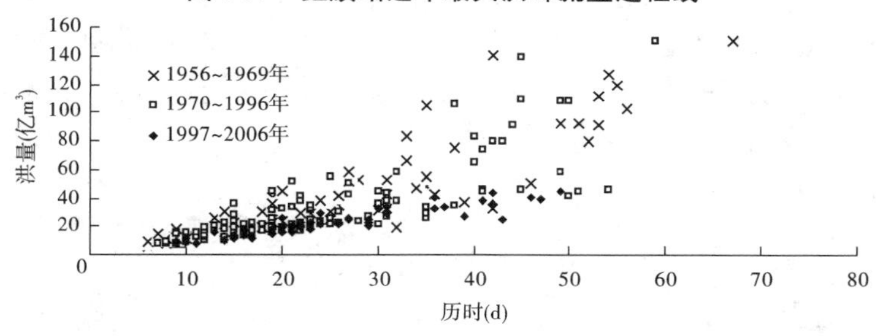

图 6-58　兰州站洪水历时与洪量关系

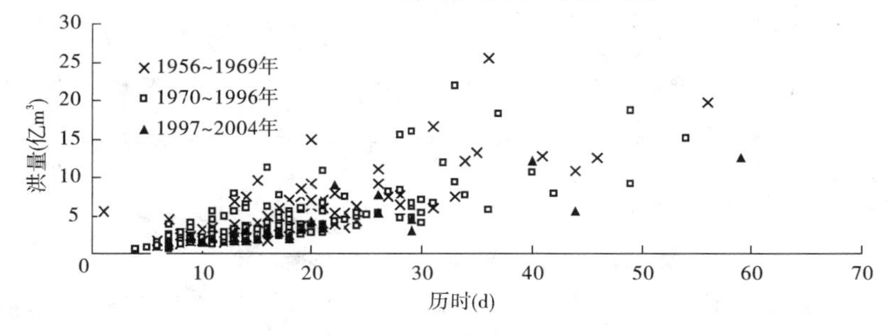

图 6-59　红旗站洪水历时与洪量关系

兰州站峰型系数平均值由 1.32 减小到 1.24,说明洪水过程变平缓(见表 6-44);洮河红旗站有所增加,由 1.48 增加到 1.60,洪水峰型趋尖瘦。

表 6-44 唐乃亥—兰州区间干支流主要站不同时期峰型系数变化

站名	项目	平均峰型系数			最大峰型系数		
		1956 ~ 1969 年	1970 ~ 1996 年	1997 ~ 2006 年	1956 ~ 1969 年	1970 ~ 1996 年	1997 ~ 2006 年
兰州	1 000 ~ 1 500 m^3/s	1.30	1.21	1.22	2.05	1.49	1.81
	1 500 ~ 2 000 m^3/s	1.22	1.34	1.31	1.55	1.70	1.60
	2 000 ~ 3 000 m^3/s	1.36	1.41		1.73	2.35	
	≥3 000 m^3/s	1.49	1.44		1.70	1.83	
	平均(最大)	1.35	1.32	1.24	2.05	2.35	1.81
红旗	200 ~ 500 m^3/s	1.39	1.42	1.58	1.86	2.17	2.37
	500 ~ 1 000 m^3/s	1.67	1.54	1.70	2.46	2.16	2.00
	≥1 000 m^3/s	1.94	2.22		2.44	2.89	
	平均(最大)	1.50	1.48	1.60	2.46	2.89	2.37

6.4.3 兰州—河口镇区间

区间近期各站最大洪峰流量明显减少,兰州站、下河沿站、石嘴山站、河口镇站最大洪峰流量分别为 2 160 m^3/s、2 160 m^3/s、2 070 m^3/s、3 350 m^3/s,比 1970 ~ 1996 年最大洪峰流量 5 600 m^3/s、5 980 m^3/s、5 660 m^3/s、5 150 m^3/s 分别减少 3 440 m^3/s、3 820 m^3/s、3 590 m^3/s、1 800 m^3/s,减幅分别为 61%、64%、63%、35%。河口镇站历年最大洪峰流量过程见图 6-60。

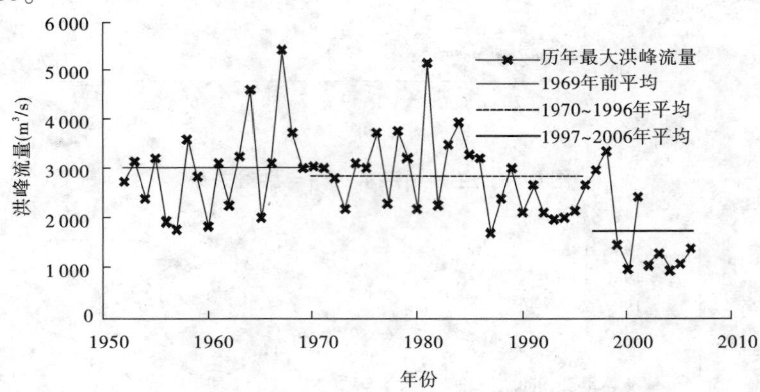

图 6-60 河口镇站历年最大洪峰流量过程

以下分析以各站汛期洪峰流量超过 1 000 m^3/s 的洪水资料为基础,见表 6-45。近期洪水场次明显减少,下河沿站和河口镇站年均仅 3.5 场和 1.1 场,较 1970 ~ 1996 年分别减少 10% 和 66%;尤其是较大洪水场次减少,3 000 m^3/s 以上洪水未出现过。洪水历时缩短,两个站场次洪水历时分别为 23.6 d 和 22.0 d,下河沿站变化不大,河口镇站减少 9.5%。

表 6-45　兰州—河口镇区间干流各站各汛期不同流量级洪水特征

水文站	洪峰流量(m^3/s)	时期	洪水场次	历时(d)	洪量(亿 m^3)	峰型系数	沙量(亿 t)	含沙量(kg/m^3)	来沙系数($kg \cdot s/m^6$)
下河沿	>1 000	1970~1996 年	3.9	22.8	32.2	1.46	0.203	6.3	0.004 1
		1997~2006 年	3.5	23.6	18.7	1.49	0.111	5.9	0.006 4
	>3 000	1970~1996 年	0.6	35.6	82.2	1.44	0.475	5.8	0.002 2
		1997~2006 年							
河口镇	>1 000	1970~1996 年	3.2	24.3	29.3	1.62	0.202	6.9	0.005 4
		1997~2006 年	1.1	22.0	13.8	1.96	0.076	5.5	0.007 9
	>3 000	1970~1996 年	0.4	36.1	79.5	1.45	0.615	7.7	0.003 1
		1997~2006 年							

场次洪量减少，近期分别为 18.7 亿 m^3 和 13.8 亿 m^3，减幅分别达 42% 和 53%。比较下河沿站相同历时条件下洪量变化(见图 6-61)，可以看出近期同历时的洪量均有所减小，其中在同历时 25 d 时近期的水量为 18 亿～28 亿 m^3，而 1969 年前的水量为 23 亿～40 亿 m^3，1970～1996 年的水量为 19 亿～56 亿 m^3。

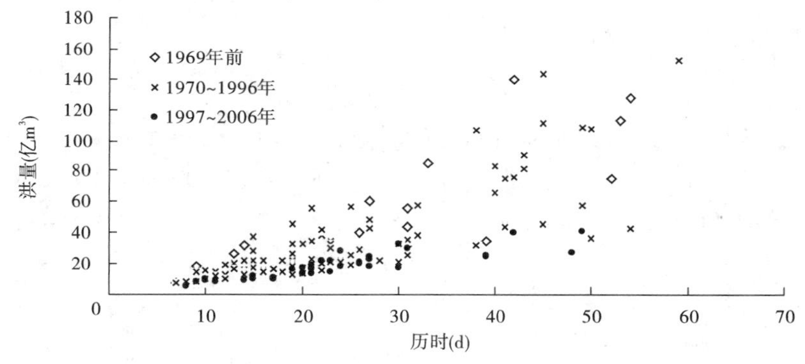

图 6-61　下河沿站洪量与历时关系

下河沿站峰型变化不大，河口镇站变尖瘦，峰型系数接近 2，增大了 21%。

由表 6-45 可以明显看出，近期干流洪水期沙量明显减少，下河沿站和河口镇站沙量分别仅为 0.111 亿 t 和 0.076 亿 t，较 1970～1996 年分别减少 45% 和 62%。

点绘各时期沙量与历时的关系如图 6-62、图 6-63 所示，可以看出，各站近期同历时的沙量比以前也有所减少，其中下河沿站在同历时 25 d 时近期的沙量为 0.06 亿～0.47 亿 t，而 1969 年前为 0.02 亿～0.70 亿 t，1970～1996 年为 0.04 亿～0.65 亿 t；河口镇站在同历时 30 d 时近期的沙量为 0.09 亿～0.10 亿 t，而 1969 年以前为 0.18 亿～0.39 亿 t，1970～1996 年为 0.08 亿～0.17 亿 t。

洪水期平均含沙量降低，分别为 5.9 kg/m^3 和 5.5 kg/m^3，减少 6% 和 20%。而来沙系数都明显增高，分别达到 0.006 4 $kg \cdot s/m^6$ 和 0.007 9 $kg \cdot s/m^6$，增加了 56% 和 46%。

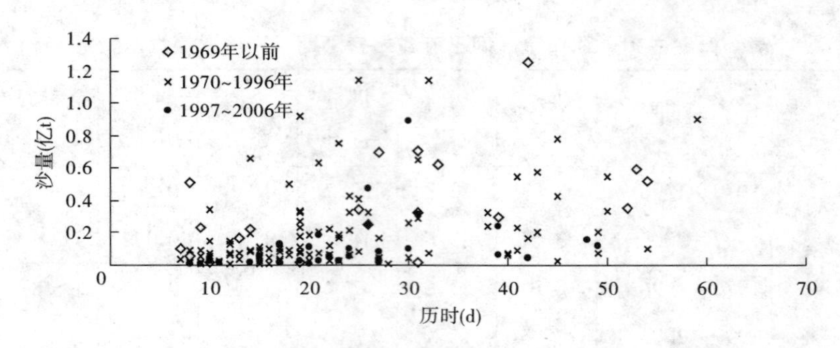

图 6-62　下河沿站洪水期沙量与历时的关系

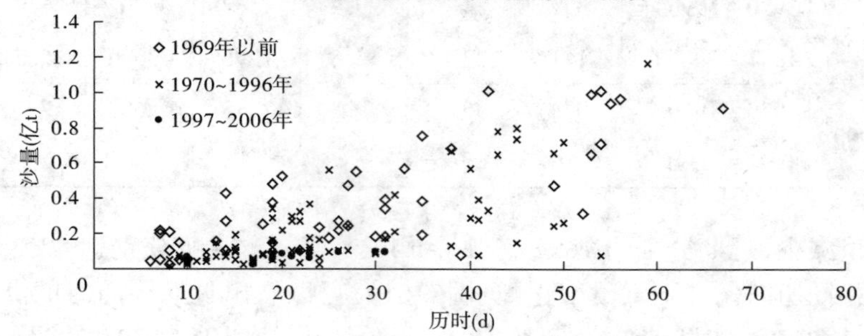

图 6-63　河口镇站洪水期沙量与历时的关系

6.4.4　河口镇—龙门区间

6.4.4.1　干流洪水变化

从图 6-64、图 6-65 上可以明显看出,近期各站最大洪峰流量明显减少。河口镇站、府谷站、吴堡站、龙门站最大洪峰流量分别为 3 350 m^3/s、12 800 m^3/s、9 520 m^3/s、7 340 m^3/s,比 1970 ~ 1996 年最大洪峰流量 5 150 m^3/s、11 400 m^3/s、24 000 m^3/s、14 500 m^3/s 分别减少 1 800 m^3/s、增加 1 400 m^3/s 、减少 14 480 m^3/s、减少 7 160 m^3/s。

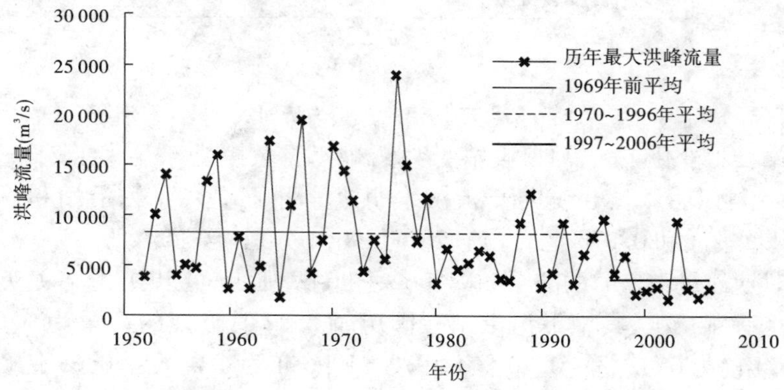

图 6-64　吴堡站历年最大洪峰流量过程

由于宁蒙河段水流方向为从南到北,在 2 月、3 月出现一次洪水过程,但洪峰流量一般小于汛期 7 ~ 10 月,只有少量年份大于汛期,这一现象从三湖河口开始出现,经昭君坟到河口镇逐渐增多,进入中游由于河口镇—龙门区间暴雨洪水较大,又逐渐减少,龙门站

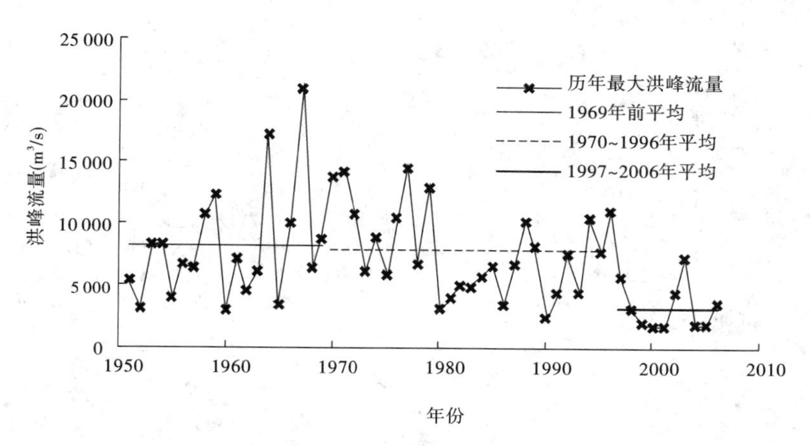

图 6-65　龙门站历年最大洪峰流量过程

1997 年前未出现过(见表 6-46)。由图 6-66 可见,即使发生次数最多的河口镇站,1969 年以前凌汛期洪峰流量为年内最大的出现年份也仅占到总年份的 20% 左右,出现在主汛期 7～8 月和秋汛期 9～10 月各占 40%。但是近期凌汛期洪峰流量超过汛期成为全年最大洪峰流量的现象不断增多,河口镇站主要受龙羊峡、刘家峡水库调蓄的影响,1969 年以后即开始增多,占到总年数的 40%～50%;河口镇以下府谷站、吴堡站和龙门站 1997 年以后突然增多,府谷站、吴堡站分别占到总年数的 80% 和 70%,龙门站占到 20%。初步分析原因是在汛期无大洪水发生的条件下,中游水库凌汛期调节流量过程所致。如果没有凌汛洪水,1997～2006 年河口镇站最大洪峰流量仅 1 460 m^3/s(1999 年 7 月 25 日)。

表 6-46　河口镇—龙门各站逐年最大洪峰流量出现月份及次数

站名	不同时段(年)	最大洪峰流量各月出现次数				各月出现次数占总次数比例(%)		
		3～4 月	7～8 月	9～10 月	总次数	3～4 月	7～8 月	9～10 月
河口镇	1952～1969 年	4	7	7	18	22	39	39
	1970～1996 年	14	3	10	27	52	11	37
	1997～2006 年	4	2	4	10	40	20	40
府谷	1954～1969 年	2	13	1	16	13	81	6
	1970～1996 年	7	19	1	27	26	70	4
	1997～2006 年	8	2		10	80	20	
吴堡	1952～1969 年		16	2	18		89	11
	1970～1996 年	2	24	1	27	7	89	4
	1997～2006 年	7	3		10	70	30	
龙门	1952～1969 年		17	1	18		94	6
	1970～1996 年		24	3	27		89	11
	1997～2006 年	2	7	1	10	20	70	10

由表 6-47 可以看出,1969 年以后洪水场次逐渐减少,近期减少更加明显,尤其是较大

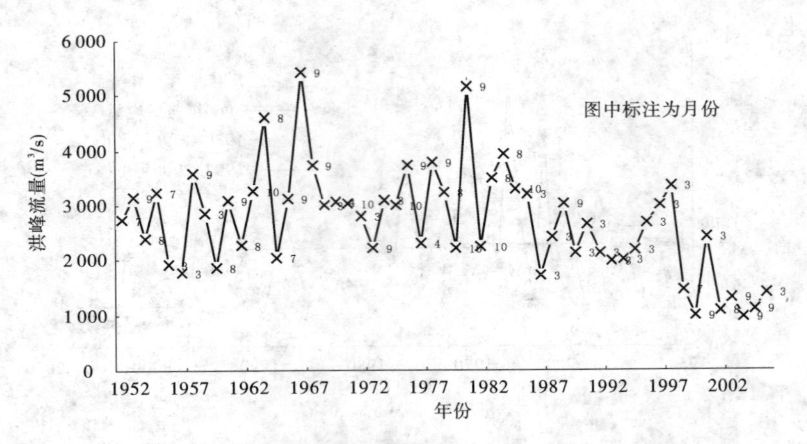

图 6-66　河口镇站逐年最大洪峰流量过程及出现月份

洪水减少更多。府谷站和吴堡站少于 1 000 m^3/s 的洪水由 1970～1996 年的年均 4.9 次和 5.3 次减少到近期的 2.0 次和 2.1 次；其中大于 2 000 m^3/s 的洪水由年均 2.7 次和 3.0 次减少到 0.5 次和 0.6 次；大于 3 000 m^3/s 的洪水减少更多，由年均 1.8 次和 1.1 次减少到仅 0.2 次和 0.3 次。

表 6-47　河口镇—龙门区间干流各站不同流量级洪水特征值统计

水文站	洪峰流量 (m^3/s)	时期	洪水场次	历时 (d)	平均洪量 (亿 m^3)	峰型系数	沙量 (亿 t)	含沙量 (kg/m^3)	来沙系数 (kg·s/m^6)
府谷	>1 000	1970～1996 年	4.9	16.5	19.7	2.81	0.294	14.9	0.012 0
		1997～2006 年	2.0	19.4	11.1	4.03	0.063	5.6	0.008 7
	>3 000	1970～1996 年	1.8	17.4	28.5	4.21	0.548	19.2	0.011 6
		1997～2006 年	0.2	19.0	8.8	12.48	0.259	29.5	0.050 4
吴堡	>1 000	1970～1996 年	5.5	14.7	17.9	2.81	0.529	29.6	0.023 0
		1997～2006 年	2.1	14.9	9.6	3.40	0.188	19.6	0.026 0
	>3 000	1970～1996 年	2.1	16.3	25.7	4.56	0.977	38.1	0.023 7
		1997～2006 年	0.3	8.7	6.0	8.22	0.650	107.6	0.124 8

吴堡站 3 000m^3/s 以上洪水历时明显减少，由 16.3 d 减少到 8.7 d。

近期洪量也明显减少，府谷站、吴堡站平均洪量近期分别为 11.1 亿 m^3 和 9.6 亿 m^3，减少了 44% 和 46%；3 000 m^3/s 以上较大洪水洪量减少更多，近期分别只有 8.8 亿 m^3 和 6.0 亿 m^3，减幅达 69% 和 77%。比较相同历时条件下洪量变化（见图 6-67），可以看出河口镇站近期同历时的洪量均有所减小，在同历时 30 d 时近期的水量为 20 亿～21 亿 m^3，而 1969 年前的水量为 27 亿～43 亿 m^3，1970～1996 年的水量为 12 亿～25 亿 m^3。

峰型系数各站基本上都增大，洪水变尖瘦。府谷站、吴堡站的峰型系数分别达到 4.03 和3.40，增幅为 43% 和 21%；3 000 m^3/s 以上洪水更加尖瘦，高达 12.48 和 8.22，增加近 2 倍和 1 倍。洪水期沙量减少较多，近期场次洪水干流府谷和吴堡沙量只有 0.063 亿 t 和

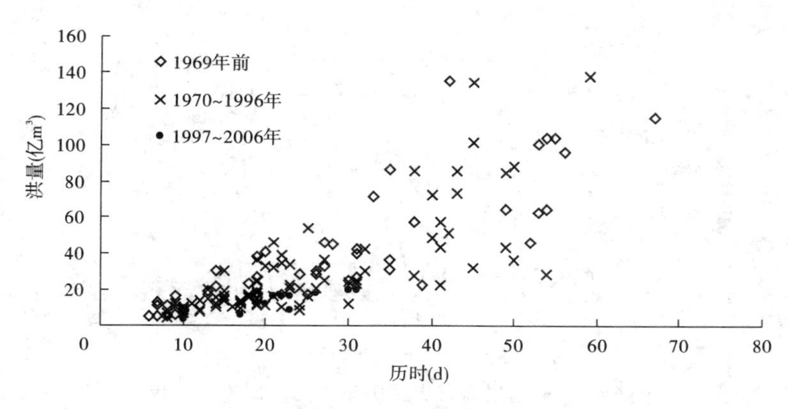

图 6-67　河口镇洪量与历时关系

0.188 亿 t(见表 6-47),减少 80% 和 64%;大洪水量级的沙量减幅较小,府谷站、吴堡站 3 000 m^3/s以上洪水沙量减幅只有 64% 和 34%,小于所有洪水减幅。大洪水期平均含沙量都是减小的,近期两个站分别只有 5.6 kg/m^3 和 19.6 kg/m^3,减小了 62% 和 34%,但是较大洪水含沙量都大幅度提高,府谷站和吴堡站 3 000 m^3/s 以上洪水含沙量达到 29.5 kg/m^3 和 107.6 kg/m^3,升高了 35% 和 182%。来沙系数以升高为主,吴堡站近期达到 0.026 0 $kg \cdot s/m^6$,增加了 13%,府谷站为 0.008 7 $kg \cdot s/m^6$,减小了 28%,但 3 000 m^3/s 以上较大洪水都升高了,府谷站和吴堡站达到 0.050 4 $kg \cdot s/m^6$ 和 0.124 8 $kg \cdot s/m^6$,增幅达 3.3 倍和 4.3 倍。

6.4.4.2　支流洪水变化

从图 6-68 ~ 图 6-72 上可以看出,区间支流近期最大洪峰流量普遍减少。皇甫川(皇甫)、孤山川(高石崖)、窟野河(温家川)、秃尾河(高家川)、无定河(白家川)近期最大洪峰流量分别为 6 700 m^3/s、2 910 m^3/s、3 630 m^3/s、1 330 m^3/s、3060 m^3/s,与 1970 ~ 1996 年各站最大洪峰流量 11 600 m^3/s、10 300 m^3/s、14 000 m^3/s、3 500 m^3/s、3 840 m^3/s 相比,分别减少 4 900 m^3/s、7 390 m^3/s、10 370 m^3/s、2 170 m^3/s、780 m^3/s,减幅达到 42%、72%、74%、62%、20%。

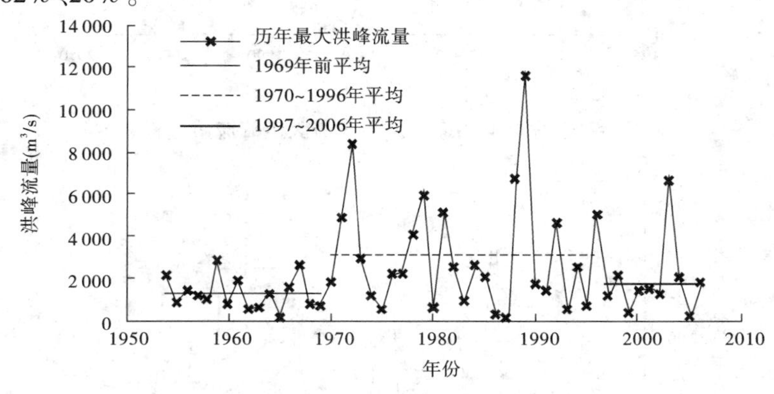

图 6-68　皇甫川皇甫站历年最大洪峰流量过程

近期洪水场次明显减少,尤其是较大洪水(见表 6-48)。以皇甫川为例,近期大于 500 m^3/s 年均发生洪水仅 1.3 场,比 1970 ~ 1996 年减少 1.0 场,减幅达 44%;其中大于 2 000

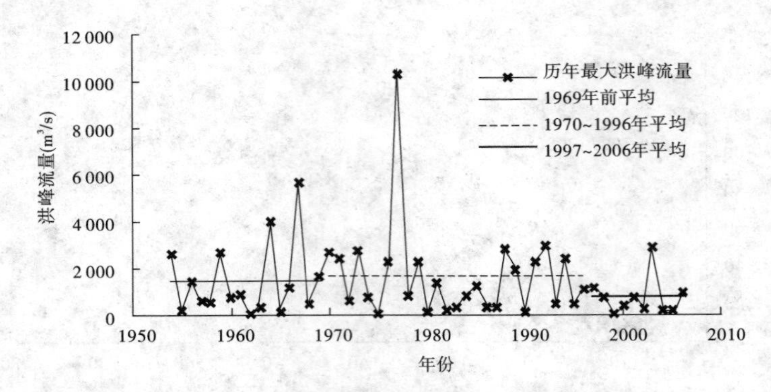

图 6-69　孤山川高石崖站历年最大洪峰流量过程

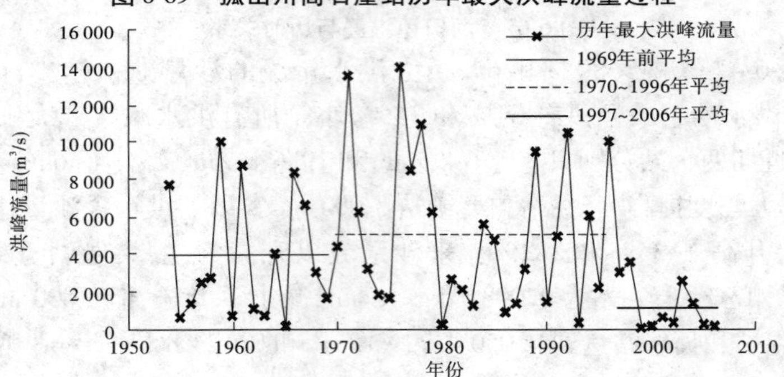

图 6-70　温家川窟野河站历年最大洪峰流量过程

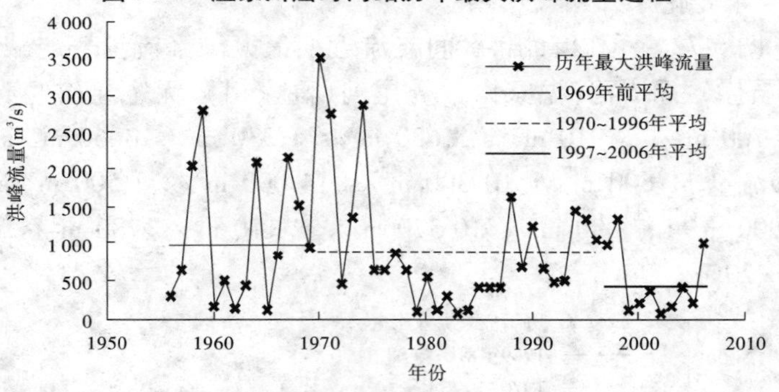

图 6-71　秃尾河高家川站历年最大洪峰流量过程

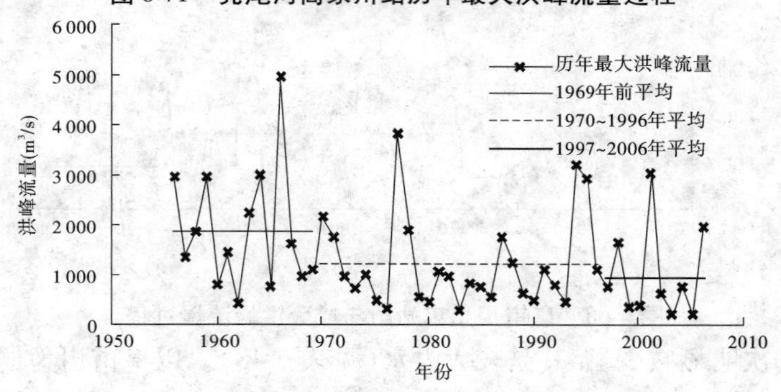

图 6-72　无定河白家川站历年最大洪峰流量过程

m^3/s、3 000 m^3/s 的洪水年均仅 0.3 次、0.1 次，减幅分别达 57% 和 75%。

表 6-48　河口镇—龙门区间主要支流不同流量级洪水特征值统计

项目	河名（出口控制站）	1970～1996 年			1997～2006 年		
		>500 m^3/s	>1 000 m^3/s	>3 000 m^3/s	>500 m^3/s	>1 000 m^3/s	>3 000 m^3/s
洪水场次	皇甫川（皇甫）	2.3	1.1	0.4	1.3	1.1	0.1
	孤山川（高石崖）	1.4	0.6	0.1	0.4	0.2	
	窟野河（温家川）	2.9	2	0.8	0.5	0.4	0.2
	秃尾河（高家川）	0.9	0.4	0	0.3	0.2	
	无定河（白家川）	1.8	0.7	0.1	1	0.3	0.1
历时（d）	皇甫川（皇甫）	5.4	5.7	5.8	4.5	4.5	5
	孤山川（高石崖）	5	5.1	4.5	5.1	5.5	
	窟野河（温家川）	5.6	5.7	5.6	6.6	6.3	8
	秃尾河（高家川）	5.6	5.4	7	9.3	8.5	
	无定河（白家川）	7.8	7.7	7	9	11.7	12
平均洪量（亿 m^3）	皇甫川（皇甫）	0.33	0.5	1	0.25	0.3	0.7
	孤山川（高石崖）	0.22	0.35	0.67	0.36	0.2	
	窟野河（温家川）	0.73	0.9	1.5	0.62	0.7	0.9
	秃尾河（高家川）	0.22	0.3	0.5	0.22	0.2	0
	无定河（白家川）	0.86	1.2	2.4	0.73	1.2	1.9
峰型系数	皇甫川（皇甫）	29.5	33.5	34.5	29.7	29.8	42.4
	孤山川（高石崖）	33.4	35.5	45	39.7	35.8	
	窟野河（温家川）	17.1	19	22.1	19.1	21.4	24.1
	秃尾河（高家川）	26.4	30.5	39	41.4	46.9	
	无定河（白家川）	8.9	10.4	9	13.1	18.7	16.6
沙量（亿 t）	皇甫川（皇甫）	0.165	0.282	0.539	0.086	0.095	0.199
	孤山川（高石崖）	0.098	0.172	0.378	0.174	0.066	0
	窟野河（温家川）	0.299	0.402	0.705	0.138	0.154	0.239
	秃尾河（高家川）	0.097	0.165	0.303	0.082	0.065	0
	无定河（白家川）	0.33	0.552	1.295	0.254	0.467	0.808
含沙量（kg/m^3）	皇甫川（皇甫）	499.8	536.7	561.6	347.7	343.6	291.5
	孤山川（高石崖）	455.9	484.8	563	487.4	294.9	0
	窟野河（温家川）	408.8	436.9	484.7	221.9	233.4	264.9
	秃尾河（高家川）	443.3	534	559	371.8	374.2	
	无定河（白家川）	383.9	444.8	538.3	345.6	375.5	421.8

续表 6-48

项目	河名 （出口控制站）	1970～1996 年			1997～2006 年		
		>500 m^3/s	>1 000 m^3/s	>3 000 m^3/s	>500 m^3/s	>1 000 m^3/s	>3 000 m^3/s
来沙系数 （$kg \cdot s/m^6$）	皇甫川（皇甫）	7.327 4	5.232 2	3.180 2	5.445 9	4.794 7	1.846 5
	孤山川（高石崖）	8.707 3	5.54	3.000 5	5.447 5	4.915 6	0
	窟野河（温家川）	2.69	2.325 4	1.608 3	1.739 9	1.687 9	1.553 7
	秃尾河（高家川）	9.259 7	7.742 4	6.228 2	13.339 7	14.647 9	
	无定河（白家川）	2.913 1	2.340 7	1.353 7	3.888 4	3.057 9	2.283 7

近期洪量除孤山川高石崖略增大、秃尾河高家川基本不变外，其他各站明显减少。皇甫川、窟野河、无定河平均洪量分别为 0.25 亿 m^3、0.62 亿 m^3、0.73 亿 m^3，减少了 24%、15%、15%。而较大流量洪水洪量减少更大，皇甫川和窟野河 1 000 m^3/s 以上洪量减幅为 40% 和 20%，3 000 m^3/s 以上减幅为 30% 和 40%，都大于所有洪水的减幅；孤山川和秃尾河 1 000 m^3/s 以上洪量减幅为 43% 和 33%，而所有洪水洪量分别是增加和不变；无定河 3 000 m^3/s 以上洪水洪量增加 21%，也超过所有洪水的增幅。比较无定河不同时期同历时条件下洪量的变化（见图 6-73），可以看出近期同历时洪量均有所减小，在同历时 8 d 的近期水量为 0.38 亿～0.43 亿 m^3，而 1969 年前的水量为 0.73 亿～2.77 亿 m^3，1970～1996 年的水量为 0.55 亿～1.04 亿 m^3。

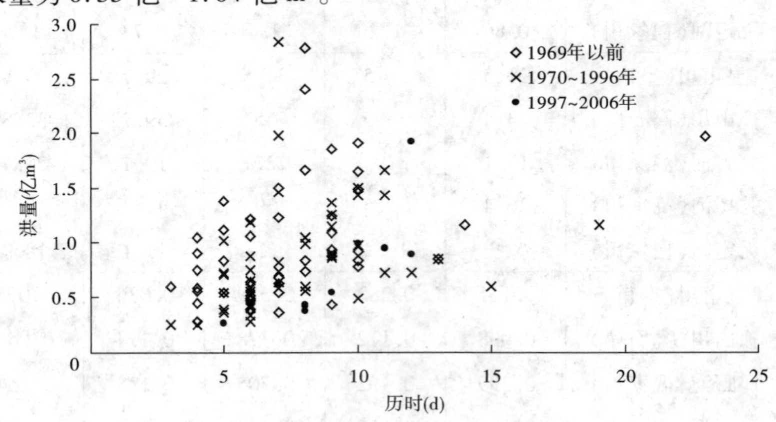

图 6-73　无定河白家川站洪量与历时关系

洪水变得更加尖瘦，皇甫川、孤山川、窟野河、秃尾河、无定河峰型系数分别达 29.7、39.7、19.1、41.4、13.1，增加了 1%、19%、12%、57%、47%；而较大洪水的峰型更加尖瘦，皇甫川、窟野河、无定河 3 000 m^3/s 以上峰型系数分别达到 42.4、24.1 和 16.6，都大于所有洪水。

近期支流皇甫川、窟野河、秃尾河、无定河洪水期沙量为 0.086 亿 t、0.138 亿 t、0.082 亿 t、0.254 亿 t，减幅在 20%～53%，孤山川沙量为 0.174 亿 t，增加 78%。而支流都是大洪水量级沙量减幅越大，除无定河外各支流 1 000 m^3/s 以上和 3 000 m^3/s 以上洪水期间沙量减幅在56%～65%。各时期同历时沙量的变化如图6-74～图6-76所示，可以看出各站近期同历时的沙量比以前也有所减少，皇甫川和窟野河表现最为明显。

支流洪水期含沙量除孤山川增高7%达到487.4 kg/m³外，也都降低了，皇甫川、窟野河、秃尾河、无定河分别减少30%、46%、16%、10%为347.7 kg/m³、221.9 kg/m³、371.8 kg/m³、345.6 kg/m³；但是与干流不同的是，支流即使是1 000 m³/s和3 000 m³/s以上较大洪水含沙量也是减小的。支流除秃尾河外各级洪水来沙系数都是减小的，皇甫川、孤山川、窟野河和无定河500 m³/s以上洪水来沙系数分别为5.445 9 kg·s/m⁶、5.447 5 kg·s/m⁶、1.739 9 kg·s/m⁶和3.888 4 kg·s/m⁶；秃尾河为13.339 7 kg·s/m⁶，增加了43%。干支流洪水期来沙系数特点不同的另一方面是吴堡站洪峰流量越大来沙系数越高，而支流都是洪峰流量越大来沙系数反而越低。

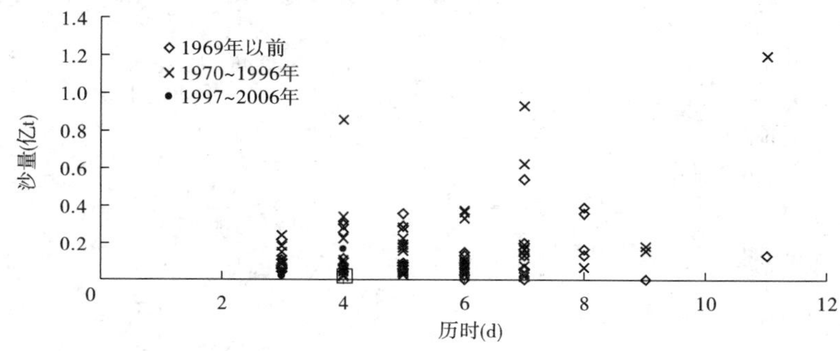

图6-74　皇甫川沙量与历时的关系

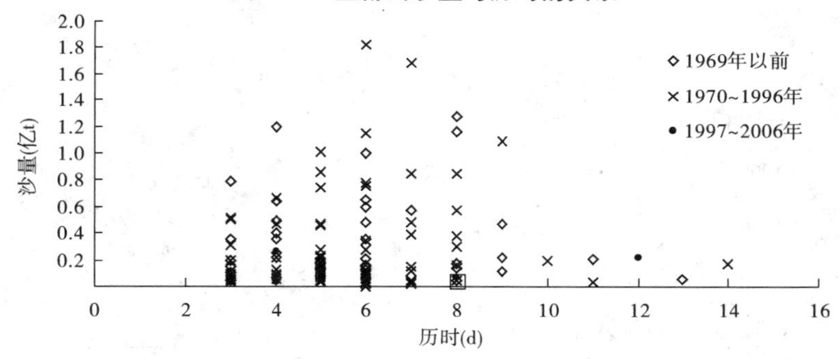

图6-75　窟野河沙量与历时的关系

6.4.5　龙门—三门峡区间

由区间干支流各站洪峰流量的变化过程所示，洪峰流量呈现出衰减的趋势(见图6-77～图6-80)。龙门站由1969年前和1970～1996年的最大洪峰流量21 000 m³/s和14 500 m³/s，均减小到近期的7 430 m³/s，减小了65%和49%；潼关站由12 400 m³/s和15 400m³/s减小到4 700 m³/s，减小了62%和69%；三门峡站由10 200 m³/s和8 900 m³/s减小到5 110 m³/s，减小了50%和43%；汾河河津由1 060 m³/s和837 m³/s减小到仅205 m³/s，减小了81%和76%；华县站由5 180 m³/s和5 380 m³/s减小到4 880 m³/s，减小了6%和9%。

洪水场次有所减少，且大流量级洪水场次的减少幅度远大于小流量级(见表6-49)。近

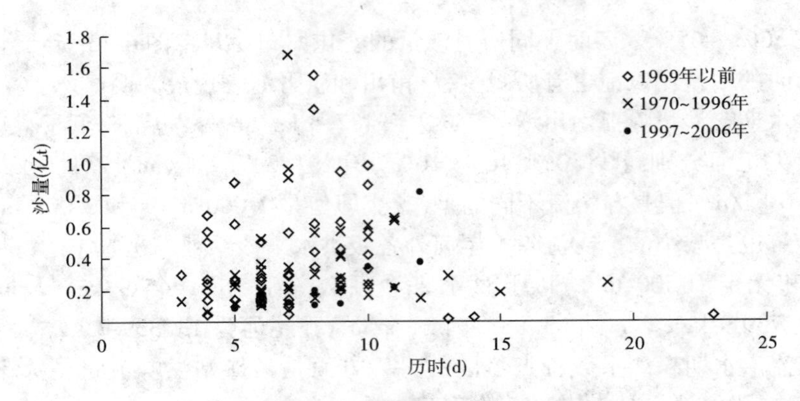

图 6-76　无定河沙量与历时的关系

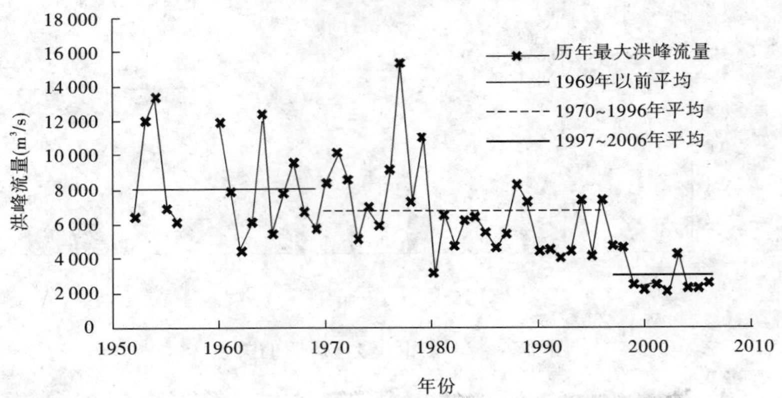

图 6-77　潼关站洪峰流量变化过程

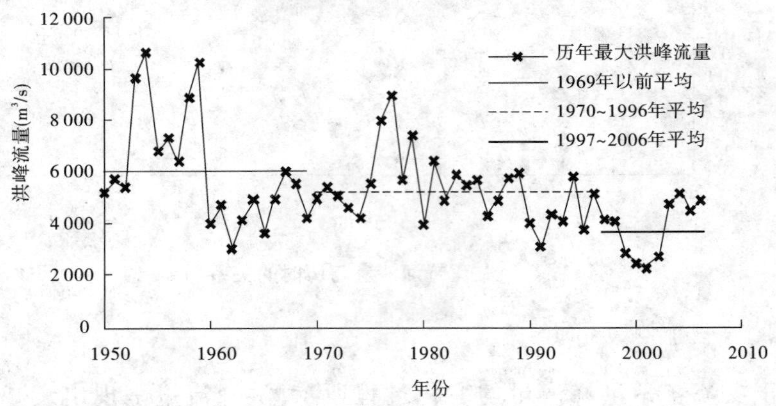

图 6-78　三门峡站洪峰流量变化过程

期龙门站、潼关站和三门峡站洪水年均出现 4.3 次、5.6 次和 4.6 次，与 1970～1996 年相比，分别减少 29%、44% 和 56%；而大于 3 000 m^3/s 的洪水年均出现 0.8 次、0.8 次和 1.5 次，分别减少 74%、82% 和 65%；仅龙门站年均出现 0.1 次大于 7 000 m^3/s 的洪水，潼关站和三门峡站均未出现。河津站近期大于 100 m^3/s、300 m^3/s 的洪水分别为年均 1.0 次、0.1 次，分别减少了 51%、90%，大于 500 m^3/s 的洪水未出现。华县站大于 1 000 m^3/s、3 000 m^3/s 的洪水年均分别为 1.3 次、0.2 次，分别减少 60%、77%，大于 5 000 m^3/s 的洪水未出现。

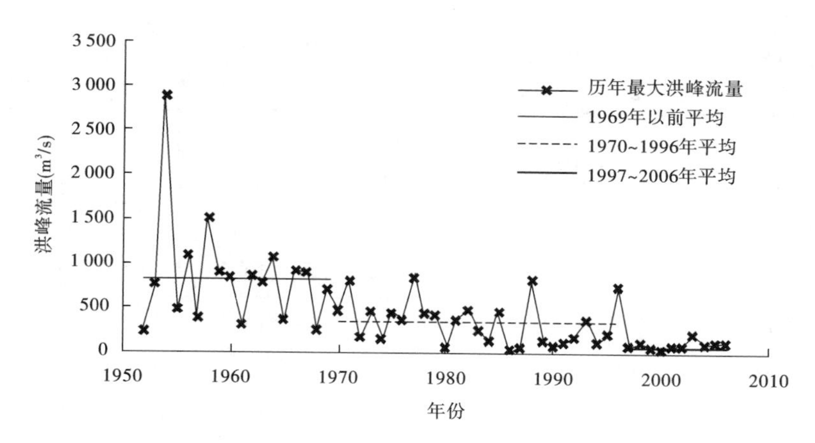

图 6-79　汾河河津站洪峰流量变化过程

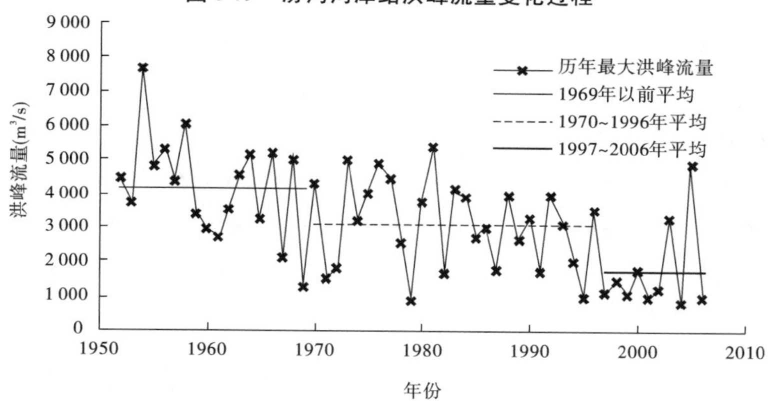

图 6-80　渭河华县站洪峰流量变化过程

区间洪水历时也发生了变化,龙门站、潼关站和三门峡站近期场次洪水历时分别为11.2 d、11.0 d 和 7.1 d,分别增加 11%、21%、减少 15%;大于 3 000 m³/s 的洪水历时分别为 9.3 d、11.8 d 和 8.3 d,龙门站减少 13%,潼关站增加 23%,三门峡站未变;大于7 000 m³/s的洪水仅龙门站有 1 场,历时为 8 d,增加 23%。河津站大于 100 m³/s、300 m³/s 的洪水场次历时分别为 7.2 d、7.0 d,增加了 20% 和 21%;近期华县站洪水历时为7.7 d,增加了 3%,而大于 3 000 m³/s 的洪水历时 10.5 d,减少了 36%。

近期区间干流各站洪量均有所减少,龙门站、潼关站和三门峡站平均洪量分别为 9.8 亿 m³、12.3 亿 m³ 和 9.4 亿 m³,分别减少了 37%、23% 和 41%;大于 3 000 m³/s 的洪水平均洪量分别为 9.3 亿 m³、22.7 亿 m³ 和 14.3 亿 m³,减少 53%、未变和减少 35%;大于 7 000 m³/s 的洪水仅龙门有 1 场,洪量为 6.3 亿 m³,减少 55%。汾河河津站近期大于 100 m³/s、300 m³/s 的洪水洪量分别为 0.57 亿 m³、0.83 亿 m³,分别为减少了 51% 和 0,近期华县站大于 1 000 m³/s、3 000 m³/s 的洪量分别为 7.60 亿 m³、17.20 亿 m³,分别增加 13%、61%。比较不同时期同历时条件下洪量的变化(见图 6-81 ~ 图 6-84),可以看出龙门站、潼关站和三门峡站近期同历时洪量比 1997 年以前均有所减小。以 15 d 为例,龙门近期的洪量为 12 亿 m³,而 1969 年以前为 13 亿 ~ 53 亿 m³,1970 ~ 1996 年为 10 亿 ~ 27 亿 m³;潼关近期的洪量为 18 亿 m³,而 1997 年前为 10 亿 ~ 45 亿 m³;三门峡洪量为 18 亿 m³,而 1969 年前为 12 亿 ~ 56

亿 m³,1970～1996 年为 10 亿～40 亿 m³。华县各时期同历时洪量变化不大。

表 6-49　龙门—三门峡区间干支流主要站不同时期洪水特征统计

站名	流量级 (m^3/s)	场次		洪水历时 (d)		洪量 (亿 m^3)		峰型系数	
		1970～1996 年	1997～2006 年	1970～1996 年	1997～2006 年	1970～1996 年	1997～2006 年	1970～1996 年	1997～2006 年
龙门	>1 000	164	43	10.1	11.2	15.7	9.8	1.569	1.618
	>3 000	82	8	10.7	9.3	19.8	9.3	1.758	1.943
	>7 000	15	1	6.5	8.0	13.9	6.3	2.232	2.747
	>10 000	11		6.8		15.7		2.255	
潼关	>1 000	270	56	9.1	11.0	16.0	12.3	1.458	1.522
	>3 000	118	8.0	9.6	11.8	22.7	22.7	1.538	1.735
	>7 000	16		7.4		19.2		1.919	
	>10 000	6		7.2		18.3		1.728	
三门峡	>1 000s	281	46	8.4	7.1	15.9	9.4	1.492	1.710
	>3 000	116	15	8.3	8.3	22.0	14.3	1.530	1.885
	>7 000	5		6.6		28.7		1.830	
	>10 000								
河津（汾河）	>100	55	10	9.0	7.2	1.17	0.57	1.863	1.811
	>300	27	1	8.9	7.0	0.81	0.83	1.947	2.442
	>500	6		9.8		2.64		2.129	
华县（渭河）	>1 000	87	13	7.4	7.7	6.70	7.60	2.379	2.173
	>3 000	23	2	7.5	10.5	10.70	17.20	2.750	2.134
	>5 000	3		11.7		18.40		4.836	

近期干流洪水变得尖瘦，且洪峰流量越大峰型系数增大幅度越大。近期龙门站、潼关站和三门峡站峰型系数分别为 1.618、1.522 和 1.710，分别增加 3%、4% 和 15%；而大于 3 000 m³/s 洪水峰型系数分别为 1.943、1.735 和 1.885，分别增加 10%、13% 和 23%；大于 7 000 m³/s 的洪水仅龙门有 1 场，峰型系数为 2.747，也增加了 23%。汾河是大于 300 m³/s 的较大洪水峰型变得尖瘦，峰型系数为 2.442，增加 25%；渭河受 2003 年和 2005 年秋汛洪水影响，峰型系数有所减少。

近期干流和支流各站的各流量级洪水沙量均有所减少。干流龙门站、潼关站和三门峡站大于 1 000 m³/s 的洪水平均沙量分别为 0.313 亿 t、0.491 亿 t 和 0.738 亿 t（见表 6-50），比 1970～1996 年分别减少 59%、34% 和 15%；大于 3 000 m³/s 的洪水平均沙量分别为0.773亿 t、1.250 亿 t 和 1.021 亿 t，分别减少 38%、2% 和 34%；大于 7 000 m³/s 的

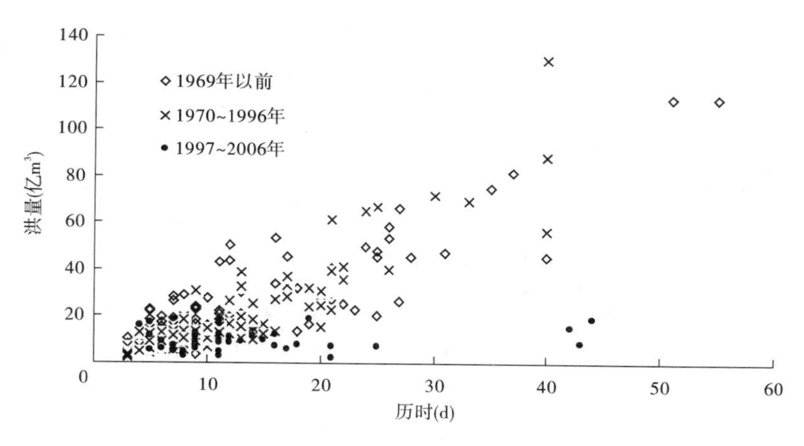

图 6-81　龙门站洪量与历时关系

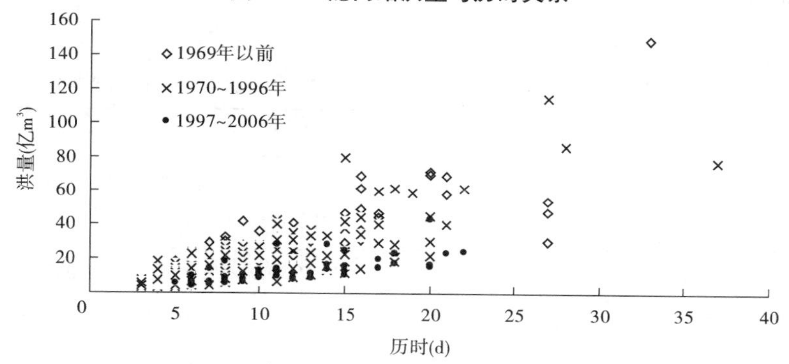

图 6-82　潼关站洪量与历时关系

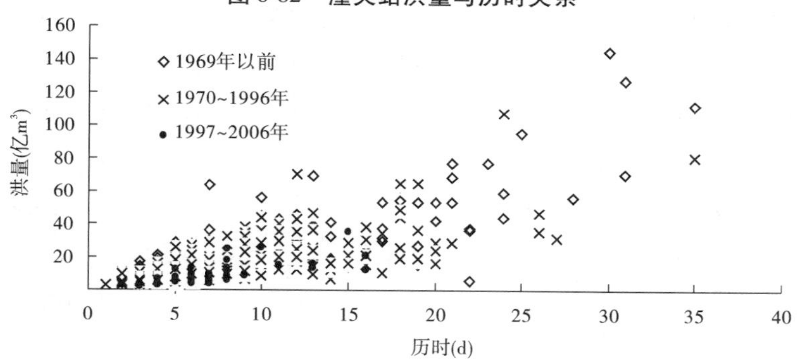

图 6-83　三门峡站洪量与历时关系

洪水仅龙门有 1 场,沙量为 0.43 亿 t,减少 84%,华县站大于 1 000 m^3/s、3 000 m^3/s 的洪水平均沙量为0.270 亿 t、0.788 亿 t,分别减少 55%、24%。

各站各流量级洪水的含沙量在 1970～1996 年已比 1969 年以前普遍增高的基础上发生变化。龙门站 1 000 m^3/s 以上洪水含沙量为 31.8 kg/m^3,减少了 36%;而 3 000 m^3/s 以上中大洪水含沙量为 82.9 kg/m^3,增大了 23%;7 000 m^3/s 以上较大洪水仅 2003 年 8 月发生了 1 场,含沙量较低,代表性不够。潼关各流量级洪水的含沙量都有所降低,三门峡站则是都有所升高,两站都是 1 000 m^3/s 以上含沙量的变化幅度大于 3 000 m^3/s 以上

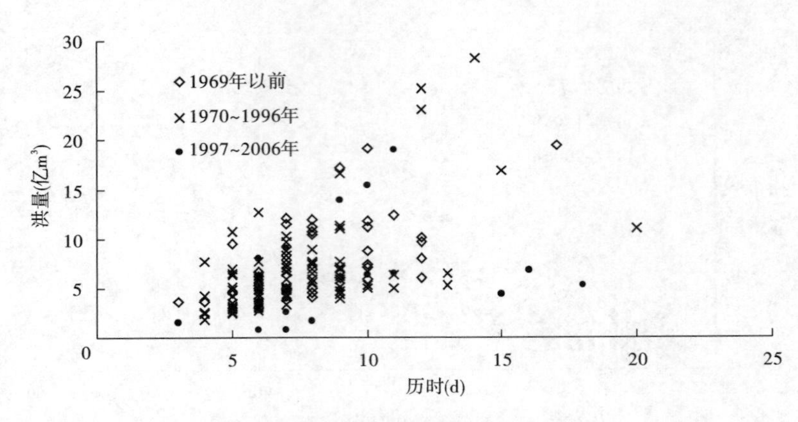

图 6-84 华县站洪量与历时关系

的洪水。近期华县站洪水期平均含沙量也有所减小，大于 1 000 m^3/s 和 3 000 m^3/s 的洪水平均含沙量为 35.5 kg/m^3 和 45.8 kg/m^3，分别减少 60% 和 53%。

表 6-50 龙门—三门峡区间干支流各站洪水期含沙量、来沙系数变化

站名	洪水量级 (m^3/s)	沙量(亿 t)		平均含沙量(kg/m^3)		来沙系数($kg \cdot s/m^6$)	
		1970~1996 年	1997~2006 年	1970~1996 年	1997~2006 年	1970~1996 年	1997~2006 年
龙门	>1 000	0.767	0.313	49.0	31.8	0.043	0.044
	>3 000	1.256	0.773	63.3	82.9	0.051	0.091
	>7 000	2.754	0.427	197.8	67.3	0.105	0.073
	>10 000	3.207	0	204.3	0	0.107	0
潼关	>1 000	0.744	0.491	46.5	39.8	0.027	0.033
	>3 000	1.272	1.251	56.1	55.1	0.025	0.025
	>7 000	2.306	0	120.0	0	0.050	0
	>10 000	2.551	0	139.6	0	0.054	0
三门峡	>1 000	0.869	0.738	54.6	78.1	0.041	0.082
	>3 000	1.551	1.021	70.6	71.5	0.038	0.054
	>7 000	4.284	0	149.4	0	0.056	0
	>10 000	0	0	0	0	0	0
河津	>100	0.018	0.001	15.5	2.1	0.108	0.021
	>300	0.026	0	31.8	0	0.079	0
	>500	0.018	0	6.7	0	0.020	0
华县	>1 000	0.599	0.270	89.3	35.5	0.100	0.031
	>3 000	1.039	0.788	97.1	45.8	0.076	0.025
	>5 000	0.891	0	48.4	0	0.029	0

干流洪水期来沙系数的变化特点为,在各站 1970 ~ 1997 年与 1969 年前相比大部分流量级洪水已增高的基础上又有所增大。1 000 m^3/s 以上和 3 000 m^3/s 以上洪水来沙系数龙门站增加 15% 和 141%,达到 0.044 kg · s/m^6 和 0.091 kg · s/m^6;潼关站增加 35% 和 21%,达到 0.033 kg · s/m^6 和 0.025 kg · s/m^6;三门峡站增加 106% 和 56%,达到 0.082 kg · s/m^6 和 0.054 kg · s/m^6。渭河的洪水期来沙系数有较大幅度的减少,大于 1 000 m^3/s和 3 000 m^3/s 的洪水来沙系数分别降到 0.031 kg · s/m^6 和 0.025 kg · s/m^6,分别减少 60% 左右。

各时期同历时沙量的变化如图 6-85 ~ 图 6-88 所示,可以看出各站近期同历时的沙量比以前也有所减少,其中龙门站在历时为 15 d 时近期的沙量为 0.06 亿 ~ 0.37 亿 t,而 1969 年前为 0.12 亿 ~ 2.49 亿 t,1970 ~ 1996 年为 0.21 亿 ~ 1.63 亿 t;潼关站在历时为 15 d 时近期的沙量为 0.12 亿 ~ 2.30 亿 t,而 1969 年前为 0.21 亿 ~ 7.37 亿 t,1970 ~ 1996 年为 0.08 亿 ~ 3.22 亿 t;三门峡站在历时为 10 d 时近期的沙量为 0.94 亿 t,而 1969 年前为 0.001 亿 ~ 9.71 亿 t,1970 ~ 1996 年为 0.13 亿 ~ 3.28 亿 t。

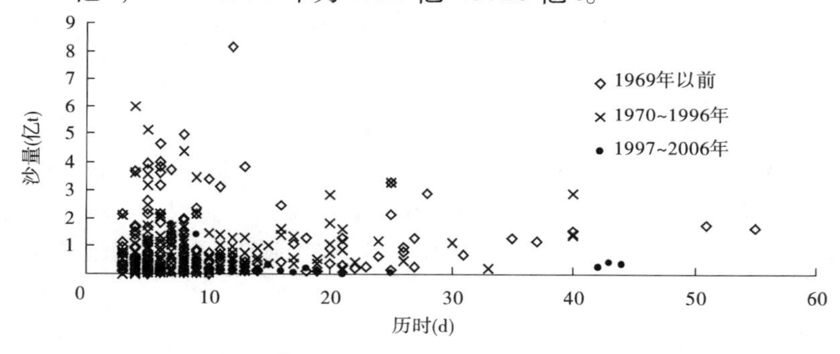

图 6-85 龙门站洪水期沙量与历时的关系

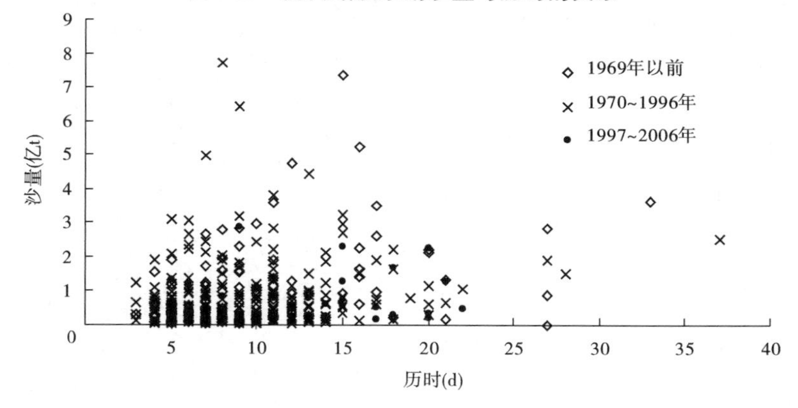

图 6-86 潼关站洪水期沙量与历时的关系

根据河口镇站至龙门站洪水传播时间推算龙门洪量组成中河口镇站以上的水量。从表 6-51 可以看出,如果统计全部洪水(龙门洪峰流量 1 000 m^3/s 以上),则近期龙门站大于 1 000 m^3/s 的洪水洪量中河口镇站以上来水所占比例为 83.7%,与 1970 ~ 1996 年相比变化不大;但如果分析 3 000 m^3/s 以上较大洪水,则河口镇站以上来水所占比例由

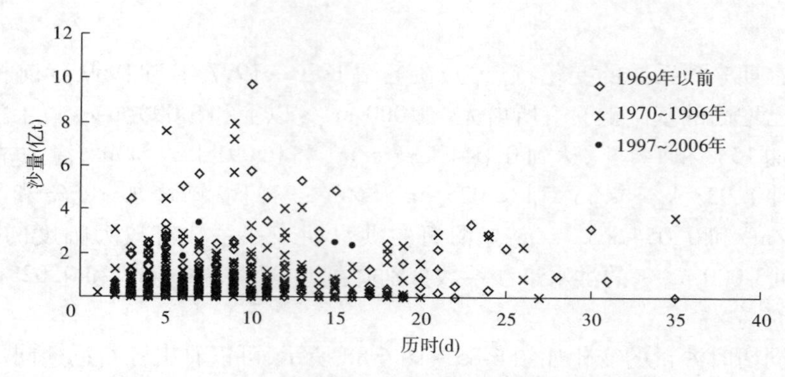

图 6-87　三门峡站洪水期沙量与历时的关系

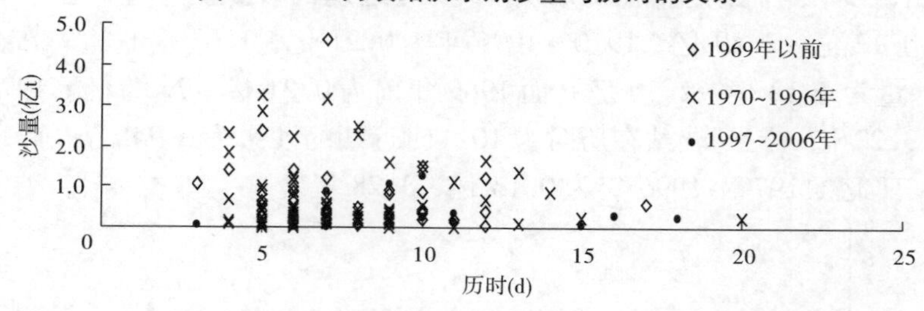

图 6-88　华县站洪水期沙量与历时的关系

1969 年以前的 76.0% 和 1970～1996 年的 79.8% 降为 62.4%；如果分析 4 000 m^3/s 以上较大洪水，则河口镇以上来水所占比例由 67.6% 和 74.8% 降到仅 30.9%。

表 6-51　龙门站各流量级洪水洪量和沙量中河口镇站所占比例

时期	河口镇站		龙门站			河口镇站占龙门站比例(%)	
	洪量（亿 m^3）	沙量（亿 t）	洪量（亿 m^3）	沙量（亿 t）	峰型系数（$Q_{最大}/Q_{平}$）	洪量	沙量
$Q > 1\ 000\ m^3/s$							
1969 年以前	14.1	0.13	18.2	1.09	1.48	77.5	11.9
1970～1996 年	12.8	0.09	15.7	0.77	1.57	81.5	11.7
1997～2006 年	8.2	0.04	9.8	0.31	1.62	83.7	12.9
1986 年以前	14.8	0.12	18.27	0.95	1.51	81.0	12.6
1987～1996 年	7.5	0.04	10.52	0.73	1.59	71.3	5.5
$Q > 3\ 000\ m^3/s$							
1969 年以前	17.4	0.16	22.9	1.66	1.53	76.0	9.6
1970～1996 年	15.8	0.12	19.8	1.26	1.76	79.8	9.5
1997～2006 年	5.8	0.04	9.3	0.77	1.94	62.4	5.2
1986 年以前	18.7	0.16	23.5	1.54	1.63	79.6	10.4
1987～1996 年	6.0	0.04	10.4	1.19	1.80	57.7	3.4

续表 6-51

时期	河口镇站		龙门站			河口镇站占龙门站比例(%)	
	洪量(亿 m^3)	沙量(亿 t)	洪量(亿 m^3)	沙量(亿 t)	峰型系数($Q_{最大}/Q_{平}$)	洪量	沙量
$Q>4\ 000\ m^3/s$							
1969 年以前	12.1	0.11	17.9	1.88	1.58	67.6	5.9
1970 ~ 1996 年	15.1	0.11	20.2	1.63	1.89	74.8	6.7
1997 ~ 2006 年	2.1	0.01	6.8	0.97	2.22	30.9	1.0
1986 年以前	15.4	0.13	20.84	1.82	1.70	73.9	7.1
1987 ~ 1996 年	5.0	0.03	10.06	1.43	1.88	49.7	2.1

考虑到龙羊峡水库汛期拦蓄洪水对河口镇站水量有较大影响,统计了 1986 年前后河口镇站水量占龙门站的比例变化情况,由表 6-51 可见,水库运用后在各流量级洪水都影响到了河口镇站来水占龙门站的比例,龙门站 1 000 m^3/s 以上洪水比例降低了 10%,3 000 m^3/s 以上降低 22%,4 000 m^3/s 以上降低 24%。

6.5 降雨及降雨径流关系变化特点

(1)流域降雨减小,暴雨泥沙来源区降雨在汛期内的分布发生变化。

三门峡以上近期降雨量为 436.9 mm,与 1970 ~ 1996 年相比减少 5%,各区域降雨量都减少,河源区、唐乃亥—兰州、兰州—河口镇、河口镇—龙门、龙门—三门峡减幅分别为 3%、4%、11%、5%、4%。三门峡以上主汛期减少 11%、秋汛期增加 2%。河口镇以上上游各区域年内各时期降雨都是减少;但主要暴雨洪水和泥沙的来源区河口镇—龙门和龙门—三门峡区间主汛期降雨减少较多,分别达 17% 和 10%,而秋汛期却分别增加 18% 和 7%。这一特点对中游的产水产沙有深远的影响。

(2)中游降雨强度降低,支流局部地区强降雨过程增强。

近期中游各典型支流的小降雨天数增加,中大降雨天数减少,同时近期大部分支流最大 1 d 降雨量和最大 3 d 降雨量减小,说明中游降雨强度降低。但是无定河的岔巴沟站和皇甫川站的最大 1 d 降雨量和 3 d 降雨量以及秃尾河的最大 3 d 降雨量都增大,说明在支流的局部地区强降雨过程仍然发生并有所增强。

(3)天然径流量减少。

兰州、河口镇、花园口和利津等水文站系列一致性处理后的多年平均天然径流量分别为 329.9 亿 m^3、331.7 亿 m^3、532.8 亿 m^3 和 534.8 亿 m^3,较还原计算成果分别减少了 0.93%、1.22%、5.52% 和 5.70%。根据处理前天然径流量成果,与 1970 ~ 1996 年系列相比近期天然径流量减少 15% ~ 27%,主要发生在汛期,占年减少量的 60% ~ 68%;近期天然径流量年内分配变化不大,汛期占年比例仍然维持在 60% 左右。

(4)三门峡以上各区域的降雨径流关系变化不同。

大部分区间在相同年降雨条件下径流深减少,河源区、河口镇—龙门、龙门—三门峡区间减少幅度在 20% ~57%;同时汛期的径流深也减少,但变化没有年幅度大。唐乃亥—兰州区间年降雨径流关系变化不大,但汛期在降雨量 300mm 以下的径流深减少。

6.6 实测水沙变化特点

6.6.1 流域来水来沙减少加剧

与 1970 ~ 1996 年相比,主要干流站水量减幅玛曲最小为 16%、黄河沿减幅最大达 76%,水量减少量和减幅基本上是由上至下增大,唐乃亥减幅约 20%、石嘴山为 30%、河口镇到潼关在 40% 左右,三门峡达到 47%。唐乃亥、兰州、河口镇、龙门、潼关、三门峡年均水量仅分别为 168.0 亿 m^3、247.4 亿 m^3、132.1 亿 m^3、161.3 亿 m^3、201.1 亿 m^3、178.9 亿 m^3。除河源区外主要干流站沙量减幅在 27% 以上;其中河口镇以下沙量减幅较大,最小的潼关为 57%、最大的府谷达 87%;下河沿、河口镇、龙门、三门峡沙量仅分别为 0.57 亿 t、0.32 亿 t、2.58 亿 t、4.28 亿 t,减幅分别为 45%、65%、61%、60%。

支流水沙量同样减少,而且减幅要大于干流。水量变化特点为来水很少的支流,如河龙区间支流和汾河减幅最大,超过 60%,其中孤山川站最大达到 71%;而来水较多的支流减幅相对较小,湟水、大通河减幅分别 16% 和 10%,年均水量分别为 13.1 亿 m^3 和 25.9 亿 m^3,洮河、无定河、渭河减幅在 30% ~35%,水量分别为 31.8 亿 m^3、7.6 亿 m^3 和 41.9 亿 m^3。沙量减幅都在 30% 以上,尤其是河口镇—吴堡区间的多沙粗沙支流减幅达到 70% ~80%,汾河减幅达到 97%,入黄沙量极少;洮河、祖厉河、皇甫川、窟野河、无定河、渭河年均沙量仅 0.116 亿 t、0.250 亿 t、0.136 亿 t、0.114 亿 t、0.473 亿 t、1.746 亿 t,减幅分别为 56%、44%、71%、88%、53%、46%。唯一不同的是清水河,近期水沙量较 1970 ~ 1996 年分别增加了 28% 和 23%。

同时最大、最小年水沙量都减少,水沙量变幅降低。最大水沙量减小幅度较大,沙量较大的吴堡、龙门、潼关、皇甫川、窟野河、无定河、渭河最大年沙量仅 1.9 亿 t、4.5 亿 t、6.6 亿 t、0.29 亿 t、0.38 亿 t、0.96 亿 t、3 亿 t,减幅分别达 76%、73%、70%、80%、87%、64%、64%。

6.6.2 水沙量的减少以汛期、主汛期为主

从水沙量在汛期、非汛期以及汛期内主汛期(7 ~8 月)和秋汛期(9 ~10 月)的分布来看,水沙量的减少以汛期为主,而在汛期内水量减少基本是主汛期和秋汛期相差不大,沙量减少仍以主汛期为主。

6.6.2.1 水量

干流水量减少以汛期为主,各站汛期水量减少量占到全年减少量的 60% 以上,其中龙刘水库下游的小川站、兰州站最大达到 80% 左右;但是汛期水量减少在主汛期和秋汛期基本平均分配,主汛期减少量占到汛期减少量的比例在 50% ~60%。

支流汛期水量减少量也不少，除洮河、秃尾河、无定河是汛期和非汛期的减少量各占年的一半外，其他支流汛期减少量占到全年的60% ~85%。汛期水量减少量在主汛期的集中程度要高于干流，除洮河、渭河主汛期与秋汛期基本对半分外，其他支流汛期减少量的67% ~80%都发生在主汛期。

6.6.2.2 沙量

干流全年沙量的减少基本都发生在汛期，从兰州向下到三门峡汛期减少量占到年减少量的90%左右。主汛期沙量减少量占汛期减少量的比例要比水量高，除河口镇为50%外，其他各站为66% ~88%。

支流年沙量减少也以汛期为主，汛期减少以主汛期为主。各支流汛期沙量减少量占到年的68%以上、主汛期占到汛期的66%以上，其中河口镇—吴堡区间4条多沙粗沙支流的比例分别高达90%以上。

6.6.3 主要来水来沙期水沙量减少幅度较大

汛期是黄河的主要来水来沙期，而对中游来沙区来说更集中于主汛期，因此汛期、主汛期的水沙量对全年有至关重要的影响。1997年以后汛期和主汛期水沙量的减幅都较大，而且基本上汛期大于年，主汛期大于汛期。

6.6.3.1 水量

汛期干流水量的减幅从唐乃亥站的21%向下逐渐增加，河口镇站最大达到57%，龙门站、潼关站、三门峡站分别为53%、52%和56%。近期汛期水量很少，唐乃亥站和兰州站在100亿m^3左右，河口镇站不到50亿m^3，龙门站只有60多亿m^3，潼关站和三门峡站仅80多m^3。因此，汛期水量占全年的比例在1970~1996年已经降低的基础上又有所减少，除龙羊峡水库以上唐乃亥等站能维持在50% ~60%外，龙刘水库以下各站仅在36% ~45%。

汛期支流水量变化幅度不尽相同。清水河增加了28%，皇甫川、孤山川、窟野河和汾河的减少幅度较高，在59% ~72%，变化幅度较小的洮河、祖厉河、秃尾河、无定河和渭河减幅在29% ~39%。洮河和渭河汛期水量只有18.3亿m^3和26.8亿m^3。汛期水量占全年的比例没有大的变化。

干流主汛期水量减幅唐乃亥站最小为19%，小川站和兰州站较高，分别为47%和38%，从石嘴山站向下基本在50% ~60%。近期主汛期水量较少，从大到小排列为：唐乃亥站和兰州站在50亿m^3左右，潼关站约40亿m^3，小川站、石嘴山站和三门峡站在35亿m^3左右，龙门站约30亿m^3，河口镇站最小仅21.5亿m^3。因此，主汛期水量占汛期的比例稍有降低，除唐乃亥站能维持在50%以上，占到53%外，其他站都达不到50%，在40% ~50%。

支流主汛期水量减幅以孤山川、温家川和汾河较大，分别为68%、73%和67%，洮河最小为28%，其他支流在40% ~50%。支流主汛期水量很少，洮河和渭河仅10亿m^3左右，无定河和汾河仅1亿m^3，河龙区间多沙支流不足1亿m^3。水量占汛期水量的比例也有所降低，情况可分为三类，一类是汛期水量主要来自主汛期，如皇甫川、孤山川和窟野河的比例高达98%、94%和74%；二类是基本与秋汛期平分，如洮河、无定河、秃尾河和河津,在48%~53%;第三类为华县站,主汛期水量要小于秋汛期,仅占汛期的41%。

6.6.3.2 沙量

汛期沙量在上游河段从上至下减少幅度逐渐增大,唐乃亥站、小川站为20%多,兰州站、石嘴山站接近40%,河口镇站达到最大为76%,其后在中游又逐渐减小,龙门站、潼关站、三门峡站分别为65%、62%和59%。汛期沙量较少,兰州站、石嘴山站、河口镇站汛期沙量仅0.263亿t、0.432亿t、0.166亿t,龙门站不到2亿t,潼关站、三门峡站仅分别为3.1亿t和4.1亿t。主要来沙控制站汛期沙量占全年的比例有所降低,兰州站、石嘴山站、河口镇站、龙门站、潼关站分别为78%、62%、51%、76%、72%,三门峡站有所升高,达到95%。

汛期支流沙量减幅大于干流,减幅稍小的洮河、祖厉河、无定河、华县减幅在44%~52%,减幅稍大的皇甫川、秃尾河在70%左右,减幅最大的孤山川、窟野河和汾河分别达到82%、89%和97%。支流汛期沙量较少,最小的汾河几乎不来沙,仅0.003亿t;中游的孤山川和秃尾河也很少,分别为0.033亿t和0.041亿t;洮河、皇甫川、窟野河在0.1亿t左右;上游的祖厉河和清水河分别为0.2亿t和0.285亿t;无定河稍多,年均0.418亿t;渭河最多也仅1.5亿t。

主汛期干流沙量减幅与汛期基本相同,也是在上游河段从上至下减少幅度逐渐增大,唐乃亥站、小川站分别为13%和20%,兰州站、石嘴山站分别为33%和45%,河口镇站达到最大为75%,其后在中游又逐渐减小,龙门站、潼关站、三门峡站分别为63%、61%和48%。各站沙量较少,兰州站、石嘴山站仅0.2多亿t,河口镇站不到0.1亿t,仅0.086亿t,龙门仅1.66亿t,潼关站、三门峡站仅分别2.3亿t和3.1亿t。河口镇站主汛期沙量与秋汛期沙量基本相当,河口镇站以下以主汛期为主,近期主汛期占汛期沙量比例有所增加,龙门站、潼关站、三门峡站分别达到86%、74%和76%。

主汛期支流沙量减幅大于干流的,基本与汛期减幅相同,减幅稍小的洮河、无定河、华县减幅分别48%、46%、47%,减幅稍大的皇甫川、秃尾河在70%左右,减幅最大的孤山川、窟野河和汾河分别达到82%、89%和97%。支流主汛期沙量较少,最小的汾河仅0.002亿t;孤山川和秃尾河也很少,分别为0.032亿t和0.039亿t;洮河、皇甫川、窟野河在0.1亿t左右;无定河稍多,年均0.374亿t;渭河最多也仅1.235亿t。因此,支流汛期沙量在主汛期的集中程度又有提高,主汛期沙量占汛期的比例除汾河为67%外,其余支流在83%以上,其中河口镇—吴堡区间的支流在95%以上,皇甫川达100%。

6.6.4 汛期历时、水沙量从中大流量向小流量转移

从汛期分流量级的历时和水沙量来看,中大流量的历时、水沙量明显减少,小流量的相应增多。主要水文站增多和减少的变化流量为:干流黄河沿50 m^3/s,吉迈200 m^3/s,玛曲500 m^3/s,唐乃亥—三门峡干流站1 000 m^3/s;支流湟水100 m^3/s,大通河300 m^3/s,洮河200 m^3/s,大夏河50 m^3/s,皇甫川、孤山川、窟野河、秃尾河分别为1 m^3/s,无定河50 m^3/s。

6.6.4.1 干流

近期干流汛期1 000 m^3/s以上的中大流量明显减少,控制站唐乃亥、兰州、石嘴山、河

口镇、龙门、潼关、三门峡年均分别仅40.6 d、49.7 d、26.2 d、6.5 d、15.4 d、34.1 d和29 d，兰州—河口镇汛期无日均流量大于2 000 m^3/s 的天数，河口镇以下无日均流量大于5 000 m^3/s的天数。相反，1 000 m^3/s 以下小流量增多，占到汛期的主体，特别是500 m^3/s 以下的小流量增加较多，而兰州站由于受水库调节影响较大，水流更集中于500 ~ 1 000 m^3/s。

相应各流量的水沙量也发生了变化，流量1 000 m^3/s 以上水沙量减少较多，近期控制站唐乃亥、兰州、石嘴山、河口镇、龙门、潼关、三门峡该级水量分别只有51.4 亿 m^3、51.0 亿 m^3、27.9 亿 m^3、6.5 亿 m^3、17.1 亿 m^3、46.9 亿 m^3、41.1 亿 m^3，沙量只有0.046 亿 t、0.173 亿 t、0.202 亿 t、0.039 亿 t、0.97 亿 t、2.17 亿 t、3.23 亿 t。

汛期水沙量的减少主要发生在中大流量级。各站1 000 m^3/s 以上流量水量的减少量分别占到汛期总减少量的 110% ~ 142%，沙量减少量占到汛期总减少量的比例在 102% ~ 144%。

汛期水沙量在中大流量输送的比例明显降低，在小流量输送的比例增高。唐乃亥站1970 ~ 1996 年汛期是在37%的时间里用1 000 ~ 2 000 m^3/s的流量输送了45%的水和43%的沙，1997 ~ 2006 年是在67%的时间里用小于1 000 m^3/s 的流量输送了49%的水和36%的沙；兰州站以在49%的时间里用1 000 ~ 2 000 m^3/s 的流量输送了45%的水和50%的沙，变为在40%的时间里用1 000 ~ 2 000 m^3/s 的流量输送了50%的水和66%的沙；龙门站以在48%的时间里用小于1 000 m^3/s 的流量输送了24%的水和15%的沙，变为在88%的时间里用小于1 000 m^3/s 的流量输送了73%的水和50%的沙；潼关站以在55%的时间里用1 000 ~ 3 000 m^3/s 的流量输送了56%的水和53%的沙，变为在73%的时间里用小于1 000 m^3/s 的流量输送了46%的水和31%的沙；三门峡站以在53%的时间里用1 000 ~ 3 000 m^3/s 的流量输送了55%的水和55%的沙，变为在76%的时间里用1 000 ~ 2 000 m^3/s的流量输送了49%的水和20%的沙。

虽然中大小流量历时减少，且输送水沙量占汛期水沙量的比例降低，但汛期水沙量仍主要依靠中大流量输送，尤其是沙量主要依靠较大流量。龙门站、潼关站、三门峡站1 000 ~ 3 000 m^3/s流量的水流分别输送了汛期46%、58%、67%的沙量。

6.6.4.2 支流

支流汛期水流过程同样表现在中大流量历时、水沙量的减少和小流量的增多，且中大流量级水沙量占汛期比例降低。

近期汛期上游湟水100 m^3/s 以上、大通河300 m^3/s 以上、洮河200 m^3/s 以上、大夏河50 m^3/s 以上的历时分别只有20.5 d、8.7 d、31.9 d、14.3 d；水量只有2.3 亿 m^3、2.9 亿 m^3、8.7 亿 m^3、1.0 亿 m^3，占汛期水量的比例分别降至31%、18%、47%、29%；沙量分别只有0.029 亿 t、0.007 亿 t、0.067 亿 t、0.001 亿 t，占汛期沙量比例分别降至55%、43%、70%、22%。但可以看出，水沙量仍以较大流量输送为主。

河口镇—吴堡区间的皇甫川1 m^3/s 以上、秃尾河50 m^3/s 以上、孤山川1 m^3/s 以上、窟野河1 m^3/s 以上汛期历时仅有22.9 d、0.9 d、14.6 d、95.2 d，沙量分别只有0.134 亿 t、0.025 亿 t、0.033 亿 t、0.106 亿 t，但汛期沙量的绝大部分仍以中大流量输送。因此，该区间的多沙支流来沙的集中程度更高，皇甫川由1970 ~ 1996 年在汛期56%的时间里用1

m^3/s 以上的水流输送全部汛期水沙量，集中到近期的在 19% 的时间内用 1 m^3/s 以上水流输送全部水沙量；窟野河为由 95% 的时间内用 1 m^3/s 以上水流输送全部水沙量，集中到在 77% 时间里用 1 m^3/s 以上的水流输送全部水沙量。

近期汛期吴堡站以下的无定河 50 m^3/s 以上、汾河 50 m^3/s 以上、渭河 500 m^3/s 以上的历时分别只有 11.7 d、7.3 d、14.6 d，水量分别只有 1.20 亿 m^3、0.59 亿 m^3、13.6 亿 m^3，与 1970～1996 年相比分别减少了 49%、84%、46%，该流量级水量占汛期的比例分别降至 40%、49%、51%；沙量分别只有 0.369 亿 t、0.001 亿 t、0.84 亿 t，与 1970～1996 年相比分别减少了 49%、98%、62%，该流量级沙量占汛期的比例分别降至 88%、50%、59%。但可以看到，沙量仍就依靠中大流量输送，无定河由 1970～1996 年在汛期 19% 的时间里用 50m^3/s 以上的水流输送汛期 51% 的水和 93% 的沙，变为用同样的流量在 10% 的时间里输送 40% 的水和 88% 的沙；汾河由在汛期 26% 的时间里用 50 m^3/s 以上的水流输送汛期 80% 的水和 65% 的沙，变为用同样的流量在 6% 的时间里输送 49% 的水和 50% 的沙；渭河由在汛期 24% 的时间里用 500m^3/s 以上的水流输送汛期 63% 的水和 73% 的沙，变为用同样的流量在 12% 的时间里输送 51% 的水和 59% 的沙。

6.6.4.3 干支流含沙量

汛期水沙量的变化引起含沙量发生改变，干支流含沙量变化各有特点。

干流在多数站汛期含沙量降低的同时，1 000 m^3/s 以上的水流含沙量除冲积性河道末端站河口镇和潼关稍有降低外，其他各站都有较大幅度的升高，兰州、石嘴山、河口镇、龙门、潼关、三门峡 1 000 m^3/s 以上含沙量分别为 3.4 kg/m^3、7.3 kg/m^3、5.5 kg/m^3、56.8 kg/m^3、46.3 kg/m^3、78.6 kg/m^3。相反，汛期小流量级水流含沙量稍有降低。

支流在汛期含沙量降低的同时，各流量级的含沙量都在减小。湟水、洮河、皇甫川、秃尾河、孤山川、窟野河、无定河、汾河、渭河汛期较大流量级含沙量近期分别为 12.8 kg/m^3、7.8 kg/m^3、287.6 kg/m^3、416.7 kg/m^3、237.4 kg/m^3、103.6 kg/m^3、306.5 kg/m^3、1.7 kg/m^3、61.8 kg/m^3，与 1970～1996 年相比分别减少了 34%、14%、12%、22%、39%、60%、0、91%、29%。

6.6.5 洪水特征显著改变

6.6.5.1 洪峰流量大幅降低

干流洪水主要控制站兰州、龙门、潼关最大洪峰流量分别从 1970～1996 年的 5 600 m^3/s、14 500 m^3/s、15 400 m^3/s 降低到近期的仅仅 2 160 m^3/s、7 340 m^3/s、4 700 m^3/s；支流洪峰流量除华县、无定河减少稍少外，其他支流减少也较多，洮河从 2 120 m^3/s 减少到 673 m^3/s，中游皇甫川、孤山川、窟野河分别从 11 600 m^3/s、10 300 m^3/s、14 000 m^3/s 减少到 6 700 m^3/s、2 910 m^3/s、3 630 m^3/s，仅分别为前者的 58%、28%、26%。

由于上游的特殊地形，每年 2～3 月发生凌汛，出现一次洪水过程，天然条件下凌汛洪水一般小于汛期洪水，但近期凌汛期洪峰流量超过汛期洪水成为全年最大流量的现象增多，河口镇站 1969 年以前 20% 的年份全年最大洪峰流量出现在凌汛期，1969 年以后增加到 40%～50%；府谷站、吴堡站、龙门站从 1997 年开始增多，分别占到总年数的 80%、70%、20%。近期河口镇最大洪峰流量是 3 350 m^3/s，如果只统计汛期，则只有

1 460 m^3/s。

6.6.5.2 洪水发生场次大大减少

近期与1970~1996年相比,干支流洪水发生场次大为减少。干流控制站唐乃亥、兰州、河口镇、吴堡、龙门、潼关、三门峡洪水年均场次分别有2.7场、3.3场、1.1场、2.1场、4.3场、5.6场、4.6场,兰州站减幅最小仅15%,河口镇站、吴堡站最大分别为66%、62%。支流洮河、皇甫川、孤山川、窟野河、秃尾河、无定河、汾河、渭河近期年均洪水场次仅3.4场、1.3场、0.4场、0.5场、0.3场、1.0场、1.0场、1.3场,减少了44%~83%,其中孤山川、窟野河和秃尾河减幅最大,分别达到71%、83%和67%。

较大洪水发生场次更少,3 000 m^3/s以上洪水唐乃亥站、兰州站未发生,吴堡站从年均2.1次减少到0.3次,龙门站从3.0次减少到0.8次,潼关站从4.4次减少到0.8次,三门峡站从4.3次减少到1.5次,华县站从0.9次减少到0.2次。

6.6.5.3 洪水峰型变尖瘦

由于洪水场次减少、场次洪水落水期较长,与1997年以前由于洪水场次多,涨落水迅速的洪水过程相比,洪水历时并没有缩短,因此洪量大幅度的减少,洪水峰型变得越来越尖瘦,洪水峰型系数升高较多。吴堡和秃尾河、无定河增加较多,分别由2.81、26.4、8.9增加到3.4、41.4、13.1,增幅为21%、57%、47%。吴堡站较大洪水峰型更为尖瘦,峰型系数由4.56增加到8.22,增加80%。

6.6.5.4 洪水期水沙量减少

近期干流平均洪水期的水量兰州站只有20亿m^3,吴堡站、龙门站、三门峡站在10亿m^3左右,潼关站也仅2亿m^3,减幅达到23%~55%。支流洪量变化不是很大。沙量减少更大于洪量,达到34%~64%,干流主要控制站洪水期沙量兰州、河口镇不足0.1亿t,吴堡仅约0.2亿t,龙门约0.3亿t,潼关约0.5亿t,三门峡由于水库调节在洪水期畅泄排沙,洪水期沙量减少较小为15%,沙量为0.74亿t。

较大洪水水沙减少更多,除渭河华县站和干流潼关站由于近期3 000 m^3/s以上洪量受2003年和2005年秋汛水量较多影响没有减少外,吴堡站、龙门站、三门峡站的近期洪量分别仅6.0亿m^3、9.3亿m^3、14.3亿m^3,减幅分别达到77%、53%、35%。各站洪水期沙量都是减少的,吴堡站、龙门站、潼关站、三门峡站、华县站沙量分别为0.65亿t、0.773亿t、1.251亿t、1.021亿t、0.788亿t,减幅分别为34%、39%、2%、34%、24%。

相同洪水历时情况下洪量减少较多,兰州站近期同历时水量与1986年后相同,当洪水历时25 d左右时,1986年以前洪量约37亿m^3,1986年后仅18亿m^3,减少一半多;龙门站同历时水量1997年前两时期基本相同,历时越长洪量越大,历时10 d左右时洪量约20亿m^3,但1997年后不仅同历时洪量减少,同样10 d洪量仅8亿m^3,减少60%,而且洪量随历时基本不变化,因此历时越长,洪量减少越多;潼关站1997年后洪量仍随历时变化,但洪量减少很多,15 d洪水洪量由1997年以前的10亿~45亿m^3减少到仅18亿m^3;洮河同样洪量减少,同历时15 d条件下1997年以前在2亿~7亿m^3,1997年以后基本稳定在2.5亿m^3左右。

支流洪量变化不是很大,洪水期沙量减少,河津站、华县站、无定河站沙量仅分别为0.001亿t、0.270亿t、0.25亿t。

6.6.5.5 河口镇以上来水占龙门洪量比例下降

近期河口镇以上来水量占龙门站洪水期水量的比例降低，而且减少的比例随龙门站洪水的增大而增大。近期龙门站大于1 000 m^3/s 的洪水洪量中河口镇以上来水所占比例为83%，与1970年前相比变化不大；3 000 m^3/s 以上较大洪水，则河口镇以上来水所占比例由1970～1996年的79%降为62%；4 000 m^3/s 以上较大洪水，比例由75%降到仅31.6%。

6.6.5.6 干支流洪水期含沙量、来沙系数变化特点不同

就全部洪水整体来看，干支流洪水期含沙量以减少为主，干流除三门峡站、支流除孤山川外，含沙量都明显降低，吴堡站、龙门站、潼关站含沙量分别为19.8 kg/m^3、31.6 kg/m^3、39.8 kg/m^3，分别减少33%、36%、14%，三门峡站为78.7kg/m^3，增加44%；支流洮河、汾河、渭河含沙量降低到6.2 kg/m^3、1.8 kg/m^3、35.5kg/m^3，分别减少28%、89%、60%，中游皇甫川、窟野河、秃尾河、无定河含沙量分别减少了30%、45%、20%、11%，近期洪水期含沙量为360.0 kg/m^3、225.8 kg/m^3、363.6 kg/m^3、342.5 kg/m^3，而孤山川为472.2 kg/m^3，变化不大。干支流来沙系数的变化特点都是相反的，干流都是有较大幅度的增高，控制站兰州、河口镇、吴堡、龙门、潼关、三门峡洪水期来沙系数分别达到0.003 1 $kg·s/m^6$、0.007 9 $kg·s/m^6$、0.026 $kg·s/m^6$、0.031 2 $kg·s/m^6$、0.030 8 $kg·s/m^6$、0.035 8 $kg. s/m^6$，增幅分别为55%、46%、13%、14%、11%、56%。而支流来沙系数除秃尾河、无定河增高外，都是降低的，洮河、皇甫川、孤山川、窟野河、汾河、渭河洪水期来沙系数近期分别为0.027 1 $kg·s/m^6$、5.4 $kg·s/m^6$、5.4 $kg·s/m^6$、1.8 $kg·s/m^6$、0.021 $kg·s/m^6$、0.031 1 $kg·s/m^6$，分别减少了11%、26%、38%、33%、81%、64%，秃尾河和无定河分别增加了43%和34%，近期达到13.3 $kg·s/m^6$ 和3.9 $kg·s/m^6$。

重要的一点是，河龙区间干流较大洪水的含沙量和来沙系数都是增大的，吴堡站、龙门站3 000 m^6/s 以上的洪水含沙量近期达到108.3 kg/m^3 和82.8 kg/m^3，增幅达到184%和30%，来沙系数分别达到0.124 8 $kg·s/m^6$ 和0.071 5 $kg·s/m^6$，增幅达到427%和141%。

6.6.6 泥沙组成及规律发生变化

在流域来沙量普遍大幅度减少的同时，泥沙的组成也发生相应变化。干支流站分为以下三类变化形式：

第一类较多，中泥沙、粗泥沙的减少幅度大于细泥沙，因此泥沙细化，中数粒径 d_{50} 减小，上游为兰州站、下河沿站、河口镇站，d_{50} 分别由1970～1996年的0.021 mm、0.016 mm、0.016 5 mm减少到近期的0.017 mm、0.014 mm、0.008 mm；中游是府谷站和吴堡站，d_{50} 由0.023 mm和0.025 mm减小到0.014 mm和0.022 mm；支流主要是河龙区间的皇甫川、孤山川、窟野河、秃尾河、无定河 d_{50} 变化较大，分别由0.056 mm、0.035 mm、0.053 mm、0.055 mm、0.032 mm减小到0.032 mm、0.021 mm、0.031 mm、0.046 mm、0.029 mm。

第二类较少，泥沙组成变化不大，为石嘴山站、龙门站和三门峡站，d_{50} 分别由0.014 mm、0.026 8 mm和0.024 3 mm变化到0.015 mm、0.026 6 mm和0.024 4 mm。

第三类最少，只有干流的潼关站和支流渭河，细泥沙、中泥沙的减少幅度大于粗泥沙，

因此泥沙组成变粗，d_{50}有所增大，分别由 0.020 4 mm、0.017 9 mm 增加到 0.022 0 mm、0.019 7 mm。

从泥沙组成规律上来看，本书中大部分水文站仍维持以往对分组沙量与全沙沙量关系的认识，即分组沙量与全沙沙量相关性较好，随全沙沙量的增加分组沙量也增加，各时期符合相同的关系线，由此说明在来沙大时泥沙组成偏粗、来沙少时泥沙组成偏细的规律。但更为重要的是，在本书中发现一些站，如干流的河口镇站、潼关站和渭河华县站，1997～2005 年系列与 1997 年以前有所偏离，河口镇站表现在同样全沙沙量条件下粗泥沙有所减少，而潼关站、华县站表现为细泥沙减少、粗泥沙增加，由于这 3 个站都是冲积性河道的末端，这是否意味着在 1997 年后水沙量异常偏少、流量过程很小的条件下，水流输送、分选泥沙颗粒的能力发生较大改变，或者由于流域面上无大降雨过程产沙，从而引起面上来沙组成发生较大改变，是值得后续开展深入分析的课题。

参考文献

[1] 王维第,梁宗南.黄河上游扎陵湖、鄂陵湖水文及水资源特征[J].水文,1981(5):48-52.
[2] 高志学,宋昭升.黄河上游地区的水文地理概况[J].水文,1984(3):55-58.
[3] 青海省水利志编委会.青海河流[M].西宁:青海人民出版社,1995.